维修技术下乡丛书

农用运输车使用与检修技术问答

主　编　刘文举

副主编　赵炳雨　刘世恩

金盾出版社

内容提要

本书以问答的形式将三轮、四轮农用运输车使用与检修的基础知识、柴油机故障诊断与检修、底盘故障诊断与检修、电气系统故障诊断与检修等作了详细介绍。书中内容图文并茂、易学易懂、实用性强，是广大农用运输车驾驶员和专业修理人员必备的技术指导书。

图书在版编目(CIP)数据

农用运输车使用与检修技术问答/刘文举主编．--北京：金盾出版社，2010．12
ISBN 978-7-5082-6605-3

Ⅰ.①农… Ⅱ.①刘… Ⅲ.①农用运输车—使用—问答②农用运输车—维修—问答 Ⅳ.①S229-44

中国版本图书馆 CIP 数据核字(2010)第 161110 号

金盾出版社出版、总发行

北京太平路 5 号(地铁万寿路站往南)
邮政编码：100036 电话：68214039 83219215
传真：68276683 网址：www.jdcbs.cn
封面印刷：北京蓝迪彩色印务有限公司
正文印刷：北京三木印刷有限公司
装订：北京三木印刷有限公司
各地新华书店经销
开本：850×1168 1/32 印张：15.5 字数：458 千字
2010 年 12 月第 1 版第 1 次印刷
印数：1～8 000 册 定价：28.00 元

前　　言

随着城乡经济的发展，越来越多的农民购买了农用运输车，这在很大程度上降低了劳动强度，提高了生产效率。但是，大部分人没有驾驶与维修经验，有的来不及培训就投入到了生产运营中，新车得不到正确使用和保养，小病成大病，大病成故障，故障成报废，这种恶性循环，一方面造成农民的经济损失，另一方面也产生了安全隐患。

本书针对农用运输车实际出现的故障，将作者多年从事农用汽车修理工作中积累的经验及资料，以问答的形式，深入浅出地将农用运输车驾驶与检修基础知识、柴油机故障诊断与检修、底盘故障诊断与检修、电气系统故障诊断与检修等四章内容逐个分解成许多小题目予以解答。风格上融系统性、知识性、操作性为一体，既适合于初学者阅读，也可作为专业修理人员的技术指导用书。在农用运输车使用与修理工作中，读者遇到实际问题，均能通过本书按图索骥，很快找到解决问题的办法，使其尽快掌握使用与修理技术，让您行车万里确保平安。

本书由汽车修理厂厂长刘文举担任主编，赵炳雨、刘世思担任副主编，参加编写的人员还有王嘉禄、刘克千、张兆朵、王春融、赵文志、刘博文等。由于编写时间仓促，虽经推敲但疏漏之处在所难免，恳请读者批评指正。

作　者

目　录

第 1 章　农用运输车使用与检修基础知识 …… 1

第 1 节　驾驶基础知识 …… 1

1-1　怎样购买农用运输车？ …… 1

1-2　驾驶操作农用运输车的一般要求是什么？ …… 3

1-3　农用运输车运行要具备哪些条件？ …… 3

1-4　新车使用时注意什么事项？ …… 4

1-5　农用运输车驾驶时注意什么事项？ …… 4

1-6　怎样安全驾驶农用运输车？ …… 6

1-7　怎样驾驶通过乡村公路？ …… 7

1-8　怎样驾驶通过山路？ …… 8

1-9　怎样驾驶通过交叉路口？ …… 9

1-10　怎样驾驶通过狭窄路面？ …… 10

1-11　怎样驾驶通过凹凸路面？ …… 10

1-12　怎样驾驶通过城区公路？ …… 10

1-13　怎样驾驶通过冰雪路面？ …… 11

1-14　怎样驾驶通过铁道口？ …… 12

1-15　怎样滑行驾驶农用运输车？ …… 12

1-16　怎样驾驶牵引故障车？ …… 12

1-17　怎样正确停车？ …… 13

1-18　怎样正确会车？ …… 14

1-19　怎样正确倒车？ …… 14

1-20　怎样正确超车？ …… 15

1-21　怎样正确掉头？ …… 15

1-22　怎样正确转弯？ …… 16

第 2 节　检修基础知识 ………………………………………… 16
1-23　新车行驶前、行驶后要做哪些检查？ ………………… 16
1-24　新车磨合应注意什么？ …………………………………… 17
1-25　怎样擦拭挡风玻璃？ ……………………………………… 17
1-26　怎么使用刮水器？ ………………………………………… 17
1-27　农用运输车零件磨损有什么特点？ …………………… 18
1-28　农用运输车修理工艺有哪些？ ………………………… 19
1-29　雨、雾天后怎样保养农用运输车？ ……………………… 19
1-30　怎么爱护和保养车门？ …………………………………… 19
1-31　怎么清洁保养车身？ ……………………………………… 20
1-32　冬季用车要注意什么？ …………………………………… 21
1-33　夏季用车要注意什么？ …………………………………… 21
1-34　日常保养有哪些内容？ …………………………………… 22
1-35　一级保养有哪些内容？ …………………………………… 22
1-36　二级保养有哪些内容？ …………………………………… 22
1-37　三级保养有哪些内容？ …………………………………… 23
1-38　换季保养有哪些内容？ …………………………………… 24
1-39　怎样延长农用运输车的大修里程？ …………………… 24
1-40　怎么用直观法诊断农用运输车故障？ ………………… 25
1-41　怎样排除一般的电路故障？ …………………………… 25
1-42　怎么拆卸锈蚀的螺母？ …………………………………… 26
1-43　怎样当一名优秀农用运输车驾驶员？ ………………… 26
1-44　平时怎样预防故障发生？ ……………………………… 27
第 2 章　柴油机检修与故障排除 ……………………………… 29
第 1 节　柴油机综合故障诊断与检修 ……………………… 29
2-1　柴油机发生故障的原因有哪些？ ………………………… 29
2-2　柴油机故障的一般现象是什么？ ………………………… 29
2-3　农用运输车故障判断的基本要素有哪些？ …………… 30
2-4　柴油机起动困难是什么原因？怎样排除？ …………… 32

2-5　为什么冬季发动机不易起动？ …… 35
2-6　为什么热车时发动机不易起动？ …… 35
2-7　柴油机起动良好应具备哪些条件？ …… 36
2-8　柴油机不能起动怎么办？ …… 37
2-9　柴油机出现故障怎么诊断？ …… 38
2-10　柴油机为什么发抖？ …… 39
2-11　农用运输车响声判断的方法有哪些？ …… 40
2-12　柴油机运转中缓慢熄火是什么原因？ …… 42
2-13　影响柴油机使用寿命的因素有哪些？ …… 42
2-14　提高发动机使用寿命的措施有哪些？ …… 43
2-15　为什么柴油机油路有空气时不能起动发动机？ …… 43
2-16　柴油机漏油、漏水、漏气、漏电有什么危害？ …… 44
2-17　怎样防止柴油机渗漏？ …… 45
2-18　柴油机修理时哪些做法是错误的？ …… 46
2-19　组装柴油机时哪些部位不能沾油？ …… 47
2-20　如何防止柴油机维修不当导致故障？ …… 48
2-21　柴油机维修质量的检查标准是什么？ …… 49
2-22　怎样用冷焊修复气缸盖裂纹？ …… 51
2-23　怎样用铸铁冷焊修复机体？ …… 52
2-24　怎样用旧柴油机改装气泵？ …… 53
2-25　怎样修旧利废？ …… 54
2-26　故障特性与分析判断原则是什么？ …… 55
2-27　怎样诊断与排除起动时的敲击声？ …… 58
2-28　为什么只能用手泵油才能起动？ …… 59
2-29　大修好的柴油机为什么难以发动？ …… 59
2-30　柴油机工作时为什么“缺腿”？ …… 60
2-31　柴油机为什么加速时转速提不高？ …… 61
2-32　柴油机怠速始终偏高是什么原因？ …… 62
2-33　柴油机发动后为什么排气管喷火？ …… 62

第 2 节 气缸体与气缸的故障诊断与检修 …………………… 64
2-34 柴油机的工作原理是怎样的? ………………………… 64
2-35 单缸或多缸机的工作是怎样的? ……………………… 65
2-36 柴油机总体构造是怎样的? …………………………… 65
2-37 柴油机常用的技术术语是什么? ……………………… 67
2-38 机体的结构特点是什么? ……………………………… 69
2-39 气缸盖的结构特点是什么? …………………………… 72
2-40 气缸套的结构特点是什么? …………………………… 73
2-41 气缸垫的结构特点是什么? …………………………… 74
2-42 油底壳的结构特点是什么? …………………………… 74
2-43 怎样修理气缸? ………………………………………… 74
2-44 为什么气缸短时间磨损很快? ………………………… 75
2-45 为什么发动机在低温下气缸磨损加快? ……………… 76
2-46 为什么气缸偏缸磨损? ………………………………… 76
2-47 气缸拉缸的主要原因有哪些? ………………………… 77
2-48 怎样防止气缸拉缸? …………………………………… 77
2-49 为什么新更换的气缸套表面硬度太差? ……………… 78
2-50 气缸内壁为什么磨损成椭圆形? ……………………… 78
2-51 怎样测量、检验气缸的磨损? ………………………… 78
2-52 气缸磨损到什么程度需要镗缸? ……………………… 80
2-53 怎样正确镗气缸? ……………………………………… 80
2-54 怎样正确磨气缸? ……………………………………… 81
2-55 燃烧室内为什么产生大量的积炭? …………………… 82
2-56 积炭过多对发动机有什么危害? ……………………… 83
2-57 怎样清除燃烧室内的积炭? …………………………… 83
2-58 怎样检修气缸盖? ……………………………………… 83
2-59 气缸盖为什么变形? 变形后怎么办? ………………… 84
2-60 怎样正确地拆卸气缸盖? ……………………………… 84
2-61 气缸盖不易拆下怎么办? ……………………………… 85

2-62 怎样分解发动机？ …… 85
2-63 分解发动机时应注意什么？ …… 87
2-64 怎样清洗农用运输车零件？ …… 88
2-65 为什么气缸进排气门座与气缸盖处易发生裂纹？有裂纹后怎么处理？ …… 88
2-66 气缸盖螺栓有什么要求？ …… 90
2-67 气缸盖螺栓为什么会损坏？ …… 90
2-68 怎样判断气缸垫烧毁？ …… 91
2-69 气缸垫为什么易破损？ …… 92
2-70 为什么气缸体和气缸盖会破裂？ …… 93
2-71 镗磨气缸套为什么要以活塞为基准？ …… 93
2-72 怎样镶配气缸套？ …… 93
2-73 怎样装配气缸套？ …… 94
2-74 怎样检查气缸套防水圈是否起作用？ …… 95
2-75 气缸压力为什么不足？ …… 95
2-76 怎样判断气缸漏气？ …… 96
2-77 怎样镶配气门导管？ …… 96
2-78 怎样镶配气门座圈？ …… 96
第3节 活塞连杆及曲轴的故障诊断与检修 …… 97
2-79 活塞是用什么材料制造的？ …… 97
2-80 活塞的作用是什么？有什么特点？ …… 97
2-81 活塞裙部为什么制造成椭圆形？ …… 98
2-82 活塞销座的作用及其制造要求如何？ …… 98
2-83 活塞偏置销座起什么作用？ …… 99
2-84 组装活塞时为什么把铝活塞加热？ …… 99
2-85 活塞环槽的作用是什么？ …… 100
2-86 柴油机对活塞环有什么要求？ …… 100
2-87 柴油机对活塞销有什么要求？ …… 103
2-88 柴油机对连杆有什么要求？ …… 103

2-89 柴油机对曲轴有什么要求？ …………………… 105
2-90 柴油机对飞轮有什么要求？ …………………… 107
2-91 活塞环的加工要求是什么？ …………………… 107
2-92 安装活塞环时应留几种间隙？间隙过大或过小有什么危害？ …………………… 107
2-93 怎样防止活塞顶部烧蚀？ …………………… 108
2-94 新活塞用机油煮后为什么使用寿命较长？ …………………… 108
2-95 怎样确定活塞与气缸壁的配合间隙？ …………………… 109
2-96 活塞与气缸的配合间隙过大或过小有什么危害？ … 109
2-97 怎样诊断与排除曲柄连杆响声？ …………………… 109
2-98 怎样判断活塞拉缸响声？ …………………… 111
2-99 新换活塞发动机为什么还窜机油？ …………………… 111
2-100 活塞环为什么会折断？ …………………… 112
2-101 怎样检查活塞环的弹力不足？ …………………… 112
2-102 怎样检查活塞环端隙？ …………………… 112
2-103 怎样检查活塞环侧隙？ …………………… 112
2-104 怎样检查活塞环的背隙？ …………………… 112
2-105 活塞环端隙与气缸直径有什么关系？ …………………… 113
2-106 什么是矩形环的“泵油作用”？其泵油原理是什么？ …………………… 113
2-107 怎样拆装活塞环？ …………………… 113
2-108 安装活塞环时有什么规定？ …………………… 114
2-109 活塞环表面为什么镀铬？ …………………… 114
2-110 怎样选配活塞环？ …………………… 115
2-111 怎样判断活塞环的响声？ …………………… 115
2-112 活塞上的环槽为什么磨损？ …………………… 116
2-113 活塞环为什么咬住环槽内？ …………………… 116
2-114 活塞环为什么走对口？ …………………… 116
2-115 怎样识别因活塞环不良而造成的漏气？ …………………… 117

2-116　怎样拆装活塞连杆组？ …………………………… 117
2-117　活塞销与销座孔及连杆小头是什么配合？怎样安装？ …………………………………………… 118
2-118　怎样铰削修配活塞销与连杆衬套？ ……………… 118
2-119　195 柴油机活塞连杆如何优化组装？ …………… 119
2-120　柴油机不能装反的零件有哪些？ ………………… 121
2-121　S195、X195 和 195 柴油机主要零件哪些可以通用？ …………………………………………… 122
2-122　怎样选择零件修复工艺？ ………………………… 123
2-123　柴油机连杆轴颈失圆及曲轴抱瓦怎样修复？ ……… 123
2-124　发动机六个部位的修复方法有哪些？……………… 124
2-125　怎样进行曲轴的检测与修理？ …………………… 126
2-126　怎样选配柴油机轴瓦和确定轴瓦间隙？ ………… 128
2-127　曲轴烧损有什么应急措施？ ……………………… 129
2-128　连杆轴承烧损怎样应急处理？ …………………… 129
2-129　曲轴烧瓦后为什么应该检查曲轴同心度？ ……… 130
2-130　曲轴不同心有哪些原因？ ………………………… 130
2-131　曲轴主轴瓦为什么磨损不均？ …………………… 131
2-132　怎样预防发动机烧瓦？ …………………………… 131
2-133　曲轴使用时间不长，为什么磨损很厉害？………… 131
2-134　怎样判断曲轴轴承响？ …………………………… 131
2-135　怎样研磨和刮削轴瓦？ …………………………… 132
2-136　为什么个别轴颈磨损很严重？ …………………… 133
2-137　为什么发动机运转时振动很大？ ………………… 133
2-138　曲轴油封为什么失效？ …………………………… 133
2-139　组装活塞连杆组的步骤及注意事项有哪些？ ……… 134
2-140　什么是机械零件的不平衡？ ……………………… 135
2-141　飞轮连接螺栓为什么会松动？ …………………… 135
2-142　安装飞轮时应注意什么？ ………………………… 136

2-143　怎样检修飞轮？ …………………………… 136
第 4 节　配气机构的故障诊断与检修 ………………… 136
2-144　配气机构由哪些主要部件组成？其作用是什么？ …………………………… 136
2-145　凸轮轴的作用是什么？ …………………… 139
2-146　气门为什么要有间隙？间隙过大或过小对发动机有什么影响？ …………………………… 139
2-147　什么是进气门配气相位？ ………………… 140
2-148　什么是排气门配气相位？ ………………… 140
2-149　为什么进气门要比排气门大？ …………… 141
2-150　凸轮轴检修项目及技术标准是什么？ …… 142
2-151　为什么气门会顶死？ ……………………… 142
2-152　为什么弹簧易折断？ ……………………… 142
2-153　气门弹簧折断后有什么征状？怎样进行检查？ …… 143
2-154　为什么柴油发动机装有两个气门弹簧？ …… 143
2-155　气门为什么会烧蚀？ ……………………… 144
2-156　怎样诊断正时齿轮发响？ ………………… 144
2-157　气门断裂的原因有哪些？ ………………… 144
2-158　气门座松动的原因是什么？ ……………… 145
2-159　怎样防止气门烧损？ ……………………… 145
2-160　为什么气门关闭不严？ …………………… 145
2-161　怎样修理气门？ …………………………… 145
2-162　怎样更换气门导管？ ……………………… 147
2-163　排气门为什么最易磨损？ ………………… 148
2-164　怎样铰削气门座？ ………………………… 148
2-165　怎样磨削气门座？ ………………………… 149
2-166　怎样更换气门座？ ………………………… 151
2-167　怎样研磨气门？ …………………………… 152
2-168　怎样检验气门密封性？ …………………… 153

2-169　气门为什么易产生积炭？ …………………………… 154
2-170　气门间隙为什么会自动变大或变小？…………………… 154
2-171　怎样调整单缸机气门间隙？ ………………………… 154
2-172　怎样调整多缸机气门间隙？ ………………………… 155
2-173　怎样判断气门脚响声？ ……………………………… 155
2-174　怎样判断气门挺杆响声？ …………………………… 156
2-175　怎样诊断凸轮轴轴承响声？ ………………………… 156
2-176　怎样判断气门是否漏气？ …………………………… 156
2-177　怎样诊断与排除配气机构的异响？ ………………… 157
第5节　燃油系统的故障诊断与检修 ……………………… 158
2-178　柴油机供给系统的作用是什么？由哪些部件组成？ ………………………………………… 158
2-179　喷油泵的作用是什么？由哪些主要部件组成？ …… 160
2-180　喷油器的作用是什么？由哪些主要部件组成？ …… 166
2-181　怎样调整单缸机供油提前角？ ……………………… 167
2-182　怎样调整多缸机供油提前角？ ……………………… 168
2-183　柴油机燃油系统使用时应注意什么？ ……………… 170
2-184　柴油黏度对供油有什么影响？ ……………………… 171
2-185　怎样预防燃油燃烧对发动机的高温腐蚀？ ………… 172
2-186　怎样延长喷油器针阀偶件的使用寿命？ …………… 172
2-187　怎样排除柴油机周期性“游车”故障？ ……………… 173
2-188　怎样排除柴油机突然停车？ ………………………… 174
2-189　为什么发动机转速不稳？ …………………………… 176
2-190　柴油机飞车时应采取哪些急救措施？ ……………… 177
2-191　怎样排除柴油机喷油器故障？ ……………………… 178
2-192　怎样诊断柴油机燃油系统故障？ …………………… 180
2-193　怎样调整供油量不均？ ……………………………… 182
2-194　怎样就车调整个别缸的供油时间？ ………………… 182
2-195　为什么喷油器故障多更换频繁？ …………………… 182

2-196 柴油机排气管冒白烟是什么原因？ …………………… 184
2-197 柴油机排气管冒蓝烟是什么原因？ …………………… 184
2-198 柴油机排气管冒黑烟是什么原因？ …………………… 185
2-199 怎样排除柴油机无力故障？ …………………………… 186
2-200 燃油系统气阻应采取哪些措施？ ……………………… 187
2-201 怎样延长柴油机高压油管寿命？ ……………………… 191
2-202 柴油机修理要把好几关？ ……………………………… 192
2-203 单体泵装配中不能忽视哪些问题？ …………………… 194
2-204 怎样安装柴油机喷油泵？ ……………………………… 196
2-205 怎样安装高压泵？ ……………………………………… 199
2-206 柴油机在使用中怎样节省燃油？ ……………………… 200
2-207 柴油机低压油路不来油什么原因？如何诊断与排除？ ……………………………………………… 201
2-208 喷油管不喷油或喷油量不足是什么原因？如何诊断与排除？ ……………………………………… 202
2-209 喷油泵供油不均是什么原因？如何排除？ ………… 203
2-210 喷油泵供油提前角失准是什么原因？如何诊断与排除？ ……………………………………………… 203
2-211 喷油器雾化不良是什么原因？如何诊断与排除？ ……………………………………………… 204
2-212 怎样调整喷油泵的喷油时间？ ………………………… 205
2-213 怎样调试喷油器？ ……………………………………… 206
2-214 柴油机工作粗暴是什么原因？如何诊断与排除？ ……………………………………………… 207
第 6 节 冷却系统的检修与故障排除 ………………………… 208
2-215 冷却系统由哪些主要部件组成？其作用是什么？ … 208
2-216 怎样保养发动机冷却系统？ …………………………… 209
2-217 如何清除发动机水垢？ ………………………………… 211
2-218 怎样治理农用运输车渗漏？ …………………………… 212

2-219 怎样排除发动机缸套漏水？ …………………… 213
2-220 水箱“开锅”有哪些原因？ …………………… 214
2-221 发动机过热对机件有什么影响？ …………… 216
2-222 发动机过冷对机件有什么影响？ …………… 216
2-223 怎样检修水泵？ ……………………………… 216
2-224 怎样清洗散热器？ …………………………… 217
2-225 膨胀水箱的作用是什么？它是怎样工作的？ ……… 217
2-226 怎样检查散热器？ …………………………… 218
2-227 怎样焊修散热器？ …………………………… 219
2-228 怎样修理散热器零件？ ……………………… 220
2-229 发动机漏水有哪些现象？ …………………… 221
2-230 发动机缸体漏水时怎样检查？ ……………… 222
2-231 怎样排除发动机的漏水故障？ ……………… 222
2-232 怎样处理发动机温度过高？ ………………… 222
2-233 怎样保养散热器的软管？ …………………… 224
2-234 水箱内不应加什么样的水？ ………………… 224
2-235 冷却系统中的水经常换好吗？ ……………… 224
2-236 冬季当发动机发动后再加冷水好吗？ ……… 225
2-237 为什么发动机运转时水温正常，而停车后水箱“开锅”？ …………………………………… 225
2-238 水泵为什么吸水量小？ ……………………… 225
2-239 怎样预防发动机水套生锈？ ………………… 225
2-240 发动机突然过热是什么原因？ ……………… 226
2-241 发动机过冷是什么原因？ …………………… 227
2-242 猛加油时散热器喷水是什么原因？ ………… 227
第7节 润滑系统的检修与故障排除 ……………… 228
2-243 润滑系统的作用是什么？它由哪些主要部件组成？ …………………………………… 228
2-244 怎样减少机油消耗？ ………………………… 230

2-245 怎样维护机油转子泵? …… 232
2-246 油面增高的原因是什么? …… 233
2-247 柴油机对润滑油质量有什么要求? …… 235
2-248 杂质对发动机磨损有什么影响? …… 236
2-249 怎样保养和检修柴油机润滑系统? …… 237
2-250 润滑系统常见故障及原因有哪些? …… 239
2-251 怎样鉴别机油中的柴油和水? …… 240
2-252 运动黏度随温度的变化有什么变化? …… 241
2-253 机油润滑有几种方式? …… 241
2-254 柴油机机油面过高或过低有什么危害? …… 242
2-255 为什么要定期更换润滑油? …… 242
2-256 润滑油浓比稀好吗? …… 242
2-257 发动机润滑油压力过低的原因是什么? …… 242
2-258 发动机润滑油压力过高的原因是什么? …… 243
2-259 润滑油什么时候应更换? …… 243
2-260 限压阀的作用是什么? …… 244
2-261 工作中润滑油压力突然升高或降低怎么办? …… 244
2-262 机油管破裂怎样处理? …… 244
2-263 机油尺油管向外漏油怎么办? …… 244
2-264 怎样清洗润滑油油道? …… 245
2-265 怎样正确检查机油油平面? …… 246
2-266 曲轴箱为什么要设通风装置? …… 246
2-267 机油为什么消耗过快? …… 247
2-268 为什么起动时机油压力正常,热车时机油压力下降? …… 247
2-269 机油泵泵油量下降的主要原因是什么? …… 248
2-270 怎样检修转子式机油泵? …… 248
2-271 柴油机起动后,为什么要等温度正常时再起步? …… 249
2-272 高速行车为什么费机油? …… 249

2-273　润滑系统在使用过程中应注意什么？ …………………… 249
2-274　怎样诊断机油集滤器的响声？ ………………………… 250
第3章　底盘故障诊断与检修 …………………………………… 251
第1节　传动系统的作用与组成 ………………………………… 251
3-1　三轮农用运输车传动系统由哪些主要零件组成？是怎样传动动力的？ ……………………………………………… 251
3-2　怎样检查调整皮带？ …………………………………… 251
3-3　V带使用中注意事项有哪些？ ………………………… 253
3-4　传动V带有哪些常见故障？ …………………………… 255
3-5　国内三轮、四轮农用运输车用V带选用什么型号？ … 255
第2节　离合器故障诊断与检修 ………………………………… 256
3-6　离合器的作用是什么？ ………………………………… 256
3-7　传动系统对离合器有什么要求？ ……………………… 258
3-8　离合器是怎样工作的？ ………………………………… 258
3-9　干式经常接合摩擦式离合器的结构和工作状态是怎样的？ ……………………………………………………… 259
3-10　离合器操纵机构是怎样的？ …………………………… 263
3-11　怎样检查与调整离合器？ ……………………………… 264
3-12　直接传动型离合器是怎样工作的？ …………………… 266
3-13　离合器液压操纵机构是怎么工作的？其结构如何？ ……………………………………………………… 268
3-14　怎样调整液压操纵离合器？ …………………………… 270
3-15　使用离合器时应注意什么事项？ ……………………… 271
3-16　离合器打滑是什么原因？怎样排除？ ………………… 271
3-17　离合器分离不彻底是什么原因？怎样排除？ ……… 274
3-18　离合器接合不平稳起步抖动是什么原因？怎么排除？ ……………………………………………………… 274
3-19　离合器有响声是什么原因？怎样排除？ …………… 274
3-20　怎样修理直接传动型离合器？ ………………………… 275

3-21 怎样检查和保养离合器？ …… 277
3-22 离合器的技术要求是什么？ …… 278
3-23 为什么离合器自由行程忽高忽低？ …… 278
3-24 使用离合器时应注意什么？ …… 278
3-25 怎样更换离合器摩擦片？ …… 279
3-26 怎样检修离合器从动盘钢片与从动盘毂？ …… 280
3-27 怎样修理离合器踏板不回位？ …… 280
3-28 为什么放松离合器后起步困难？ …… 281
3-29 怎样拆下或装上离合器总成？ …… 281
第 3 节 变速器与后桥传动的故障诊断与检修 …… 281
3-30 变速器的作用是什么？ …… 281
3-31 变速器是怎样工作的？ …… 282
3-32 变速器操纵部分怎样构成？ …… 282
3-33 后桥由哪些主要部件组成，它们是怎样工作的？ …… 285
3-34 三轮农用运输车变速器是怎样工作的？ …… 288
3-35 三轮农用运输车后桥是怎样工作的？ …… 290
3-36 连体式变速器与后桥是怎样工作的？ …… 291
3-37 四轮农用运输车变速器构造及工作原理是怎样的？ …… 293
3-38 怎样调整后桥主从动锥齿间隙？ …… 303
3-39 链传动有什么特点？使用时应注意什么事项？ …… 305
3-40 怎样截断链条？ …… 307
3-41 行驶中链条发出“咔、咔”响声怎么办？ …… 307
3-42 行驶中为什么链条掉链？ …… 308
3-43 怎样延长链条的使用寿命？ …… 308
3-44 传动轴有什么结构特点？ …… 308
3-45 拆卸传动轴时应注意什么？ …… 310
3-46 怎样装配传动轴？ …… 311
3-47 怎样检修传动轴？ …… 311

3-48　怎样保养传动轴？ …………………………………… 314
3-49　怎样判断与排除传动轴故障？ ………………………… 314
3-50　拆装传动轴时应注意哪些事项？ ……………………… 314
3-51　安装万向节传动轴时应注意什么？ …………………… 315
3-52　怎样延长传动轴万向节的使用寿命？ ………………… 315
3-53　怎样检查保养后桥？ …………………………………… 316
3-54　后桥漏油是什么原因？ ………………………………… 316
3-55　后桥发热怎么办？ ……………………………………… 316
3-56　检修后桥时应注意什么？ ……………………………… 316
3-57　怎样检修差速器？ ……………………………………… 317
3-58　为什么差速器行星齿轮十字轴会烧坏？ ……………… 318
3-59　为什么差速器行星齿轮打坏？ ………………………… 318
3-60　怎样判断后桥响声？ …………………………………… 319
3-61　后桥齿轮早期磨损的原因有哪些？ …………………… 320
3-62　怎样检修后桥各机件？ ………………………………… 320
3-63　怎样诊断起步和停车时驱动桥响声？ ………………… 320
3-64　怎样排除转弯时后桥响声？ …………………………… 321
3-65　怎样分解主减速器总成？ ……………………………… 321
3-66　怎样检查主减速器总成？ ……………………………… 322
第4节　转向前桥与悬架装置的故障诊断与检修 ……………… 322
3-67　前桥的作用是什么？其结构特点是什么？ …………… 322
3-68　什么叫前轮定位？ ……………………………………… 324
3-69　怎样调整前轮毂轴承？ ………………………………… 326
3-70　四轮农用运输车转向机构由哪些主要部件组成？是怎样工作的？ …………………………………… 327
3-71　四轮农用运输车转向纵拉杆结构特点是什么？ …… 330
3-72　横拉杆的结构特点是什么？ …………………………… 332
3-73　转向机构的故障有哪些？怎样排除？ ………………… 332
3-74　三轮农用运输车转向盘式转向机构有什么结构特点？

它是怎样工作的？ …………………………………… 334
3-75 前悬架装置有什么结构特点？ ……………………… 334
3-76 后悬架装置有什么结构特点？ ……………………… 338
3-77 怎样检查和矫正车架？ ………………………………… 339
3-78 怎样更换、修复钢板弹簧？ ………………………… 340
3-79 减振器的结构是怎样的？是怎样工作的？ ………… 340
3-80 减振器常见故障有哪些？怎样排除？ ……………… 341
3-81 怎样检查减振器的工作情况？ ……………………… 341
3-82 减振器修好后怎样检查？ …………………………… 342
3-83 使用减振器时应注意什么？ ………………………… 342
3-84 怎样检修与保养减振器？ …………………………… 342
3-85 怎样正确地拆装钢板弹簧总成？ …………………… 343
3-86 钢板弹簧折断有哪些原因？ ………………………… 344
3-87 钢板弹簧弹性减弱怎样修理？ ……………………… 344
3-88 怎样提高钢板弹簧的使用寿命？ …………………… 345
3-89 怎样测定车轮前束？ ………………………………… 346
3-90 转向盘自由行程过大应怎么检查与调整？ ………… 346
3-91 转向器出了故障怎么排除？ ………………………… 347
3-92 行驶时转向盘冲击力大怎么处理？ ………………… 348
3-93 转向盘自动回正力弱怎么办？ ……………………… 348
3-94 转向费力是什么原因？怎样排除？ ………………… 350
3-95 转向时为什么有“吱、吱”噪声？ ………………… 350
3-96 怎样向转向节主销加注润滑脂？ …………………… 350
3-97 转向盘抖动是什么原因？怎样排除？ ……………… 351
3-98 行驶中摆头怎么办？ ………………………………… 351
3-99 怎样检查、装配转向机构？ ………………………… 352
3-100 怎样排除农用运输车方向跑偏？ ………………… 352
3-101 转向打空是什么原因？ …………………………… 353
3-102 转向器在使用中应注意什么？ …………………… 353

第5节　制动系统故障诊断与检修 …………………… 354

3-103　三轮农用运输车制动系统结构与工作原理是怎样的? …………………… 354

3-104　怎样调整三轮农用运输车制动器? …………………… 356

3-105　怎么排除三轮农用运输车制动系统故障? …………………… 357

3-106　四轮农用运输车制动系统结构特点和工作情况是怎样的? …………………… 357

3-107　驻车制动器结构特点和工作情况是怎样的? …………………… 360

3-108　怎样调整制动器? …………………… 363

3-109　怎样排除制动器故障? …………………… 364

3-110　怎么样检修制动器? …………………… 365

3-111　对轮胎的使用性能要求是什么? …………………… 367

3-112　怎样延长轮胎的使用寿命? …………………… 367

3-113　怎样修补内胎? …………………… 368

3-114　怎样修补外胎? …………………… 370

3-115　使用轮胎时要注意什么? …………………… 371

3-116　怎样检修鼓式驻车制动器? …………………… 371

3-117　怎样装配与调整驻车制动器? …………………… 372

3-118　怎样检查车轮制动器? …………………… 373

3-119　怎样修理车轮制动器? …………………… 374

3-120　制动鼓为什么会发烫?怎样防止? …………………… 376

3-121　制动失灵怎么办? …………………… 376

3-122　制动不解除怎么办? …………………… 377

3-123　制动发咬怎么办? …………………… 377

3-124　为什么制动时有时偏左、有时偏右? …………………… 378

3-125　使用液压制动应注意什么? …………………… 378

3-126　怎样排除制动不良故障? …………………… 379

3-127　为什么制动踏板高度降低? …………………… 380

第6节　液压自卸装置故障诊断与检修 …………………… 381

3-128 液压自卸装置由哪些主要部件组成？作用是什么？ …… 381
3-129 液压齿轮油泵的结构和工作情况是怎样的？ …… 382
3-130 液压分配器结构和工作情况是怎样的？ …… 383
3-131 农用运输车液压自卸装置是怎样工作的？ …… 385
3-132 怎样使用液压自卸装置以及如何排除其故障？ …… 386
第4章 电气系统故障诊断与检修 …… 389
第1节 发电机与调节器的故障诊断与检修 …… 389
4-1 永磁转子交流发电机的结构与原理是怎样的？ …… 389
4-2 怎样使用与维护永磁转子交流发电机？ …… 390
4-3 硅整流发电机的构造和工作原理是怎样的？ …… 391
4-4 怎样使用与维护硅整流交流发电机？ …… 392
4-5 电磁振动式调节器结构及原理是怎样的？ …… 394
4-6 怎样使用维护有触点式调节器？ …… 396
4-7 硅整流发电机和调节器有哪些故障？怎样排除？ …… 396
4-8 怎样检修交流发电机？ …… 399
4-9 怎样检查调整调节器？ …… 401
4-10 充电指示灯是怎样工作的？ …… 402
4-11 发电机有异响是什么原因？ …… 403
4-12 怎样在农用运输车上检查交流发电机是否发电？ …… 403
4-13 怎样用万用表检查交流发电机？ …… 404
4-14 检查农用运输车电路故障有哪些方法？ …… 404
4-15 发电机故障有哪些？怎样排除？ …… 405
第2节 起动机的故障诊断与检修 …… 406
4-16 起动电路由哪几部分组成？ …… 406
4-17 预热器构造及工作原理是怎样的？ …… 407
4-18 起动机结构特点是怎样的？由哪些部件组成？ …… 407
4-19 怎样使用与维护起动机？ …… 411
4-20 怎样拆卸、分解起动机？ …… 412

4-21　起动机空转是什么原因？怎样排除？ ………………… 413
4-22　起动机转动无力是什么原因？ ……………………… 414
4-23　起动机不转是什么原因？ …………………………… 415
4-24　怎样装配起动机？ …………………………………… 415
4-25　怎样调整与试验起动机？ …………………………… 415
4-26　怎样修理起动机？ …………………………………… 416
4-27　开关回位，为什么起动机仍继续旋转？ …………… 417
4-28　怎样查明起动机电路短路？ ………………………… 417
4-29　怎样试验起动机和电磁开关？ ……………………… 418
4-30　起动机齿轮与飞轮不能啮合是什么原因？ ……… 419
4-31　起动机小齿轮与飞轮卡住是什么原因？ ………… 419
4-32　为什么起动机烧毁？ ………………………………… 419
第3节　蓄电池的故障诊断与检修 ………………………… 420
4-33　蓄电池的结构是怎样的？ …………………………… 420
4-34　蓄电池是怎样工作的？ ……………………………… 421
4-35　怎样保养蓄电池？ …………………………………… 422
4-36　怎样使用电解液密度计来测量蓄电池的充电情况？ … 423
4-37　安装蓄电池时应注意什么？ ………………………… 423
4-38　怎样区别蓄电池是存电不足还是有故障？ ……… 424
4-39　怎样在充电中判断蓄电池故障？ ………………… 424
4-40　什么是蓄电池的自放电？ …………………………… 425
4-41　蓄电池内部短路有什么现象？怎样排除？ ……… 425
4-42　蓄电池极板活性物质为什么会大量脱落？ ……… 425
4-43　蓄电池电解液消耗太快是什么原因？ …………… 426
4-44　蓄电池为什么会爆炸？ ……………………………… 426
4-45　电解液密度过大对极板有什么危害？ …………… 427
4-46　怎样减少蓄电池自行放电？ ………………………… 427
4-47　怎样给蓄电池快速充电？ …………………………… 427
4-48　怎样判断正在充电的蓄电池是否充足？ ………… 428

4-49 为什么对蓄电池进行初次充电后还要放电再充电? …… 429
4-50 怎样识别蓄电池的正负极? …… 429
4-51 怎样判断蓄电池是否正常充电? …… 430
4-52 蓄电池桩头有哪些常见故障?怎样处理? …… 430
4-53 蓄电池没电,怎样用别的车上的蓄电池起动柴油机? …… 431
4-54 怎样补蓄电池外壳? …… 432
4-55 冬天怎样向蓄电池加蒸馏水? …… 432
4-56 为什么蓄电池极板会拱曲? …… 433
4-57 怎样正确配制电解液? …… 433
4-58 蓄电池放电后为什么要及时充电? …… 434
4-59 怎样使用干荷蓄电池? …… 434
4-60 冬季怎样使用和维护蓄电池? …… 434
4-61 为什么蓄电池容量过低? …… 435
4-62 怎样延长蓄电池的使用寿命? …… 435
4-63 为什么出车前补加蒸馏水最好? …… 436
4-64 起动机不转,蓄电池电接柱的搭铁线温度升高是什么原因? …… 436
第4节 仪表、灯光、喇叭的故障诊断与检修 …… 436
4-65 农用运输车灯系的类型与结构是怎样的? …… 436
4-66 怎样检修前大灯? …… 438
4-67 大灯反射镜表面上镀的什么金属?反射镜上有灰尘时怎样清洁? …… 440
4-68 检修或更换灯开关时,怎样识别各类线接头? …… 440
4-69 怎样检修照明装置? …… 441
4-70 农用运输车灯出现短路搭铁怎样检修? …… 441
4-71 怎样用试灯检查法检修电路? …… 442
4-72 怎样用仪表检查法检查电路断路? …… 442
4-73 大灯为什么一侧亮,一侧不亮? …… 442

4-74　转向灯的作用及电路是怎样的？ …………………… 443
4-75　怎样排除转向灯不亮？ …………………………… 443
4-76　为什么灯泡经常烧毁？ …………………………… 445
4-77　接通转向开关后闪光器为什么立即烧毁？ ……… 446
4-78　使用闪光器应注意什么？ ………………………… 446
4-79　怎样检查转向信号电路故障？ …………………… 447
4-80　为什么转向灯亮而不闪烁？ ……………………… 447
4-81　为什么转向灯闪烁快慢不一致？ ………………… 448
4-82　为什么接通转向灯时，左右两侧的转向灯同时
闪烁？ ……………………………………………… 448
4-83　怎样检修制动灯不亮？ …………………………… 448
4-84　怎样检查报警灯？ ………………………………… 448
4-85　电流表构造和工作原理是怎样的？ ……………… 449
4-86　怎样排除电流表的故障？ ………………………… 449
4-87　水温表及传感器构造和工作原理是怎样的？ …… 450
4-88　怎样排除水温表与传感器故障？ ………………… 451
4-89　油压表及传感器的构造和工作原理是怎样的？ … 452
4-90　怎样排除机油压力表传感器的故障？ …………… 453
4-91　燃油表及传感器的构造与工作原理是怎样的？ … 454
4-92　怎样排除燃油表及传感器故障？ ………………… 455
4-93　里程表的构造和工作原理是怎样的？ …………… 456
4-94　怎样排除里程表的故障？ ………………………… 457
4-95　电喇叭构造和工作原理是怎样的？ ……………… 458
4-96　怎样检修喇叭不响？ ……………………………… 458
4-97　怎样排除喇叭声音不正常？ ……………………… 459
4-98　为什么喇叭触点烧坏？ …………………………… 460
4-99　为什么喇叭连响？ ………………………………… 460
4-100　为什么喇叭声音低哑？ ………………………… 460
4-101　刮水器的结构和工作原理是怎样的？ ………… 461

4-102 怎样排除刮水器的故障? …………………………… 461
4-103 怎样维护刮水器电路? …………………………… 463
4-104 洗净器由哪些部分组成的? 怎样选用洗涤液? …… 463
4-105 使用洗净器时应注意什么? ………………………… 464
4-106 暖风装置由哪些部件组成? ………………………… 464
4-107 暖风装置电路原理是怎样的? …………………… 465
4-108 怎样检修暖风装置? ……………………………… 465
4-109 电器设备的一般布线原则是什么? ……………… 466

第 1 章　农用运输车使用与检修基础知识

第 1 节　驾驶基础知识

1-1　怎样购买农用运输车?

要想购买质量好、性能可靠、经济性适宜的农用运输车，在选购时主要应考虑以下几个因素。

(1)了解用途　购车前应该弄清楚购车的用途，如 0.5t 和 0.75t 级的三轮农用运输车适用于平原和丘陵地区做短途客货运输；0.75t 级的四轮车适用于果园运输；1.0t 和 1.5t 级自卸车适用于城乡建筑工地、小矿山等环境的短途运输。

(2)预算资金　购买时应考虑自身的经济实力，如需借贷，要考虑偿还能力。购车时除应考虑购车的直接费用外，还应考虑购车的间接费用(如车辆购置费、保险费、维修费、油料费等)。

(3)品牌和生产厂家的选择　全国目前共有农用运输车正式生产厂家近 280 家。各家的产品除达到国家规定的技术要求外，还有其不同特点(如在不同的销售地区，将配用不同厂家的发动机，以充分满足不同用户的需求和维修服务的方便性)。用户需对当地或周边邻近地区生产厂的农用运输车是否适合自己的需要，同类车在已购车用户中的反映(质量好坏，“三包服务”是否到位、及时，易损零配件是否供应充足、通用，价格是否适中，维修店是否方便)等几个方面进行综合考虑。

(4)购车后检查　购车后应仔细阅读使用说明书，对照产品合格证对发动机和车架的号码进行核实。每辆农用运输车在出厂前均经过严格检查，但由于在产品运输过程中或由于停放时间过长等原因，可能会对车辆造成一定损伤。为此，首先检查一下车子的外观质量、门窗、罩、盖接缝是否整齐、严密，门锁和窗玻璃起闭是否灵活，外观喷漆是否均匀，有无磕碰和损坏，轮胎气压是否合适。同时应对下列项目进行仔细检查：

①检查车辆各部的紧固情况，特别是制动、转向、车轮等有关安全的部位。座椅移动是否灵活、内装饰质量是否好。

②检查散热器（水箱）及其连接部位是否漏水。

③检查发动机、变速器、后桥、转向器等的油面高度以及是否漏油。

④检查燃油供油系统是否渗漏油。

⑤检查蓄电池（电瓶）电解液液面高度。

⑥检查灯光、喇叭和刮水器（雨刷）工作是否正常。

⑦检查轮胎气压是否正常。

⑧检查随车工具及备件是否齐全。

⑨试车。变速器置空档，拉紧手制动，起动发动机，使其怠速运转，同时查看仪表工作情况，待车热后可打开发动机罩，对发动机急加速、急减速，再缓缓加速，看过渡情况，发动机应高低速运转稳定，突然加速或减速不能熄火，无突爆、“放炮”，运转无异响。检查冷暖风、空调等设施的工作是否良好。

⑩检查制动器和手制动工作是否可靠。

⑪路试。踩离合器挂档起步后，先试一脚刹车，检查制动是否灵敏，同时检查离合器及制动踏板自由行程，然后挂入各档包括倒档，检查各档工作情况和离合器踏板工作情况，在适当车速下转向盘向左向右各转到底一次，检查转向角度并倾听传动系统有无异响。车辆路试结束后，查看各部接合处有无松旷，各总成有无漏油、漏水，发动机、车轮、轮毂不应有过热现象，各总成温度应适宜。

(5)新车磨合　车辆的使用寿命与车辆使用的磨合好坏有很大关系。为延长车辆的使用寿命，驾驶员应按车辆使用说明书的磨合要求对车辆进行磨合，磨合期应特别注意以下几点：

①磨合前应检查各种油、液（柴油、机油、齿轮油、冷却液）和轮胎气压，不足时应按规定加足。

②为减少发动机的磨损，冷车起动后不要猛加油门，应让发动机低速运转，待水温升高后，再起步行车。

③各档必须限速、限载行驶，具体要求参见各车的使用说明书。

④应经常检查并紧固各部紧固件。

⑤应经常检查制动鼓、变速器、后桥的温度，必要时进行调整。

⑥特别应注意发动机的水温和机油压力。

⑦磨合后应更换发动机油和机油滤清器滤芯，检查蓄电池电解液密度和液面高度，清洗空气滤清器，紧固所有紧固件、连接件，给各润滑油嘴加注润滑油(脂)。

1-2　驾驶操作农用运输车的一般要求是什么？

在每日起步操作前，应先观察燃油、机油和冷却水及轮胎气压是否充足，然后起动发动机，观察各仪表工作是否正常，而后下车检查货物是否捆绑好，车辆四周是否有牲畜、车辆和行人，特别应注意是否有玩耍的儿童。然后上车，关好车门，调整好左右倒车镜及后视镜，开起转向灯。平路时空车可用二档起步，重车可用一档起步。上坡起步时，应一手握住转向盘，一手握住手制动杆，右脚适当踩下油门踏板，左脚缓抬离合器踏板，当发动机声音发沉时，松开手制动器。

1-3　农用运输车运行要具备哪些条件？

农用运输车属经济车型，与其他大中型车比较起来，动力小，各项性能指标差一些，所以安全问题特别重要。要保证农用运输车的行驶安全，运行状态可靠良好，运行阶段的农用运输车在技术上应达到如下要求：

①车容整洁，装备齐全，各种随车工具、常用零配件安全，保证车辆的完好性。门窗关闭严密可靠，开起灵活。挡风玻璃完好，视线清晰。刮水器工作可靠。电气设备齐全，工作可靠。农用运输车的所有总成、组合件、零件和设备连接牢固可靠，工作正常。

②发动机运转良好，无异响，能发出足够的功率，保证农用运输车的牵引性能有最佳的动力效果。发动机燃油系统工作正常，耗油量不超过额定值。燃油、润滑油、冷却液及各种溶液均注满，并做到油、水、气、电四不漏。润滑系统油压符合原车规定，消耗正常，冷却系统能保持发动机的正常工作温度。

③离合器分离彻底，不打滑，不振抖。变速器换档轻便自如，不跳档，不乱档，不过热，无异响。传动轴无弯曲，工作时无振摆，不松旷。后桥在工作时无异响，转向盘不过热。钢板弹簧无断裂或错开现象。

轮胎气压符合规定。前轮定位符合规定，转向轻便灵活，不松旷。转向盘自由转动量不超过规定。制动系统工作可靠，制动距离与踏板自由行程符合规定，不跑偏，手制动可靠。

1-4　新车使用时注意什么事项？

(1)正确选用柴油　为了防止爆燃和有效地发挥柴油的潜力，可适当提高发动机的点火角度。如将喷油提前角适当减小，以减少爆燃倾向，使用于高原规定的牌号柴油时，则应将喷油提前角适当增大，以充分发挥发动机的潜力，提高发动机功率，节约柴油。

(2)行车时发动机冷却液的温度应控制在80～90℃　发动机温度过高，容易出现早燃或爆燃，润滑油变质和烧蚀，零件的磨损加剧，结果使用发动机的动力性、经济性、可靠性和耐久性全面变化，甚至造成活塞拉缸等事故性损伤。发动机温度过低，会使柴油混合形成不良，洗去缸壁上的润滑油膜，流入曲轴箱稀释机油，使机件磨损增加，发动机的性能变坏。

(3)加注油膜强度高的齿轮油　农用运输车后桥采用双曲线齿轮减速器，它具有结构简单、工作平稳、无噪声、机械损失少、强度高的特点。在传动过程中，齿间不仅有滚动，而且还有纵向滑动，其相对滑动量比螺旋齿轮大得多，使齿面间压力加大，不容易形成润滑油膜。所以必须加注油膜强度高的齿轮油，才能保证齿轮正常润滑效果。否则，行驶2000km后，齿轮就会因润滑不良造成早期损伤。

(4)保持正常的轮胎气压　为了保证轮胎合理使用，延长其使用寿命，应保持轮胎正常的气压。气压过高时，会使用轮胎帘布层受力增加，轮胎刚性增大，胎面磨损增加。如果农用运输车在不良的道路行驶时，因胎面弹性能降低，车轮所受冲击增加，造成帘线断裂，甚至产生胎面爆破。

气压愈低，轮胎变形愈大，轮胎温度迅速提高，导致轮胎的耐磨性和粘结力都显著下降，造成轮胎早期损坏。

1-5　农用运输车驾驶时注意什么事项？

正确的驾驶农用运输车，对延长车辆使用寿命、降低燃料的消耗、保证农用运输车处于良好的技术状态以及安全行车有极大的关系。应注意以下几点：

(1)发动机的起动

①置变速杆于空档位置，踩下离合器踏板，根据气温情况和农用运输车特点，待起动后松开离合器踏板。

②将钥匙插入点火开关，接通起动机工作，待发动机起动后，应立即松开钥匙，钥匙将自动逆时针转回，切断磁力开关电路，否则将烧坏起动机。

③使用起动机每次不得超过5s，再次使用间隙不得少于15s，以防蓄电池大量放电而损坏。

④发动机起动3～5min后，查看仪表。

(2)起步与行车

①发动机起动后，渐渐将阻风门拉钮推到底，保持怠速运转，待水温达50℃，机油压力正常，即可起步。

②起步时用一档或二档加速到该档位的最高车速。

③起步前必须先松开手制动杆，左脚踩离合器踏板踩到底挂档，右脚逐渐踩下油门的同时，左脚慢慢松开离合器踏板，控制车辆平稳起步，此时左脚应完全离开离合器踏板。

④行车中，不要将脚经常放在离合器踏板上，防止离合器打滑造成摩擦片过早损坏。

⑤经常观察仪表和警告指示灯，看其工作是否正常。如某个指示灯亮时，应立即停车查明原因。

⑥上坡时，换档要及时，不能用高速档勉强行车，以免增加发动机及传动系统机件的负荷。

⑦下坡时，可挂低速档，利用发动机帮助制动，车速不可太快，保证行车安全。

⑧行驶中尽量避免紧急制动，以免传动系统机件承受重大的冲击负荷。

(3)经济驾驶 为了保证农用运输车的经济使用，在驾驶操作中，应注意下列几点：

①正确操作，保证迅速起动，缩短走热时间，不要起步前猛踩油门，行驶中多用高档，及时换档，防止拖档。

②控制行车速度，在行驶中，保持经济速度，尽量用中等稳定的车

速行驶，轻踩油门，短坡起伏路可先用高档冲坡，长陡坡应早换低档通过。

③选择路线，选择适当的停车地点，减少停车前进后退的次数。正确判断道路交通，提前放松油门，防止不必要的制动。

④合理滑行。减速滑行对节油、行车安全和减少磨损均有利。加速滑行一般节油3%～10%，但发动机磨损却增加。应尽量充分利用减速慢行，加速滑行应根据技术、道路等条件适当采用，坡道滑行更应有计划、有控制和有条件地进行。一般情况下严禁下坡脱档滑行。

(4)停车 ①尽量避免在坡道上停车，如必须在坡道停车时，应拉紧手制动，挂上低速档或倒档，在车轮下方加楔木以防车辆滑溜。

②发动机熄火时，应怠速稳定运转1～2min，然后取下钥匙将发动机熄灭火，不要在熄火前轰油门。

③冬季，发动机冷却系统不采用防冻液的车辆，应在车停驶后放水。放水时，打开散热器盖，拧开放水开关，将冷却水放尽，最好在放净水后，再起动一下发动机，使其低速运转30s左右，将水泵内排净，以免把水泵叶轮和水封冻结冰。

1-6 怎样安全驾驶农用运输车？

正确熟练地驾驶农用运输车，遵循行之有效的一些规章制度、办法，对确保安全行车，减少车辆机件的磨损，延长车辆使用寿命，有着重要的作用。

(1)用车前检查车辆 驾驶农用运输车前，要仔细对车辆进行检查，要养成“出车检查”的习惯，这样可以避免或减少行驶途中的故障，防止事故的发生和避免损坏机件。检查内容如下：

①油箱内的燃油是否充足，有无漏油或堵塞现象。

②曲轴箱内润滑油是否充足，是否过于污脏。

③各部件不允许有漏油现象，特别是从油箱到喷油管接头这段距离，不允许有渗漏现象。

④蓄电池电解液是否在规定液面高度，存电是否充足。

⑤轮胎气压是否充足。

⑥全车各紧固件是否有松动现象。

⑦随车工具是否齐全。

⑧发动机起动后，检查运转是否正常，怠速是否稳定，有无异响声。

⑨检查转向是否灵活、可靠、轻便。

⑩检查前、后制动是否可靠；各操纵部位操纵时是否灵活，有无卡滞现象。

⑪检查喇叭和各种灯开关是否正常。检查前、后减振器是否灵活可靠。检查传动部件松紧度是否合适。

检查中若发现有问题，应予以排除，正常后方可投入使用。

(2)坚持有照驾车　驾驶员必须经过公安交通管理部门考试合格，并取得驾驶执照后才允许驾车，不准将车借给无照人员驾驶。

(3)三轮农用运输车驾驶员要戴头盔和穿引人注目的紧身服饰

(4)严格遵守交通法规和各地对交通的具体规定

(5)驾驶中注意事项

①不要过分靠近其他机动车和障碍物。

②转弯或改变车道时应先亮转向灯，以引起其他车辆驾驶员的注意。

③要保持中速行驶，不要开“英雄车”，更不允许酒后开车。

④驾车时应双手紧握方向，双脚踩在脚蹬上，思想集中，不要闲谈和吃食物。

(6)装货不超重　装放货物不要超重，货物固定要牢固，货物重心要尽量靠近车辆中心，要保持车辆平衡和稳定。

(7)严格禁止用户随意改装农用运输车或更换原车的装置

1-7　怎样驾驶通过乡村公路？

目前，我国大多数乡村公路为简易路，路面宽仅为3～4.5m宽，因没有有效的排水设施，加之路基不牢，遇水行车后容易形成车辙和凹凸不平的沟坑。而个别平整地段，在夏收和秋收后，农民喜欢在上面晒粮、打场、堆场。在盛夏的夜晚，又常有人在路边乘凉和睡觉。

白天在这种公路上行驶时，要注意不要与兽力车、手扶拖拉机、人力车、成群放养牲畜家禽抢道行驶，遇路口弯道，上述车辆占道行走时，在鸣笛跟近后，要耐心跟进，不可盲目超越或争道抢行，防止牲畜受惊发狂。超越前方车时，应注意观察路面宽窄，前方有无来车，并要留有足够的侧向间距，减速通过。

夜间行驶时，除应注意以上情况外，应格外注意对方来车，特别是亮单灯或行驶机动车无灯的车辆。

1-8　怎样驾驶通过山路?

山区的气候在一年四季中多有变化，为此驾驶员应在出车前及时了解当地和前往地的气候特点，收听、收看当日天气预报。途中遇有恶劣天气，应选择安全地段避让，不可贸然行进以防不测。

山路行车前，除对车辆进行正常保养外，应确保车辆的制动、转向、轮胎状态良好，随车配备灭火器、三角垫木等进山必备器材。

山区公路的特点是坡多、弯多、转弯半径小、视野盲区大，特别是非等级的山路尤为突出。为此，行车时应全神贯注，谨慎驾驶，反应灵敏，操作准确，配合协调，根据坡道的长短、弯道的大小、路面的宽窄以及自身车辆的配载大小、动力大小、车速快慢，适时换档。行至危险路段时，应将车速降至 30～40km/h；遇有冰雪、泥泞溜滑路面的地段，应将车速降至 5～15km/h，并保持足够的动力；行驶在长缓坡的路段时，可根据路况，在不影响超会车的情况下，选择中间行驶，以防刮碰山石。但遇暗道、急弯时，应注意减速、鸣号、不要占道行驶；在上下陡坡时，前后两车间距应加大到 70～100m，防止上坡的前车突然停车后溜或下坡后制动不及而撞及前车。

上坡时，切忌高档低速或低档高速行驶，防止发动机动力不足或过热。一般地讲：上短而缓坡道时，可利用加速惯性冲坡；遇缓而长的坡道，可用中速档加速冲坡；遇短而陡的坡道时，应及时减速减档，使车辆保持足够的动力行驶；对长而陡的坡道，可在条件允许时先加速冲坡，感到动力不足时立即逐级减档，稳住车速。

下坡时，严禁熄火空档滑行、避免紧急制动，防止侧滑；换档减速时，要先利用制动减速，用两脚离合器法减档。下缓坡时，可视情况控制车速；下长陡坡时，应用中低速档，利用发动机制动，配合适当的间歇行车(脚)制动来控制车速；遇狭窄险峻坡道、盘山弯道时，应注意来车情况，选择适宜地点会车，并随时做好停车准备。

坡道起步时，离合器、油门、手脚制动器的配合要协调一致。若起步时车辆后溜，应在立即停车后，再次起步。切忌猛抬离合器，猛踩油门强行起步，以免扭断半轴，损坏机件。

坡道停车，特别是重车应选择坡缓路窄、前后视距较大处停放。停车时需将前轮朝向安全方向，拉紧手制动，用三角垫木或石头掩住车轮，或利用天然障碍将车抵住，以防车辆溜坡。

行车途中如遇制动失灵、方向摇摆等紧急情况时，应保持沉着冷静，迅速降档，利用发动机制动降低车速，并配合手制动将车停住，或利用路边的土石堆、石块等障碍物停车。万不得已时，可将车靠向山侧，利用擦碰阻力停车，避免车辆翻下山崖。

在坡道倒车时，要随时做好制动准备。向上坡方向倒车时，踩“离合”速度要快于踩“制动”的速度，以防发动机熄火；向下坡方向倒车时，起步时松“手刹”与松“离合”要同时进行，停车时，“离合”和“制动”要同时踩下，以防溜车。

通过涵洞、隧道时，要适当减速，注意涵洞、隧道的净空高度、宽窄、长短和内部照明情况。进入时，须开起前后灯光，鸣号靠右行驶，一气通过，避免变速停车，防止堵塞。注意与来车安全会车，注意眼睛对视觉明暗适应的恢复。

1-9　怎样驾驶通过交叉路口？

进入路口前，要正确选择车速，应在距路口 100～150m 处减速。转弯车辆应注意观察路标（在某些大、中城市的交叉路口，不允许车辆左转弯或右转弯），若允许转弯的话，则在距路口 50～100m 处开转向指示灯，在快车道上行驶的欲右转弯的车辆应并入最右侧的慢车道，在慢车道上行驶的欲左转弯的车辆应并入最左侧的快车道。车辆并线时，应注意前后左右机动车辆、非机动车和行人，切忌加速赶绿灯，抢红灯，并服从交通民警指挥。通过无人指挥的交叉路口时，更应谨慎驾驶，顺序行车，不要争道抢行。主动让先到路口的车辆先行。

通过路口时，要仔细观察有无阻碍视线的各种障碍物，预先对各种可能出现的险情做出估计，特别是从支路进入主干道时，应注意避让横穿车辆。

通过各种立交桥路口时，须认清立交桥的形式，按导向标志正确通过。

通过环岛平面交叉路口时，除右转弯车辆外，其他车辆均需先驶入环岛，逆时针绕行环岛选择所去方向。

1-10　怎样驾驶通过狭窄路面?

在狭窄路面驾驶时,应注意观察路面状况,正确选择路线,灵活掌握方向和速度,正确估计道路宽度、弯道大小,防止与人、车、物相刮碰或将车辆驶出路外。与来车、来人相会时,应做到"礼让三先",选好会车地点,缓慢通过,必要时应停车让行。

通过危险路段(如遇到路上晒有粮草、堆有肥料或其他障碍物)时,应减速慢行。

1-11　怎样驾驶通过凹凸路面?

在凹凸不平的路面上驾驶时,驾驶员上身应背靠坐稳,双手握住转向盘,防止转向盘失控。注意观察路面,防止尖锐的障碍物损伤轮胎,控制好油门、车速和档位。

通过凸形较大的路段,需减速慢行,待前轮行至上凸形处加油,前轮到凸顶时收油门,利用惯性下滑。后轮的通过同前轮。通过小横坎、台阶时,应尽量使两前轮同时对正,防止转向盘击伤手指、手腕。通过凹形较大或沟槽较宽的地段时,应提前减速,利用惯性待前轮溜至凹底后,再加油上沟。后轮的通过同前轮。通过大凹小坑连续不断的路面。应保持匀速,尽量减少车辆振动。

通过凸凹度小而短的道路,可空档滑行通过。通过搓板路面、波浪式凹凸路面时,用中速档行驶。

遇有障碍物时,应注意其大小和在路上的位置。若在路中央,且其高度低于车的最小离地间隙,宽度小于轮距时,可用低速缓慢从其上通过。若其宽度大于轮距时,可将一边车轮压在障碍物上,一边车轮在下面慢慢通过。

1-12　怎样驾驶通过城区公路?

城区道路的特点是:人多车杂,街道密布,纵横交叉,路口多,行人、自行车、摩托车混流现象严重,但道路标志、标线设施和交通管理比较完善。

进入城区,要各行其道,注意道路交通标志。无分道线时,应靠右中速行驶,前后左右要保持适当间距。临近交叉路口时,要及时减速,不许赶绿灯、闯红灯。停车应停在停车线或人行横道线内,并注意信号灯变化,做好起步准备。转弯时,要用转向灯示意行进方向。左转弯车辆要注意给后车提供方便，右转弯车辆要注意避让右侧的行人、自行车和摩托车。

通过无人管理和无交通信号的路口时，要特别注意行车道路两侧、前后，特别是路口内的情况，准确判断处理交通动态。不同的车辆在城区行驶时应按规定的路线和时间行驶。运输特殊物资及超长、超宽货物时，应设置超限标记。

通过县乡集镇时，如遇街道狭窄、无交通设施、交通设施简单的情况，或遇逢集赶会、喜庆丧嫁日时，交通情况更加复杂，在这些地方车马行人缺乏必要的交通安全知识，通过时要减速鸣号缓慢行驶，必要时可让同行人下车疏导，不可用车强行挤开人群，以免伤人损物。

1-13 怎样驾驶通过冰雪路面？

在冰雪路面上，路面附着力为正常路面的1/7，制动距离是正常路面的3倍以上，因此在冰雪路面上行驶时，应注意控制好车速（做到中速行驶）、转向适度（不可快速转向）、制动平稳（不可紧急制动），力求避免车辆发生侧滑等危险情况。

出车时应保持车辆技术状态良好，待发动机预热后，应轻踩油门，缓抬离合器起步。若起步困难，可在轮下铺垫沙土、草垫，提高轮胎附着力。

行车中应加大车辆前后和侧面距离，注意观察路面及车马、行人动态，特别应注意骑摩托车和自行车的动态。把稳转向盘，保持以中低速匀速行驶，不要急加速、急减速和猛打转向盘，尽量利用发动机牵阻制动来控制车速，行至转弯、坡道、倾斜路面等危险路面时，应控制好车速，减少制动，避免紧急制动，不可空档滑行。

行车中如遇紧急情况，可强行减档，必要时可用点制动的方法减速停车，以防侧滑。若因制动发生侧滑，应立即松开制动，稳住油门，使车轮保持滚动，同时将转向盘转向侧滑方向，并快速减档。若因打方向引起侧滑，要向后轮滑动的方向打转向盘，当车辆复位后，应立即把方向回正。

行车中应尽量少超车，如需超车，应选好路面，待前车让速、让路后再超车。会车时，应提前减速，加大侧向间距。转弯时，须提前减速慢行，加大转弯半径，不可急转猛回滑行制动，防止车辆溜滑甩尾。

1-14　怎样驾驶通过铁道口？

穿越公路和铁路交叉路口时，应做到“一看、二慢、三通过”，提高警惕，除低车速，看清信号，服从指挥。通过无人管理、无信号的铁路路口时，应确认两边无火车驶来时方可通过，不能侥幸盲目抢行穿越。

通过时应使用低速档，不得在道口制动停车、变速和熄火滑行，如遇突然熄火，应设法尽快使车辆离开铁道。在跟随其他车辆通过铁路路口时，必须在前车驶离最后一股铁轨 10m 以外后再通过。

1-15　怎样滑行驾驶农用运输车？

滑行是利用车辆的惯性向前行驶，分为空档滑行和挂档滑行。滑行应在路面平坦、视野开阔、交通条件良好、车辆技术状态完好（发动机怠速稳定、制动系统和转向系统完好有效）的前提下进行。滑行中应注意掌握时机，灵活操作，不影响其他车辆正常行驶。充分适时地利用滑行可节省燃油，减轻运动机件、轮胎的磨损，有效地延长车辆的使用寿命。

滑行的一般操作要点：当车速平稳升至最高车速后，脱档滑行，待车速降至 30km/h 左右的车速时，踩下离合器踏板，稍加空油，挂入高速档继续加速，重复上述过程，适时交替滑行。

在以下路段和情况时不许滑行：视线和能见度不良的条件下（风雪雨雾天气、黄昏和黎明时分），气温过低的地区，装运危险品及超宽超大物品时，路面附着条件差的路段（潮湿、泥泞、结冰、积雪），其他危险生疏路段（傍山险路、下长坡连续急转弯、窄路、涵洞、隧道）。特别是下长陡坡时，不许熄火脱档或踩下离合器踏板滑行，严格禁止装有真空转向助力和真空增压制动装置的车辆熄火滑行。

1-16　怎样驾驶牵引故障车？

牵引故障车辆时，前后两车应均由正式驾驶员驾驶。无论用硬联接或软联接方法牵引车辆，均应联接牢固。牵引时，前后车均应开起警示灯，示意来往车辆、行人注意。

牵引车起步时，应先鸣号告之后车，待后车回号后，用一档起步、半联动缓行，当牵引绳（杆）拉紧后再逐渐加速。行驶中，前车要随时与后车保持密切联系。在操作和处理情况时，既要适应道路情况，又要照顾到后车。行车应靠路右侧匀速行驶，切忌忽快忽慢，避免牵引绳（杆）时紧时松被拉断，或牵引绳松弛被卷入后车轮下。行驶时遇有情况应提前处理，避免紧急制动，防止后车撞上前车或损坏牵引装置。换档时间要适宜，行车车速不宜过快。转弯时应转大弯，提前减速鸣号，示意后车。停车时应选择适宜地段，鸣号通知后车，然后减速靠向路边。

被牵引车辆应适应前车动态，控制好转向、制动，做到谨慎驾驶。软牵引时，被牵引车辆的制动、转向机构必须完好。在保证安全的情况下，被牵引车可稍靠前车左侧行进，后车要用发动机制动或用制动器控制、调节车速，遇有情况，应及时鸣号通知前车。

1-17　怎样正确停车？

准备停车时，应打开右转向灯，示意前后方来车及行人注意，同时减速或利用脱档定点滑行的办法，慢慢向道路右侧停靠。当车辆临近停放地点时，轻踩制动踏板，将变速杆放入适当的档位，关闭发动机，取下车钥匙，关好车窗，锁好车门。坡道停车时，前轮应朝向安全的方向(靠山的方向)，上坡车挂一档，下坡车挂倒档，必要可用三角木或石块掩住车轮。

夏季停车时，应选择阴凉处停放，避免油箱及轮胎受烈日曝晒。

冬季停车时，应尽量使用与当地最低气温相应防冻液。如没有条件使用防冻液，且长时间停车，则应间歇起动发动机；对过夜停放的车辆，应放尽水箱及机体水套中的冷却水，以免冻坏发动机。

在城区停车时，应在指定地点及不影响交通地点停放。在停车场放车时，应按规定的顺序和车位将车停放整齐，尽量减少移车、倒车，并与其他车辆间保持必要的间隔。

在家院停放时，应尽量选择宽阔、安全的地方停放。

装运油料、农药及化肥等物品的车辆，应选择空旷的安全地带，在远离街道、建筑物处停放，同时必须有人看管，防止发生意外。

车辆在以下处所禁止停车：视距短的弯道处；交通拥挤的城区；有泥泞、冰雪、施工、堆放物资的路段；河溪边、漫水桥上、悬崖附近；在距公共汽车站、公共场所出入口、交叉路口、铁路道口、消防设施、高压电线、桥梁、隧道、窄路、陡坡、涵洞及其他危险地段15m以内的地方；人行横线内。

1-18　怎样正确会车？

与对方来车会车前，首先应看清行车道路前方是否有障碍物，为防止刮碰对方来车，伤及路边行人及设施，或因过分让路而翻车，应做到准确判别对方来车的车型、车速、距离，有无拖挂车辆，有无装载超高超宽货物，来车后面是否有强行车辆。与此同时，应注意行车前方是否有交通信号标志，有无电线杆、人行道及其他设施，路基和路肩是否松软。

会车时要集中精力，握稳转向盘，控制好车速。在正常路面行驶时，车速应控制在40～60km/h；路面宽度小于6m的道路，车速应控制在15km/h以下，靠路右侧行驶，并保持适当的前后车距。

会车时应注意以下情况：

①与带拖挂车辆（如带拖斗的拖拉机、带挂车的汽车）会车时，应降低车速，加大侧向安全距离。

②窄路会车时，应选择道路较宽处会车，先到的车让后到的车。

③在风雨、雪雾天气，阴天黄昏等视线不清的情况下或在翻浆溜滑路面上会车时，应提前减速慢行，不要用紧急制动，以防侧滑刮碰或下路。

④夜间会车时，应遵守交通规则，在距来车150m处，关闭远光灯，改用近光灯会车，靠右行驶。道路复杂时，应靠边让行。

⑤会车时要避免与左右的车辆、行人、障碍物等在会车处形成三点一线。

⑥会车时还应注意礼让三先，即先慢、先让、先停。如货车应主动让客车和挂车，大车让小车，低速车让高速车，普通车让特种车（警车、消防车、救护车、工程抢险车、军车等），空车让重车，转弯车让直行车，支线车让干线车，下坡车让上坡车，上坡车让已行至中途的下坡车。在急弯、陡坡、隧道、桥梁、交叉路口，傍山险路、连续弯道等处会车时，更应讲风格。

1-19　怎样正确倒车？

倒车前，应看清车辆周围的情况，并根据本车的情况，决定倒车的路线及留有适量的回旋余地。在复杂地段倒车时，应在有人指挥下进行倒车。

倒车时，驾驶员在确知车辆前后无障碍物后，换入低速档，发出倒车信号（灯光或音响信号），倒车起步前应再次鸣号示意，起步后应保持匀速后倒，车速不得超过5km/h。

倒车参照物的选择：当空车或车辆装载低于货厢栏板，倒车目标高于货厢栏板如库房门时，可通过驾驶室后窗将车厢右后角对准所要到达的地点；当车辆装载的货物高于货厢栏板时，可打开驾驶员一侧的车门，选择车厢左后角或左后车轮对准所要到达的地点进行倒车。倒车时，应随时注意后退的位置及方向的变化，特别是在倒车转弯、绕行障碍物时，应密切注意车辆前轮及前部的位置，防止擦碰。

在弯路、坡道、桥梁、铁路道口、交叉路口、危险地段及规定不准倒车的地方，严禁倒车。

1-20　怎样正确超车？

在一般道路上超车时，应选择道路宽阔、视野清楚的地段，在对面150m以内无来车时，从前车的左侧方实施超车。

超越前车时，应注意前车的状态和车速，在距前车20～30m时，打开左转向灯，同时鸣喇叭。夜间用断续开闭远光灯示意前车，待前车示意开起右转向灯，减速靠右让行后，加速从其左侧安全超越。在车尾超过被超车20m以外后，再驶回原路线。

超车中要特别注意本车与被超车和路边的侧距，在超到一半时发现有对面来车或其他意外情况时，应稳住方向，及时减速避让，慎用紧急制动，以免发生侧滑。

被超车遇后车要求超车时，应选择适宜路段减速靠右，同时开起右转向灯或用手势示意后车。如遇前方有障碍物或不宜后车超车的情况，应鸣号或开起左转向灯示意后车暂缓超车。

除交通规则规定的严禁超车的情况外，还应注意以下情况：通过路边集镇，集市路段；前车发出转弯或停车信号；前方遇有岔路，前车行驶方向未明时；本车有故障时；驾驶员感觉疲劳时不能超车。

1-21　怎样正确掉头？

行车中需要掉头时，应选择交通规则允许的地段进行。应尽量避免在坡道、窄路、路边有深沟、水塘及交通复杂处掉头。严禁在桥梁、隧道、涵洞或铁路道口处掉头。

掉头时，应根据道路宽窄及车辆周围情况，采取一次顺车掉头、顺倒结合的方式掉头。需要掉头时，应先将车辆减速行驶到路的右边，发出掉头的左转弯信号，在前后无来车的情况下，同时注意周边车马行人动态，挂入低速档，向左转动转向盘。掉头后应及时回正转向盘，解除转向信号。需采取倒顺结合方式进行掉头时，应密切注意靠路边外侧的车轮和周围的障碍物。若在较危险的地段掉头时，应将车头或车尾朝向较安全检查的一边。为确保安全，前轮和后轮不要离路边过近，停车时要手脚制动并用。

1-22　怎样正确转弯？

转弯前应根据路况、车辆装载情况，提前30～50m放松油门踏板，必要时换用低速档减速，以减小车辆向外的离心力，防止车辆在弯道处发生侧滑翻车。打开转向灯，利用后视镜观察后方及车辆两侧的车辆及行人动态，防止在转弯过程中与其发生刮碰。转弯时应与路边1m左右的横向间距，掌握好车速与转弯时机，稳打方向，转弯后应及时回正转向盘。

在泥泞、冰雪等溜滑路面转弯时，如果发现前轮侧滑，应平稳地将转向盘向滑动的相反方向转动；如果发现后轮侧滑，应放松油门，同时平稳地将转向盘向滑动的方向转动，待车辆恢复平衡后再回正转向盘。

车辆在重载、偏载、超高状态下转弯，应将车速控制在10km/h以下。

第2节　检修基础知识

1-23　新车行驶前、行驶后要做哪些检查？

(1)出车前检查

①发动机冷却液、燃油箱油量及发动机的润滑油油面高度；

②在不同转速下，发动机和各仪表的工作情况；

③有无漏水、漏油、漏气和漏电现象；

④制动装置和转向装置工作是否可靠；

⑤灯光、喇叭、刮水器的工作情况；

⑥轮胎气压、备胎及随车工具；

⑦蓄电池液面高度。

(2)行驶后

①检查制动鼓、轮毂、变速器及驱动桥的温度是否正常；

②各部有无漏油、漏水、漏气、漏电现象；

③做好车辆清洁；

④检查轮胎是否损伤；

⑤严冬季节，未加防冻液的车辆，应放尽全部冷却水。

1-24　新车磨合应注意什么？

车辆的使用寿命与车辆使用前的磨合好坏有很大关系。为延长车辆的使用寿命，驾驶员应按车辆使用说明书的磨合要求对车辆进行磨合，磨合期应特别注意以下几点：

①磨合前应检查各种油、液（柴油、机油、冷却）和轮胎气压，不足时应按规定加足。

②起动后不要猛加油门，应让发动机低速运转，待水温升高后，再起步行车。

③各档必须限速、限载行驶，具体要求参见各车的使用说明书。

④应经常检查并紧固各部紧固件。

⑤应经常检查制动鼓、变速器、后桥的温度，必要时进行调整。

⑥特别应注意发动机的水温和机油压力。

⑦磨合后应更换发动机油和机油滤清器滤芯，检查蓄电池电解液密度和液面高度，清洗空气滤清器，紧固所有的紧固件、连接件，给各润滑油嘴加注润滑油（脂）。

1-25　怎样擦拭挡风玻璃？

擦拭前车窗挡风玻璃十分简单，要使挡风玻璃洁净，最好的方法是每天早晨出去前用湿抹布轻擦。这样既可除去灰尘脏污，又不会擦伤玻璃，使前车窗保持明亮。

挡风玻璃不宜干擦，因为挡风玻璃上的污物或灰尘中可能有不少的坚硬微粒。干擦时可能出现如“研磨”一样的后果，使玻璃透明度下降。应该用湿布擦拭。

1-26　怎么使用刮水器？

在寒冷天气，为了不妨碍视线，应用除霜器给挡风玻璃加温，防止结冰。当刮水器刮片被挡风玻璃上的积雪等物堵塞时，应先用除霜器或热水将其融化和清除后才能使刮水器工作。如果在下雪天行驶，刮水器被雪团卡住不动，必须立即关掉点火开关，清除雪团，然后再使用刮水器。即使刮水器开关关闭，仍有力使得刮片自动返回停止位置。因此首先要关闭点火开关。禁止在未起动刮水器起动机时用手拨动刮水器。要定期清洗刮片，清除污物和油污等。刮片上的脏污或磨损会降低刮水器工作效能，影响驾驶员的视线，可能导致行车发生危险。可用蘸有酒精清洁剂的棉纱沿长度方向擦去刮片上的污物。洗涤液用完，可用自来水或乙二醇水防冻液补充。要注意，挡风玻璃洗涤器连续工作 20s 以上或在无洗涤液的情况下工作，都会损坏洗涤器。

1-27 农用运输车零件磨损有什么特点？

农用运输车零件所处的工作条件不相同，引起磨损的程度和因素也不完全一样。比如：气缸壁的磨损，在同一工作面上，缸壁上部比下部磨损大；气门头的锥形工作面是以腐蚀为主；变速器齿轮是以冲击破碎、齿面粘附磨损、齿面疲劳剥落等为主。这说明各零件的磨损都有其个性特点。但在正常磨损过程中，任何摩擦的磨损都具有一定的共性规律。

零件磨损特性划分以下 3 个阶段：

第一阶段为磨合时期：此时期的特点，零件磨损很快，这是由于新加工零件表面较粗糙。因此，新车或大修出厂的农用运输车在行驶走合时期，要按照技术要求减载、限速和更换润滑油等。此阶段的磨损量决定于产品、修理质量和使用规范。

第二阶段为正常工作时期：此时期的特点是，零件磨损缓慢均匀。这是因为通过磨合和走合阶段后，零件的表面光洁度提高，对润滑油的适油性增强，因而转变为缓慢的自然磨损阶段。如果这个阶段使用合理，可以大大延长零件的使用寿命，即达到延长车辆寿命的目的。采用最佳的使用方式和保养可使一台新车行驶 20 万～30 万 km 无大修。

第三阶段为极限磨损时期：此时期的特点是零件磨损特别快，这是由于配合间隙已超过允许极限，配合间产生冲击负荷，润滑油压力降低，油膜遭受破坏，零件磨损急剧上升。这时如不及时调整或修理，而继续使用，零件将由自然磨损转化为事故性的损伤。

从零件磨损特性曲线可以看出运动机件的磨损都具有一定的共性规律，这就是磨合期、自然磨损期、极限磨损期。一辆农用运输车上有上千个运动部件，这就是说有上千条磨损特性曲线，并且都不相同，这意味着农用运输车的损坏形式及故障现象是千变万化的。

1-28　农用运输车修理工艺有哪些？

(1)分解　按照农用运输车整车和发动机的拆卸步骤，把整车和发动机进行分解。分解时零部件必须堆放整齐，避免损坏。

(2)清洗　用汽油、煤油或清洗剂把零件的油污或积炭清洗干净。注意：小心着火。清洗时必须针对零件的特点来确定清洗的方法。

(3)检查　清洗后对每个零件必须检查，来确定零件的质量。

(4)修理　在修理零件时，首先要确定已坏零件的修理价值，对某些没有修理价值的零件最好还是换新件。

(5)装配　根据装配要求把整辆车装配好。

(6)调试　通过调整和试车使农用运输车达到最佳技术状态。

1-29　雨、雾天后怎样保养农用运输车？

雨、雾天行驶后，应该立即将水分擦干。雨、雾天行车，车身表面大量的水或蒸汽与车身上的微小损伤处暴露出的金属部分接触，时间长容易生锈。冬天更应该注意，因为天气寒冷，浸入油漆小损伤部位的水会冻结成冰，水结冰时体积增加 8%，其张力会将油漆层胀开产生裂纹。一个冬季就可能使车身表面的油漆部分产生大量裂痕。一旦裂痕深入铁皮部分，就可能氧化生锈，从而使用车体受到腐蚀损坏。因此，在雨、雾天气行车后要及时保养车身，要尽可能避免水分对车身的危害。

最好的方法是在雨、雾天行驶后，擦干水分后驶入车库保管。用雨布、车罩保护车身也是好方法。有条件的话，尽量不暴露车体及不在露天过夜。

1-30　怎么爱护和保养车门？

首先是关闭车门的动作不要过猛。车门开闭的关键部件是车门铰链，直接关系到车门的使用状况，而一般车的车门重量为 20kg 左右。尽管不太重，但是关闭车门时动作粗鲁用力过猛，也会使铰链产生变形，严重时车门根本闭合不紧。

其次是要经常润滑车门铰链。由于车门经常开闭，车门的铰链磨损是很大的，只有经常保持润滑才能轻松开起车门，减缓磨损程度。因此车辆每行驶1000km,要将车门铰链加润滑脂一次,或按说明书规定进行保养。

车门的保养重在润滑。方法是润滑前将滑轮上的泥土和砂粒清除干净,再涂些耐水润滑脂,防止车体磨损。如门锁出现卡滞和发生摩擦,其表面和内里都应及时进行润滑,尤其应注意车门铰链的润滑。润滑方法是对中门上的两个支承轮和三个导向轮、三条滑轮的相对运动部位做定期或非定期的润滑。

另外是要注意车门的关闭方法。主要为两点,一是在使用车门时应注意关闭车门前将车窗玻璃全闭或全开,因为车窗玻璃半开的状态下关闭车门受到的振动冲击大,车窗、车门都易由此受损。二是关闭车门时先要轻缓地拉动车门,当门拉到距门框20~30cm之间时,再稍用力将门关上,这样才能使用车门铰链经久耐用,车门开合自如。

1-31 怎么清洁保养车身?

(1)油漆表面保养 清洁车身油漆表面时,切勿使用刷子、粗糙布片或棉纱,以避免留下刮伤痕迹。

清洗时,用软管以分散的水流喷射,使坚硬的尘泥浸润而被冲去。然后用一块软而清洁的海绵从上而下地擦洗。擦洗时,应经常将海绵在清水中洗涤,以免在油漆表面留下擦伤痕迹。不可在烈日照射下发动机罩还是热的情况下洗车。擦车最后用麂皮擦去水迹。

车表面完全擦干后,再用麂皮或优质白纱头沾上一些抛光蜡,均匀地在车身上擦拭直到光亮为止。烘漆表面必须使用光蜡。

油漆表面的污迹如柏油、机油渍、水迹、死虫等,一般用水冲洗不掉,这些污迹最好马上用下列方法去除,以免时间长损伤漆面。柏油渍可用二甲苯溶液清除,然后用水清洗。

机油渍和水迹可用下列成分的混合物覆在被清洁表面上,待表面吹干后再进行拭擦。肥皂:120g;白蜡:400g;蒸馏水:2.5L。

将上述混合物加热成为液体后,再掺入60g钾碱。

死虫不易除去,如有可能,最好当天用温水除去,或用浓度1%~2%的无碱皂液擦洗,然后用清水充分清洗。

(2)车门玻璃和挡风玻璃的擦拭 擦拭风窗玻璃时,可将刮水片向前扳开,以便进行工作。不可使用含有磨料的清洁剂。死虫等异物应选用肥皂水浸透，然后用海绵及清水清洗，再用软布擦净。

清洁刮片上的积垢时，可用清洁的抹布顺势擦橡胶片。必要时可使用肥皂或酒精。

(3)内饰及座垫的清洁　清洁时只可使用中等硬度的毛刷。清除各种污迹应选用合适的溶剂。在大多数情况下，污迹可用氨水(工业用氨水掺入3～4倍清水)刷去，或用纱布等软性织物蘸些氨水擦去，然后使之干燥。油质颜料污迹用一些松节油去除，擦除后用淡氨水擦拭。

(4)转向盘、灯具等塑料件和橡胶件的清洁　只可用普通肥皂清洗，不可使用有机溶剂如汽油、去渍剂和稀释剂等。

1-32　冬季用车要注意什么？

我国南北温差大，如果气温不降到0℃以下，一般都不会对车的安全行驶产生什么大的影响，所以这里的冬季应该指气温0℃以下的地区。冬季行车应该注意如下问题。

首先，冬季应该预热发动，起步后应用低速档行驶一段路程，待底盘各运动得到正常润滑后，才能换档逐渐加速行驶。

其次，农用运输车在冰雪路面上行驶时，应适当减速，并要避免急转弯和紧急制动，以免产生侧滑发生事故。在冰雪路面上长途运行时，最好在轮胎上加装防滑设备。

最后，在严寒时行车要做好防范。如遇到散热器或其出水管冻结，应关闭百叶窗和保温套，使发动机怠速运转，设法解冻。实在无法，可用棉纱蘸点燃油点燃烘烤，但应小心，切勿失火和烧坏机件。冬季要尽量少使用起动机。应注意蓄电池的保温，以保护蓄电池。

冬季要在冷库或野外较长时间停车，而车又未装防冻液时，要防止冻坏散热器和发动机机体，预防方法是将冷却系统中的水放出。

1-33　夏季用车要注意什么？

夏季驾车行驶，因为用电少，蓄电池容易过充而过热，电解液最易蒸发，出车前若发现其液面高度不够，则加添蒸馏水补充。行车中，要经常检查风扇皮带的张紧度，并调整皮带张紧度。若遇发动机过热，散热器中的冷却液沸腾时，应停车休息，待温度下降后，再补充冷却液。

在高温天气行车时，应经常检查轮胎气压和温度，若发现过高时，严禁用泼冷水或放气的方法来降低气压，应停车休息，待胎温降低恢复正常后再继续行驶，以免轮胎损坏。

1-34 日常保养有哪些内容？

日常保养指每天出车前或回场后所做的保养工作。具体作业项目如下：

①检查转向器、纵拉杆、横拉杆、传动轴、钢板弹簧、球销总成、拉杆总成、悬臂总成、悬臂螺栓的紧固情况，必要时予以紧固。

②检查轮胎气压，检查车轮紧固情况。

③加足冷却水，检查各部油、水、电、气有无渗漏现象。冬季要定期检查防冻液量及浓度，必要时应补加和调整浓度。

④接通点火开关一档，检查灯光、仪表、刮水器工作是否正常。

⑤检查离合器、变速机构、制动系统、转向系统的工作情况，必要时予以调整。

⑥擦洗车身外表面。

1-35 一级保养有哪些内容？

一级保养是以紧固、润滑为主，一般在车辆每行驶2000km左右时进行。

①按规定保养项目进行保养。

②检查发动机、变速器、后桥、转向器中的油量，不足时按要求添加，并按说明书规定的各润滑点加注润滑脂，清洗变速器、后桥壳通气塞。

③全面检查整车各螺栓连接部件是否紧固，必要时按规定力矩紧固。

④检查并调整风扇传动带的张紧度。

⑤检查蓄电池电解液液面及放电情况，必要时添加电解液或蒸馏水，并充电。

⑥清洗空气滤清器，检查进气管路是否漏气，必要时更换滤芯或软管等。

1-36 二级保养有哪些内容？

二级保养是在一级保养的基础上以调整为重点。

①清洗发动机机油滤清器，每行驶1万km更换一次发动机机油。

②清洗柴油滤清器滤芯和油水分离器，如有损坏应更换。

③检查气门间隙，必要时调整至规定值。

④必要时检查和调整喷油器的雾化和压力。

⑤必要时清洗发动机水泵轴承。

⑥检查离合器踏板自由行程，必要时进行调整。

⑦检查转向盘自由转动量，必要时进行调整。

⑧检查前后轮制动分泵，调整制动蹄片与制动鼓之间的间隙，使之符合规定要求。

⑨清洗、润滑各轮毂轴承并调整间隙。

⑩对四轮车检查并调整前轮前束。

⑪检查变速器、后桥和转向器内的润滑油油质和油量，必要时添加。

⑫检查前、后架骑马螺栓、车厢与车架连接螺栓的紧固情况。

⑬检查驾驶室与车架、车厢与车架连接螺栓的紧固情况。

⑭每行驶1万km应检查保养起动机、发电机一次。

1-37　三级保养有哪些内容？

三级保养是在一、二级保养的基础上，对车辆进行全面的技术检查和调整。

①拆检发动机，对发动机进行全面技术保养，具体包括：

a. 检查进、排气门与气门座的密封情况，必要时进行气门研磨。

b. 清除燃烧室、活塞环顶部、裙部、气缸盖和排气支管中的积炭。

c. 校整燃油泵，必要时更换柱塞、出油阀或喷油器偶件。

d. 检查并调整配气相位及供油提前角。

e. 检查曲轴和连杆轴承的径向间隙及曲轴的轴向间隙，轴瓦表面如有损坏，应及时更换。

f. 清洗气缸体、机油吸油盘及主油路。

②检查、清洗转向器和变速器总成，并更换润滑油。

③检查、清洗后桥主减速器、差速器，按要求调整圆锥轴承预紧度，并对锥齿轮副的啮合情况进行检查，必要时进行调整。

④拆检、润滑转向节及横、直拉杆各球接头。

⑤清洗并润滑传动轴各十字轴承。

⑥检查悬架装置、前后减振器和钢板弹簧。

⑦检查驾驶室门窗，特别是前挡风玻璃的密封情况，必要时修整。

⑧润滑各铰链及门锁的活动部位。

⑨检修车辆的纵横梁、车厢地板，对有裂纹和开裂处进行必要的修理。

1-38　换季保养有哪些内容？

季节和气温影响柴油的流动性、机油和齿轮的黏度、冷却水的冻结、蓄电池的容量和电解液的冻结等，应按车辆所在的使用地区环境温度在换季前结合车辆各级保养，适时更换发动机机油、齿轮油（使用多级油的除外）和防冻液，调整电解液密度。冬季气温低于4℃时，对在露天停放未加防冻液的车辆，应将水箱和缸体内的冷却水放尽，以免冻裂发动机缸体和水箱。

1-39　怎样延长农用运输车的大修里程？

农用运输车使用寿命的长短，很大程度上取决于对车辆的正确使用和维护。要严格遵守使用规定，认真执行保养制度，以减缓零件的磨损。

(1)搞好农用运输车的走合期　走合期对车辆使用寿命的长短关系极大。搞好走合期，就能减少零件的磨损量，改善表面质量，提高耐磨性，为延长农用运输车使用寿命打下良好的基础。

(2)正确起动　起动的磨损约占发动机总磨损的50%。停车时间越长，起动磨损越大，发动机温度越低，起动磨损越大。发动机起动前，用手摇柄摇转曲轴30～40圈再起动。

(3)保持发动机正常工作温度　水冷发动机正常工作温度为80～90℃。此温度下，发动机零件磨损最小。因此，应保持散热器和水套的清洁，保持冷却水数量充足，保持冷却系统各部机件、装置正常工作，保持节温器工作正常，正确使用保温装置。

(4)坚持中速行驶

(5)防止运输车过载

(6)防止发动机产生爆燃

(7)加强使用中的保养

1-40　怎么用直观法诊断农用运输车故障?

直观诊断法是先搞清楚故障的基本现象或特征,再根据农用运输车的构造和原理深入思考,具体分析和推理可能产生故障的部位,然后遵循先易后难、由表及里的原则,按系统分段进行检查。检查时,可采用先查两头,后检中间,逐渐逼近的方法,最后得出正确的结论。

直观诊断法可概括以下几种方法:

问:在进行农用运输车故障诊断时,首先要调整清楚故障特征,即故障发生前有何预兆,故障是突然发生的,还是逐渐产生的等等。若未搞清上述情况便盲目乱拆瞎卸,不但不能及时排除故障,而且还会造成不必要的损失。

看:驾驶员要对农用运输车的工作情况仔细观察。观察发动机消声器的排气颜色;观察各接合面有无漏油现象;观察运动部件有无伤痕或异常磨损等。根据观察到的现象,再结合其他情况全面分析,便可做出较为准确的诊断。

听:靠听觉器官来判断农用运输车的异常响声,并确定产生异常响声的部位,再通过深入思考和具体分析,就能初步确定故障发生的原因。

嗅:靠嗅觉器官来判断农用运输车的特殊气味,从而找到故障的根源。

摸:用手触摸有关零部件的表面,直接感觉到该零部件的温度和振动情况。例如,用手接触发动机曲轴箱,可以判断发动机工作温度是否过高。

试:通过试车来进一步证实判断是否正确。

直观诊断六个方面,既相互依赖,又相互独立。对于不同型号的农用运输车发生的故障,不能千篇一律地生搬硬套。要养成善于思考和分析问题的习惯,并根据具体情况灵活运用。同时,在故障排除后,要及时总结经验,只有这样,诊断故障的技术水平才能逐步提高。

1-41　怎样排除一般的电路故障?

由于电气设备中有许多电子元件,所以,在查找电路故障时,切忌使用“刮火”方法,以免损坏电子元件和保险片。万用表和试灯是查找电路故障的主要工具。所谓试灯,就是在 12V 灯泡的两极焊有导线,查找电路故障时将试灯的两根导线接在电路中，根据灯泡的亮灭情况对电路有无故障进行判定。

当某一电路的工作不正常时，首先应检查与其相关的其他电器，若其工作正常，说明故障发生在不能正常工作电路的独立电路部分，可分别对不能正常工作的电器及其控制开关、线束、保险片、插接器进行检查，以确定故障的具体部位，然后根据故障情况，修复或更换故障部件；如果与其相关的其他电器也不能正常工作，说明故障发生在这些不能正常工作电器的公共电路部分，这就要对公共电路进行检查，如保险片、开关、插接器和线束等，查找到电路故障部位以后，再根据故障的情况，采用修复或更换的方法进行排除。

1-42　怎么拆卸锈蚀的螺母?

如螺母、螺栓生锈而不易卸下，切不可用活动扳手、钳子等工具盲目拆卸，应视锈蚀的程度选择以下方法拆卸。

(1)敲击滴油法　拆卸锈蚀不太严重的螺母，先用铁锤敲击螺母的四周，再取些机油或齿轮油滴在螺栓和螺母上，过一段时间后，用梅花扳手顺时针拧转螺母，迫使其上的铁锈脱落，然后再逆时针拧转螺母。反复两三次，一般可卸下锈蚀的螺母。

(2)浸泡法　拆卸锈蚀较为严重的螺母，方法基本与(1)相同，只是不将机油、齿轮油或柴油滴在螺栓和螺母上，而用“浸泡”的方法。“浸泡”时间为若干小时，期间不时用铁锤敲打螺母。

(3)局部加热法　若采用上述两种方法均不能拆卸，可采用浇开水、乙炔氧气焊或喷灯等炽热源对锈蚀的螺栓、螺母进行局部急速加热，迫使锈蚀处的氧化皮脱落，并利用螺母的热膨胀系数较螺栓大的特性，待加热至暗红色时，趁热用梅花扳手将螺母拧下。用这种方法一般能将锈蚀非常严重的螺母在短时间内卸下。

(4)使用除锈剂　先将除锈剂涂在锈蚀的螺栓、螺母上，过一段时间后，再用铁锤轻轻敲击，即可轻松地拆下螺栓、螺母了。

1-43　怎样当一名优秀农用运输车驾驶员?

做一名优秀的农用运输车驾驶员，最重要的是能够安全驾驶农用运输车。安全驾驶包括很多方面，如遵守交通法规，掌握安全知识，定期维修保养车辆，使农用运输车经常保持良好的状态。其次，还要掌握一些经济驾驶的技巧：

①要根据农用运输车行驶速度来确定变速档位，不要过久地用低速档把车速提得过高，使发动机超速运转，也要避免使发动机在高速档下“吃力”地运转，使发动机承受不必要的负担，增加油耗。

②要缓和地使农用运输车加速，避免不必要的突然加速或减速。一旦农用运输车达到所需要的速度，就尽量保持该速度不变。

③要避免不必要的高速行驶。合理的车速可使油耗保持在最低水平。

④尽可能减少频繁起动和熄火。因为从静止到运行，需要消耗相当多的燃料。

⑤行车过程中时刻注意前方的情况，需减速或停车时要提前收油门，防止不必要的制动或利用制动来减速。

⑥保持正确水温(80～90℃)，不要使水温过高或过低。正确地调整点火正时，使用合乎季节的润滑油。

⑦使轮胎保持标准气压，保持正确的前轮定位角，尽量选择好的路面，不要超载。

1-44　平时怎样预防故障发生？

(1)做好清洁工作　清洁工作是保养作业的第一项工作，是提高保养质量，减轻机件磨损，降低油材料消耗的基础。清洁工作做得好，不但为检查、紧固、调整和润滑工作创造良好的条件，还可直接消除故障隐患，预防农用运输车故障的发生。

如空气滤清器、机油滤清器的清洁，是保证供给发动机清洁干净的空气和润滑油料，减少零件磨损，预防发动机早期损坏，延长其使用寿命的重要措施。

(2)经常检查车辆　检查就是通过检视、诊听、测量、试验和其他方法，来确定农用运输车以及各总成部件技术状况是否正常，工作是否可靠，机件有无异常和损坏，为正确使用及时维修提供可靠依据。农用运输车的大部分故障有其故障隐患，都可以通过检查来确定，如异常响声、异常温度及异常外观等等。

(3)紧固各部件　由于农用运输车在运行中颠簸、振动、机件热胀冷缩等原因，将使各连接件的紧固程度发生变化，以致出现松动、损坏或丢失，因此紧固工作是保养中经常要做的一项工作。

如缸盖螺栓必须按规定的拧紧力矩及拧紧顺序进行紧固，紧固不当，将使机件变形、漏气、冲缸垫等故障发生。

(4)调整各间隙　随着农用运输车使用时间的延长，行驶里程的增加，各总成、部件之间的各种配合间隙也将发生变化，以致超过规定的技术要求，直接影响农用运输车的动力性、经济性和可靠性。因此调整工作是恢复农用运输车良好技术性能和正常配合间隙的重要工作，必须根据实际情况及时进行。

如气门间隙必须经常进行调整，间隙过大会出现气门响、进气不畅、排气不净；间隙过小会出现气门密封不严，导致回火放炮等现象的发生。其他如风扇皮带松紧度、转向盘自由行程、制动踏板自由行程等等都要调整适当。

(5)及时加注润滑油　根据不同地区和季节，适时更换、加注润滑剂，是减少磨损，延长车辆使用寿命必不可少的工作。

润滑不良，可能造成烧瓦、拉缸、打齿及异常磨损等故障。反之润滑良好，可以防止上述故障的发生。

总之，要充分认识保养工作对预防故障的重要性，加强保养工作，消除故障隐患，最大限度地减少和避免故障，延长车辆的使用寿命。

第2章　柴油机检修与故障排除

第1节　柴油机综合故障诊断与检修

2-1　柴油机发生故障的原因有哪些?

(1)柴油机本身内在质量　柴油机结构相当复杂,零件数目多,相互联系紧密,如果设计有缺陷,制造质量达不到规定要求,装配质量差,在使用中就会较早出现故障,而且故障频率较高。这是设计、制造装配先天不足造成的。

(2)柴油机在使用过程中自然磨损、腐蚀、变质、老化等　柴油机在使用(或储存)过程中,随着时间的积累和行驶里程的增加,零部件将逐渐因磨损、腐蚀、变质、老化等原因而失效,这类故障为自然故障,目前只能延缓它的发生,不能完全控制它的发生。

(3)柴油机的使用、保养、修理等原因　柴油机的使用不当,保养不合理,修理质量差等原因是造成农用运输车故障的重要原因之一。由此发生的故障是人为故障。这类故障是可以预防和控制的故障。

(4)农用运输车的运行条件　农用运输车的运行条件主要是指道路条件及环境气候条件。农用运输车经常在不平路面上行驶,将导致各部连接件松旷和悬架、大梁等早期损坏。气温过高易使发动机过热、轮胎早期损坏;气温过低会使发动机冷起动困难、润滑不良、磨损异常、柴油发动机柴油易凝结堵塞油路等。空气中含尘量过大会导致空滤器堵塞,严重时会出现气缸异常磨损等。

2-2　柴油机故障的一般现象是什么?

农用运输车发生故障后,就会表现出与正常工作状态相区别的现象,称为故障现象。故障原因不同,故障现象也不相同。一种故障原因可能有几种故障现象;一种故障现象也可能有几种故障原因;因此认真收集各种故障现象,对诊断故障有很重要的作用。归纳起来,常见故障现象有以下几种。

(1)运动异常　运动异常是指农用运输车在起动和行驶中所存在的不正常工作情况。运动异常导致农用运输车工作能力下降,不易起动,行驶无力,发动机熄火,制动失灵或跑偏,转向盘和前轮晃动等。这些故障现象容易识别,但故障原因比较复杂,不易判断。

(2)响声异常　响声异常,简称"异响"。"异响"是相对于正常响声而言的,是指不正常的金属敲击声、不正常的金属摩擦声及其他不应有的声音。异响存在说明有故障存在,应立即排除,有些异响故障还会酿成重大机件事故。所以凡遇有沉重的异响,并伴有明显的振抖时,应立即靠边停车,查明原因。

(3)外观异常　农用运输车发生故障时,也会从外表上反映出来,如漏油、漏水、漏气(俗称"三漏")及排气颜色,各连接件松动或调整不当,损坏及丢失等。

(4)气味异常　所谓气味异常是用鼻子嗅出的不正常气味,如电线烧着时橡胶臭味,离合器摩擦片、制动蹄片烧蚀时的焦烟味,以及排气气味等。对于异常气味不能掉以轻心,尤其在行车途中更应注意。

(5)温度异常　温度异常是指用手触摸时,便能感觉到温度过高的现象。如变速器总成、驱动桥总成、制动鼓总成等在正常工作情况下,能保持一定的工作温度,可以用手触摸一定时间而不烫手。如果用手触摸这些总成时,感觉烫手,难以忍受,便说明存有故障。温度异常多为润滑冷却不良,拧紧力矩过大或调整间隙过小等原因所造成的,在使用中也不能掉以轻心。

上述故障现象虽然容易察觉,但是原因复杂,且往往是由渐变到突变,在诊断故障时,一定要认真分析。尤其是那些直接关系到行车安全的故障,一旦出现应立即停车检查,待修复后方可继续行驶。

2-3　农用运输车故障判断的基本要素有哪些?

(1)熟悉农用运输车的结构与原理　农用运输车是由多个零部件组成的复杂的人造系统。判断农用运输车故障,首先应该熟悉该型车的构造与工作原理,然后结合所出现的故障现象进行检查分析,才能迅速准确地判明故障。

因此,要想快速、准确地判断故障,就必须在学习汽车构造和工作原理方面下一番功夫。这样判断故障时才能得心应手，不走或少走弯路，否则即使懂得了故障判断的方法，也只能是纸上谈兵。

(2)了解设计制造的影响 农用运输车制造厂在某一时期，由于设计制造方面存在某些问题未能解决，造成车辆的某种先天性缺陷，以致在某一时期某一部件损坏的数量较多。比如：一度机油泵传动轴的插口处强度不够，在运转过程中容易断脱。如果了解这一情况，当遇到发动机动力下降，机油压力表指在"0"的位置上且检查空压机进油管头无机油输出时，就可以基本确定机油泵传动轴的故障。因此，了解了设计制造的影响，在判断故障时就可以取得事半功倍的效果。

(3)考虑农用运输车配件质量的影响 农用运输车配件的生产厂家众多，产品质量水平参差不齐，甚至相差悬殊。一般来说，原厂产品质量较其他配件厂的产品质量要好。如果不是原厂生产的，很可能有问题。

(4)明确农用运输车燃油、润滑油品质的影响 选择适当的燃料、润滑油是农用运输车正常行驶的先决条件。使用规格不符合要求的燃油、润滑油，也是引起故障的重要原因之一。如使用低于规定牌号的柴油，将会引起发动机爆燃，动力下降，油耗上升，机件受损，排放超标等。再如使用双曲线齿轮油的减速器，若加入普通齿轮油，双曲线齿轮的寿命将由原来的几十万公里缩短为几百公里。

(5)顾及环境条件的影响 在判断故障时要照顾到环境条件(主要指道路、气候条件)的影响。如农用运输车在灰尘较大的环境下行驶时，空气滤清器就易堵塞；在雾天或高温度天气条件下行车，空气滤清器同样会被堵塞，比如当行驶中发动机动力下降、油耗增大、排气冒黑烟时，就要重点考虑空气滤清器可能被堵塞，使空气供给减少，造成混合气过浓，此时应取下空滤器，若症状消失，即可证实为此故障。农用运输车在高温天气条件下行驶时，易发生油路"气阻"故障，若停车采取冷却措施后症状减轻或消失，则认定为"气阻"故障。

(6)重视人为因素的影响 农用运输车在使用、保养、修理过程中，由于操作人员技术不熟练或疏忽大意，很可能给有关机件的使用带来不良后果，造成人为故障。

(7)注意农用运输车故障的检查顺序 在查找故障时，若一时不能作出准确判断，要按照合理顺序检查。一般应遵循“由易到难，由外到内，尽量少拆”的原则。这个原则对指导我们正确判定故障、省时省力、不走或少走弯路有着重要意义，并可避免盲目拆卸现象。例如某发动机两相邻气缸不正确工作，怀疑是气缸衬垫冲坏所致，盲目拆下缸盖后，发现气缸垫密封良好。将缸盖装复后试车时，才发现两缸高压分线互相接错所致。

(8)掌握农用运输车故障的现象　农用运输车故障的判断是以故障现象为依据的。故障的一般现象前面已经讲过，主要表现在发动机动力下降、燃油及润滑油消耗量增加、容易熄火或不能发动、仪表指示异常、油或水或气或电严重渗漏、温度升高、气味或排烟及外观异常等等。判断故障时通过仪器或人的感觉来发现故障现象，掌握得越全面、越具体越好。

2-4　柴油机起动困难是什么原因？怎样排除？

(1)故障现象　柴油机在起动机带动下，转速达到起动转速，但不能起动，通常表现为：

①起动时无爆发声，排气口无烟排出，不能起动。

②起动时可听到断续的爆发声，有白烟或少量黑烟，不能起动。

(2)故障原因

①柴油不进缸。具体原因如下。

油箱内无油或油箱开关位置不对。

熄火拉钮未退回。

油路中有空气。

油路堵塞。

柴油滤清器滤芯堵塞。

油路中软管扭曲、折弯堵塞油路。

输油泵进油口滤网堵塞。

油路中有水、冬季结冰使油路堵塞。

柴油牌号不对，冬季使用夏季用油，冷凝后析出石蜡，堵塞油路。

输油泵不工作或工作不良。

活塞弹簧折断。

输油泵进、出油阀严重不密封。

活塞、推杆(或挺杆)被卡死。

活塞严重磨损。

喷油泵不出油。

泵内有空气。

喷油泵供油拉杆被卡死在不供油位置。

油门操纵拉杆脱落。

喷油泵驱动联轴器损坏,发动机不能驱动喷油泵。

喷油器不喷油。

高压油管内有空气。

喷油器针阀被卡死在关闭位置,喷孔被积炭堵塞。

喷油器的喷油压力调整高,而喷油泵柱塞严重磨损,供油压力低造成喷油器不能喷油。

②柴油进缸后不正常燃烧。具体原因如下。

供油时间过晚。

供油时间过早。

联轴节主动盘与主动凸缘之间固定螺栓松动。

供油量过小。

低压油路溢流阀损坏使供油不足,引起喷油泵供油量减少。

喷油泵出油阀不密封造成供油不足。

精密偶件严重磨损,使供油量减少。

喷雾质量差。

柴油中含有水分。

空气滤清器堵塞,造成进气不足。

排气不畅通,造成废气排不尽。

气缸压缩压力太低。

气门间隙不当。

气缸不密封。

(3)诊断与排除

①如果柴油没有进入气缸,可按下述方法检查排除。

检查油箱内存油量,不足应添加。

检查油箱开关是否开起,发动机熄火拉钮是否退回。如果开关已打开，熄火拉钮已退回，则应松开喷油泵上的放气螺钉，使用手油泵泵油，检查油路是否畅通。

如果不来油，则在拉、压手油泵上油时注意感觉泵油阻力，若拉动手油泵阻力比较大，松开手柄后手油泵迅速缩回，可以判定为吸油油路堵塞；若拉动手油泵时阻力正常，但压动手柄排油时阻力较大，则可判定为低压油路堵塞。具体堵塞部位则在上述方法的基础上结合拆件检查，逐段找出故障部位。

如果油中混有大量的气泡，说明油路中有漏气部位。

如果来油正常且无空气，则说明油路畅通、密封良好。此时，应检查输油泵的工作情况。

首先用起动机带动发动机运转，观察放气螺钉处的流油，应呈油束向外喷射。否则，说明输油泵工作不良。

如果输油泵工作正常，则应进一步检查喷油泵是否泵油。检查油门拉杆是否脱落。

当用起动机带动发动机运转时，检查喷油泵驱动轴是否转动。

打开喷油泵检视孔盖板，检查供油齿杆是否能随着油门踏板的踩动而灵活地移动。如果供油齿杆不能灵活移动，则应拆下喷油泵进行检修。如上述检查均正常，应再检查高压油管连接是否可靠，以及高压油管内是否有空气。

松开高压油管喷油器一端的固定螺母，用起动机带动发动机运转，同时将油门踩到底，看松开的部位是否有油喷出。如果无油喷出，说明油管中有空气，应使发动机曲轴持续运转一段，排尽高压油管内的空气。待高压油管内的空气排尽以后，继续保持曲轴转动的同时拧紧各高压油管固定螺母。

再次起动发动机，如果仍无爆发声，则应拆下喷油器进行检修。检修喷油器后，再进行起动试验，如仍不能起动，则应按下面的方法检查。

②起动时有不连续爆发声和排白烟，但不能起动，应按下述方法进行检查排除：首先检查进气和排气通道是否畅通，例如空气滤清器是否堵塞、排气制动阀是否全部打开然后拆下低压油路溢流阀（限压阀），检查其钢球和弹簧是否完好，试验其密封性是否符合要求，如果发现进排气通道不畅通或低压油路溢流阀损坏，则应及时排除。

检查喷油泵驱动联轴节主动盘与主动凸缘之间的螺栓是否松动，必要时检查供油正时。供油正时检查可按下面方法进行：

拆下一缸高压油管，油门踩到底，设法使燃油充满高压油管接头。然后正转曲轴到高压油管内油面微动时，停止转动曲轴，此时飞轮壳上指针所对的飞轮刻度，就是实际的供油提前角。如果供油提前角不符合规定，应进行调整。

检查喷油器的喷油压力和喷雾质量。如不符合要求，应进行检修。

检查柴油中有没有水。

检查气缸压缩压力。

气缸压缩压力检查合格后，起动发动机，如仍不能起动，应检查、调试喷油泵。

2-5 为什么冬季发动机不易起动？

(1)冬季不易起动的主要原因

①润滑油黏度增大甚至凝结，导致发动机起动阻力增大，难以达到起动所需的最低转速。

②柴油黏度大，挥发性变差，雾化不良，使发动机起动转速低，进气管内气体流速减慢，混合气难以达到可燃的浓度。

③蓄电池电解液浓度大，电阻增大，容量及端电压显著下降，使起动机得不到所需的输出功率，达不到起动转速的要求。

(2)提高发动机冬季起动性能的主要措施

①对发动机进行预热，如加热水起动，或对进气支管预热。

②按地区规定调整蓄电池电解液的密度，使蓄电池经常保持充足电状态，放电量不能大于 25%。

③配套使用寒区油料，在起动发动机前，先摇曲轴 10～20 圈，待各摩擦部位充分得到润滑后，再直接起动。

2-6 为什么热车时发动机不易起动？

有时会发现在冷车时起动顺利，但热车停车后再次起动时，会出现起动困难的情况。待发动机冷却到一定程度后，则又能顺利起动。该故障的原因如下。

①活塞和气缸套的配合间隙太小。柴油机活塞与气缸套配合间隙为 0.13～0.60mm，如果配合间隙过小，就难保证热机工况时应有的工

作间隙，致使活塞与气缸套形成局部无间隙或间隙极小，造成活塞咬缸，此时热机停车再起动，当然起动困难。

另外，若发动机冷却系统内水垢过多，则会引起散热不良，致使活塞过热，同样会破坏热机状态时应有的工作间隙，出现难以发动的故障。

②活塞环侧隙过小。气缸密封是靠活塞环的弹力，使环周边紧贴气缸套内壁获得的。活塞环的侧隙安装时若偏小或因积炭粘结等，同样会使热机时无间隙或间隙很小，使环在环槽内无法正常运动而咬合，严重时甚至会折断而造成拉缸。同时由于环失去弹力而不起作用，曲轴箱负压增大。此时停车再起动，大量燃气窜入曲轴箱，造成压缩力不足而难以起动。

③曲轴轴向间隙过小。如果安装曲轴时，曲轴的轴向间隙很小，甚至无间隙，则当发动机运转到热机时随着温度的升高，轴颈端会产生碰擦现象，此时停车再摇车则会感到沉重，造成起动困难。

④喷油嘴针阀工作不正常。气缸盖上的喷油器若因气缸盖水腔水垢过多等原因冷却效果差，将直接影响喷油嘴偶件的散热，使其针阀似咬非咬，热车时针阀偶件咬卡，从而导致发动机不能再起动。

有一辆跃进495型农用运输车在使用中曾发生过这样一种现象：尽管蓄电池容量充足，电起动设备性能良好，但热车起动时无法用起动机带动发动机正常起动，而采用拖车或推车起动时，则可以正常发动。冷车起动时，上述现象又不复存在，一切正常。

经检查，其故障原因系喷油泵柱塞偶件严重磨损所致。这是因为冷车起动时，柴油的黏度较大，泄漏较少，尚能喷入足够的燃油起动。当热车起动时，由于喷油泵及柴油滤清器的温度较高，柴油较稀，起动转速又低，因此大部分柴油从磨损处泄漏，造成起动油量不足，无法起动。但用拖车或推车方法起动时，则因抬离合器的瞬间，柴油机的转速很高，燃油来不及从柱塞偶件损处漏失，故能起动。

在遇上述情况时，临时急救的方法是可将最大油量控制螺钉退回几圈。这样做的目的，一可增大供油量，二可避开柱塞原先磨损较大的常用位置，使泄漏减少，油量增大，便于起动。

2-7　柴油机起动良好应具备哪些条件？

(1)燃油供给系统正常　燃油供给系统必须保证向气缸内输入一

定量的可燃混合气，并根据性能要求，保证可燃混合气有一定的浓度和燃油的质量。

(2)喷油正常 根据发动机工作行程的要求，定时喷油。

(3)密封性能良好 气缸密封性能良好，气缸内有足够的压缩力，气缸内的压缩压力是保证可燃混合气达到一定的压缩性，以满足燃烧的要求，而气缸良好的密封性能是达到足够的压缩力的根本保证。

(4)润滑良好 对于发动机，还必须保证有良好的润滑性能，这是发动机工作可靠、动力不下降及延长使用寿命的可靠保证。

2-8 柴油机不能起动怎么办？

柴油机不能起动的原因及排除方法见表 2-1。

表 2-1 柴油机不能起动的原因及排除方法

故障原因	排除方法
1)起动转速低	
①蓄电池电量不足或接头松弛	①充电；旋紧接头；必要时修复接线柱
②起动机电刷与整流子接触不良	②修理或更换电刷
③起动机齿轮不能嵌入飞轮齿圈内	③将飞轮转动一个位置。必要时检查起动机安装情况，消除起动机与齿圈轴线不平行现象
2)燃油系统不正常	
①燃油箱中无油或燃油箱阀门未开	①添满；打开阀门
②燃油系统中有空气；油中有水；接头处漏油	②排除空气；另换柴油；拧紧接头
③油路堵塞	③清洗管路，更换柴油滤清器滤芯，清洗输油泵进油管
④输油泵不供油	④检查输油泵进油管是否漏气，检修输油泵
⑤喷油器不喷油或喷油很少，压力太低，雾化不良；喷油器调压弹簧断；喷孔堵塞	⑤拆修喷油器并在喷油器试验器上调整
⑥喷油泵出油阀漏油，弹簧断；柱塞偶件磨损	⑥研磨；修复或更换零件

续表 2-1

故障原因	排除方法
3)压缩压力不够	
①气门间隙过小	①按规定调整
②气门漏气	②研磨气门
③气缸盖衬垫处漏气	③更换气缸盖衬垫,按规定拧紧气缸盖螺栓
④活塞环磨损,粘结,开口位置重叠	④更换,清洗,调整
⑤减压机构调整不当	⑤重新调整减压机构
4)其他原因	
①气温太低,机油黏度大	①用热水灌入冷却系统;使用电热塞预热;使用规定牌号机油
②燃烧室或气缸中有水	②检查、修复、更换
③正时齿轮装错	③按齿轮记号对准

2-9　柴油机出现故障怎么诊断?

(1)现代诊断法　现代诊断法又称仪器诊断法。它是利用检测设备和仪器对车进行检测,然后将检测参数与标准值进行对比,从而判断故障的方法。这种方法能够对车技术状况进行定量分析,比较准确可靠。随着车辆诊断技术的发展,农用运输车诊断仪器由简单到复杂,由单项检测到综合检测,某些豪华车和高档车型上均安装了自诊断系统。农用运输车故障诊断设备也日趋完善,其应用也更加广泛。

(2)直观诊断法　直观诊断法又称人工诊断法。它是通过诊断者的感观(视觉、触觉、嗅觉、听觉等)了解车的技术状况,再借助某些简单工具(或诊断仪器)将故障的现象放大或缩小,然后根据构造原理和实践经验作出诊断的方法。这种方法不需专门设备,但需要有丰富的经验积累,只能作出定性分析,诊断的准确性受诊断人经验和技能的制约。

人工直观诊断法概括起来主要是:问、看、听、嗅、摸、试和判断。

①"问"就是调查了解发生故障的情况。除驾驶员在诊断本人所驾驶车的故障外,其他诊断者在诊断故障前,需向驾驶员询问该车近期的技术状况、故障现象和产生故障的有关情况。例如车辆已驶过的里程、

近期的保修情况、故障发生前有何征兆，是渐变还是突变等。如果不问明情况，便盲目诊断，往往会误入歧途。所以事先问明情况，做到心中有数，对诊断排除故障会事半功倍。

②“看”就是观察，即通过观察车辆外表上反映出来的现象，再结合其他情况来分析判断故障。诊断故障时要仔细观察故障部位有无异样，排气烟色、机油颜色是否正常；有无燃油、水滴；油面高度是否符合规定；是否漏油及泄漏程度如何等等。

③“听”就是凭听觉来辨别车辆的响声是属于正常响声还是异常响声，从而进一步判断故障发生的部位。下面还要专门讲农用运输车响声的判别方法。

④“嗅”就是凭嗅觉来查知车辆故障部位散发出的特殊气味，从而判断故障位置和故障性质。如前面在故障的一般现象里讲的橡胶臭味、焦烟味及生油味等。

⑤“摸”就是用手触摸。可直接试出故障部位是否过热、颤抖、漏气等，根据感知温度来判断故障。如触摸散热器、制动鼓、变速器等。

⑥“试”就是试车验证。诊断者根据情况实车试验验证，避免诊断失误。但要注意，如果发动机在运转过程中突然产生较沉重的异响而停车故障时，则不可再次开机进行听诊验证，否则可能引起发动机严重损坏。

⑦“判断”就是根据直观感触到的各种情况，采用单缸变火试验、换件对比试验等各种措施，使故障放大或暂时消除，以便进行准确的判断。

2-10 柴油机为什么发抖？

①曲轴、飞轮、离合器等零部件总成的动平衡被破坏。制造厂在组装曲轴飞轮、离合器时都要经过平衡试验、调整。比如离合器盖与飞轮连接螺栓上装有平衡块，就是为了保证发动机运转均匀。如果拆装时不注意平衡块的数量，甚至漏装平衡块，离合器被动盘在高速运转时就会出现不平衡状态，产生抖动现象。

发动机转速高，各缸活塞连杆组的平衡性应严格控制在原厂规定的允许范围内，否则也会导致发动机抖动。

发动机在修理中，如不严格掌握修理标准，分解总成时不作记号，任意乱装,必将破坏有关组合件的平衡。

②发动机前后三点支承的悬置软垫性能衰退或失效,它们的几何精度及各相关尺寸不符要求时也会发抖。此时,应更换失效的软垫。

③检查曲轴扭转减振器是否失效、工作失灵,如存在问题应进行修理,更换损坏零件。

④检查离合器壳安装位置有无偏差,与气缸体连接是否牢固。离合器壳上起动机安装位置是否正确,精度是否符合要求。

⑤曲轴轴承和止推垫片严重磨损,合金脱落。此时应更换轴承,抖动现象即可排除。

2-11 农用运输车响声判断的方法有哪些?

一般来讲,农用运输车使用时发动机的排气声音以及风扇、正时齿轮、机油泵的声音和轻微的气门脚响等,以及轮胎行驶辗地声音、农用运输车颠簸声音和车辆行驶与空气摩擦声音等都属于正常响声。正常响声一般比较轻微而均匀,而异常响声如排气"放炮"、气门脚异响、制动发生的刺耳声音、离合器等传动机件异响等等,是故障的重要表现,也是判断故障的主要依据。

(1) 农用运输车产生异常响声的原因

①发动机燃烧不正常,如突爆和早燃等。

②运动机件配合间隙过大,如敲缸等。

③某些零部件紧固不牢,如轴承紧固不好。

④某些零件损坏,如气门弹簧折断等。

⑤调整润滑不当,如气门间隙过大、过小等。

(2)影响农用运输车响声变化的因素 影响农用运输车响声变化的因素有温度、速度、润滑情况、负荷等,当然还有环境道路条件,这里就不多介绍了。

①温度:出现的响声是随着温度的变化而发生变化的。一般响声是随着温度升高而增大的,也有一些响声是随着温度的升高而减弱或消失的。有些响声出现时伴有发热现象。用感官测量温度时,其做法是:将手放在机构总成外表面,人手能忍受机构总成温度10s者,一般认为温度正常;如果用手摸总成表面,不能与之贴合或贴合后忍受不了的温度,一般认为温度过高。

②速度:响声与速度有密切关系。有的响声在低速时明显,有的响声在中速时明显,有的响声随速度升高而增大,也有些响声随速度升高而减弱或消失的。

③润滑:润滑不良时,一般的响声都显得更明显,更严重。

④负荷:有些响声随负荷增大而增大,也有些响声是随负荷的增大而减弱或消失。

(3)判断响声的原则与方法 响声判断一般要注意把握响声发生的时机、变化的规律、响声特性和响声部位等。具体地讲要注意以下几点:

①要分清主机响还是附件响。首先要分清是发动机的响声还是底盘响声。对于发动机的响声,要确定是主机响还是附件响。

如果将风扇三角皮带松开后响声消失,说明该响声与水泵或发电机及其旋转部件有关。若将全部三角皮带松开后响声仍不消失,应考虑是主机及其他部件发响,当然,如果能准确把握异响部位,上述步骤可以省略。

②要分清是良性响声还是恶性响声。异常响声中根据其对机械的危害程度,可分为良性响声和恶性响声两种。所谓良性响声,是指在短期内不会对机件造成明显损失的响声,如:气门脚异响;所谓恶性响声,是指能很快造成机件严重损坏的响声,如:曲柄连杆机构、配气机构、底盘等部分所发出的沉重或振动较大的响声,一般属于恶性响声。若此种响声随温度、转速及负荷的增大而增大,应立即停车检查,防止出现重大机件事故。

③要分清连响还是间响。在四行程发动机的有节奏响声中,有连响与间响之分。连响是指曲轴每转一周响一次,如活塞顶部与气缸盖相撞、活塞环响等都是连响。间响是指曲轴每转两周响一次,气门机构所发出的响声属于间响,活塞连杆组间隙过大发出的响声一般也是间响。

④要分清“上缸”还是“不上缸”。用断油方法判断响声,响声减弱或消失,称为该缸响声“上缸”;响声没有变化,称为该缸响声“不上缸”;若响声增强,称为该缸响声“反上缸”。一般地讲,配气机构响声不上缸;活塞、活塞销、连杆衬套有轴瓦由于配合间隙过大所发出的响声一

般“上缸”；活塞破损、连杆螺栓松脱、连杆轴瓦合金严重脱落，容易造成“反上缸”。

⑤虚听与实听。虚听是不借助任何工具，只用耳朵听的方法；实听是借助听诊器（或长旋具等）抵住发响部位察听的方法。因为虚听往往引起错觉，所以判断中一般将两种方法结合使用。

⑥扩大或缩小响声。在故障诊断中，通过变换油门，使转速发生变化，使响声扩大或缩小，根据变化来判断故障部位，增加故障判断的准确性，这种方法称为“变速法”。

2-12　柴油机运转中缓慢熄火是什么原因？

(1)故障现象　发动机运转中突然熄火，熄火后不能起动。

(2)故障原因

①喷油泵驱动轴半圆键被剪断，或联轴器的胶木传动板碎裂，使喷油泵不能工作。

②发动机出现活塞与气缸之间卡死，或曲轴轴颈与颈瓦之间咬死。

③喷油泵驱动链条折断。

(3)故障判断与排除

①起动发动机，如发动机曲轴转动，说明故障是由喷油泵不能工作引起的，应查看联轴节的胶木传动板是否完好。

②如传动板完好，则故障可能是由喷油泵驱动轴半圆键损坏造成的。

③如曲轴转不动，则可能是活塞与气缸之间卡死，或曲轴轴颈与轴瓦之间咬死，造成发动机突然熄火。应查明原因予以检修。

2-13　影响柴油机使用寿命的因素有哪些？

(1)用油不当

①使用低标号的柴油。在一定压缩比的发动机中，使用燃料的种类对爆燃的发生和强度有决定性的影响。发动机压缩比高，按制造厂规定应使用标号的柴油。若使用低于规定的标号柴油，则发动机工作时将发生爆燃。爆燃现象发生时，除发动机的功率和经济性降低以外，对发动机的机件也发生严重的破坏作用。使发动机早期损坏。

②使用劣质润滑油。选用黏度不当的润滑油，不适合发动机的转速、负荷、轴承间隙大小等条件，不仅使发动机不能发挥应有的效率，而

且会使发动机迅速损坏。发动机机械负荷和热负荷高，一定要按出厂规定必须使用柴油机润滑油。

(2)保养不当

①喷油提前角过早，发动机容易产生爆燃。

②曲轴箱通风不良，润滑油变质，通风单向阀堵塞，通过风管堵塞，曲轴箱漏油。

③未按时更换发动机润滑油和机油滤清器滤芯。

④发动机润滑油不足。

(3)使用不当

①超载运行，发动机长时间大负荷工作。

②发动机超速运转。

③发动机温度过高。

2-14 提高发动机使用寿命的措施有哪些？

为提高发动机使用寿命，采用了新材料和新工艺。发动机缸筒内镶有耐磨的铌合金铸铁缸套，活塞环也采用具有良好耐磨性的铌合金铸铁。活塞用含镍共晶铝硅合金，采用先进的液态模锻成形。气缸套，活塞环和活塞都具有良好的耐磨性能。据试验，在山区、丘陵、平原各种路面行驶6万多公里，气缸最大磨损值为0.03mm，明显地降低了气缸磨损量。

铜铅轴瓦内表面镀铅锡二元合金，承载能力高，耐磨性好。曲轴采用45号钢制造，轴颈经高频淬火处理，增加其耐磨性，并装有曲轴扭转减振器等，保证了质量，大大延长了使用寿命。

2-15 为什么柴油机油路有空气时不能起动发动机？

空气是有弹性和压缩性的，当柴油机供油系统的油路中存有空气时，随着喷油泵柱塞的往复运动，气泡就产生体积的改变。当柱塞在压油行程时，气泡被压缩，使油压不能升高到规定的喷油压力；当柱塞在吸油行程时，气泡又膨胀恢复了原来的体积，使油路内不能产生进油的吸力。所以当油路内有空气时，就好像被阻塞了一样，会引起供油系统供油不足甚至中断，因而发动机便不能发动。遇此情况，必须排除供油系统内的空气，使其恢复正常工作。

2-16　柴油机漏油、漏水、漏气、漏电有什么危害？

农用运输车的牵引动力，燃料消耗率、耐久性（即保持工作能力于一定范围内的时间），这些数值在使用中是逐渐变化的，而且是受多方面原因影响的。随着农用运输车工作时间的增加，如果使用保养不当，检查调整不及时，修理装配不正确，都会出现“三漏”（漏油、漏水、漏气），使其工作性能变坏，发生故障或使零件损坏，导致农用运输车不能作业。

(1)“三漏”产生的主要原因

①机器运转中，零件相互运动产生摩擦，而使零件相互磨损，逐渐使零件的尺寸、几何形状发生变化而产生“三漏”。

②零件在工作中，承受各种力的交变载荷而产生塑性变形，使配合间隙逐渐增大，冲击负荷也随之增加，因而配合面的金属渐渐脱落，有的零件因应力集中，开始在薄弱的地方形成显微裂纹，逐渐扩展，导致金属疲劳损坏而产生的“三漏”。

③由于使用保养不当，如冬季停车不放水，冻坏机体、水箱；起动车前不烤车，扭坏油封；保养不当，螺钉松动，圈、垫丢损，使零件配合关系被破坏而出现“三漏”。

④零件拆卸安装不当。零件拆装时，不按工艺要求，会使零件变形，碰伤接触表面；表面不清洁沾上杂质，使接缝不严密，都会使零件配合破坏而产生“三漏”。

⑤零件在油、水中的电化学反应产生腐蚀，使零件逐渐蚀损而产生“三漏”。橡胶件老化变质也会发生“三漏”。

(2)“三漏”对车的危害

①漏水。农用运输车冷却系统漏水，不仅给加水带来麻烦，漏得严重会导致缸盖裂纹。缸套阻水圈漏水，会冲淡油底壳机油，使零件锈蚀而加剧磨损，漏得严重还会烧毁轴瓦。

②漏气。农用运输车机体与缸盖接缝处漏气，会烧毁缸垫，而使发动机功率下降。进气系统漏气，会使发动机气缸吸进灰尘，因而加剧缸筒、活塞、活塞环、气门与导管等件的磨损，有的漏气严重的，一个月左右就把车上有关零件磨损超限而报废。

③漏油。农用运输车润滑系统漏机油，会使油底壳油位降低，严重

时会使各润滑点缺油，而形不成润滑油膜，零件得不到润滑而烧损。如果输油泵油管接头、进出油阀漏油会进气，使发动机着火不好等等。漏油也会造成能源浪费与经济损失。

2-17 怎样防止柴油机渗漏？

根据柴油机的不同部位和特点，采取以下不同的堵漏措施，较好地解决“三漏”。

①原纸垫太薄部位换用软木垫。此种办法适用于油底壳、后桥中间盖及喷油泵定时齿轮室盖等部位。安装时在软木垫两面先涂上快干漆，再涂点机油，这样，既可以堵漏，又可以粘附在零件表面，以免给下次拆装带来不便。

②常拆装而用软木垫易损坏部位换用石棉垫。此种办法适用于常拆装而用软木垫易损坏、用纸垫又太薄、零件表面温度较高的气门室罩盖、起动机排气管接头和机油粗（细）滤清器等部位。

③机件接合面不平且工作温度较高部位采用石棉油。此办法主要用于机件接合面不平，工作温度较高部位的缸盖垫、发动机排气管垫、主机缸盖垫、主机进（出）水管纸垫和主机进气支管垫等处堵漏。安装时，先将石棉线捣成细末，并与相当于石棉细末 60％的黄油拌匀制成石棉油，然后在零件接合面渗漏处均匀地涂上一层很薄的石棉油，再安装垫和零件并紧固。

④在油压处采用浸水纸垫。此种办法主要用于油压处的齿轮室前（后）盖、发动机缸体、曲轴箱连接处、离合器壳、变速器上盖（前盖）及最终传动壳体等各垫。此办法主要利用水不透油的道理，将新纸垫在温热水中浸泡 2min 左右，待能用指甲按印即可，安装前在纸垫两面涂上快干漆。

⑤Ⅱ号泵的治漏。Ⅱ号泵渗漏是普遍问题，其治漏方法是：安装前，先把泵各零件清洗干净后，在零件的接合面上涂上快干漆，并在更换的纸垫（或原纸垫）两面涂上快干漆，然后安装坚固即可。若调速器加速臂轴孔渗油，可在轴孔内侧铰槽下胶圈，即可解决渗漏。

⑥其他部位的治漏。

a. 油管接头不平，可在平板玻璃上用气门研磨砂研磨平，并在接头垫上涂快干漆，即可防止渗漏。

b. 燃油箱开关渗油，多因球阀生锈造成，可用气门研磨砂研磨修复，如钢球锈蚀严重，应更换新钢球。

c. 高压油管渗漏，多因接头磨损或安装角度不正确引起的，可根据实际情况用细砂纸研磨或用矫正办法解决；也可在接合面上垫熔丝，安装时不要用力过大，不漏即可；若喇叭头磨损严重，则应更换新管。

d. 空气滤清器进气胶管接头处缠绕电工胶布；油盘口上加阻水圈都可解决漏气。

2-18　柴油机修理时哪些做法是错误的？

(1)用棉纱擦洗曲轴箱　曲轴箱内壁有很多毛刺，擦洗时棉纱被挂在毛刺上。机器运行时残留的棉纱被机油冲刷进入油底壳，吸附并堵塞在进油滤网上，造成润滑系统供油不畅而烧瓦抱轴。正确的方法是用毛刷刷洗曲轴箱及配附件。

(2)换缸垫后不复查拧紧缸盖螺栓　缸垫有弹性，起密封作用。新换的缸垫工作3～4个班次后(约30h)，弹性略有下降，造成压紧力不足而不密封，导致冲缸垫。正确的做法是换缸垫后工作约30h，再按规定复查拧紧缸盖螺栓，既提高密封性，又延长缸垫使用寿命。

(3)安装喷油器缠石棉线　喷油器与座孔底部之间有一铜垫，其作用是调整喷油器安装高度，防止漏气，散热降温，防止油嘴因高温而烧蚀。缠上石棉线，反而使喷油器安装不到位，温度升高易损，导致漏气等，影响柴油机正常工作。正确的做法是：安装时认真清除座孔内杂质，装上铜垫，按规定力矩上紧喷油器固定螺母即可。

(4)安装喷油器时装反压板　固定喷油器的压板一面凸起，另一面是平整的。安装时，若将平面朝喷油器，造成压紧力不够，易漏气。正确的做法是将凸起朝向喷油器，并按规定力矩(如S195为30～40N·m)安装，不可过松或过紧。过松易漏气，过紧使喷油器体变形，影响喷油及雾化质量。

(5)螺栓连接件不清除孔内污物及杂质　杂质不清除，虽然尽量上至规定力矩，但连接部位并未压紧，或连接不可靠。正确的做法是：安装前认真清除螺孔、螺栓、垫片等处杂物，保证连接可靠，密封面不漏油、不漏气、不漏水。

(6)装错发动机后盖垫，引起烧瓦　目前，大部分加强型195柴油机(11kW)和 1100、1105 柴油机等,后盖上增装了机油滤清器,靠机油泵一侧的机体油道,与后盖上的滤清器相通。制作后盖垫切不可将此孔堵住,购配标准垫安装时不能装反,否则润滑油道不通,易造成烧瓦。

(7)换机油尺不检查是否标准 有一台农用运输车大修后多次烧瓦,但检查润滑系统及轴瓦间隙均为正常。偶然发现机油尺比同类机型油尺长 3cm,这才想起旧机油尺损坏换了新尺。由于该油尺长,油底壳实际油面比正常值低。由此应注意,换新件一定要用标准件。

(8)变速器漏装互锁销,造成乱档 某维修工拆装变速器,漏装了主变速轴间互锁销,装配后严重乱档,无法使用。互锁销的作用是保证变速杆一次只能拨动一个拨叉,挂一个档,漏装后乱档是不可避免的。实际上,农用运输车上的销、垫、锁片、卡簧等各有作用,装配后应仔细检查,有无遗漏。否则,易引起故障,影响维修质量。

(9)保养滤清器不检查密封垫 保养机油、柴油、空气这“三滤器”时,漏装或不检查密封垫是否完好,使柴油、机油、空气得不到净化,杂质进入机器内部,加速磨损,使机器工况迅速恶化。正确的做法是:三滤器按照规范定期保养,装配时密封垫必须完好,损坏的要及时更换,防止柴油、机油、空气不净化进入柴油机,以延长机器使用寿命。

2-19 组装柴油机时哪些部位不能沾油?

①装阻水圈时不能涂机油。涂机油后会使缸套散热不良,阻水圈也会产生化学腐蚀。为便于安装,可在阻水圈上涂少许白漆或肥皂水。

②装缸垫时不能涂黄油。黄油在发动机工作时熔化,烧成积炭,会导致缸垫密封不严。

③装干式气缸时不能涂机油。涂上机油会降低缸套的散热效果。

④装活塞环时不能粘黄油。在活塞环槽内塞上黄油,虽能防止环口移位,便于安装,但在发动机工作时黄油熔化,胶结积炭,增加磨损,也会使活塞弹性下降。

⑤装气门时不得在气门座圈上涂黄油。这样做虽然便于修后起动,但起动后黄油熔化烧成积炭,反而使气门与气门座圈的密封性降低。

⑥装连杆瓦时不要在瓦背上涂机油。涂机油后会使连杆瓦散热不良;机油中有杂质时还会使轴瓦变形,使其局部间隙变小。

⑦空气滤清器纸质滤芯不能用柴油清洗。若用柴油清洗,反而会使滤芯纸纤维孔堵塞,甚至引起柴油机飞车。

⑧调速器钢球不能粘黄油。粘黄油后钢球运动不灵活,起动后飞不开,易使发动机飞车。

⑨飞轮与曲轴配合锥面不能涂黄油。虽然涂黄油后便于下次拆卸,但却使飞轮与曲轴的配合紧度降低,易使飞轮松动。

⑩螺栓、螺母不能涂机油。涂机油会使螺栓、螺母在拧紧后摩擦力下降,易松动。

⑪离合器、制动器内摩擦片与压盘不能沾油,沾油后会使摩擦片的摩擦系数下降,导致离合器打滑,制动失灵。

⑫发电机的电刷与滑环、起动机的电刷与换向器不能沾油,沾油后会降低其导电性能,使发电机发电量下降,电动机难以起动。

⑬调节器触点不能沾油。沾油后会导致电器接触不良,发电机不能向蓄电池充电。

⑭农用运输车上非耐油橡胶件轮胎、传动带等不能沾油。沾油后会使其硬化,产生化学腐蚀,传动带还会打滑。

2-20　如何防止柴油机维修不当导致故障?

①一台195柴油机,更换了气门摇臂轴座后试车,气门推杆不是弯曲就是折断。没修前,该机是没有这种故障的,后经诊断原因是气门摇臂轴座装错了,将有开口一面向上装了。柴油机工作时,气门推杆与缸盖的油孔内壁切割摩擦,致使弯曲折断。正确的装法是,将摇臂轴座有开口的一面装在下侧。

②一台S195柴油机,换了燃烧室镶块后不能着火,诊断喷油泵、喷油器工作正常。拆下气缸盖发现,原来是燃烧室镶块装反了,柴油喷不进气缸的缘故。正确的装法是,将燃烧室镶块带有圆锥孔眼的一边稍偏向进气门装在下侧。

③一台换了连杆瓦的195柴油机,拧紧连杆螺栓时,旋转不动,稍松螺栓转动自如。诊断连杆瓦盖发现,配组打号的一边没有装在同侧。原来连杆瓦盖与连杆在制造出厂时是配对打号的,拆装时必须将打号的一端装在同侧。

④一台换了机油泵内外转子的S195柴油机,机油指示器忽高忽低

升起不匀，检查机油油路一切正常，也没有堵塞、漏油的地方。拆开机油泵发现，机油外转子有倒角的一面向外装了，工作时产生气泡，指示器忽升忽降。正确的装法是，机油外转子有倒角的一面应朝向机体。

⑤一台修后的 195 柴油机出现"旷旷"撞击声，转速越低响声越明显。经诊断是曲轴螺母没有拧紧，飞轮与曲轴松旷发出的撞击声，拧紧曲轴螺母后响声消失。

⑥一台维修后的小型农用运输车，出现只能倒退不能前进的故障，经检查，是在装变速器盖时，副变速杆拨块没有装进副变速拨叉槽时，副变速杆是拨动副变速滑移齿轮与高速齿轮啮合，前进档呈空档状态。副变速拨块装入拨叉槽后故障排除。

⑦一台大修变速器的农用运输车修后，5/2、6/4 档均挂不上，且伴有"哧哧"打齿声。再次拆查，原来是 5/2、6/4 档齿轮装反了，破坏了滑移齿轮与其正常滑进啮合关系，发出打齿声。正确的装法是，将 5/2 档、6/4 档齿轮有倒角一面背靠背地装在两侧。

⑧一台农用运输车，离合器里 60204 轴承保持架损坏。在拆卸 60204 轴承时，造成轴承壳体报废。

⑨一台维修制动鼓的农用运输车，修后轮毂不能转动。检查制动器性能良好，当拆下固定叶子板的螺栓后，制动轮毂转动正常。经辨认，是误将 M12×45 的螺栓装上了，顶死制动鼓的唇边而不能转动。换用标准的 M12×25 螺栓后，故障排除。

⑩一台农用运输车，更换二轴和左侧 205 轴承后，路面不平或上下坡总脱档。经检查，是换轴时，漏装了轴上的左侧垫圈，增大了副变滑移齿轮与高速齿轮轴向间隙。当路面不平、上下坡时，便会产生自由轴向摆力，高速齿轮自动与副变滑移齿轮脱离，成为空档。补装二轴垫圈后，故障排除。

2-21 柴油机维修质量的检查标准是什么？

柴油机大修后，应达到下列质量标准。

①在额定转速下，发动机功率、牵引功率和挂钩牵引力应达到标准的 95%以上。调速器控制灵活可靠，耗油率合乎该机说明书上的规定要求。

②起动容易。用起动绳索以不大于 25kg · f 的力在 3min 内（或起

动三次)就能够起动;用起动机起动的发动机,每次按开关3～5s,应不超过三次,就能很容易地起动着火。

③发动机工作平稳。当温度达到规定要求,由低速变成高速时,不得有不正常的杂音、"放炮"、"咳嗽"、串油、冒浓烟、敲击声及延续的突爆声音。

④加速踏板操纵正确可靠。当变速杆在两个极端位置时,应保证最大供油量和完全停止供油,发动机转速应符合该机说明书上的规定。

⑤各部位应保证严密性。当封闭空气滤清器的进气管时,发动机应立即熄火。

⑥各部仪表工作正常可靠。机油压力表、机油温度表、水温表和燃油压力表的指针读数应在规定的范围内。

⑦电气系统完整无缺,连接可靠。要求各线路接头接触良好,不松动、不外露、不搭铁、不漏电。电压和电流调整合适,照明不得有时明时暗或不亮等现象。

⑧各连接处及水箱、油箱、管道进排气管等必须清洁而畅通,不得有漏水、漏油和漏气现象。

⑨转向轻便灵活,不得有杂声、跑偏、过灵和过涩现象。操纵机构应调整适当,保证规定的自由行程、工作行程和所需力量,松开操纵杆能灵活地自动恢复到原来的位置。转向盘的自由转角和前轮前束应符合规定。

⑩主离合器不打滑,接合平稳,分离彻底,接合时应能传递全部转矩;加规定的作用力时,应能完全分离,离合器脚踏板的自由行程应在规定范围内。

⑪制动确切灵活,在脚踏板移动到全部行程的1/3时,应开始均匀平稳地起制动作用。在20°斜坡上行驶时,上坡或下坡都能完全刹住不动,制动踏板放松时,制动器能彻底分离。

⑫变速灵活可靠,变速杆在各档位应能灵活地接合和分离,不得有自动跳档现象,各齿轮啮合正常。

⑬各润滑处应按规定注入润滑油;滚动轴承和传动部分应转动灵活,不得有卡滞和过热现象。

⑭柴油机上所有零部件要清洗干净,不得有铁锈和油垢。各螺栓、

螺母、垫片、垫圈、锁片和开口销等应安装紧固可靠，零部件和附属装置完整齐全。

⑮液压悬架系统应操纵灵活，工作可靠。

⑯动力输出装置的接合和分离不得有不正常的杂声和不平稳现象。

2-22 怎样用冷焊修复气缸盖裂纹?

缸盖因维护保养不当，常常出现翘曲变形或炸裂，产生漏气、漏水，则要做好缸盖的检验、矫正与焊修。

(1)缸盖的检测 把缸盖下平面朝上放平，最好放在平台上，选用直尺或专用工具进行测量，直尺的长度要够用，必须在 ABCDEF 六个方位进行测量，如果直尺底部与缸盖平面接触面积大，缝隙小，则变形与翘曲小；接触面积小，缝隙大，变形与翘曲也大。

(2)缸盖的矫正 缸盖下平面的平面度超过 0.12mm，也就是缸盖翘曲变形超过技术要求，应进行矫正。可采取钳工刮研，也可用平面磨床磨削，但经刮研和磨削的缸盖会使压缩比增加，容易产生爆燃。为此应适当增加缸垫厚度，也可再加装一个缸垫。

(3)缸盖裂纹的修复 缸盖裂纹，特别是裂纹较深，应采用冷焊修补，具体步骤如下。

①表面清洗。先将缸盖放入碱性溶液中煮沸，除去裂纹处的油脂和污物，再用清水清洗缸盖。

②剔出焊口。用扁铲或錾子在裂纹处剔出 U 形焊口，宽 5～6mm、深 3～4mm。

③清理焊口和预热。用四氯化碳清洁焊口，用氧乙炔中性火焰将焊口两侧局部加热至 150～250℃，以清除水分和杂物，并同时预热缸盖，防止温度太大，使焊接时容易产生裂纹。

④施焊步骤与注意事项。将加热的缸盖空冷到 35～45℃。用手摸焊口处不烫再施焊。

a. 选择合适的焊条，可阻止母材中的杂质和碳化物等渗入焊道，焊条型号为铸 308，直径为 2.5mm，电流 80～90A，焊程为 15～20mm，焊层为单层。

b. 定向施焊是防止产生裂纹的重要措施之一。从预燃室孔内向外，直至气门座孔方向定向单层焊接，这样可消除焊层剥离。

c. 焊程长度不宜太长，以免焊接温度过高形成白口，以及因胀缩产生裂纹、剥离，一次焊程以15～20mm为宜。

d. 一次焊程结束后，要立即用专用工具在焊缝上连续锤击一遍，以消除内应力，使组织紧密，防止裂纹和气孔的产生。待焊缝温度下降到35～45℃（能用手摸时），再进行第二次焊程，直至焊完。

e. 施焊中，焊条应少许摆动，前后推进。为防止弧坑裂纹的产生，导致焊缝开裂，在每一次焊程熄弧前，必须做到焊条稍向后移；在焊条后移时，焊条向逆时针方向圈一下，打圈完将弧尾向外侧引，将弧柱压到最短后立即熄弧，以上动作必须连续尽快完成。

f. 水压试验及机械加工。缸盖待降至室温时，把缸盖拿到水压试验器上进行水压试验，打压0.4～0.6MPa，稳压5min，无渗漏便可进入下一道工序。将缸盖上平面用铣床或磨床进行铣磨施焊部位，铣磨后再检验缸盖下平面的平面度，合乎标准方可安装使用。

2-23 怎样用铸铁冷焊修复机体？

(1)铸铁冷焊的难点 发动机机体结构比较复杂，按常规应采用热焊工艺进行修复。但由于体积较大，不易整体加热，质量难以保证，且成本很高。在焊接过程中，除引起焊接部位金相组织不同程度改变外，还由于加热不均和冷却过程中产生内应力（冷却后存在内应力），使焊件在焊接过程或使用期间产生裂纹，所以应力变形仍是焊接工艺的主要问题。

(2)发动机机体冷焊修复工艺

①设备的选择。使用直流电弧焊机，焊条接负极，焊件接正极。

②焊接材料的选择。排气孔附近采用纯镍铸铁焊条（铸308）及镍基焊条，电弧冷焊。

③修复部位的清理。机体外部清洗，清除缺陷周围的油污、锈痕和脏物，再进一步清洗裂纹周围80～100mm处。

④焊口的处理。铸件的缺陷如沙眼、气孔等，必须用铲子铲净，铲成U形坡口。厚度超过12mm的部位，坡口的深度为裂纹深度0.5～0.6倍，坡口底部呈圆弧状，坡口角度70°～80°，且应在裂纹的两端钻止裂孔。止裂孔钻在超过裂纹起止位置的3～5mm处钻孔，钻孔直径

根据焊件厚度而定，一般为 6～12mm 厚度焊件，钻孔直径 6～8mm 为宜，12～25mm 厚度焊件钻孔直径 8～12mm 为宜。止裂孔的作用是避免裂纹扩大。

⑤消除应力。焊接时，要求焊缝长度比裂纹长 20～30mm，以防裂纹延展。焊 20～30mm 长焊道应熄弧，且立即锤击，再等焊处温度降到 15～20℃（不烫手）时继续焊接，如此反复进行，焊完后再从头到尾全部锤击一遍，自然冷却。

⑥检查。主要检查焊缝表面，如表面气孔、裂缝、咬边、未焊透情况和外形尺寸等。再进行水压或气压试验，水压试验一般应在密封情况下进行，将水注入焊件内，加上相当于焊件工作时 1.5～2.5 倍的压力，观察是否有渗透现象。气压试验原理同水压试验，但注入的是空气，且在焊缝外表面涂肥皂水，如有孔隙，外表面即有皂泡出现。

2-24　怎样用旧柴油机改装气泵？

利用废旧柴油机改装气泵，既能节约购置气泵的费用，又能使旧物得到充分利用，而且改装过程简单，改装后的气泵性能也很好。

(1)改装方法　利用废旧 195 柴油机改装气泵时，把燃油供给系统全部去掉，喷油器安装孔内安装一单向气阀，用一钢管把单向气阀和储气筒连接起来，单向气阀的外形尺寸和喷油器相同，固定方法也和喷油器一样。排气门不动，去掉进、排气门的挺杆、推杆和摇臂，并把进气门的气门弹簧去掉，换上一簧径为 1～1.5mm 的气门弹簧，其外形尺寸和原气门弹簧一样即可。空气滤清器和排气管可保持原状，也可去掉。润滑系统要保证工作正常，以润滑曲柄连杆机构和气缸壁。平衡机和正时齿轮不动，调速器可以不动，也可去掉。

在储气筒上要安装正压安全气阀，以防止桶内气压过高而发生事故。去掉笨重飞轮，换上带轮，轮子直径大小要进行计算，以能使改装气泵的转速达到要求即可。

(2)工作原理　由于去掉了气门挺杆、推杆和摇臂，所以气门是否动作，就与正时齿轮带动凸轮轴的旋转无关。当活塞在气缸内由上止点向下止点运行时，使气缸内产生负压，而外界仍为一个大气压，另外，还由于进气门弹簧比原来细得多，弹性很小，所以，在气缸内外气压差的作用下，进气门被吸下，气门弹簧被压缩，开始由外界向气缸内进气。

而排气门，由于还是原来的气门弹簧，弹簧直径很粗，弹性较大，所以进气门打开时它始终保持关闭状态。当活塞由下止点向上止点运行时，进气门在气缸内气体的压力作用下关闭，气缸内气体压力达一定值时，就推开单向气阀内的钢球，把阀内1～1.5mm粗而且弹性很小的弹簧压缩，气体通过单向气阀而排入储气筒，当活塞再次下行时，钢球因自重和弹簧的作用而落回原处，重新封住单向气阀的排气口。周而复始进行泵气工作。

2-25　怎样修旧利废？

(1)缩孔法修复喷油器　轴针式喷油器偶件，由于长期受高温、高压气体的侵蚀和高压、高速燃油的冲击，喷孔会出现不规则的磨损，喷油出现偏射、散射，甚至渗油、滴油，会影响发动机的动力性和经济性。可采用缩孔修复，其方法如下。

拆下喷油器偶件，置针阀体于工作台上，喷孔朝上，在喷孔上放一直径4～6mm的钢球，用小铁锤轻轻地敲击，使喷孔产生塑性变形，以缩小喷孔直径。但可能因用力较大，损坏针阀体与针阀的密封锥面，为此必须进行研磨。研磨的方法是：在针阀锥面上涂研磨膏，将针阀插入针阀体内，用台虎钳夹住针阀尾部，然后用手捏住针阀体稍加压力，倒顺研磨几分钟即可。

研磨后的针阀与针阀体，经柴油清洗后，在喷油器试验台(器)上检查调整。先将喷油器装复，其喷油压力调至22MPa以上，视其压力从20MPa降至18MPa时，需经18s左右，且喷油器无滴油或渗油，调至规定压力时，经多次喷射无偏射、散射，且有一定雾锥角为符合要求。

(2)栽钉法修复气缸体裂纹　对机体上一些细小的裂纹或不便于用补板法修复的部位，可采用栽钉法修复。

①用ϕ4.5～ϕ5.0mm的钻头，沿裂纹间隔钻孔，并用M6×1的丝锥攻制螺纹。

②用纯铜螺钉拧入螺孔中，深度与缸壁厚度相同，留在机体表面的螺钉用钢锯在距机体表面3～4mm处锯断。

③用上述同样方法，在纯铜螺钉间再钻孔攻丝，拧入纯铜螺钉，使整个裂纹上都载满螺钉，形成一条螺钉链。

④用手锤轻击露在机体表面的螺钉，直至把凸出机体平面的螺钉

打平，使之完全覆盖裂纹。

(3)铝水箱裂纹的焊补 S195 柴油机的铝制水箱产生裂纹后，会引起渗水或漏水，可采用焊补方法修复，其程序如下。

①制铝焊条。敲碎一只旧铝活塞，放于铁锅中熔化后(可用气焊熔化)，倒入一带孔(孔径 3mm)的铁勺中，使熔化的铝水从小孔中流出，凝成一根铝焊条。

②裂纹两端钻孔。用 ϕ3mm 的钻头在水箱裂纹的两端钻孔，以防焊补时裂纹继续向两边扩大。

③加热水箱。在水箱内用文火缓慢均匀加温，同时在水箱外面洒上一些木粉，当看到木粉颜色变成焦黑色时，即可停止加热。

④用氧-乙炔焰焊补。要求火焰适当，不漏焊，焊面平整。

⑤加水试压。焊补处不渗水、不漏水即可。

(4)旧气门修复再用 使用过的旧气门，如果气门边缘很厚，可将气门放在磨床上，沿气门头的圆锥斜面按原角度磨至消除缺陷为止，也可放在车床上按原角度车至消除缺陷为止，修后即可继续使用，但要求修复后的气门头边缘厚度$\not<$0.5mm。

(5)废活塞环可焊修铸铁件 用废旧活塞环对磨损、损坏的铸铁零件进行堆焊、补焊修复，不但成本低，且使用效果好。如 S195 型柴油机调速杠杆球头磨损后，就可用废活塞环作焊丝，用氧-乙炔焰对磨损部位进行堆焊，焊后稍加处理即可恢复原来尺寸。

(6)轴承走外圈的修复 轴承座孔严重磨损后，轴承的外圈就会与座孔产生相对转动(轴承走外圈)。可用手工焊铝合金，以加大轴承外圈尺寸的办法修复。焊前用碱水将轴承外圈上的油污除去，并用清水冲洗干净，然后用砂布将轴承外圈抛光，再用一根比轴承内径略小的圆钢夹在台虎钳上，轴承加热至 60℃随即套在圆钢上，用电烙铁将铝合金焊于轴承外圈即可。

2-26 故障特性与分析判断原则是什么？

(1)故障特性

①大多常见异响取决于柴油机的转速状态。柴油机转速变化时，各运动机件的运动速度也会随之变化，特别在急加速或急减速时，运动件会产生一定的加速度或减速度，由于惯性作用，一方面可能会导致新

的异响，另一方面会使得本来不明显的异响变得清晰。因此，柴油机大多数常见异响故障的存在，很大程度上取决于柴油机的转速状态。

在分析判断柴油机异响故障时，宜多做各种转速试验，以准确查找异响故障原因。

a. 柴油机突然加大油门，转速骤然提高时，较为明显、清晰的异响，如：主轴承、连杆轴承松旷响声，活塞环摩擦产生的异响等。

b. 柴油机转速稳定，异响紊乱，急减速时，表现较为明显的异响，如：活塞销衬套松旷、凸轮轴轴向间隙过大产生的响声等。

c. 柴油机怠速或低速运转时，较为明显的异响，如：活塞销或连杆轴承装配过紧产生的响声，活塞销、气门及气门挺柱产生的不正常的响声等。

d. 柴油机中速时存在的异响，如：气门座圈松动产生的响声，凸轮轴外廓磨损发出的异响声等。

②异响与柴油机负荷紧密相关。柴油机各运动件受力状况，随着负荷的变化而变化，异响也会相应发生改变。有些异响随着负荷的减小而减轻；有些异响反而随着负荷的减小而加重；有些异响随着负荷的变化而产生。由负荷大小导致的异响与柴油机缸位有明显的关系。

在分析判断柴油机异响故障时，对单缸柴油机可采取突然加大负荷，降低转速，或突然减小负荷，提高转速的办法，来判断异响与负荷的关系；对多缸柴油机可采取逐缸或相邻两缸断火，以解除一或二缸负荷的办法，来进行试验判断。

a. 单缸柴油机负荷增大，异响加重的一般有活塞敲缸、连杆轴承发响等；随负荷减小而出现的异响一般有气门座圈响、配气机构个别机件产生的响声等。

b. 对多缸柴油机而言，若某缸断油，异响减轻或消失，则一般为活塞敲缸、活塞环漏气或连杆轴承松旷等产生的响声；若某缸断油，异响加重，或原来无响，反而出现响声，则一般为活塞销套松旷，连杆轴承盖或飞轮固定螺栓松动产生的响声；若相邻两缸断油，异响减轻或消失，则为主轴承松旷产生的异响。

③有些异响随柴油机工作循环，呈规律性出现。四行程柴油机的曲柄连杆机构、配气机构中的部分机件，或机件之间与柴油机的工作循

环呈规律性的运动与接触，因此有些异响的规律也是固定的。

因此，在分析异响故障时，应首先诊断有规律性的异响。

a. 若活塞有敲缸响声，那么，曲轴每转一圈，就会发响一次；而每一个循环，燃烧膨胀做功一次，曲轴转两圈，就会发响两次。所以，凡是曲柄连杆机构中某运动机件引起的响声，均为每循环发响两次。如活塞销敲击声、连杆轴承松旷及活塞环漏气响声等。

b. 若气门存在响声，因曲轴每转两圈，凸轮轴才转一圈，所以气门只会发响一次；亦即每一个循环，燃烧膨胀做功一次，气门发响一次。依此，凡是配气机构中某运动机件引起的响声，均为每循环发响一次。如气门弹簧折断、挺杆与其导孔间隙过大、凸轮外廓磨损、气门座圈松脱及凸轮轴正时齿轮径向破裂等引起的响声。

④某些异响对柴油机温度较为敏感。柴油机一般正常的工作温度是 80～95℃。若柴油机温度过低或过高，都会对异响产生影响。主要是因为某些机件由于受热前后膨胀变形，或磨损间隙不一致造成的。

异响故障分析时，应注意柴油机的冷热状态，及由此而产生的响声变化状况。

a. 柴油机冷态时有，而温度升高后减轻或消失的异响，一般是活塞与缸壁间隙过大，或配气机构中个别机件由于润滑不良出现的响声。

b. 柴油机温度低时无响声或响声较轻、温度升高后响声加重，一般为柴油机压缩比过大导致的早燃、突爆声，活塞与缸壁间隙过小造成的响声等。

⑤异响常伴有柴油机其他故障现象。柴油机一旦出现异响，往往会导致柴油机其他的故障出现。如机油压力下降，润滑不良；转速不稳，机身抖动；起动不良，功率不足，油耗增加，烟色异常等。这些故障现象，有助于异响故障的准确分析、判断与排除。如连杆轴承松旷过甚，进排气门卡滞，活塞与缸壁间隙过大，不仅都能产生响声，而且会导致机油压力下降，个别缸不工作，加机油口脉动冒烟等故障现象。

(2)分析判断原则 柴油机异响的分析判断，应与柴油机的技术状况紧密相连。新使用的柴油机一旦出现异响，往往比较清晰单纯，便于辨别与查找；而技术状况欠佳的柴油机，由于本身运转期间的杂音就较紊乱，若一旦有异响出现，往往较难分析判断。

因此,分析判断异响时,一般遵循以下原则:响声仅在柴油机怠速运转期间存在,转速提高后消失或减弱,且在柴油机长期使用过程中这种响声又不随负荷大小改变而有明显变化的,可作为危害不大异响处理,待适当时机再行修理;若响声在柴油机急加速或减速时出现,且在柴油机中、高速运转期间仍然存在,则应立即查明原因,并予以排除。

2-27 怎样诊断与排除起动时的敲击声?

柴油机起动过程中,排气管大量冒烟,并伴随敲击,转速越高,敲击声越大。转速提高稳定后,敲击声减弱;急减油门时,敲击声消失;但降到怠速时响声又恢复。

(1)故障原因

①喷油泵滚轮体调整螺钉、联轴器位置及喷油器喷油压力调整不当;或喷油泵出油阀和喷油器针阀关闭不严,造成了喷油正时不准。

②喷油器调压弹簧调整不当,或自身弹力下降、柴油黏度过大及喷油器针阀磨损或粗糙等造成的雾化不良。

③配气与压缩机构工作不良,造成进气不足或漏气。

④柴油温度过低。

⑤喷油器针阀黏滞、磨损、积炭、关闭不严及喷油泵出油阀磨损、弹簧折断,各分泵供油拉杆驱动件锁止出现松动,供油系统进入空气等,造成的柴油机各缸供油不均。

(2)故障检查与排除

①若响声不均匀,说明各缸工作状况不一致,可用逐缸断油法找出工作不良的气缸。如果怀疑某缸供油量过小或过大,可用增减油量的办法先进行试验,再通过听响声程度、观看排烟状况来确定。若减油后响声只是减弱,断油时,响声才完全消失,则说明故障出现在喷油正时上。检查喷油正时的方法是:松开喷油泵联轴器联结盘固定螺栓,轻轻地顺向或逆向转动连接盘,并听响声的程度,以准确查找喷油正时。然后进一步检查与喷油正时有关的机件,若磨损或变形损坏,应予以更换。

②若响声均匀,说明各缸工作状况一致。应首先检查所使用的柴油质量是否符合规定要求,再检查柴油滤清器是否有堵塞。

③若以上故障排除后,不良现象仍然存在,则进一步检查喷油器喷

油质量是否符合规定要求。喷油器喷油质量可在喷油器试验器上检查确认。

2-28　为什么只能用手泵油才能起动?

某农用运输车每天首次起动前,尽管彻底排除了发动机低压油路中的空气,起动仍很困难。拆下喷油泵的分泵油管接头后开使起动,油泵不泵油,但当重新装复,边起动边用手油泵泵油时,发动机立即起动,并能正常工作。

根据上述现象,初步诊断有两种可能:一是输油泵活塞磨损或进(出)油阀密封不严;二是柴油油路仍有漏气的地方。

首先检查油箱通气孔,无堵塞,且低压油管各接头处也无漏气或裂纹。分解检查输油泵进(出)油阀,无黏滞和损坏,弹簧弹力也正常。当查至活塞时,发现输油泵活塞表面有轻微的拉伤痕迹,且活塞与主泵腔磨损严重。为了进一步验证是否因活塞与主泵腔磨损过多所致,可将输油泵重新装好,堵死进出油口。再抽出活塞,取出弹簧,向活塞缸内注入一定量的柴油,而后装入活塞并向下推压,若发现活塞在较短的时间内,很容易地被压入活塞缸内,证明是活塞与主泵腔磨损过甚所致。

输油泵活塞磨损过甚,使其内漏量增大,必然会导致喷油泵油室出现暂时的缺油现象,因而造成起动困难。以致只有边起动边用手油泵帮助供油,以弥补因漏大而造成的供油不足,才能保证发动机容易起动。

2-29　大修好的柴油机为什么难以发动?

大修后经多次起动均难以发动着火,虽然对油路和电路进行了全面检查和调整,但均无效。

发动机要想着火工作,除了应保证有足够的压缩压力,以及充足的空气及适量的燃油外,还必须能准确地喷出高压油和有足够的起动转速。以上条件只要能同时得到满足,经 2～3 次起动,发动机便可起动着火运转。否则,意味着存在故障,需查明原因。诊断方法可按下述步骤进行:

检查起动转速。起动发动机时,需有足够的起动转速,以保证着火时混合气具有足够的压缩力和温度。如果转速过低,则发动机是不易被发动着的。如起动转速运转正常有力,则应随之检查喷油系统。

检查油路的方法。拔下任意气缸盖上喷油嘴,使其嘴子距气缸体

20cm左右，摇转曲轴，观察喷油情况。如喷油成雾，为高压油正常。然后矫正喷油顺序和喷油时间。

若经上述检查均没发现什么问题，那就应从发动机配气方面加以考虑。

正时齿轮装错了牙，会导致配气相位失准，发动机起动困难。判断正时齿轮是否装错了牙，方法很多，在不拆卸正时齿轮室盖的情况下，迅速判断正时齿轮是否装错了牙的方法，可以按以下程序进行。

①在发动机曲轴带轮附近的正时齿轮盖的某一螺栓上固定一根铁丝，使端头指向带轮的边缘。

②转动曲轴，直至第一缸活塞处于压缩行程上止点，然后用塞尺检查第一缸进排气门的间隙，如不符合要求，应重新调整。

③再摇转曲轴一周，是第一缸活塞处于排气行程即将终了（活塞接近上止点）的位置。用手指轻轻捏住进气门推杆，应稍加用力使其转动。继续摇转曲轴，当感觉到推杆扭转不动时，立即停止摇转曲轴。此时可在铁丝所指的带轮边缘处，画上一个记号。

④观察飞轮上的上止点标记。如看不清楚，可用一字旋具压住气门摇臂，使气门头部作压在活塞上的准备，当感到活塞处于上止点位置时停止转动曲轴。在铁丝所指的带轮边缘处，划上第二个记号。

⑤用手指轻轻捏住排气门推杆，继续缓慢转动曲轴，至推杆稍能转动时为止。然后在铁丝所指的带轮边缘处划上第三个记号。

进行比较，若第二个记号靠近第一、三个记号中的某一个或与某一个记号重合，或处于两个记号之外，则说明正时齿轮装错了牙。这时就要拆卸正时齿轮室盖，重新找对正时齿轮记号。装复后重新起动发动机，一切正常，故障排除。

2-30 柴油机工作时为什么“缺腿”？

有时柴油机工作时会出现某些气缸不工作俗称“缺腿”的现象。其表现为起步缓慢无力、机身抖动、排气管冒黑烟、换档时加速性能较差。产生上述故障现象的原因有：

①某缸喷油器工作不良。例如喷油压力低、雾化不良，不但改变了喷雾锥角，且会引起喷油嘴滴油、燃油和空气混合不均匀。

②某缸喷油泵柱塞副磨损严重或柱塞弹簧折断。柱塞副的配合间

隙通常只有 0.02～0.03mm，大于上述值时泄油量必将随着柱塞副的磨损量增加而增加。至于柱塞弹簧折断，则会使柱塞有效行程减小，甚至不能回位，因而影响发动机工作。

③某缸因出油阀副磨损严重，造成关闭不严而使喷油嘴出现浸油和后滴现象。

④喷油泵内凸轮轴凸轮、滚动体滚轮、轴和调整垫块等磨损不一，以致各缸供油提前角不一致，因而工作情况也就互不相同。

⑤凸轮轴后轴承损坏，致使某缸供油时间延迟或停止工作。

⑥某缸活塞销、铜套严重磨损，铜套在连杆小端孔内自转，活塞压缩行程中达不到上止点，压缩比降低而导致发动机冒烟，并有“咔哒、咔哒”的敲击声。

⑦喷油泵因调整不当，或泵拉杆调节叉固定螺钉松动等原因，致使某缸供油不正常。

2-31　柴油机为什么加速时转速提不高？

某四轮农用运输车存在行驶无力现象，过去在平路高速行驶能达到 80km/h，现在仅能达到 40～50km/h。过去用三档能爬上去的陡坡，现在必须用一档或二档才行。开始时，对此现象误认为发动机气缸密封不良，活塞环磨损严重所致，但经镗缸更换新活塞环后仍不见好转。最后经综合分析，发现存在以下问题。

①发动机进气系统的阻力增大。发动机工作时，气缸的进气量多，压缩终了的压力和温度增高，燃烧迅速，发动机的转矩和功率也大。如果空气滤清器的阻力大，进气门处的通过截面小，则会减少气缸的进气量，影响发动机的转矩和功率。在保养油浴式空气滤清器时，若滤芯清洗得不干净，且往空气滤清器内加注的机油过多，即会增加进气阻力。试验表明，滤芯表面沾满尘土时，发动机的最大功率将下降 24%，最大转矩下降 24.6%。

此外，若气门间隙调整不当，影响了气门升程的高低，或配气不能准确正时，也会影响气缸的进气量。

②供油质量不好。发动机工作时，如供油不足，会使发动机作功无力。供油量不足的原因，除了喷油泵供油量调整不当而无法适应发动机各种工况外，实践证明油路供油不畅，也是导致此故障发生的常见原

因之一。油路堵塞的原因，大多是柴油滤清器滤芯和输油泵进油口到进油阀之间的滤清器过脏，滤芯被堵塞；也有的是柴油不经沉淀，即加入油箱内使用所致。

发动机的喷油器提前角对发动机的工作性能有很大影响。喷油提前角过小时，发火时刻相应延迟，甚至在上止点后才开始燃烧，燃烧过程滞后，燃时延长，燃烧最高压力降低，热效率显著下降，即会使农用运输车行驶无力。

此外，若喷油器的喷油压力降低，喷油雾化质量差，或喷油器的针阀与针阀体锥面密封性不良，也均会使混合气形成不良，燃烧过程恶化，致使发动机功率降低。

2-32　柴油机怠速始终偏高是什么原因？

发动机在运转时，如果最低稳定转速偏高，且调节了喷油泵上的怠速限制螺钉后，转速仍降不下来，其常见原因通常是：

①怠速油量偏高。通常情况下，当油门操纵杆放在最小位置时，转速应保持在500r/min左右，若怠速油量偏高，发动机的最低稳定转速便会升高。

②调速器内积油过多或输油泵及泵盖漏油。此时，易使调速器的飞球浸在油液中，运动时的阻力增大，致使怠速时向外移动的行程减小，导致传动板在调速器弹簧弹力的作用下，使喷油泵拉杆向增大油量的方向移动一定距离。由于怠速油量增多，发动机最低稳定转速便会升高。

2-33　柴油机发动后为什么排气管喷火？

农用运输车在使用中有时排气管出口处会发生蹿火现象，其症状是在高速行驶时，排气管会被烧红。若在夜间行车，则可发现排气管会向外冒出一串串的火星。之所以如此，在于排气管内温度很高，当气缸内未完全燃烧的油雾进入排气管后，遇到空气即会引起燃烧，此时还往往伴有“劈啪、劈啪”的爆炸声。其原因主要有以下几点。

①空气滤清器工作不良。当驾驶员在维护空气滤清器时，如果给油浴式空气滤清器加入过多的机油，必会导致发动机在工作过程中由于机油在强烈的吸力作用下，由空气滤清器、进气管而进入气缸，造成燃油过浓的感觉。由于机油黏度较大，部分粘附在进气管壁上，而进入

气缸的机油也不能完全燃烧。在排气过程中被排出，并部分粘附在排气管壁上。在废气的高温作用下继续燃烧，使温度逐渐升高把排气管烧红，并发出爆燃声。经过拆卸进、排气管，刮去机油和积炭，故障即可被排除。

②配气机构，尤其是排气门弹簧的技术状况不良。柴油机高速运转时，由于四冲程发动机的一个行程所经历的时间极短，因而气门从开起到关闭的时间也很短，且气门及其传动机构运转速度高，惯性力大。为了保证气门能克服惯性力，而不脱离凸轮的控制及时关闭，要求气门弹簧应有足够的弹力。若排气门弹簧弹力不足，甚至折断，或气门锁夹脱落，将导致发动机高速运转时排气门关闭过晚，这样进入气缸的可燃混合气就会被排出一部分，在排气管出口处燃烧冒火。

③气门漏气。因气门漏气而导致发动机排气管喷火的特点是，火势急，带烟。气门漏气有严重和轻微两种，当气门严重漏气时，用手转动飞轮到进气行程，把手放在排气管口处会有吸气感觉。在飞轮转到排气行程时，把手放在进气管口会有排气的感觉。气门漏气轻微时，只在气温较高时，才会发生窜火。

④配气相位有误，或零件配合间隙不当。当发动机的配气相位有问题时，排气管喷火的症状是冒火的火势急、大，但不带烟。其原因往往在于凸轮轴上的键槽可能有偏差，凸轮轴夹角有偏差，或是齿轮记号错乱等。配气相位不对，是指进、排气门早开迟闭，反应在活塞到上止点时曲轴转过的转角不符合规定值。这时气缸中可燃混合气因排气门早开，燃烧进行到排气门内外，引起发动机排气管窜火。同时因燃烧热散不出去，造成排气温度较高。

火势急、大不带烟的另一个重要原因，则是发动机本身各部间隙可能偏小，如活塞和气缸套的配合间隙小等。

⑤供油时间过晚。此时，会导致燃油在气缸内不能完全燃烧，而进入排气管后又遇到过热的空气，导致排气管冒红火。此火的特点是火势适中。

⑥调速器工作不良。当发动机调速器的调速杠杆与调速滑盘配合运动中的滑盘锥面角度不适当，即会造成喷油泵供油忽大忽小，致使排气管喷火。此时，故障的特征是火势大，且忽闪忽闪。

第 2 节　气缸体与气缸的故障诊断与检修

2-34　柴油机的工作原理是怎样的？

现在农用运输车所用柴油机为自然吸气四冲程柴油机，也就是说柴油机的能量转换过程要分为四个阶段，即进气冲程、压缩冲程、作功冲程、排气冲程，如图 2-1 所示。

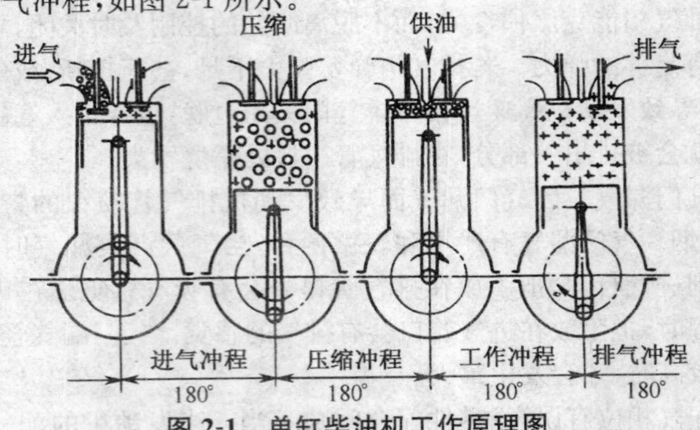

图 2-1　单缸柴油机工作原理图

(1)进气冲程　活塞由上止点向下止点移动时，气缸容积增大，产生真空吸力。同时进气门打开，将新鲜空气吸入气缸内。活塞到下止点时，进气门关闭，进气结束。曲轴旋转了第一个半圈。空气经过空气滤清器、进气管、气门时均有阻力，进入气缸后，进气终了时缸内气体由于吸热，使进气终了的温度为 27～67℃，压力略小于大气压力(81～96kPa)。

(2)压缩冲程　活塞由下止点向上止点移动，这时进排气门都关闭，空气受到压缩，温度和压力逐渐升高。活塞上升到上止点时，压缩终了，曲轴转过第二个半圈，气缸内气体压力为 3.04～4.56MPa，温度为 500～700℃，而柴油自燃温度为 330℃。

(3)作功冲程　压缩冲程终了，在气缸内高温高压的条件下喷入柴油，柴油立即自行燃烧，使缸内压力、温度急剧上升。受热膨胀的气体便推动活塞由上止点快速向下止点移动，通过连杆使曲轴产生旋转动力，曲轴转第三个半圈。燃烧时，气缸内燃气温度高达 1500～2000℃，最大压力为6.08～9.12MPa。活塞到下止点时，作功冲程结束。此时燃气仍有 700～900℃高温和 303kPa 的压力。

(4)排气冲程　当作功冲程终了时，气缸内充满废气。由于曲轴的惯性又使活塞由下止点向上止点移动，此时排气门打开，排除废气。活塞移至上止点时排气结束，曲轴转第四个半圈。完成一个工作循环，曲轴转动两圈。

如上所述，我们可以知道，曲轴转两圈，活塞进行四个冲程，完成一个工作循环，其中只有一个冲程是作功的。

2-35　单缸或多缸机的工作是怎样的?

四冲程柴油机只有一个冲程作功，可见柴油机的运转是很不均匀的，特别是单缸机尤为突出。而单缸机总排量有限，所以研究发展了多缸柴油机。在多缸柴油机上，曲轴转两转，每个缸都有一个作功冲程。多缸机各个气缸是按照一定的先后顺序周而复始地工作的，这就是气缸的工作顺序。现在一般的模式是：二缸机 1-2；三缸机 1-3-2；四缸机 1-3-4-2。图 2-2 所示，四缸柴油机点火顺序为 1-3-4-2，其具体的工作过程见表 2-2。

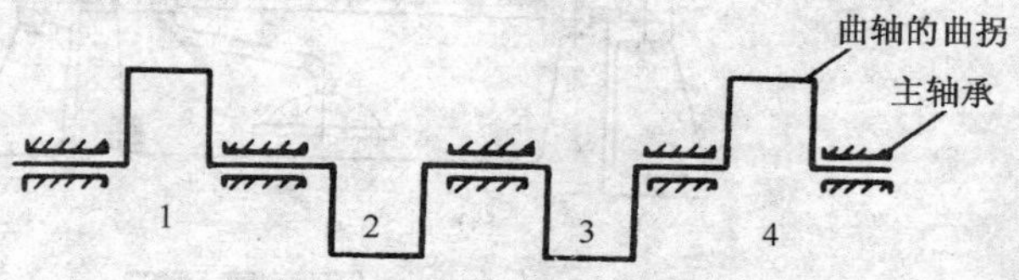

图 2-2　四缸柴油机曲轴示意图

表 2-2　四缸柴油机的工作过程

曲轴旋转角度	1 缸	2 缸	3 缸	4 缸
第一个半圈 0°～180°	工作	排气	压缩	进气
第二个半圈 180°～360°	排气	进气	工作	压缩
第三个半圈 360°～540°	进气	压缩	排气	工作
第四个半圈 540°～720°	压缩	工作	进气	排气

2-36　柴油机总体构造是怎样的?

柴油机构造复杂，一台单缸 S195 型柴油机由近 300 种、600 个零件组成，一台四缸柴油机由近 500 种、1500 个零件组成。不但零件多，涉及面广，加工要求也很高，整机装配调试要求也严。柴油机是技术含量较高、相关产业多、而用途极为广泛的动力机器，俗称是农用运输车的“心脏”。为了用好柴油机，必须对它的构造有一个全面深入的了解。

图 2-3 所示为常柴 S195 柴油机结构简图。

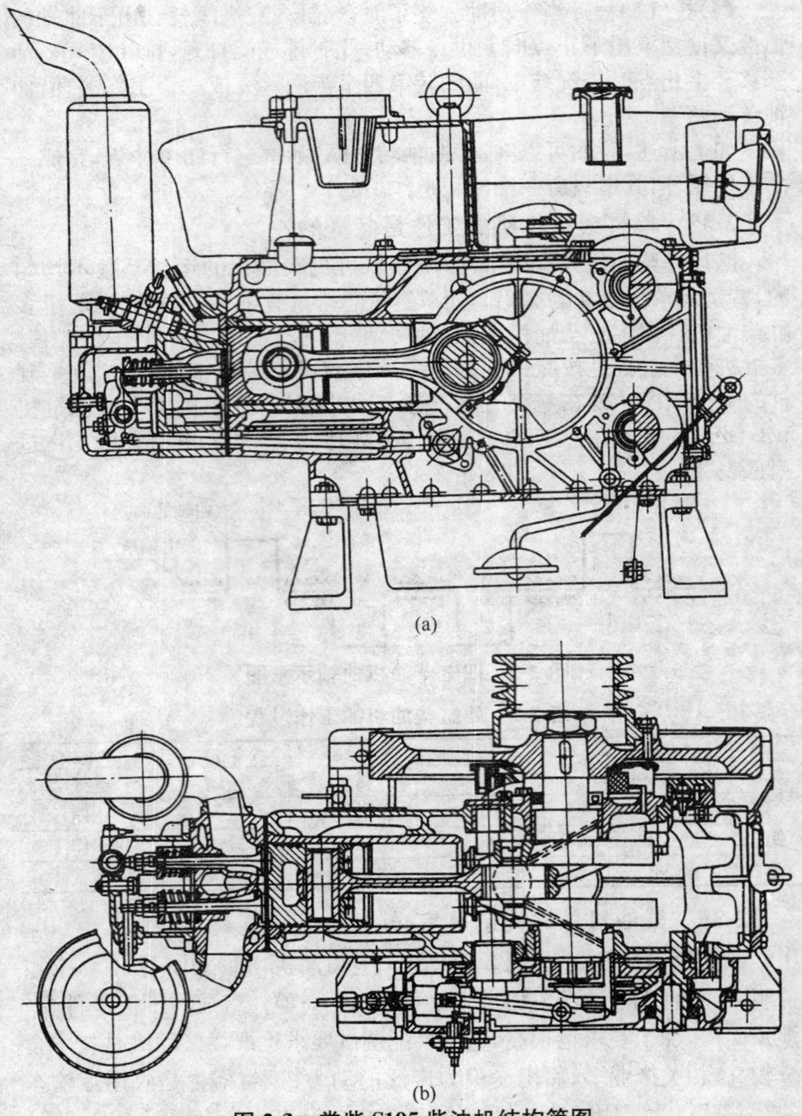

图 2-3 常柴 S195 柴油机结构简图

(a)纵剖面 (b)横剖面

图 2-4 所示，为场动 80 系列柴油机结构简图。

图 2-5 所示，为川内 185N 和 Z185 型柴油机外形图。

柴油机通常由以下机构和系统组成：机体缸盖，曲柄连杆机构，配气机构及进排气系统，燃料供给系统，润滑系统，冷却系统，起动系统。

2-37　柴油机常用的技术术语是什么？

(1)上止点　活塞运行到气缸上部，活塞顶面离曲轴中心线最远时的位置。

(2)下止点　活塞运行到气缸下部，活塞顶面离曲轴中心线最近时的位置。

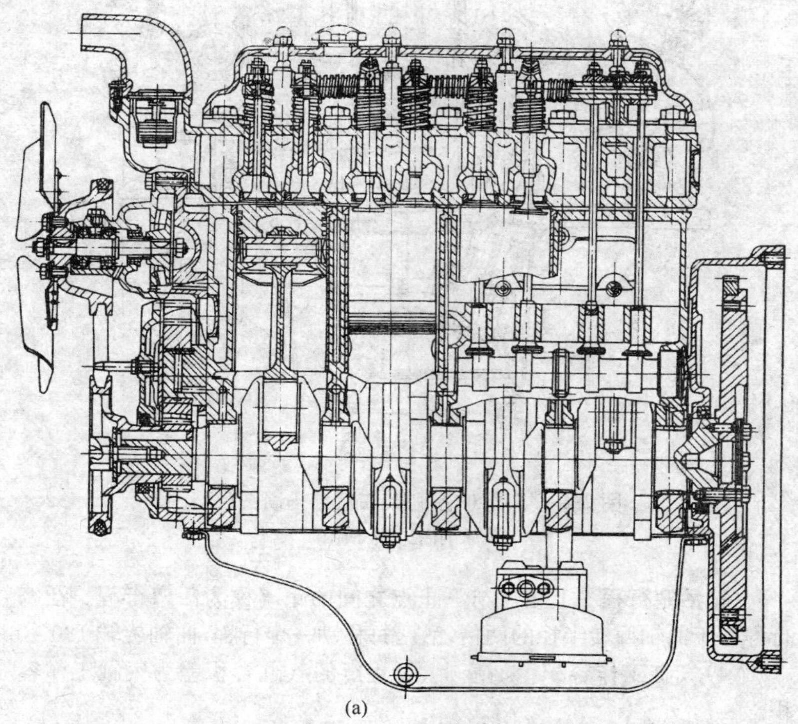

(a)

图 2-4　场动 80 系列柴油机结构简图

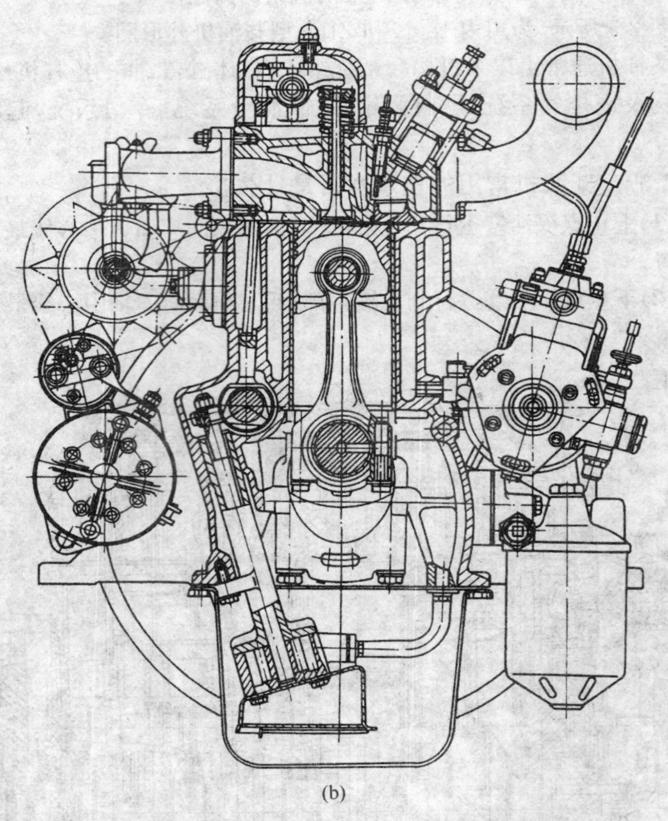

(b)

图 2-4　场动 80 系列柴油机结构简图(续)

(a)纵剖面　(b)横剖面

(3)活塞行程　上止点与下止点之间的距离称为活塞行程。活塞行程等于曲轴回转半径的两倍,活塞每移动一个行程,曲轴旋转 180°。

(4)气缸工作容积　活塞上、下止点的气缸容积差为气缸工作容积。

(5)气缸总容积　活塞位于下止点时,活塞顶上部与气缸盖之间的容积为气缸总容积。

图 2-5　川内 185N 和 Z185 型柴油机外形图

1. 头灯　2. 燃油开关　3. 飞轮　4. 燃油箱　5. 起动轴
6. 机油尺　7. 机油指示器　8. 调速手柄　9. 空气滤清器
10. 消声器　11. 冷凝器加水口　12. 燃油箱

(6)燃烧室与燃烧室容积　活塞在上止点时，气缸盖和活塞上顶面组成的密闭空间称为燃烧室，其容积就是燃烧室容积。目前，农用运输车用柴油机燃烧室主要有两种：一种是涡流室式，另一种是直接喷射式，如图 2-6 所示。

(7)压缩比　气缸总容积与燃烧室容积之比叫做柴油机的压缩比，用来表示气缸内气体被压缩程度。目前，涡流室式燃烧室的柴油机压缩比一般为 21～24；直接喷射式燃烧室的柴油机压缩比一般为 16～19。

2-38　机体的结构特点是什么？

中小型柴油机通常将装气缸套容纳活塞运动的气缸体和装曲轴并容纳其运动的曲轴箱铸成一体，习惯上称之为机体。

单缸机的机体是一个长方形的匣子，在它的上方装水箱、油箱，下方装油底壳，前方装缸盖，左、右侧装齿轮室、高压油泵、滤清器，后方装后盖(有的带起动机、滤清器)，内部装缸套(大多数为湿式缸套)形成水套，此外还装有活塞连杆、凸轮轴、曲轴飞轮、平衡机构等。

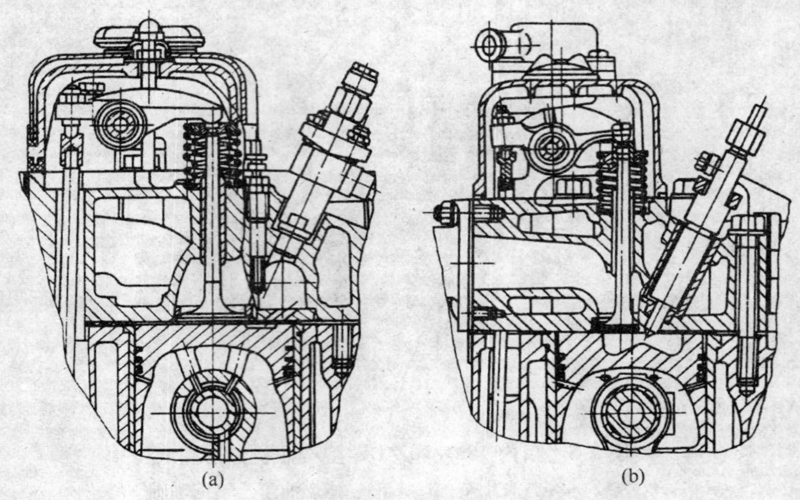
(a)　　(b)

图 2-6　柴油机燃烧室的型式

(a)涡流室式　(b)直喷室式

多缸机的机体要复杂得多。上方装缸盖,下方装油底壳,前方装齿轮室,后方装飞轮壳,左右二侧装多缸高压油泵等零部件,内部装缸套。此外,还装有活塞、连杆、凸轮轴、曲轴飞轮等。

机体是柴油机中最大最重的零件,也是柴油机的主要承力零件。机体要承受燃烧气体的高温高压的作用力、运动件的惯性力(往复旋转),还承受因气体压力和惯性而产生的活塞侧压力以及惯性力矩的作用。这些力不但大小变化,而且方向也变。此外机体还承受向外传递转矩时产生的反作用力矩。为了保证整台机器的正常工作,机体必须有足够的强度(抗破坏的能力)、刚性(抗变形的能力)以及抗振动的能力。机体大多是用高牌号的铸铁铸造加工而成,机体除了必要的壁厚外,在其内外表面都布置了加强肋。为了增大强度和减少噪声,在大面积铸件部分都做成曲面并布置有肋条。

平分式机体是以曲轴中心剖分的,此种机体结构紧凑,质量小,加工方便,但刚性较差,使用这种机体需要在主轴承和油底上增大强度;龙门式机体的曲轴箱剖分面低于曲轴中心线,因结构好似“龙门”而得名,最大的特点是结构强度和刚度较大,前后曲轴油封好布置,目前在多缸机上应用最多；隧道式机体主轴承座和主轴承盖做成一个整体，曲轴的安装是从缸体一端轴向穿入，这种结构强度、刚度最好，结构紧凑，主轴承容易采用滚动轴承结构，但质量大，加工要求高，拆装不方便，目前在卧式单缸机上采用比较普遍，对多缸机只有少量的二缸机采用。

卧式单缸机体（图 2-7）实质上是隧道结构，特别适用于卧式单缸蒸发水冷柴油机，结构简单，重心低。在有些单缸柴油机上，油底壳、齿轮室铸成一体，以增加强度和刚度，但铸造和清砂增加了难度。

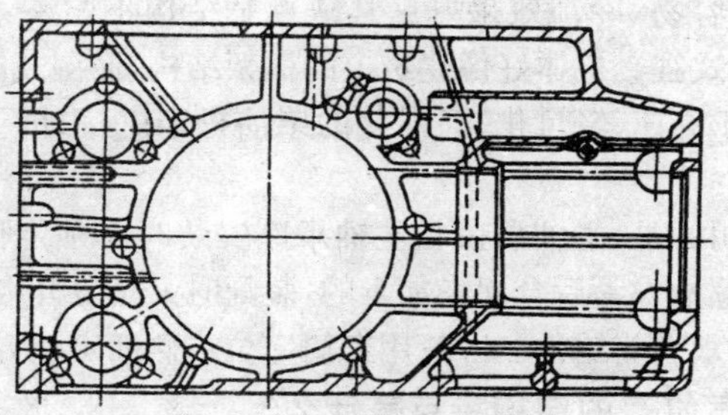

图 2-7　卧式单缸机体水冷

上述几种型式的机体均可按缸套组成型式分为干式（缸套）机体和湿式（缸套）机体（见图 2-8）。

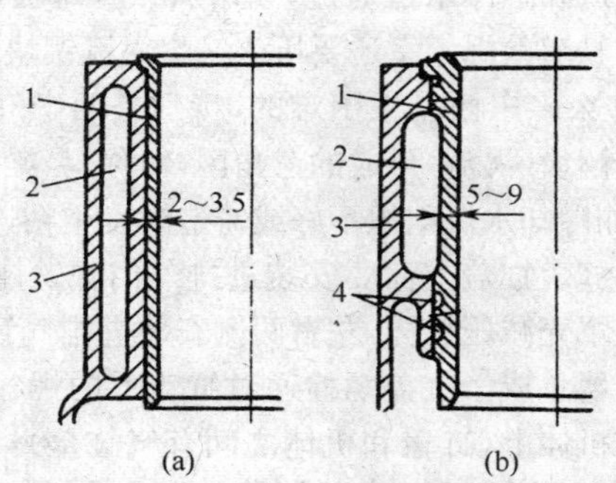

图 2-8　机体缸套结构形式

(a)干式缸套　(b)湿式缸套

1. 气缸套　2. 水套　3. 气缸体　4. 气缸套封水圈

①干式（缸套）机体在铸造时铸出缸筒，缸筒外侧和机体外壁内侧

组成水套，机体缸筒加工后再装入薄壁气缸套。这个薄壁缸套不和水直接接触，故称干式缸套。这种结构型式的缸体结构紧凑，强度、刚度好，但铸造要求高，废品率高，如果缸筒厚度不均或薄壁缸套和缸筒配合不好，则会影响冷却效果和性能指标。

②湿式(缸套)机体在铸造时并不铸出缸筒，而是空出一个统一的空间，加工出安装凸肩和水封圈带，装入厚壁缸套后形成水套空间。工作时装入的厚壁缸套的外侧直接和水接触，故名湿式缸套。这种结构好铸造，加工容易，冷却效果好。其缺点是结构不紧凑，机体刚度差。简而言之，干式缸套机体好像建筑上的框架结构，而湿式缸套机体如砖混结构。对于高速、轻量化、高强化的柴油机来讲，采用干式缸套机体是发展方向。

还需说明的是，主轴承盖和主轴承座安装时必须定位。因为加工时两者是用螺栓拧紧后合起来加工的，装配时又是分开再安装的，如没有定位，主轴承孔将错位。一般用套筒定位或侧面定位方式。

2-39　气缸盖的结构特点是什么？

气缸盖(如图2-9所示)是柴油机中结构最复杂的铸件，它与活塞、气缸套构成燃烧室。缸盖的内腔要布置进排气道、水道、进排气门和喷油器孔。缸盖水道和缸体水道通过一些孔相通，每缸还要压入两个气门座圈、两个气门导管，涡流室还要压入一个涡流镶块。可见在这有限的空间里布置这么多东西是很困难的，特别是两个气门座圈、喷油孔(直喷)或涡流室镶块(涡流)形成的三角区，俗称“鼻梁区”，受到高温高压的燃气作用，如冷却水流组织不好或铸造时发生粘连，工作时热应力过大就会产生裂缝。缸盖上面要安装进排气门弹簧座、气门弹簧摇臂轴总成和气室室罩壳减压机构，左右两侧安装进排气管，多缸机缸盖前端还要安装节温器总成。缸盖螺栓通过缸盖上的螺栓孔拧入机体，使缸盖紧紧地压在机体上(缸盖和机体之间有气缸垫)，可见缸盖除受燃气的高温高压作用外，还受到缸盖螺栓的预紧力(是最大爆发压力的4～5倍)和进排气门落座时小能量的不断敲击。

对于中小功率农用运输车柴油机来讲，多缸机的缸盖是将所有气缸的缸盖都铸在一起成为一个统一的多缸机缸盖，这样结构紧凑，体积小。

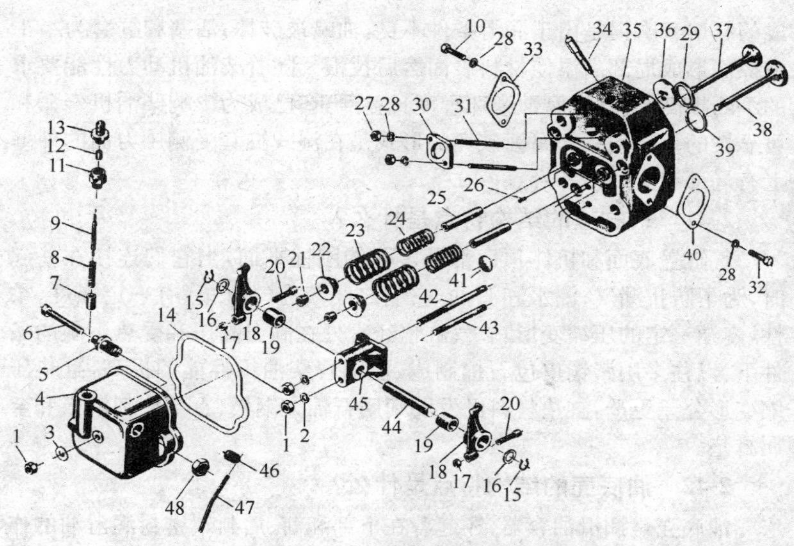

图 2-9 S195 柴油机气缸盖总成

1. 六角头螺母 2. 弹簧垫圈 3. 垫圈 4. 气缸盖罩 5. 减压压座 6. 减压轴 7. 机油压力指示阀活塞 8. 机油压力指示阀弹簧 9. 机油压力指示阀杆 10. 六角头螺栓 11. 机油压力指示阀接头 12. 机油压力指示阀标志 13. 机油压力指示阀标志盖 14. 气缸盖罩垫片 15. 摇臂轴卡簧 16. 摇臂轴挡圈 17. 六角头螺母 18. 气门摇臂 19. 摇臂衬套 20. 调整螺钉 21. 气门锁夹 22. 气门弹簧座 23. 气门外弹簧 24. 气门内弹簧 25. 气门导管 26. 销 27. 六角头螺母 28. 弹簧垫圈 29. 排气门座 30. 喷油器压板 31. 喷油器压板螺栓 32. 六角头螺栓 33. 排气管垫片 34. 螺栓 35. 气缸盖 36. 涡流室镶块 37. 排气门 38. 进气门 39. 进气门座 40. 进气管垫片 41. 闷头 42. 摇臂轴座长螺栓 43. 摇臂轴座短螺栓 44. 气门摇臂轴 45. 摇臂轴座 46. 减压器手柄弹簧 47. 手柄 48. 螺母

2-40 气缸套的结构特点是什么？

气缸套呈现圆筒形，其上部内腔构成燃烧室的一部分，是柴油燃烧和燃气膨胀的地方，也是活塞往复运动的轨道。气缸套是柴油机的易损件之一，柴油机的大修期主要决定于气缸套的磨损程度。缸套的磨损通常分三类，即磨料磨损 、熔着磨损和腐蚀磨损。磨料磨损主要是进气中的尘埃、装配清洗不洁、机油中含有杂质及磨下来的金属微粒造成的。熔着磨损是由于润滑条件不良，油蜡被破坏，活塞和缸套为半干摩擦而形成局部高温使材料表面熔后拉损。随着柴油机动力性能要求的不断提高，气缸套腐蚀磨坏程度日益严重，已成为影响柴油机寿命和可靠性的重要问题。腐蚀破坏的形式是在湿式缸套受侧压力面的外壁上有局部聚集凹穴和麻点。

2-41　气缸垫的结构特点是什么？

气缸盖底面和机体顶面都是多孔的刚性平面，当它们连接在一起时，为了防止漏气、漏水和漏油，它们之间装有气缸垫（有一定强度、柔性，容纳一定的压缩变形）。气缸垫经常处在高温高压和受热不匀的条件下，以往多用紫铜皮包石棉制成，但随着柴油机性能的提高，缸垫压缩变形公差更严，缸垫材料已发展到用石棉夹钢板、石棉冲刺钢板和金属缸垫。

2-42　油底壳的结构特点是什么？

油底壳是润滑油容器，还起着在下部和前、后封罩密封润滑油的作用。它和机体连接时，中间也放有垫片，这种垫片常用软木、浸渍纸、耐油橡胶制成。车用柴油机除了个别单缸机油底壳和机体铸成一体外，都是采用薄钢板冲压而成的。

2-43　怎样修理气缸？

气缸长期在高温、高压下与活塞环的往复摩擦，必然会产生磨损。

(1)气缸磨损的主要原因

①气缸长期工作造成的正常磨损。

②柴油里的杂质或空气滤清器失效后，空气中的灰尘、砂粒进入气缸。

③发动机润滑不良。

④活塞和活塞环选配不当或装配方法不合理。

⑤连杆扭曲或弯曲，连杆大头、小头的衬套或轴承安装不当。

(2)气缸的检测及修理　检查气缸时，首先应观察气缸内壁是否有损伤的痕迹，如果气缸壁面积有大的擦伤、划痕或粘接物，可选用细砂纸将粘接物除去，然后用抛光砂纸浸柴油进行抛光。

图2-10所示，是用气缸内径百分表检查气缸的磨损情况。在活塞行程范围内，分别测量气缸缸径上、中、下三个位置的 X 方向和 Y 方向

的尺寸。

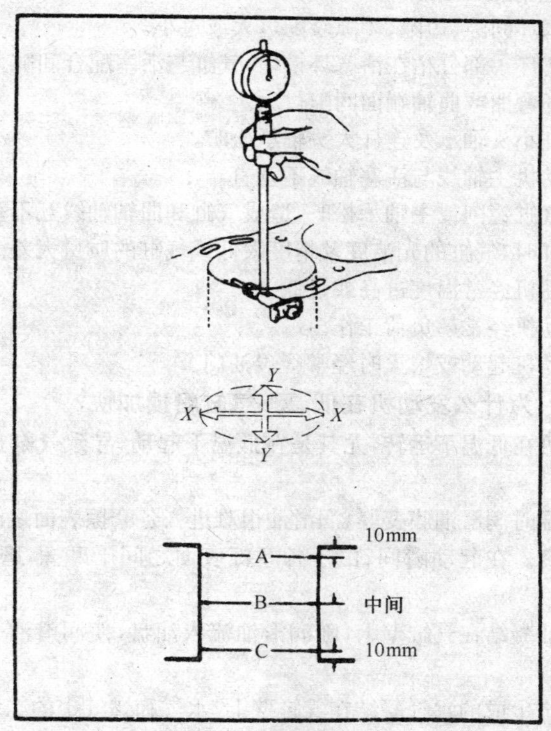

图 2-10　检查气缸直径

如果发现气缸内壁有严重伤痕或气缸的缸径磨损程度超出使用极限值，应对气缸进行镗缸研磨修理，必要时更换气缸。

气缸修理尺寸通常分为三级到六级，它是在气缸直径标准尺寸的基础上，每加大 0.25mm 为一级，即按活塞直径加大规格。

2-44　为什么气缸短时间磨损很快？

农用运输车正常使用情况下，行驶 20 万 km 后进行第一次镗缸，这说明修理、使用、维护、操作正确，可是有的农用运输车在短时间磨损很快，气缸套出现了台阶并烧机油。其原因如下：

①活塞与气缸润滑不良，机油与柴油的混合比不适当。

②空气滤清器作用不良，致使吸入的空气中有很多尘土颗粒进到

气缸内，发生磨损。

③活塞环间隙、边隙、侧隙装配过大或过小。

④活塞环一部分粘在活塞环槽内，气缸与活塞配合间隙太大。

⑤连杆弯曲或曲轴端面间隙过大。

⑥连杆小头轴承及连杆大头轴承松旷。

⑦发动机主轴线与活塞轴线不垂直。

⑧因气缸镗削或主轴承松旷，造成气缸和曲轴轴线互不垂直。

⑨镗缸时，气缸的光洁度及精度太低或气缸的质量太差。

⑩发动机经常温度过高或过低。

⑪发动机经常超负荷工作。

⑫发动机起动或熄火时经常猛轰油门。

2-45 为什么发动机在低温下气缸磨损加快？

发动机在低温下运转，尤其是在低温下起动，导致气缸加速磨损，原因如下：

①低温时润滑油膜变厚，润滑油很难进入各摩擦表面之间，摩擦表面润滑不良。在起动瞬间，由于各摩擦表面之间干摩擦，磨损特别厉害。

②柴油凝结在气缸壁上，随润滑油流入油盘，使润滑油变稀，造成润滑不良。

③燃烧生成的水气凝结在气缸壁上，水气和燃气中的二氧化硫、二氧化碳生成酸质，使缸壁受到腐蚀，腐蚀后的粗糙表面，易于剥蚀，使磨损加速。如水气下流至油盘，则引起其他摩擦表面的腐蚀磨损。在高温下，则由于未燃柴油及水气来不及凝结即被排出，故磨损比低温时小。

2-46 为什么气缸偏缸磨损？

造成气缸偏缸磨损的情况往往是发动机修理时质量不佳所致，使活塞偏缸部位均向活塞销两端方向磨损，原因是：

①拆装活塞销时没有用活塞拆装专用工具，而是用手锤和冲子冲打，冲打时又未用工具顶住连杆小头的一侧，使连杆弯曲，造成活塞与气缸偏磨。

②曲轴轴承一侧有磨损。

③组合曲轴时曲轴偏向一侧。

④铰削连杆小头铜套时,铰刀倾斜造成连杆铜套孔偏斜,活塞销中心与连杆中心小头中心线不平行,迫使活塞偏向气缸套的某一侧。

⑤由于飞车或其他原因造成连杆受撞击后变形而又没有及时矫正。

2-47　气缸拉缸的主要原因有哪些?

(1)什么是拉缸　气缸在正常的使用下,是逐渐磨损的。拉缸是指活塞与气缸相互运动造成严重表面损伤。损伤原因大多是由于运动部位的润滑油受到局部破坏而造成的,此时会发生划伤、拉缸和咬缸。其损伤程度,虽有所不同,但均称为拉缸。

(2)造成拉缸的主要原因

①活塞与气缸配合间隙过小。

②活塞与气缸之间润滑不良,甚至发生干摩擦。

③活塞环折断后咬死在活塞上,或活塞环开口间隙过小。

④活塞销卡簧折断或脱落。

⑤连杆弯曲,活塞销座孔或连杆铜套偏斜迫使活塞和活塞环倒向一侧,紧压在气缸壁上。

⑥气缸中心线和曲轴中心线不垂直,而产生偏斜。

⑦因活塞销与活塞装配太紧,造成活塞轴向变形,使平行于活塞销方向的直径增大,垂直方向的直径缩小。

⑧发动机大修后没有经过磨合即长时间高速或重负荷运转。

⑨发动机冷却不良。

⑩使用达不到国家质量标准的润滑油。

⑪润滑油不清洁,含有大量杂质。

⑫负载质量过大,低档行驶过久。

⑬气缸硬度过低,也能引起活塞环拉缸。可用活塞环棱角刮削气缸套口,如能顺利刮下铁屑,而活塞环棱也有损伤,可判断该气缸表面硬度太低。

2-48　怎样防止气缸拉缸?

①发动机在运转时,必须保持正常温度,不可缺少冷却液。

②在起动发动机前,应检查机油油面,油面必须达到机油尺上的刻

度。

③新出厂的农用运输车或大修完的发动机,在走合时期不要超速行驶,避免发动机转速过高。

④活塞与缸壁的配合、活塞销及活塞环的装配等,必须执行规定标准。

⑤装配时必须清洗干净。

2-49　为什么新更换的气缸套表面硬度太差?

大修更换新的气缸套后,通过一段时间的磨合,总觉得不如原来的功率大,车辆行驶无力,经分解后检验为气缸套的硬度太低。气缸是发动机产生动力的主要零件,活塞和活塞环在其中以高速、高温、高压作往复运动,而润滑条件又差,气缸套易磨损。此外,在燃烧后的废气中含有腐蚀性的物质,都将加速气缸的磨损和腐蚀。为了增加气缸套的耐磨性,其内孔镶合金铸铁缸套。目前农用运输车缸套采用的材质有高磷低硅铸铁、硼铸铁、稀土镁球墨铸铁,或在优质灰铸铁中加入少量的镍、铬、钼等元素成为合金铸铁。而且经离心浇铸质量高,金属的组织密度大、无砂眼、不疏松,在毛坯长度上也比较均匀。所以,一般来说新换的气缸套硬度太低,说明不是原厂生产的正品。

2-50　气缸内壁为什么磨损成椭圆形?

气缸磨损的规律是不均匀的,随曲轴旋转的方向,活塞在气缸内前后摩擦力大,而且燃烧室的上部受高温、高压、高速的影响,油膜不易保持,润滑条件差,容易磨损成上大下小,失去原来的圆柱形状。还有,通过空气滤清器进入发动机内的灰尘,燃烧后成了尖锐的颗粒,加剧气缸上方的磨损,所以磨损量上大下小。

2-51　怎样测量、检验气缸的磨损?

检验、测量气缸的目的,主要是测出它的圆度误差和圆柱度误差,弄清气缸的磨损程度,以便确定修理的范围。

气缸磨损的检验、测量,通常是用量缸表(内径百分表)来进行。量缸表就是在普通百分表下面装一套联动装置。

量缸表在测量前,应根据气缸直径,选择合适的接杆带固定螺母旋入量缸表的下端。并要校尺寸,用分厘卡校对量缸表为所量气缸的标准尺寸,并留出测杆伸长的适当数值。应使量缸表测杆被压缩为整

mm数(一般调整为1mm),旋转表盘,使"0"位对正指针,记住小针指示mm数。拧紧接杆上的固定螺母。

在使用量缸表时,一手拿住绝热套,另一只手尽量托住管子下部靠近本体的地方。

测量时,如果指针正好指在"0"处,说明被测缸径与标准尺寸的缸径相等。当表针顺时针方向离开"0"位,表示缸径小于标准尺寸的缸径;若反时针方向离开"0"位,表示缸径大于标准尺寸的缸径。

(1)气缸圆度误差的检测、测量　用量缸表在活塞行程内的各个部位测量,找出磨损量最大处。并核对表面,使"0"位对正指针。

磨损最大尺寸=气缸标准尺寸+表针读数。

注意表针读数是在"校尺寸"基础上改变的数值。

在测量磨损最大尺寸的基础上,核对表面指针对准"0"的位置,然后将量缸表分别在气缸上边缘第一道活塞环相对应的下方和气缸中部,以及距离下边缘相当于最下一道活塞环位于下止点的位置的三个平面内的同一横断面上转动90°测量,此时表针所指位置和"0"之间相差的数字,就是气缸该平面上的圆度误差。

必须注意,测量时,应前后(或左右)稍稍摆动量缸表,这是因为量缸表的测杆必须与气缸的轴线保持垂直。当前后(或左右)摆动量缸表,表针指示到最小的数字时,即表示测杆已垂直于气缸轴线,否则量不准确。

气缸的圆度误差,农用运输车超过0.125mm,则需进行镗缸修理。

(2)气缸圆柱度误差的检验、测量　量缸表检验圆度误差后,在气缸内向下移,使测杆移到活塞环运动的区域以外,上部是距离上部平面25mm处,下部距离下部平面35mm范围内,基本上是上次修理的实际尺寸,此时表针所指的位置和"0"位之间相差的数字,即测量的是最大与最小读数之差,就是气缸的圆柱度误差。

气缸的圆柱度误差,农用运输车超过0.50mm,则应进行镗缸修理。

实践证明,一般发动机前后两缸磨损严重,在量缸时可按磨损规律重点测量前后两缸。气缸圆度和圆柱度误差的测得,是用量缸表相对比较出来的。

经过检验测量，气缸圆度和圆柱度误差未超过最大使用限度，可结合三级保养，更换活塞环继续使用；若已超过规定限度，则需进行镗缸修理，以磨损最大的一只气缸为准，来决定修理尺寸。气缸圆度误差、圆柱度误差，虽未超过标准，但如缸壁上有严重的沟槽，拉痕或麻点，也应镗缸。

在没有量缸表的情况下，可用塞尺测量活塞与气缸壁之间的间隙，以判断气缸的磨损情况。

2-52　气缸磨损到什么程度需要镗缸？

当发动机功率明显下降，气缸部位有敲缸响声时，可先拆下气缸盖，转动曲轴把活塞转到上止点，用手前后方向推动活塞顶部，若感觉到活塞裙部有大的摆动量，说明气缸磨损严重，需要拆卸气缸套镗缸。如还继续使用，不仅加快气缸的磨损，缩短发动机的使用寿命，而且会造成加大镗缸的等级。一般有下列情况之一者应镗缸：

①单缸柴油机185型的气缸磨损超过0.40mm；195型的气缸磨损超过0.42mm；多缸柴油机485型气缸磨损超过0.37mm；495型的气缸磨损0.40mm应进行镗缸。

②活塞粘缸划出严重的痕迹。

③气缸壁被烧坏的活塞环严重擦伤。

④气缸壁被活塞销卡簧划出沟痕，特别严重时应换用新气缸。

⑤气缸壁严重锈蚀或出现麻点。

2-53　怎样正确镗气缸？

镗缸的目的是恢复气缸的正圆柱形和光洁度，以恢复发动机的动力性能，其步骤如下：

①清洁气缸内的积炭，整修缸体上平面。

②根据气缸最大磨损直径，参照活塞的加大规格，决定修理尺寸，计算出镗削量，即：

镗削量＝活塞裙部最大直径－气缸最小直径＋配合间隙－磨缸余量

③确定镗削次数。一般铸铁气缸，第一刀因气缸表面硬化层和气缸磨损不均匀造成镗削时负荷不均，最后一刀为提高表面光洁度，其进刀量应小些，一般为0.05mm左右，中间几次进刀量可大些，但不得超过镗缸机限制的最大允许进刀量。

④固定镗缸机和缸体。定中心的方法有同心法和不同心法两种。同心法是在气缸上口第一道活塞环以上未磨损部位定中心。定心杆球端距离气缸顶面 3～4mm。如果气缸上口因更换活塞环时刮过缸口，也可以在气缸下部磨损很轻微的部位定中心，使镗缸机主轴与原来气缸中心线重合，这样镗削后气缸与原来气缸是同一中心。不同心法是在气缸磨损最大部位定中心。用这种方法定中心，由于气缸磨损的不均匀性，使镗缸机主轴向磨损较大的一方偏移，因此镗削后必然造成气缸中心的偏移。现很少采用不同心镗缸，多数采用同心法镗缸。

⑤切削时，对于一般灰铸铁气缸体(硬度在 HB180～230)，采用 YG6 或 YG8 硬质合金刀具，切削速度为 125～150m/min，走刀量为 0.10～0.15mm/r。第一刀切削深度应不大于 0.05mm(镀铬缸套除外)，因为气缸磨损不均匀，进刀量过大会引起振动，加剧刀具磨损，影响加工质量。最后一刀是保证镗缸质量的关键，为了获得较高的加工精度和表面光洁度，宜采用 YT 类硬质合金刀具，切削深度控制在 0.05mm 左右。

对于高硬度(HB363～444)铸铁的缸套，应采用 YG2 和 YG3 硬质合金刀具，切削速度为 50～75m/min，走刀量为 0.125～0.200mm/r，切削深度最后一刀应不大于 0.05mm。

镗缸后，缸口应加工成 75°倒角，以便于活塞连杆的装配。

⑥镗削最后尺寸，应根据活塞裙部直径及活塞与气缸间规定的间隙，留有磨缸量。

2-54　怎样正确磨气缸?

磨缸是把磨头放入气缸孔中，用专用磨缸机、钻床或手电钻来驱动，使磨头在缸孔内作旋转或往复运动。

(1)磨缸的目的　为了提高气缸壁表面的光洁度，同时气缸尺寸也会有少量的改变，达到要求的配合尺度。磨缸是气缸修理的最后一道工序，其质量的好坏直接影响到发动机的使用性能和寿命。

(2)磨缸的步骤

①将镗过的气缸加以清洁，清除气缸内的铁屑。

②珩磨铸铁气缸的磨头砂条应选用碳化硅质(代号 TL 和 T 的绿、黑两种颜色)、中软(代号 ZR1、ZR2)。粗磨时，选用 150～180 粒度的

砂条;细磨时,选用280～320粒度的砂条。

③砂条对气缸壁的压力,是决定气缸壁光洁度的重要因素之一。压力过大,气缸壁表面粗糙度大;压力过小,会将气缸磨成锥形或椭圆。实践经验证明,先将磨头放入气缸内,用手旋转调整盘,使砂条向外扩张,直到砂条紧压气缸壁,松开手后,磨头不能自由下落,上下移动时又没有很大阻力为合适。

④磨缸时,应使磨头旋转,又上下往复运动,磨头的旋转速度和上下运动的速度,应有一定的比例,多选用1∶3或1∶4的比例。一般铸铁气缸,磨头的线速度为60～75m/min。砂条上下露出缸口过多,磨成喇叭口,如果重叠,又会磨成腰鼓形。

磨缸时,应加注适当的冷却清洗润滑剂,一般用煤油、柴油或煤油中加15%～20%的机油,以清洗气缸壁,冲掉磨屑,并冷却缸体,使缸体不致因受热膨胀而变形。

在磨缸过程中,必须经常用量缸表测量缸径。磨至所需要的精确尺寸时,不要再转动调整盘,可用00号砂纸包在磨头上,将气缸壁抛光。

⑤气缸表面应光滑看不见磨痕。气缸的圆柱度、圆度一般不大于0.015mm。

2-55 燃烧室内为什么产生大量的积炭?

燃烧室内产生大量积炭的主要原因就是燃烧不完全。以下原因之一均可导致气缸内形成积炭:

①活塞和气缸磨损,配合间隙过大,引起密封性差,造成燃烧不完全。

②活塞环磨损,开口间隙过大以致封闭不严,产生漏气,燃烧不完全。

③润滑油太多,燃烧不彻底。

④喷油时间不正确,过早或过迟均能引起燃烧不完全。

⑤润滑油质量差,不符合技术要求,或不是柴油机润滑油加入所致。

⑥气缸盖、气缸内油脂过多。有人在组装发动机时习惯于在合拢气缸盖上涂上很多润滑脂,或在气缸内的活塞顶部多加些润滑油,其目的是想让气缸内部得到更好的润滑,但这样做的结果会造成发动机起

动后不久就会引起活塞环咬住的情况发生，使活塞环失去弹力。这种做法也可使气缸内更易产生积炭。

2-56　积炭过多对发动机有什么危害？

由于积炭的导热性能差，使气缸和活塞的热传导不良，造成发动机过热。这时积炭便出现局部的灼热点。新鲜可燃混合气经压缩后，在未经点火前，就被积炭灼热点点燃，相当于点火过早，从而降低发动机的动力，同时还会使机件加剧磨损，缩短发动机的使用寿命。

2-57　怎样清除燃烧室内的积炭？

燃烧室内的积炭会影响气缸和气缸盖的散热，引起发动机过热、燃油超耗等。气缸排气口的积炭将阻碍排气流动，降低工作能力。因此，应定期拆下气缸盖（均为每行驶 3000～5000km）清除积炭。用铜板或铝板将气缸盖燃烧室积炭刮除，对坚硬无法刮下的积炭可用断的钢锯条片轻轻仔细刮除，但不能用尖锐的工具，以免损伤或擦伤缸盖，积炭清除后应用汽油清洗并擦净。

用圆形金属刮刀可清除气缸盖排气口处的积炭。气缸上端口缘的积炭可用同样方法清除。

2-58　怎样检修气缸盖？

气缸盖燃烧室的积炭清洗干净后，用直尺靠在气缸盖与气缸盖垫贴合的表面上，再用塞尺测量直尺与缸盖工作平面间的间隙。要多检查几个点。如果测出的间隙超过 0.10mm 则应进行修理。

气缸盖翘曲变形的修理方法：把细砂纸（约 400 号）放在平板上或用金刚研磨砂放在上面使缸盖工作面与砂纸或平板玻璃贴合，然后研磨工作表面。研磨时，用手按 8 字形往复推磨气缸盖，注意压力应均匀。修磨时，要边磨边检查，直至气缸盖工作表面平滑且完全平直合乎要求为止。磨平后，应清洗干净并抛光。

气缸盖翘曲变形量若超出 0.25mm 修理范围时，应予报废。否则，将会降低发动机的输出功率，并增加燃油的消耗。

气缸盖喷油器孔往往由于多次拆装而引起螺纹孔损坏，引起气缸漏气，导致发动机功率下降，漏气严重时会使发动机起动困难。因此喷油器孔损坏而不能使用时，可采用镶铜衬套的方法进行修理。将气缸盖原喷油器孔螺纹尺寸加镶铜套，拧入时衬套外螺纹表面上涂抹少许红铅油提高接合力，拧入后再将镶套下端用冲子冲大，防止松动。

2-59 气缸盖为什么变形？变形后怎么办？

气缸盖通常用铸铁制造，由于各部凝固不均匀，金属组织和硬度也各不相同。因此气缸盖的底平面部位存在着一种残余铸造应力，气缸盖浇铸后一般都需经时效处理。但是，发动机在运转时，气缸盖承受很高的热负荷和机械负荷，气缸盖局部承受巨大的压力，并且它的几何形状复杂，各部分受热不均。由于气缸盖内表面受炽热燃气的作用，外表面则受冷却水（对于水冷式内燃机来说）的冲刷，因此在气缸盖中存在着较高的热应力，还有气体的作用力等原因将使气缸盖中部向上拱。如果在维修保养中没有按照规定力矩和顺序拧紧气缸盖螺母，或是因其长期处于高温情况下工作，则往往易使气缸盖平面发生翘曲变形。为了防止气缸盖变形，往往规定热车时不得拆卸气缸盖，而在冷车拆下的气缸盖也放在平整的地方。

翘曲的气缸盖与气缸体的上平面不能紧密地接合，这样气缸盖热后就容易冲坏。如果冲坏的气缸垫没有及时更换，仍继续使用，则容易造成气缸盖翘曲变形。

一般当其变形量在气缸盖的全部长度内若超过 0.10mm 时，就应进行刮削或磨平。气缸盖平面刮削的方法是在专用平台的工作面（或平板玻璃）上先薄薄地涂上一层红丹油，然后将洗净的气缸盖平面轻轻放在平台上，使气缸盖平面和平台接触，并回转研磨 4～5 圈。最后取下气缸盖，查看平面，翘曲变形的突出部分便显示出红丹油的印痕，然后用刮刀刮去印痕部分即可。印痕刮去后，再把气缸盖平面和检验平台清洗干净，再在平台上涂红丹油，重复加以检查直到满意为止。每次涂红丹油检查之后，刮削线痕的方向应当改变，使之互相交叉为好。至于刮削修复后的质量，一般是根据工作平面上印痕均匀分布的点数来检查，此时只要印痕点大小基本一致，且分布均匀即为良好。

2-60 怎样正确地拆卸气缸盖？

发动机的工作过程中，气缸盖螺钉在爆发压力作用下，处于变化载荷状态。当气缸中的混合气爆发时，气缸盖螺钉上承受的拉力突然增加，这将使作用在气缸垫上的压紧力发生释放和损失。如果气缸垫质量差，弹性不很强，或使用过久后气缸垫的持久弹复率不能保证，则由于压紧力损失大，必将造成气缸盖和气缸垫之间漏气，因此应反复拧紧螺栓才对。气缸盖的装卸应用扭力扳手，必须按一定的顺序进行。

这样做能尽量避免漏气、漏水及气缸盖平面变形等情况的出现。实际操作时，拧紧气缸盖螺栓应分2～3次逐步进行，不得一次拧紧达到规定的拧紧力矩。用力时不要过猛，要按顺序拧过一遍后再拧第二遍、第三遍。对于单缸机器来说，气缸盖螺栓拧紧顺序利用对角拧紧螺母的方法。而对于多缸机器来说，在拧紧时，一般先紧中间，后紧两边，左边一个，右边一个对称均匀拧紧。

在拆卸时，则恰恰和上述顺序相反，要按照先从两边然后再到中间的顺序拧松。气缸盖螺栓第一次拧紧后经4～5h的运转，还应依照规定的顺序和所需的拧紧力矩最后再拧紧一次为好。

2-61　气缸盖不易拆下怎么办？

气缸盖与气缸体长时间接合造成气缸盖不容易取下来，此时不允许用旋具（俗称改锥）硬撬气缸盖与气缸的接合处，以防气缸盖不能再与缸体密封，而造成使用时漏气。

拆卸气缸盖时，应先将气缸盖螺栓卸掉后，用木棒或木锤轻轻地在气缸盖四周敲打几下，若仍不能分开，可用手摇摇曲轴，借活塞的压缩空气的冲力，顶起气缸盖，使它与气缸体分开。也可换气缸螺栓，用两个气缸盖螺母上在一起，将气缸盖螺栓卸下后，再拆下气缸盖。

上述办法不行时，可用开水浇在气缸盖上，再敲打几下，气缸盖热浇时容易与气缸体分开。

2-62　怎样分解发动机？

发动机从车架上拆下后，放置在发动机台架上进行分解。

①拆下进、排气支管、气缸盖及衬垫，拆时可用手锤木柄在气缸盖四周轻轻敲击，使其松动（缸盖螺栓和螺母应从两端交叉均匀地拆卸，不允许用旋具撬缸盖，以防损坏气缸盖衬垫），并用拆卸气缸盖工具旋入喷油器座孔中，平稳地将气缸盖拆下。

②将发动机在台架上放倒（有气门的一边向上），检查离合器盖与飞轮上有无记号，如无记号应做记号，然后对称均匀地拆下离合器固定螺栓，取下离合器总成。

③拆下油底壳、衬垫，以及机油集滤器和油管，同时拆下机油泵。

④拆下活塞连杆组。

a. 将所要拆下的连杆转到下止点，并检查活塞顶、连杆大端处有无记号，如无记号应按次序在活塞顶、连杆大头作记号（记号应做在喷油孔的一边）。

b. 拆下连杆螺母，取下连杆端盖、衬垫和轴承，并按顺序分开放好，以免混乱。

c. 用手将连杆向上推动，使连杆与轴颈分离。用手锤木柄推出活塞连杆组（如缸口磨成了台阶，应先刮平，以免损坏活塞环）。

d. 取出活塞连杆后，应将连杆盖、衬垫、螺栓和螺母按原样装回，不可错乱。

⑤拆下气门组。

a. 拆下气门室边盖及衬垫，检查气门顶有无记号，如无，应按次序在气门顶部用钢字号码或尖冲做上记号（做记号必须在气门关闭时进行，不允许在气门顶边缘或气门杆上用锉刀做记号）。

b. 在气门关闭时，用气门弹簧钳将气门弹簧压缩。用旋具拨下锁片或用尖嘴钳取下锁销（禁止用手），然后放松气门弹簧钳，取出气门、气门弹簧及弹簧座。

⑥拆下起动爪和曲轴皮带轮，然后用拉器拉出曲轴皮带轮，不允许用手锤敲击皮带轮的边缘，以免皮带轮翘曲或碎裂。

⑦拆下正时齿轮盖及衬垫。

⑧检查正时齿轮上有无记号，如无记号，应在两个齿轮上做出相应的记号（当第一缸在上止点位置时）。再拆去凸轮轴止推凸缘固定螺栓，平稳地抽出凸轮轴；取出气门挺杆，并拆下喷油管及齿轮底板，再抽出凸轮轴，并可拆下气门挺杆架。

⑨将发动机在台架上倒放，拆下曲轴。首先撬开曲轴轴承座固定螺栓上的锁片或拆下锁丝（检查轴承盖上有无记号，如无记号应按顺序做上）。拆下固定螺栓，取下轴承盖及衬垫，并按顺序放好，抬下曲轴，再将轴承盖及衬垫装回原位，并将固定螺栓拧紧少许。

⑩旋出飞轮固定螺栓，从曲轴凸缘上拆下飞轮。

⑪拆下曲轴后端油封及飞轮壳。

⑫分解活塞杆组。

a. 用活塞环装卸钳拆下活塞环。如无活塞环装卸钳时可两手的拇指将环口扳开少许,两中指护着活塞环的外围,将环拆下,但要注意切勿扳开过大,以免折断。

b. 拆下活塞销。首先在活塞顶部检查记号,再将锁环拆下,用活塞销铳子将活塞铳出,顺序放好(铝制活塞,应将活塞放在水中加热到75～85℃,然后再铳出活塞销)。

发动机分解后,应将零件清洗、检验和修理。

2-63 分解发动机时应注意什么?

分解前,应清洗外部。放出冷却水和所有部分的润滑油(油底壳、变速器壳、主减速器壳等)。拆卸时,人员应合理组织分工,即互不影响,又能相互协作,从而提高工效。分解时,应遵守操作规程和顺序,并保持作业场地的清洁整齐。

从工作本身的工艺来看,并不需要很高的技术,也不需要复杂的设备和精密的工具。因此往往被人们所忽视,粗心大意,拆卸时常常造成零件的损伤,有时甚至达到无法修复的程序。要知道分解工作的好坏,将直接影响到车的维修质量和维修时间,所以在拆卸时,应充分考虑到拆卸后的维修和装配。其注意事项为:

①农用运输车和总成分解时,应按顺序进行,先外后内,先附件后主体;对有公差配合要求和不应互换的机件(如气门、活塞、连杆与轴承盖、正时齿轮、离合器等),在拆卸时应检查有无记号,如无记号应作记号。

②应正确使用工具。钳子、扳手和旋具不能代替手锤和冲子用。各种扳手使用时,应注意受力方向;拆卸静配合的销、轴、衬套时,应用专用冲头或铜冲,不可直接敲打;拆卸齿轮、皮带轮时,应用压床或拉器,如无此设备,可用软金属冲子对称地冲击非工作面。

③拆卸带有高速垫片的机件(如转向机高调整垫片、主减速器调整垫片和差速器调整垫片等)时,勿使垫片损坏。

④如遇机件锈蚀不易拆卸时,可用汽油、机油浸润或加热后,再进行分解。

⑤折下的螺母、螺栓,若是可用,在不影响修理加工时,可装回原位,勿使错乱散失;或者分别放置,以利装复。

⑥为了零件清洗方便，在分体时，应将不同清洗方法的零件(如钢铁件、橡胶件、铝质件、皮质件等)分别放置。

2-64　怎样清洗农用运输车零件?

农用运输车分解或总成拆散成零件后，必须加以清洗后才能进行检验、分类和修理。

(1)清除油污

①金属零件的清洗。冷洗法：用煤油、汽油做清洗剂，需用设备极简单，只要一个带筛的篮子和洗件盆，操作方法简便迅速；清洗后用压缩空气吹干。但此法成本较高，而且容易引起火灾。

热洗法：用碱溶液做清洗剂，加热至70～90℃时，将零件浸煮10～15min后，取出用清水将碱溶液冲洗干净，而后用压缩空气吹干。清洗时，不要将碱水溅到手脸等皮肤上，以免烫伤。用碱溶液清洗零件的效果和煤油相同，但价值低又不易发生火灾，因此广泛地被使用。

为了防止铝质金属零件被腐蚀，不可将含有大量苛性钠的溶液用来清洗，清洗剂的配制与钢铁件有所不同。

②非金属零件的清洗。橡胶类零件的清洗，如制动皮碗、皮圈等，应用酒精或制动液清洗。不得用煤油、汽油或碱溶液清洗，以防膨胀变形。

离合器摩擦片和制动蹄摩擦片不能用碱溶液煮洗，应用少许汽油刷洗或擦干净。

皮质零件(如油封的皮圈等)一般用干布擦净即可。

(2)清除积炭　可用机械或化学方法清除，或者两种方法并用。

①用刮刀、铲刀(或用竹制)、金属刷等刮除。

②用化学溶液加热至80～90℃，将积炭浸泡软化后，用毛刷或旧布擦拭干净，清除积炭后，铝合金零件还应用热水将化学溶液清洗干净。

2-65　为什么气缸进排气门座与气缸盖处易发生裂纹?有裂纹后怎么处理?

气缸盖上的进排气门座与气缸盖壁之间是最狭窄的地方，其形状又似鼻梁，因此该处俗称“鼻梁”。机器在使用过程中，这个部位最易发生裂纹故障。另外，这一部位受热负荷和爆发压力的影响较大，往往因强度不足而发生龟裂纹。根据实际测量，气缸盖底面的温度分布是不均匀的，在每缸活塞凹槽对应的气缸盖底面处温度较高，缸与缸之间的出砂孔和水孔边缘温度较低。由于温差的存在，会产生热应力及残余应力，最后导致气缸盖产生裂纹和损坏。当出现轻微裂纹时，排气管冒烟，气缸体渗液漏进油底壳。裂纹扩展后，排水管处往往有水的炸响声，并向水箱里窜气。

通常情况下，裂纹有一个逐步形成的过程。开始时，先出现若干条细而浅的纹路，接着其中的某一条逐渐变深，伸长开裂，这是一种疲劳损坏。发生原因大多由长时期处在高温下工作有关。具体原因如下。

①气缸垫没有很好地安装在气缸盖与气缸体之间。其间的孔位没有能很好地对准，降低了冷却水的流量，从而影响冷却效果，使冷却水温很高，导致机温升高。

②使用中当机器温度较高的情况下，更换冷却水，由于剧冷剧热，最易引起裂纹的发生。因此必须注意在机温很高时不许向发动机内加入冷水。严禁先起动发动机，再加入冷却水的错误操作法。

③产生裂纹部位的壁厚单薄，设计强度不足。

④经常性供油时间太迟或过早，易产生早燃和爆燃，从而导致气缸盖底面温度升高。

⑤产生裂纹的部位水道过窄或拐角过小，冷却水循环缓慢散热不良，在冷热不均时，膨胀不一引起裂纹。

⑥冷却水内含碱性较大，水套内易生水垢而又没有及时按规定保养。由于水垢等原因，更降低了冷却系统的效能，从而容易引起裂纹。如气缸盖内积1mm厚的水垢，气缸盖底面温度约升高170℃。这样就会引起局部更大的热应力集中，加速气缸盖裂纹的产生。

⑦气缸盖或气缸体在铸造制成后，由于没有能很好地进行时效处理，消除内应力，致使内部存在着很大的内应力。这也可使气门座之间部位产生裂纹。

目前一般情况下，修复这种裂纹还比较困难。有的地方采用一种无机粘结剂粘补的办法，有时也可修复一些气缸盖。这种无机粘结剂由磷酸、氢氧化铝和氧化铜粉混合配制而成。配制时，先将磷酸和氢氧化铝按33：1的比例放入烧杯中加热至100℃左右，使氢氧化铝完全溶解时为止。如能买到工厂已制成的磷酸氢氧化铝溶液成品，则更好。使用时，将适量的氧化铜粉倒在玻璃板或铜板上，再将上面配制好的磷酸和氢氧化铝溶液滴入氧化铜粉上，按每3.5～4.5g粉末滴入1ml液体的比例，搅拌成浆糊状，然后用棒料将其涂在已用丙酮清洗过的裂纹处即可。对于裂纹较宽大的部位，也可先镶一铁块然后再粘补。利用这种方法修复的气缸盖在进行高温高压试验时，可以在温度热到550℃左右，不见软化，水压至2×10^6Pa时无漏水现象。

应该指出的是，在进行上述修补操作过程中，氧化铜粉与磷酸氢氧化铝溶液的调配不能用铁器搅拌，只能用木片、竹片或玻璃棒之类。至于修补裂纹处的槽形表面，则要求越粗糙越好，否则粘结后的强度将大大地减弱。

粘结后工件应放在干燥暖和的地方约24h。在冬季低温下应设法加温烘烤。如有条件，粘结后工件应放在烘箱内烘烤，在40～60℃温度下保持2h，再升温至80～100℃温度下保持2h，即可凝固硬化。粘胶凝固硬化后，表面应该形成一种有光泽的黑色坚硬块。

2-66　气缸盖螺栓有什么要求？

气缸盖螺栓是固紧气缸盖和气缸体的连接件，它的分布位置对于气缸盖和气缸体的受力情况，密封可靠性以及气缸套的变形大小，都有直接的影响。所以每个气缸盖周围，都有四个以上的气缸盖螺栓，它们围绕气缸中心线按等角多边形分布。

气缸盖螺栓受力严重，一般用优质合金钢制造。

为了保证接合面有良好的密封，要求气缸盖螺栓具有一定的预紧力。但预紧力过大，使螺栓遭到疲劳破坏，也会造成气缸盖翘曲变形，以致漏气、漏水，甚至冲坏气缸垫等事故。

各种型号柴油机，在出厂时都规定了拧紧气缸盖螺栓的力矩数值，而且对螺栓的拧紧次序，也有一定的要求。一般说来，是由中间逐步向两端对称、交叉地进行，并且分2～3次拧紧，以达到使气缸盖受力均匀，不发生翘曲，防止气缸漏气。

2-67　气缸盖螺栓为什么会损坏？

气缸体上的气缸盖螺栓孔产生裂纹、凸起或脱扣，有下列主要原因：

①使用不合规格的气缸盖螺栓。一般自制螺栓因加工精度往往达不到规定要求,易产生直径较小,螺纹尖锐的情况。这样,当拧入螺孔后,紧度小,为了牢靠往往拼命往下拧,由于螺栓拧到螺孔底部,用无螺纹的一段胀紧,以致使螺孔出现胀裂现象。

②拧紧螺栓的力量过大或不均匀,使气缸体上的螺栓周围的金属被拉得凸起来。有的柴油机上气缸盖螺栓的螺母下没有垫圈,使用时间长久后螺母下的接触表面就会磨损。当维修机器而拆下气缸盖后,新的螺母再也不能以整个端面同气缸盖贴合。这样一来,机器运转时间长久后,有这种螺母的螺栓就会松动,而使其他螺栓受过大的应力,造成螺栓孔的损坏。

对上述螺栓孔的修理办法是将螺孔扩大,较原直径大 1～2mm,然后按加大尺寸攻螺纹,再选用相应的螺栓。但一般只允许加大一次。

③气缸盖螺母都应该用手指的力可以旋到与气缸盖平面相碰,在旋入过程中,如发现过紧时,应注意螺纹孔内是否有污渣,用力往下旋紧时,会使气缸体上螺纹孔挤裂,造成螺纹孔处破裂。

2-68　怎样判断气缸垫烧毁?

气缸垫的主要功能是持久而可靠地保持密封作用。它必须严格密封气缸内所产生的高温高压气体,必须密封贯穿气缸垫的具有一定压力和流速的冷却水以及机油,并能经受住水、气和油的腐蚀。

当发现以下现象时,就考虑到气缸垫可能烧损:

①气缸盖与气缸体接缝处有局部漏气现象,特别是排气管口附近。

②工作时水箱冒气泡,气泡越多,说明漏气越严重。不过这一现象当气缸垫破损不太严重时,往往不易察觉。为此可在气缸体与气缸盖接缝处的周围抹些机油,然后观察接合处是否也有气泡冒出,如冒气泡就说明气缸垫漏气。通常情况下气缸垫并没有破损,在此情况下,可以将气缸垫在火焰上均匀地烤一下,由于加热之后石棉纸膨胀复原,在装回到机器上后就不再漏气了。这种修理方法可以多次反复使用,从而延长了气缸垫的使用期限。

③柴油机功率下降,当气缸垫破损严重时,柴油机根本无法起动运转。

④如气缸垫在油道和水道的中间地方烧坏了,由于机油在油道中

的压力比水在水道中的压力大，所以机油会从油道通过气缸垫烧坏的地方钻入水道，在水箱中水的表层浮有一层机油。

⑤如果气缸垫在气缸口和气缸盖螺纹孔的地方烧坏，则会在穿气缸盖螺栓孔中和螺栓上会产生积炭。

⑥如果气缸垫在气缸口和水道之间的某处烧坏，轻者不易发觉，功率下降不太明显，在大油门负荷时没有什么异常变化，仅是怠速运转时，由于压缩力不足，燃烧不良，排出的废气才会有少量的蓝烟。较严重时，水箱中才有“咕噜、咕噜”的响声，不过这多在水箱稍缺水的情况下才显示出来。严重时，在工作中从水箱盖向外冒热气。

2-69 气缸垫为什么易破损？

①气缸垫的质量不好。如果制作气缸垫的加工工艺不好，例如用手工剪气缸和翻边、包边等，此时往往制作出的气缸垫不整齐，包边不紧。如果铜皮内的石棉铺置不均匀，特别是燃烧室周围处没有铺置均匀时，最易冲坏气缸垫。因此制造气缸垫，应该使用模具，保证翻边整齐没有空隙。

②气缸盖螺栓没有拧紧或各个螺栓的拧紧力矩不均，以致气缸盖平面压力不均匀，气缸垫没完全贴合在气缸体与气缸盖的接合面上，这样就最容易冲坏气缸垫。

③长期处于供油时间过早情况下工作。

④当气缸垫经常在同一部位损坏时，则多系气缸盖变形所致。

⑤压缩比过高。

⑥柴油机误加入汽油，有时也会发生冲坏气缸垫的情况。

⑦气缸套台阶过低，很易窜气和使用冷却水进入气缸。因此安装气缸套时，要求气缸套台阶面应高出机体上平面0.04～0.10mm，以便装上气缸垫和气缸盖后能把气缸套紧压在气缸体中。

⑧装压气缸套时，各缸的气缸套高度不一致也常会冲坏气缸垫。

⑨用过的气缸垫在检查维修的过程中，放在油液中清洗，使油液浸入气缸垫的石板层中，这样在重新安装时会造成石棉和油液一起被挤出，以致引起气缸垫冲坏。

⑩柴油机使用方法不当，例如经常性猛轰油门，突然加速等也会使气缸垫早期发生损坏。

⑪气缸垫使用时间过久，拆装次数较多，以致气缸垫弹性不足，不能很好地起密封作用。若仍继续使用，就会冲坏。

2-70　为什么气缸体和气缸盖会破裂？

气缸体和气缸盖的破裂，多发生在水套的薄壁部分，其造成的主要原因是严寒天气，车辆停驶时，未放净发动机及散热器内的冷却水；或冷热急剧变化造成冰冻胀裂。拆装或搬运不慎，使缸体严重受振、碰撞，也会产生裂纹或破裂。

气缸体和气缸盖有严重破裂，一般容易发现，但对细小的裂纹，是难以观察出来的。因此在发动机进行大修前，应对气缸体、气缸盖进行裂纹检验。

2-71　镗磨气缸套为什么要以活塞为基准？

发动机中气缸与活塞的配合精度在制造和修理时是用不同方法保证的。

制造时，属大批量生产，是采用分组选配法实现的。气缸与活塞两个零件的相配合部分的尺寸是按经济精度加工的，气缸孔与活塞裙直径公差相应地扩大了，然后测量加工好的零件，按实际配合尺寸的大小分为若干组，按对应的组进行装配。

修理时，属单件小批生产，是随机地取一组使用，而此时气缸孔的镗削加工也只能按已选定的活塞裙部实际尺寸为基准进行加工，以保证相应的配合精度，这一方法属于修配法。目前的修理，多采用就车修理法，即基础件和主要零件应该是以原车零件修理后装配，不能互换，这一规定也限制了气缸仅能以修配法加工。

2-72　怎样镶配气缸套？

当气缸表面磨损超过极限或有较深的沟槽，不能用最大一级修理尺寸以搪磨的方法修复时，应该镶换气缸套。在特殊情况下，允许多缸发动机只更换个别气缸套，但必须将其加工到和其他气缸相同的尺寸级别。

镶换干式气缸套的步骤如下：

①未镶过干式气缸套的气缸，应先将气缸孔搪到规定尺寸（参照所镶缸套的外径）。其表面粗糙度应不高于 Ra1.6μm，各缸中心线要与曲轴轴线垂直；镶过干式缸套的气缸，要把旧缸套用专用工具拉出，然

后检查缸套承孔表面粗糙度、圆度、圆柱度及有无裂纹等。当缸套承孔达不到技术要求时，应进行镗削，使承孔表面粗糙度不高于Ra1.6μm，圆度和圆柱度均不大于0.01mm。

②选择干式缸套的厚度及配合。缸径在100mm以上者，一般缸套厚度可选用3.5mm；缸径在100mm以下者，一般多选用2.5mm左右。

缸套与缸套承孔多采用过盈配合，其过盈量有凸缘的铸铁缸套为0.05～0.08mm，无凸缘的其过盈量一般要大些，为0.08～0.10mm。凸缘外径与缸体应该是有间隙的配合。气缸套上端面不得低于气缸体上平面。

为了保证镶压方便，要在缸套下端外圆加工成10×5°的锥角。气缸套外表面的表面粗糙度应不高于Ra0.8μm。

③压装。在压装前要在缸套的外表面涂以少许的机油或机油与石墨的混合物，然后端正地放在气缸孔内。先用木锤轻轻敲入，并用直角尺检查缸套是否与缸体平面垂直，如正确，再用专用工具或压力机徐徐压入，在有条件时，可利用压力机上的油压表监控所加压力是否过大。为防止变形过大，最好是隔缸进行。

另外，有些发动机的干式缸套与缸体承孔为间隙配合，如485柴油机其间隙为0.03～0.05mm，4115柴油机其间隙为0.10～0.24mm。

2-73　怎样装配气缸套?

①拆除旧缸套时，可轻轻敲击缸套底部，用手或用专用拉器取出。刮去气缸体内的铁锈、污垢及其他杂物等，并用细砂布轻擦气缸体与气缸套的接合处，使其露出金属光泽。特别是与密封圈(防漏水用的橡胶制垫圈)接触的气缸壁也必须光滑，使新换的密封圈，便于通过而不致因凸凹不平而漏水。

②装配新的气缸套，在安装前应先装未装密封圈的气缸套装入气缸体内，将气缸套压紧，检查气缸套端面高出气缸体顶面的距离。一般应高出气缸体平面0.03～0.10mm。如此尺寸过大或过小，可调换气缸套的紫铜垫片来调整，也可用刮刀修整气缸体座面来校正。

③湿式气缸套在压入前应装入新的涂有白漆的防漏水的橡胶密封圈。气缸套与座孔的配合间隙为0.03～0.10mm。

④湿式气缸套因压放时用力不大，缸套内径未受影响，因而通常可

不再进行光磨加工。

2-74　怎样检查气缸套防水圈是否起作用?

将防水橡胶圈装在气缸套上,并安装于气缸体中,再将水沿气缸体冷却水道装满气缸体内,然后停置片刻并观察气缸与气缸体配合部位是否有水,装配良好的配合部位此时不应漏水。另一种检验方法是将发动机起动一段时间,然后熄灭,再经过 30min 后,测量油底壳机油平面是否和原先一样,或从油底壳内放出少量的机油,在干净的油杯内观察机油是否含有水分。一般地说,如果确因防水橡胶圈密封不好而造成漏水的话,渗水是十分快的。更换气缸套上的防水橡胶圈时,要换用新的。且应尽量使用具有充分弹性的整体环,不要用中间接缝环,同时不要用已硬化的防水橡胶圈。橡胶圈装好后,在装入气缸体之前,应在其表面上涂一层厚白漆或肥皂水(不可涂油液),以使其能良好润滑及与气缸体压贴良好。

2-75　气缸压力为什么不足?

测量气缸的压缩压力通常使用气缸压力表。测量时为便于进行工作和求得准确的结果,需要柴油机运转至正常工作温度。而对于柴油机来说,则安装在喷油器座孔中即可。气缸压力表安装好以后,用手摇柄或起动机转动曲轴,使之在一定转速下转动 10～20 圈,此时气缸压力表所指出的最大压力值,即为这气缸的实际压缩压力。正常情况下,通常的压力应在 3×10^6 Pa 之间。

造成气缸压缩压力不足的原因有:

①气缸套磨损过度或活塞环胶结在活塞环槽内。

②活塞环安装于气缸套中时,它的开口间隙几乎在一条直线方向上,没有相互错开 120°。

③气缸盖螺栓没有拧紧,有松动情况。

④气缸垫损坏。

⑤进排气门的气门间隙过小。

⑥进排气门与其门座的密封性差,以致漏气。

⑦维修时,气门座圈进行镶套修复不合要求,以致造气门下陷过多,使气门口片的容积比规定的要求有所增加,影响气缸压缩力。

⑧活塞顶部平面至气缸盖平面的距离不对。这距离若大于规定的

要求，就造成压缩比降低。

⑨装有减压装置的柴油机，其减压装置的间隙调整不对，使气门关闭不严，也常常导致气缸压缩力的不足。

⑩气门杆与气门导管的间隙过小，以致使气门杆卡在气门导管内。

⑪配气正时齿轮安装错误。

⑫气门弹簧折断或弹簧弹力过弱。

2-76 怎样判断气缸漏气？

气缸漏气造成压缩力减低，温度低及空气量少。低速时漏气多，高速时漏气少。在气缸漏气较严重的情况下，柴油机将出现以下征状：

①摇动柴油机时很轻便，但起动困难。

②曲轴箱内有大量的烟气排出。

③机油容易过热。

④低速时柴油机工作没劲冒黑烟，高速时工作较为正常。

2-77 怎样镶配气门导管？

气门导管与气门杆经长期工作后发生磨损，使它们的配合间隙增大。如超过使用限度，一般应更换导管。

新导管的选择，要求导管的内径应与气门杆的尺寸相适应，其外径与导孔的配合有一定的过盈，过盈量一般为0.03～0.07mm。导管的过盈量可采用新旧对比的方法进行测量，新导管要比压出来的旧导管大0.01～0.02mm为合适。

气门导管镶配方法是：用冲子冲出旧导管后，将选用的新导管的外壁上涂一层机油，导管锥面朝上正直地放在导孔上，从缸体顶面压入或用冲子冲入，大端朝上、小端朝下，镶配后，要求其上端面与气缸体上平面的距离和原装的尺寸一样。距离过小会增加进、排气阻力，距离过大则影响气门和导管的散热效果。

2-78 怎样镶配气门座圈？

气门座圈经长期使用和多次铰磨后，其工作面会下陷，到一定程度后，则会影响充气效率和降低气门弹簧的张力。因此，当气门座工作面上的边缘低于气缸体平面2mm(或装入的气门顶平面低于气门座顶面0.5mm)时，或气门座圈有裂纹、斑点、松动以及严重的烧蚀等，应予镶换气门座圈。

镶配座圈时，如缸体上没有座圈孔时，首先用平面铰刀或在钻床上用特制钻头钻出座圈孔，其圆度误差和圆柱度误差不应超过0.03mm，内壁应光滑，座圈与座孔的配合有0.08～0.12mm的过盈量。

气门座圈，可用合金铸铁或高硬度合金铸铁加工制成。如原镶有座圈，其孔壁光滑，圆度误差、圆柱度误差符合规定时，可以以孔径来制配相应尺寸的气门座圈。

座圈的镶入可用冷缩座圈(将座圈放于冷却箱中，从盛有压缩二氧化碳的储气瓶内放出二氧化碳气体，使座圈温度降低到-70℃左右)和热膨胀座圈孔的方法。一般多采用将座孔加温到100℃左右，然后将座圈涂以甘油与黄丹粉混合的密封剂，垫以软金属，迅速将座圈冲入。

座圈镶入后，应检查、修正座圈高出的部分，使其与气缸体上平面取齐。座圈与气门导管中心线的摆差不得超过0.05mm。

第3节　活塞连杆及曲轴的故障诊断与检修

2-79　活塞是用什么材料制造的？

柴油发动机的活塞普遍采用铝合金制造。这是由于铝合金具有重量轻，导热性好的优点，有利于提高发动机的功率。铝合金的突出缺点是膨胀系数大，高温强度差，但采用合理的结构，能满足使用要求。

近年来国外车用柴油机活塞开始研究使用灰铸铁，以发挥铸铁的优势。新设计的灰铸铁活塞的重量甚至比铝合金的还轻，它完全跳出了一般活塞的结构型式。

2-80　活塞的作用是什么？有什么特点？

活塞的作用是承受燃气膨胀的压力，并通过活塞销和连杆将力传递给曲轴，变成曲轴转矩对外作功。活塞顶部是燃烧室的组成部分。

活塞在高温高压下(活塞顶部本身也有300℃的高温)于气缸内作高速往复运动，因此活塞的材料和结构形状必须有强度高、刚性好、重量轻、导热性好和膨胀变形小的特点，其一般用铝合金材料制成，活塞的结构如图2-11所示。

活塞既然要在气缸内作高速往复运动，和缸壁之间没有间隙是不

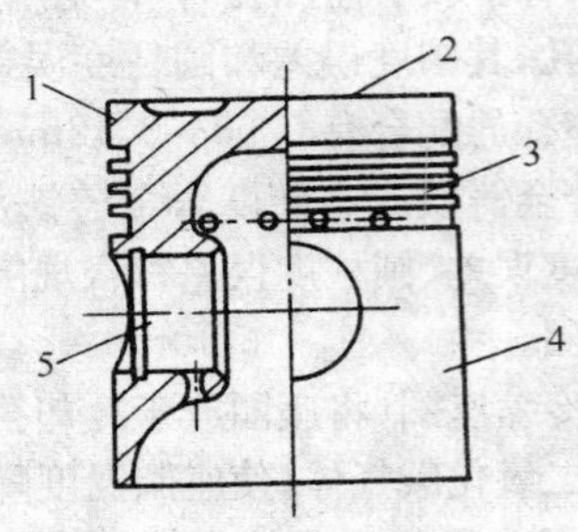

图 2-11　活塞结构

1. 头部　2. 顶部　3. 环槽部　4、裙部　5. 销座部

行的,间隙大了也不行。当今的活塞已不是简单的圆柱体,头部为顶面到第一道活塞环槽上平面,俗称为火力岸;环槽部为第一道活塞环槽上平面到活塞销上方油环槽下平面;裙部为活塞销上方油槽下平面到活塞底部。头部、环槽部虽然是正圆,但尺寸不一样,头部尺寸小,而裙部是导向和承受侧压力的,由于布置有活塞销座,沿周边结构厚度不均匀,加上侧压力的作用,裙部的径向外形做成椭圆形状,其长轴在垂直于销座孔中心线平面内,短轴在销座孔中心线平面内,这样工作中裙部就更近于正圆。有些高速柴油机活塞裙部除做成椭圆外,上、下还做成锥形或中凸变椭圆形。

2-81　活塞裙部为什么制造成椭圆形?

活塞的裙部在活塞往复直线运动时起导向作用,并承受侧面压力。工作时活塞由于承受很大的机械负荷和热负荷,受热后易膨胀,为了避免冷车起动时不致敲缸,高温时活塞在气缸内不会咬死(粘缸),因而将活塞裙部做成椭圆形。椭圆形的长轴垂直于活塞销孔的轴线。活塞销座处金属较厚,受热后其垂直方向有较多的膨胀量,当活塞裙部受热变成圆形时不致在气缸内挤压。

活塞裙具有上小下大的微小锥形,以弥补活塞裙上部温度高于下部而产生变形的不一致。

2-82　活塞销座的作用及其制造要求如何?

活塞销座是活塞通过活塞销与连杆的连接部分,位于活塞裙部的上部，为厚壁筒结构，用以安装活塞销。活塞所承受的气体压力、惯性力，都是通过销座传给活塞销的。为限制活塞销的轴向窜动，大部分活塞在销座孔内接近外端面处有卡环槽，用以装卡环，两卡环槽之间的距离大于活塞销的长度，使卡环与活塞销端面之间留有足够的间隙，以防冷却过程中，活塞的收缩大于活塞销的收缩而将卡环顶出。

销座孔有很高的加工精度，并且经分组与活塞销选配，以达到高精度的配合。销座孔的尺寸分组，通常用色漆标于销座下方的外表面。

为了销座孔的润滑，有些销座上钻有收集润滑油的小孔。

2-83 活塞偏置销座起什么作用？

一般发动机活塞的销座轴线与活塞的中心线垂直相交，当活塞运行到上止点时，由于侧压力瞬时换向，使活塞与缸壁的接触面瞬间由一侧平移至另一侧，便产生活塞对气缸壁的“拍击”(俗称活塞敲缸)，增加了发动机的噪声。因此，高速发动机，将活塞销座朝向承受膨胀作功侧面压力的一面偏移1～2mm。这样，在接近上止点时，作用在活塞销座轴线以右的气体压力大于左边，使活塞倾斜，裙部下端提前先换向，然后在活塞越过上止点，侧压力反向时，活塞才以左下端接触处为支点。可见偏置销座使活塞换向延长了时间且分为两步，第一步是在气体压力较小时进行，且裙部弹性好，有缓冲作用；第二步虽气体压力大，但它是个渐变过程。为此使换向冲击力大为减弱。但是，这种换向方式对于一般活塞来说，是下端边洞处先接触缸壁，而形成所谓棱角负荷，接触面积小，单位压力大，可能导致破坏油膜，加剧磨损。

2-84 组装活塞时为什么把铝活塞加热？

铝活塞销孔热膨胀大于活塞销，为了保证高温工作时得到正常的工作间隙，制造中给出了一定的安装紧度。装配时如不预先将活塞加热而仅用锤头硬敲击，就会使销孔挤大，这样在使用时就会产生松旷而造成活塞销在销孔里窜动，产生敲击声，严重时会折断卡簧，拉坏缸套。如果装配时预选把活塞放入油液或水中加热到100℃左右，然后在活塞销上涂上机油，此时用拇指就能将活塞销顺利推入活塞销孔中，这样就可避免上述现象的发生。如果活塞经过加热，活塞销仍很难轻便地推入活塞销孔座中，则说明活塞销孔尺寸过小或是活塞销的直径过大。

2-85 活塞环槽的作用是什么？

有些柴油机活塞在顶部甚至整个头部圆周表面上加工出很多细密的环形槽。这是为了尽量缩小活塞头部与缸壁间的配合间隙，便于二者直接接触，加强活塞头部的散热，改善活塞环槽及活塞环的工作条件。同时也能降低裙部的温度，减小气缸装配间隙。另外，这些环形槽具有事实上的退让性(受挤压时，环形槽顶能以变形的方式向槽底退让的能力，它能减小外部压力)，并且槽内有积炭后，可吸收润滑油，从而能够避免因活塞过热或缸壁暂时缺油或在间隙中掉进大颗粒炭后而造成的拉毛、卡缸等重大故障。

2-86 柴油机对活塞环有什么要求？

活塞和缸套之间的间隙在冷机时不能太大(太大起动困难烧机油)，热机时又不能太小(易拉缸)，这种要求单靠活塞是不行的，所以在活塞上要加工出环槽，在环槽里装入活塞环。

活塞环是用合金铸铁制造成的薄圆环形，有开口，自由状态下非正圆，放在环槽内随活塞一起装入气缸后被压缩，开口减少，外径成正圆，正好和缸套紧密配合并产生径和压力。

活塞环分气环和油环。气环用来密封活塞和气缸之间的间隙，防止气缸中的高温、高压燃气从该间隙中大量漏入曲轴箱，以及将活塞顶部的大部分热量传给气缸壁。油环用来刮除气缸壁上的多余润滑油，并铺涂一层均匀的油膜，既可以防止润滑油窜入气缸燃烧，导致积炭和耗费价格较高的润滑油，又可以减小活塞、活塞环与气缸的磨损和摩擦阻力。此外，油环还起到封气的补助作用。

活塞环在环槽里上、下有间隙，内径径向有间隙，因为在工作时环的上、下和径向相对于活塞有运动(环的惯性和活塞交变的压力)。气环的密封作用如图2-12(气环密封作用示意图)所示；气环的泵油(润滑油)作用如图2-13(气环泵油作用示间图)所示，防止气环泵油作用的主要措施是装油环和选用合适的气环断面形状；油环的刮油作用如图2-14(油环刮油作用示意图)所示。

气环断面形状见图2-15。

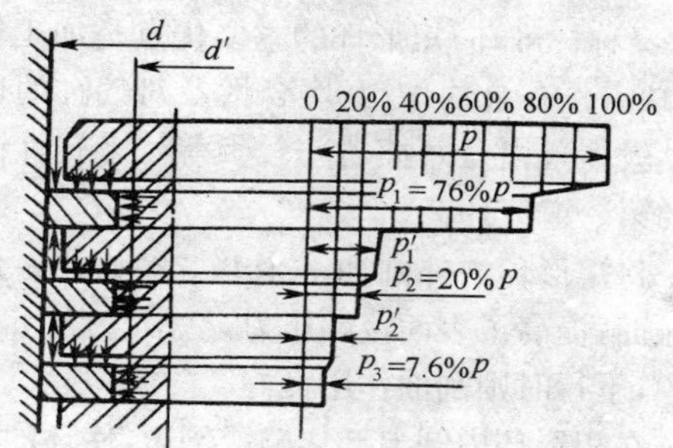

图 2-12　气环密封作用示意图

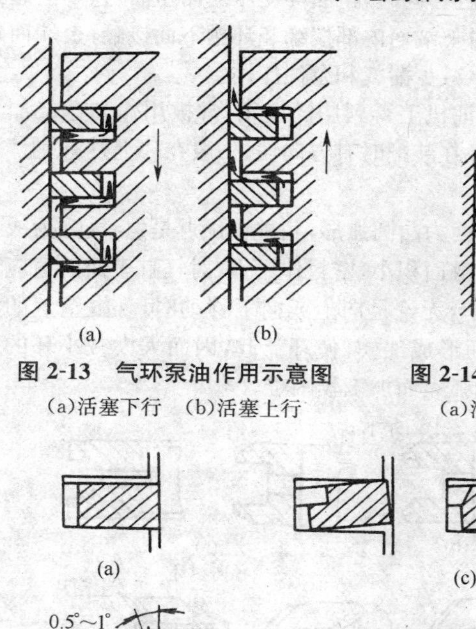

图 2-13　气环泵油作用示意图

(a)活塞下行　(b)活塞上行

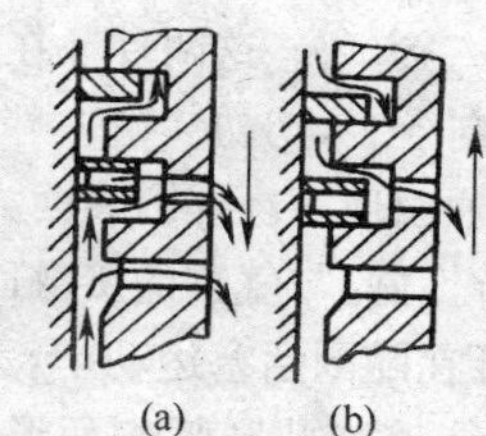

图 2-14　油环刮油作用示意图

(a)活塞下行　(b)活塞上行

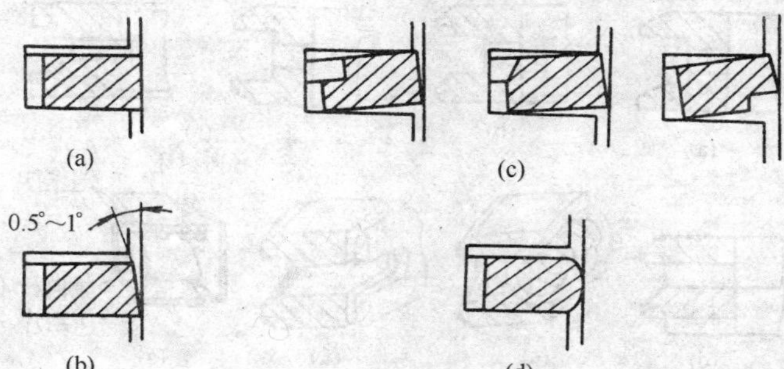

图 2-15　气环断面形状

(a)矩形环　(b)锥形环　(c)扭曲环　(d)桶面环

① 矩形环(又称标准环)矩形环的主要优点是加工较方便,导热效果较好;其主要缺点是有泵油作用,磨合性及对气缸的适应性较差(因为环的轴向高度较高),以及摩擦功率较大等。多孔性镀铬的矩形环,常被用作活塞的第一道气环。

②锥形环。将矩形环的外圆加一个0.5°~1°的斜角,这样就减小了和缸壁的接触面,提高了表面接触压力,易于磨合。活塞上行时易在缸壁上形成油膜,下行时则刮油作用良好。

③扭曲环。在矩形环内圆上部切槽或倒角,使环的上、下刚性不一样。在和活塞一起装入气缸套内时,扭曲环受压缩而扭曲,它不但起到锥形环的作用,而且工作时下端面内部棱缘和环槽下面接触,上端面外部棱缘与环柄上面接触,以减少漏气和泵油作用。

锥形环和扭曲环在柴油机上得到广泛应用,常被用作高速柴油机的第二、三道环。这两种环在装配时有方向性,一般在环上打有"上"字标志应向上装,切勿装错。

④桶面环。环外圆表面为凸圆弧形,其主要优点是:与气缸为线接触,磨合性好;与气缸的接触面积小,密封作用强;对气缸表面的适应性较好;环在随同活塞运动中,无论是向上或向下移动时,气缸壁上的油膜总是能够与凸圆弧表面形成油楔,使环浮起,因而大大减小环的磨损。它的主要缺点是凸圆弧表面加工较困难。

油环的结构断面如图2-16所示。

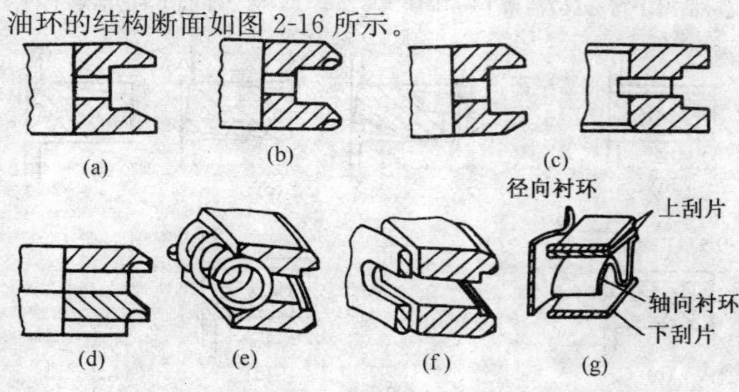

图2-16　油环断面形状

(a)倒角油环　(b)鼻形油环　(c)普通油环　(d)合装油环

(e)整体螺旋弹簧胀圈油环　(f)整体板弹簧胀圈油环　(g)钢片组合油环

整体油环用合金铸铁制造，加工方便，价格便宜，应用较广；弹簧胀圈油环也是整体油环，但其径向压力提高；钢片组合油环刮油性能好，回油通路畅通，环对环槽无冲击，对缸套磨损变形适应性好，适合高速柴油机，但环片外圆必须镀铬，价格较高。

活塞环的组合有多种形式，五环机一般采用三道气环、二道油环（分别在活塞销座上下）；四环机一般采用三道气环、一道油环，目前应用最多；三环机一般采用二道气环、一道油环，高速机上多用。

2-87　柴油机对活塞销有什么要求？

活塞销通常用优质低碳钢或低碳合金钢加工成空心短圆管形状。活塞销外圆表面渗碳淬火，并进行精磨和抛光，这样外部光而硬，内部有韧性。活塞销和活塞销座孔及连杆小头衬套孔的配合一般多采用“全浮式”，即活塞销与活塞销座孔为过渡配合，而与连杆小头衬套孔为间隙配合。

在柴油机运转过程中，活塞销座孔受热膨胀后，与活塞销之间便出现0.001～0.002mm的间隙，活塞销便能够在销座孔内缓慢地转动，把飞溅在销座下侧小孔内的润滑油带到间隙内，润滑摩擦表面，使活塞销和销座孔的磨损比较均匀。此外，由于活塞销能够自由转动，使它承受的载荷分布也能够达到均匀，从而可以提高其疲劳强度。

装配活塞销时，通常先把活塞放在电炉箱中或润滑油中加热至90～100℃，待活塞销座孔胀大后，再把活塞销轻轻地推入活塞销座中（活塞销也同时穿过了连杆小头衬套孔）。

2-88　柴油机对连杆有什么要求？

连杆是在压缩、拉伸和横弯曲等交变应力（带有冲击性）作用下工作的。连杆的制造是用强度、刚度和冲击韧度都比较高的优质中碳钢或合金钢模锻或滚压成形，并经调质处理的。连杆杆身为工字形，小头为略带椭圆的外轮廓，中间加工成短圆管形，在其中压配一个耐磨的薄壁衬套（如锡青铜）。为了润滑衬套和全浮式活塞销的配合表面，在小头和衬套上钻孔或铣槽。以收集飞溅下来的油雾，因此在更换衬套时，一定要对准连杆上的孔或槽。连杆大头是与曲轴连杆轴颈连接部分，模锻时连杆大头大多数为一整体，加工时铣开，被铣开的小的部分称连杆盖，大的部分称连杆体。用连杆螺栓及连杆盖紧固在连杆体上后再一起精加工。根据大头切开的形式，连杆可分为平切口（切口与连杆杆身中心线垂直）和斜切口（切口与连杆杆身心线成 30°～60°夹角），如图 2-17 所示。斜切口可以减小连杆大头的宽度，以便在连杆轴颈较粗的情况下拆下连杆盖后，连杆能从缸筒内通过。

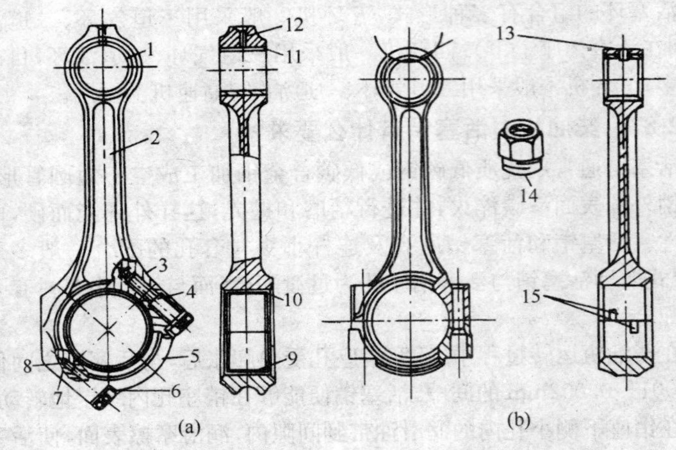

图 2-17　连杆大头切口形式

(a)斜切口　(b)平切口

1. 连杆小头　2. 连杆杆身　3. 连杆大头　4. 连杆螺钉　5. 连杆盖　6. 铁丝　7. 锯齿　8. 定位销　9. 连杆下轴瓦　10. 连杆上轴瓦　11. 连杆铜套　12. 油孔　13. 油槽　14. 自锁螺母　15. 轴瓦定位槽

由于连杆盖是用螺栓紧固在连杆大头上一起加工成正圆孔，并上下铣出装配轴瓦的定位槽，为了保证加工好后拆开使用再装配能复原，因此它们之间必须要有定位，并在大头和大头盖上打有明显的标记。目前定位方式有以下几种，如图 2-18 所示。

螺栓定位带定位结构紧凑，工艺简单，连杆螺栓不受剪切力，广泛用于中、小型柴油机的平切口连杆；锯齿定位法，锯齿接触面大，贴合紧密，舌槽定位法，连杆体和盖上均有一舌一槽，精度较高，定位可靠，尺寸紧凑，加工要求高。其他定位方式有止口定位、销套定位、销钉定位，但因各种原因目前正逐渐被前三种方式所取代。

由于定位方式不同，所以连杆螺栓的结构也不同，如图 2-19 所示。

连杆螺栓也是重要的零件，必须左右交叉分三次拧紧到规定的拧紧力矩，有锁紧装置的必须按规定安装好。

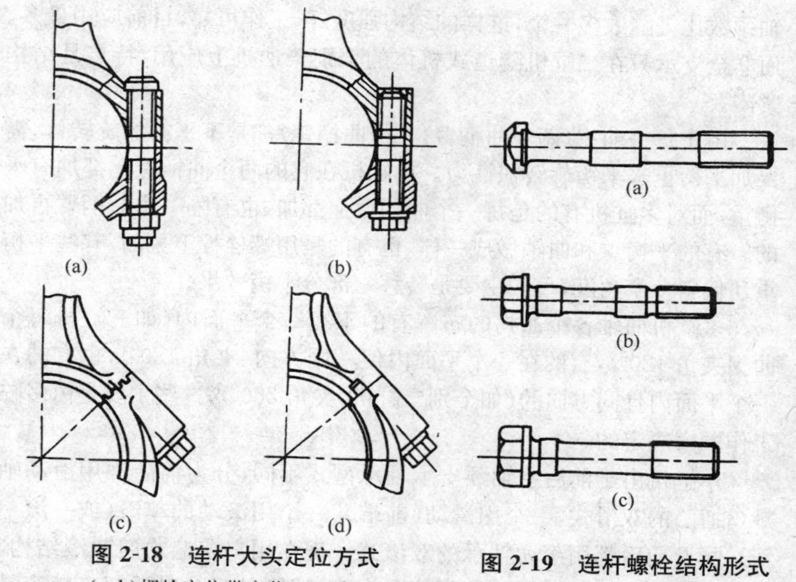

图 2-18　连杆大头定位方式
(a、b)螺栓定位带定位　(c)锯齿定位　(d)舌槽定位

图 2-19　连杆螺栓结构形式
(a)定位带定位　(b)定位带—螺纹定位　(c)锯齿或舌槽定位

2-89　柴油机对曲轴有什么要求?

在柴油机工作时，曲轴受到旋转质量的离心力、周期性变化的气体压力和往复惯性力及其力矩的共同作用。这种作用不但是周期性变化的，而且带有冲击性，因而曲轴必须用强度、刚度、冲击韧度和耐磨性都比较高的材料制造。目前主要用高标号的球墨铸铁铸造而成，其主要特点是价廉、制造方便，能铸出最合理的曲轴结构形状，经过合理的热处理能达到所要求的强度和耐磨性。但对高强化的柴油机要求结构紧凑、质量小，可用精选 45 号钢和合金钢锻造毛坯制造。

(1)构造　不论是单缸机还是多缸机的曲轴都由三个部分组成，即曲轴前端(俗称自由端)、曲拐(包括主轴颈、曲柄、曲柄销也称连杆轴颈)和曲轴后端(功率输出端)。

按曲拐的结构形式，曲轴可分为全支承曲轴、非全支承曲轴。所谓全支承就是一个曲柄销由两个曲柄臂和两个主轴颈支承着，也就是主轴颈数比气缸数多一个，这样的结构强度好、工作可靠，目前应用最多。而非全支承只在二缸机隧道式机体的个别柴油机上应用，特点是结构紧凑。

由于每一曲拐（两个曲柄臂，一个曲柄销）都是不平衡的旋转体，需要加平衡重来平衡旋转惯性力。单缸机在它的两个曲柄臂上都加有平衡重，而对多缸机有的是每一个曲柄臂上都加，也有隔一个曲柄臂再加的。有的平衡重和曲轴做成一体，也有的是用螺栓拧上去的，有些平衡重还偏斜一个角度，目的主要是转移一部分平衡效果。

多缸机曲轴各个曲拐的布置有的不在一个平面内（如三缸机每个曲拐夹角120°），有的在一个平面内但不同方向（夹角180°），也有的在一个平面内且同方向的（如个别二缸机，夹角360°），这些主要是由多缸工作顺序决定的。

单缸机由于前后主轴颈支承轴承型式不同，分为前后都用滑动轴承（轴瓦）的双滑式，一个用滑动（前端）、一个用滚动的单滚（或一滚一滑）式，及前后都用滚动轴承的双滚式。现在用户普遍欢迎双滚结构，主要因为滚动轴承运转时的摩擦阻力小，特别是起动时摇起来较容易起动，工作时省油，不要润滑油润滑等。但滚动轴承运转噪声比滑动轴承大，对机体和曲轴加工要求高，保养更换较困难。而多缸机由于其结构特点，主轴承都是滑动轴承。

曲轴前端装有油封、甩油盘、曲轴齿轮、带动风扇的带轮（多缸机）和起动爪，曲轴后端装有油封、甩油盘和飞轮。曲轴后油封对于柴油机防“三漏”要比前油封重要，因为往后漏的油是进入离合器内的。现在后油封的结构形式主要有回油螺纹（反螺纹，工作时漏出的油挤回机体内）、骨架橡胶油封和甩油盘，也有组合使用的。值得指出的是，不论是装骨架油封和油封座还是配合回油螺纹的挡板，都必须与机体有定位销定位，这样才能保证和曲轴同轴，这一点在拆装时要特别注意。而使用甩油盘时，必须使用油盘外斜面对着润滑油过来的方向。

(2)曲轴轴向间隙　柴油机工作时，曲轴受到配套机具或传动装置的轴向力作用，加上曲轴受热后的轴向伸长，这些都会引起曲轴沿轴向窜动，因此必须留出一定的窜动余地，这就是轴向间隙。如无轴向间隙或其过小，则摩擦阻力会很大；如轴向隙过大，就会影响活塞连杆的正常工作。我们必须用一种耐磨材料来控制轴向间隙。现在用得最多的是在最后一道主轴承上采用翻边轴瓦或在缸体和主轴承盖的两个侧面加工出一个浅圆环坑，用四个半圆止推片装入来定位主轴颈。在拆装修理柴油机时，一定要根据说明书规定调整好此间隙。

2-90　柴油机对飞轮有什么要求？

飞轮的主要功能是储存作功冲程的能量，克服辅助冲程的阻力，使曲轴能够均匀地运转。在单缸机上，这是装飞轮发电机或者是带轮输出功率的地方。在多缸机上，它则是向外输出功率的离合器的主动部分。飞轮多用灰铸铁铸造而成，高速柴油机也有用球墨铸铁铸造而成的。曲轴、飞轮都要经过动平衡的。他们之间连接必须有定位装置，带轮和飞轮之间连接也有定位止口，这些都是保证飞轮、带轮和曲轴同轴的措施，安装时一定要注意。另外，飞轮螺母是很重要的零件，对于单缸机来讲，大螺母一定要拧到规定的力矩，有锁紧装置的也必须装好。用电起动的柴油机飞轮上还有齿圈。

从飞轮的作用可以知道，单缸机的飞轮比多缸机的大且重，而排量大的又比排量小的重。

2-91　活塞环的加工要求是什么？

由于活塞环的工作条件比较恶劣，必须具有耐磨、耐腐、耐高温，并在高温下不丧失弹性以及强度的性能，才能达到它应有的作用。所以，活塞环的材料采用灰铸铁制造。较好的活塞环表面镀铬，以提高抗腐蚀性和耐磨性，且与缸体相对运动时的摩擦系数较小。

2-92　安装活塞环时应留几种间隙？间隙过大或过小有什么危害？

活塞环间隙分为端隙、背隙和侧隙。

活塞环端隙是指活塞环装入气缸后，在开口处两端之间的间隙。端隙的大小与气缸直径有关，气缸直径每 100mm，端隙为 0.25～0.40mm。端隙过大，则漏气严重，使发动机功率下降；端隙过小，活塞环受热后就可能卡死或折断。

活塞环背隙是指活塞环和活塞装入气缸后，活塞环内圆柱面与活塞环槽之间的间隙。背隙之值一般为 0.2～0.4mm。背隙过大，则漏气，窜油严重；背隙过小，会使环卡在槽内而失去活动能力，引起活塞卡死甚至折断。

活塞环侧隙是指活塞环上下平面与环槽上下端之间的间隙。侧隙值一般为 0.03～0.10mm。侧隙过大，会增加环对环槽端面的冲击力，使活塞环槽上下端面磨损加剧，活塞使用寿命缩短；同时还影响活塞的密封作用，并使泵油作用加强。侧隙过小，则有可能使环在环槽中卡死，造成拉缸事故。

2-93　怎样防止活塞顶部烧蚀？

在使用中，有些柴油机活塞顶部发生烧蚀现象，一般出现在 3 缸和 4 缸。据分析，发动机后部冷却效果较前面差。发动机温度过高，易产生爆燃和表面炽热点火。其根本原因还是在使用方面，喷油提前产生自燃，其火焰传播速度高达 1500～2000m/s，强大的压力波，对活塞顶和燃烧室进行冲击，使活塞顶部烧蚀，严重时烧穿。

在使用时，应采取防止措施如下：

①使用的燃油标号应符合原车规定。

②严格按规定调整喷油时间。

③定期检查喷油泵出现的技术状况，必要时应予以更换喷油泵。

④防止农用运输车超载和发动机低速大负荷运转。

⑤保持发动机正常水温。

2-94　新活塞用机油煮后为什么使用寿命较长？

据有经验的同志讲，新活塞用废机油煮 3～4 次，间隙可以小点，比用开水煮好，并且使用寿命较长。

新活塞用废机油煮是一种热处理方法，称为“时效处理”或“人工稳定处理”，它的目的是消除铸造应力，减少合金的热膨胀。为了使尺寸稳定不再变更，机械性能提高，大多数铝合金活塞在铸成毛坯后和加工前，先加以热处理。如以铜硅铝合金而论，就要求将机油热至 150～160℃，历时 10～12h 之久；又如硅铝合金，则需加热至 166～177℃和历时 14～18h。

至于新活塞用废机油煮比开水煮要好些，原因就在于油的温度（可加热至 200℃）符合于稳定热处理的要求。

2-95　怎样确定活塞与气缸壁的配合间隙？

确定活塞与气缸壁间隙时应根据活塞的材料、结构、燃烧室温度等因素通过试验来确定。初步确定装配间隙时，可参考原厂说明书的推荐值，对一些特殊车型，如果一时找不到确切数据，也可按下面的公式进行估算：

缸壁间隙＝0.0012×气缸直径(mm)

最后应通过试验而确定，用试验方法确定配合间隙时，是将同一种活塞，在其他条件相同的情况下取同(或一种)间隙值，装在同一台发动机上经过不同温度，不同负荷下的多次运转试验后，拆下活塞，观察其表面接触情况，装配间隙过小时，其裙部负荷面大，同时负荷面上会出现一定线状拉痕；间隙过大时，则裙部负荷面小。

2-96　活塞与气缸的配合间隙过大或过小有什么危害？

气缸孔直径减活塞裙部直径的差就是活塞的装配间隙。由于工作时活塞各部分的温度不一致，所以活塞各部与缸壁之间的间隙也不能是一致的。由于活塞顶部的壁厚显然要比裙部厚些，温度又高，所以顶部的间隙比较大，裙部的间隙比较小。

活塞与气缸是发动机的心脏，对装配间隙的确定必须要慎重，因为装配间隙过小，气缸壁上得不到充分的机油润滑，活塞受热膨胀会使活塞与缸壁上下滑动困难，严重时还会卡死。装配间隙过大，将导致压缩不良，起动困难，产生敲击声等故障。因此，当活塞与气缸的配合间隙超过 0.15～0.20mm 时，必须镗磨或更换。

2-97　怎样诊断与排除曲柄连杆响声？

(1)故障现象

①柴油机运转过程中，有明显的金属敲击声或漏气产生的噪声。

②柴油机在不同转速状态，产生的响声强弱不同。有些响声可随温度的变化减弱或消失，而有些响声随温度的变化反而加重，并都能伴有其他故障产生。

③每一工作循环，一般发响声两次。

(2)故障原因

①活塞敲缸。柴油机冷态敲缸一般由活塞与缸壁间隙大、机油压力不足或油道堵塞导致的缸壁润滑不良造成的；热态敲缸，一般由连杆

弯、扭曲造成活塞在气缸内运动"走形",或连杆衬套轴向偏斜、连杆轴颈与主轴颈不平行、活塞与缸壁间隙过小、活塞变形、活塞环端间隙过小等造成的;柴油机冷、热两种状态都存在敲击,一般由活塞销与连杆小头过盈量太大、连杆轴承装配过紧、活塞裙部圆度超差等原因引起。

②活塞销敲击。活塞销与连杆衬套,由于润滑不良造成的磨损过甚,或加工不当产生了空隙,活塞销折断,连杆小头衬套外圆在小头孔内松旷等;由于温度升高,造成活塞销与孔配合间隙进一步增大等原因引起。

③曲轴部位敲击。由于轴颈磨损,造成连杆轴承径向间隙过大;连杆螺栓松动,连杆轴承润滑不良,导致衬瓦烧毁;主轴承盖螺栓松动,主轴承轴向间隙过大导致的轴向窜动;主轴承润滑不良导致的主轴承衬瓦烧毁;飞轮固定螺栓松动等原因引起。

④活塞环漏气噪声。活塞环弹力不足,造成环与缸壁密封不良;活塞环折断,活塞环卡死在环槽内,及活塞环对口等产生的漏气等原因引起。

(3)故障检查与排除

①柴油机冷态怠速时,可听见有节奏的金属敲击声的现象,称为柴油机冷态敲缸。当转速增加,机体温度升高后,该响声逐渐消失。对于此类响声,可首先用逐缸断火法,来确定是由哪一个缸产生的,然后再检查该缸的活塞与缸壁间隙是否过大,油道有无堵塞,机油压力表指示是否正常。对于磨损严重的机件,应予以更换。

柴油机高速发出连续敲击声,且随着温度的提高而加重的现象,称为柴油机热态敲缸。对于此类异响,应及时根据故障原因,校正曲轴、更换活塞、活塞环及缸垫。

对于冷、热状态都存在的敲缸,则主要应该检查曲柄连杆机构的装配过盈量是否过大。

②当柴油机怠速或低速时,响声比较缓慢明显,转速突然提高后,响声也随之加快、加重;且双向都有较脆的异响是活塞销与连杆衬套的撞击声。同时,活塞销与连杆衬套的撞击声,受柴油机温度影响较大。温度升高时,响声趋于清晰、明显。该异响出现时,一般需要更换活塞销。

③连杆轴承出现的异响，通常与缸响有明显的关系。即单缸断油，响声应消失。另外，柴油机转速越快，负荷越大，响声应越大；反之，则应越小。连杆轴承一旦发响，应及时对其进行修复或更换。

若曲轴轴向间隙过大，可选用厚些的止推垫片来调整。

若怀疑是飞轮固定螺栓松动引起的响声，则应检查紧固螺栓拧紧力矩是否达到了规定的要求。

④当在加机油口处听到有节奏而明显的漏气声，转速提高后响声减弱或消失，且某缸断火，漏气声消失时，可确认为，异响由该缸活塞环折断所造成；怠速时出现漏气声，加机油口处脉动冒烟，且某缸断火，响声减弱，但仍有漏气声，加机油口处脉动冒烟减轻至消失，一般由活塞环工作不良造成；若怠速时能听见有节奏分明的金属敲击声，并随着转速的提高加重，加机油口处脉动冒烟，且烟内夹杂机油现象出现时，可能是活塞环抱死。以上几种状况，均须及时更换活塞环。

2-98　怎样判断活塞拉缸响声？

(1)故障现象　新车或大修车在走合期容易产生拉缸。发动机拉缸后，在怠速运转时，有“哒、哒、哒”的响声，而温度升高后，响声不但不消失，反而稍重一些，发动机稍有抖动现象。

(2)检查判断方法　在发动机运转中，用扳手拧开高压油管逐缸试听，辨别响声产生在哪个缸。确定哪个缸后，拆下喷油管，往气缸内注入少量机油，装回喷油管，起动发动机，响声应无变化。或用气缸压力表检查气缸压缩力，被拉缸的缸压力降低。然后拆下气缸盖，检查缸壁的拉伤情况，查清拉伤原因，视情况进行修理。

2-99　新换活塞发动机为什么还窜机油？

导致发动机窜机油的原因有以下几点：

①气缸的圆度超过规定值。

②活塞环与气缸壁贴合不良，漏光严重。

③安装活塞环时，切口未按规定错开一定角度。

④活塞环背隙、侧隙、端隙过大。

⑤活塞环的上下面不平整、光滑；活塞环弹力过小。

⑥机油压力或油底壳油平面过高。

⑦活塞环安装有误等。

2-100 活塞环为什么会折断?

①活塞环装配在气缸内的开口间隙过小,使用中受热膨胀后即将开口间隙顶死,往往会引起活塞环在槽内折断。

②活塞上的环槽积炭严重。当活塞环安装于槽内后,因积炭的影响而造成的环槽不平直,使活塞环在工作中由于受到交变的弯曲作用而断裂。

③活塞环槽端面间隙过大,导致活塞环在槽内颤振。既不利于气密,又有可能由于振动造成活塞环断裂。

④活塞环侧隙过小,活塞环在槽内工作时,受热而折断。

2-101 怎样检查活塞环的弹力不足?

活塞环的弹力不足影响发动机的功率。检查活塞环弹力的强弱可用弹簧试验检查,也可用对比的方法。可将旧活塞环和新活塞环直立在一起用手从上面加压力。如果旧环口相遇,而新环口还有相当的间隙,就表示旧活塞环弹力差。

2-102 怎样检查活塞环端隙?

选配活塞环时,应检查活塞环端隙。其方法是:将选好的活塞环平整地放入气缸内,并用该缸活塞将其推平,用塞尺测量其开口处间隙。如开口间隙没有或过小,可取出活塞环,用细平锉刀在其口处一端锉去一点,在锉削时,要经常放入气缸内检查,以免开口锉得过大而使活塞环报废。在锉削时,要注意活塞环切口处两端面要平行,合拢检查时不能有偏斜现象。如果是未经镗磨的气缸更换活塞环,在检查开口间隙时,应将活塞环放在活塞环运动到下止点位置。

2-103 怎样检查活塞环侧隙?

将活塞环放在活塞环槽内,沿活塞环槽转动,在没有卡滞的情况下,再用塞尺测量其间隙。如间隙过小,可将活塞环磨平,其方法是将活塞环放在涂有气门砂的平玻璃板上,用手按“8”字形来磨削,注意用力要均匀,最好是使用胎具。注意磨到一定程度应检查一下,到合乎规定为止,一般是第一道环侧隙要大些,为0.035～0.08mm,其余压缩环依次小些,为0.03～0.07mm,油环最小,为0.03～0.05mm。

2-104 怎样检查活塞环的背隙?

活塞环的背隙一般难于直接测得,在实际检查过程中,可用游标卡尺量出活塞环的径向厚度和环槽的深度，两数值之差即近似为活塞的背隙值。一般气环为 0.2～0.3mm，油环为 0.3～0.4mm。如背隙过小，甚至活塞环在环槽内高出了环槽边缘，则应查明原因，必要时可将活塞环槽底适量加深。

2-105　活塞环端隙与气缸直径有什么关系？

一般地讲，活塞环的开口间隙与气缸直径两者之间成正比例关系，即随气缸直径的增大，开口间隙也增大。其原因是：物质有热胀冷缩的物理性，温度越高，膨胀得越多；如果同样材质，温度升高相同，但因原来长度不同，实际伸长量也不同，即在同一温度下，气缸直径越大，环周长就越长，那么预留的开口间隙亦应按比例增大，以便发热后伸长有余地，不致卡住。

活塞开口间隙的简单计算方法是：铸铁活塞为 $0.003D$，铝合金活塞为 $0.0025D$（D 为气缸直径）。

2-106　什么是矩形环的“泵油作用”？其泵油原理是什么？

矩形环随活塞在气缸中上下往复运动时，将缸壁上的润滑油源源不断地送往燃烧室中，这种现象称为矩形环的泵油作用。

当活塞下行时，由于矩形环与缸壁之间的摩擦力以及环本身的惯性力，环将紧贴在环槽的上岸，此时缸壁上刮下的润滑油充满了下边隙和背隙。当活塞上行，活塞环在摩擦力和惯性力的作用下，又紧贴在环槽下岸，挤压下边隙的润滑油从背隙、上边隙流向燃烧室中，如此不断反复，就像泵油作用一样，缸壁上的润滑油源源不断地泵入了燃烧室，这就是矩形环的泵油原理。

2-107　怎样拆装活塞环？

拆装活塞环时，最好用图 2-20 所示的专用工具按先后次序进行拆装。也可用铁丝弯成环形套在两手的拇指上，或直接用手进行，如图 2-21 所示。拆装时注意不要将环口过分扩大和用力过猛，以免折断活塞和割伤手指。

常见的气环断面形状有矩形、梯形（叫锥面环）、阶梯形（叫扭曲环或扭转环）。

梯形断面的锥面环与气缸壁接触时有 1°～2°的夹角，这是为了加强活塞环的单位压力，能更好地刮去气缸壁上的余油。装配时应使用窄面朝上，宽面朝下，由于1°～2°的锥体是肉眼看不出来的，所以这种活塞环的平面往往做有向上的记号。所以，安装时一定要将小头一面朝上，不要装反了，且锥面环只能用在第二、三道上，不要装在第一道上，不然会将大量机油刮到燃烧室燃烧。

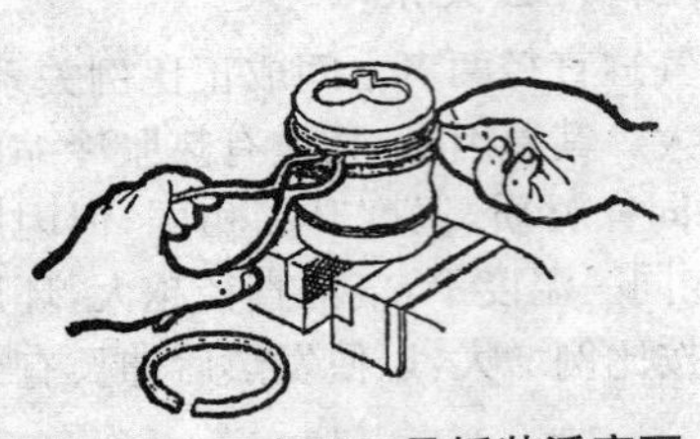
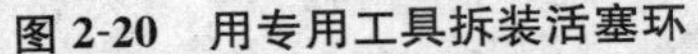

图2-20　用专用工具拆装活塞环

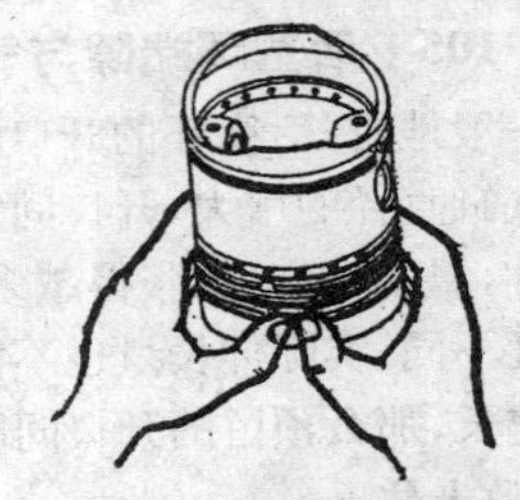

图2-21　用手来拆装活塞环

气环外圆一方做有棱角切口的扭曲环，专为起刮油作用，这种活塞环刮油作用比较好。这种环的安装方法，外圆切口应该朝下。

对于环的内侧面是矩形切口或斜面角的扭曲环，安装时，应使用其矩形切口或斜面角朝上。

安装活塞环时不能粗心大意，还应注意环的原来安装位置，以防搞错造成不良的后果。

2-108　安装活塞环时有什么规定?

活塞环的安装方向注意两个问题：一是哪一面朝上，二是环的开口位置如何确定。由于活塞环安装方向对环的作用有重要影响，所以应慎重对待。国外有些发动机活塞环端面上为此打有标记，一般用英文字母“UP”(向上)表示，也有的用其他字母或加数字的，一定要把带字母或数字的一面朝上。如果没有标记，则应按环的端面形状和具体发动机所作的规定来装配；对于无标记，且断面形状对称的矩形环、梯形环和桶面环一般则可任意装配。

安装活塞环时，应使各环切口相互错开，使其呈现“迷宫式”结构布置，以减少漏气、窜油量。至于相互错开的角度，有的用90°、有的用120°，还有的用180°不等。

2-109　活塞环表面为什么镀铬?

活塞环所处的工作条件十分恶劣，除高温、高压、高速、废气腐蚀与污染外，其润滑条件也十分恶劣，特别是第一道环尤为严重。为了提高活塞环的耐久性，常在第一道活塞环的工作表面进行多孔镀铬。镀铬层的优点是：硬度高（HB850～950），熔点高（1773℃），有极好的耐腐蚀性，摩擦系数小、导热性好等，因抗磨损、熔着磨损和腐蚀磨损的综合性耐磨能力很高；而且表面有多孔，能储存少量的润滑油，可以改善润滑条件。实验证明，镀铬可把环的耐久性提高 2～3 倍，而且还有效地保护了此环以下的其他环，使这些环的耐久性也相应提高 0.5～1 倍。此外，气缸的磨损也可减少 20%～30%。但是，镀铬环的成本较高。我国关于活塞环的技术标准中只对工作条件最严酷的第一道气环作了多孔生镀铬的规定，其铬层总厚度，当缸径 $\not>$ 150mm 时为 0.10～0.15mm，研磨后的多孔性铬层厚度应 $\not<$ 0.04mm。

2-110　怎样选配活塞环？

选配活塞环时，应根据气缸的修理尺寸，选用与气缸、活塞相适应的同级修理尺寸的活塞环。不可把加大尺寸的活塞环锉小使用。活塞环除标准尺寸外，为了适应气缸修理的需要，也有相应的各级加大修理尺寸的活塞环。一般在活塞环端面上标有活塞环的修理尺寸。活塞环开口间隙一般做得都较小，以便装配时有一个调整余地，选配时应予以注意，使其端隙符合规定值。此外还必须使其侧隙、背隙、漏光底等符合要求。

2-111　怎样判断活塞环的响声？

活塞环响有两种。一种是活塞环敲击响，发动机工作时，有钝哑的“啪、啪”声，随着发动机转速的升高，响声也随之增大，并且变成较杂碎的声音；另一种是活塞环漏气响，其特征类似敲缸响，在机油加注口处听察明显，活塞环发响时，单缸断火只会减弱但不消失。

活塞环产生敲击声的原因是：活塞环折断，活塞环磨损，在环槽内松旷；由于缸壁磨损，顶部出现凸肩，使活塞环与缸壁凸肩相碰。

活塞环漏气响的原因是：活塞与缸壁漏光度太大；活塞环端隙过大或各环的端隙重合；活塞环弹力过弱；气缸壁上拉出沟槽；活塞环咬死在活塞环槽内；活塞环质量不好或活塞失圆。

检查判断活塞环敲击声，常采用单缸断油法：把单缸断油后细听，如果活塞环折断会发生“唰、唰、唰”的响声；如果活塞环碰撞气缸凸肩响，用旋具抵触气缸盖时，有明显的振动。

检查判断活塞环漏气响：发动机初发动温度低时，发出“嘣、嘣、嘣”的响声，在加机油口处脉动地冒蓝烟，频率与响声吻合。变换转速时，其响声随之增减，发动机温度逐渐升高后，其响声逐渐减弱或消失；单缸断油试验时，响声减弱，复油时响声明显增大，即可断定漏气响。

2-112 活塞上的环槽为什么磨损？

气缸磨损以后，气缸内径就不均等。在这种情况下，活塞环除了随活塞作往复运动外，它自身在环槽中还发生一张一合的运动，从而使环槽的上下平面运动也随之加剧。环槽的磨损一般从矩形磨耗成梯形，这是由于活塞环在槽内沿径向移动的磨损、活塞上下换向时活塞环的冲撞作用以及腐蚀等原因造成的。实践证明，活塞上的头二道环槽磨损程度比其他环槽要快得多。在正常情况下，环槽高度每工作1000h将增加0.01mm。

2-113 活塞环为什么咬住环槽内？

①机油太脏，油质低劣或规格不符合使用要求。

②供油时间过迟，导致燃烧不完全，环槽内积多了炭灰而粘牢，咬住活塞环。

③维修时，活塞环槽上的炭灰没有及时清除，又重新安装活塞环继续使用。

④活塞和气缸的位置偏斜不直，或气缸磨损过度。

⑤活塞环的弹力不足。

⑥活塞与气缸套的配合间隙过大，燃烧气体在环和气缸壁之间有泄漏现象，也是促使活塞环粘牢咬死环槽的常见原因。

2-114 活塞环为什么走对口？

活塞环在工作中由于振动而产生转动，这是正常现象。刚装新气缸套的内燃机，在安装活塞连杆组件时只要活塞环按规定角度叉开，就不会产生各道活塞环开口转动到重叠在一起的情况。当气缸套由于活塞偏磨或磨损过大而产生椭圆和锥度时，就有可能使活塞环的各道开口转到同一方向，直至椭圆处为止。因为此时由于气缸套椭圆，活塞环开口外伸被阻止不转，造成各道环口逐渐重叠，燃气下漏，机油上窜而排出。

除了上述原因外，当连杆扭曲变形、活塞与气缸套装配间隙过大及活塞环的开口间隙过大时，也可能造成漏气，使活塞环产生位移而形成对口，这些都应在工作中随时注意才对。

2-115　怎样识别因活塞环不良而造成的漏气？

为了查明气缸压缩力不足是否因活塞环不良而造成的，可在气缸中加入一些干净的良好机油。如机油加入后，气缸压缩力显著增强，就表明活塞环不良，气体是经过活塞与气缸壁之间的缝隙而漏入油底壳的。

如果加入机油后，气缸压缩力仍无显著的变化，这表明气缸压缩力不足与活塞无关。而可能是气体经过进气门或排气门时漏掉的。

不良的活塞环可能因其磨损或与活塞环槽焦结后而造成的漏气的情况有关。此时机器在使用过程中外部的征象，是经过活塞环漏入气缸体内的废气大量地从通气口（或加油口）处冒出来。在这种情况下可用断缸法依次使用某一缸不工作进行判断。如果切断某一缸后，废气不再从加油处或通气口冒出，就说明此缸活塞环使用情况不良。

2-116　怎样拆装活塞连杆组？

在拆卸活塞连杆组件之前，应注意将气缸套上部的积炭清理干净，以减少抽出活塞时的阻力。拆卸活塞连杆组件的方法是先拆掉气缸盖总成，对于没有在气缸体两侧开有窗盖的内燃机来说，还应拆掉油底壳，然后用套筒卸掉所有的连杆螺母，拿掉连杆盖，即可用木棍将活塞连杆组件沿气缸套上部顺利抽出。

活塞连杆组件装入气缸套时，应先在气缸套及活塞四周上涂一层清洁机油，再用铁皮夹圈将活塞环夹紧后推入气缸，也可采用内带锥度的套筒工具安装。

装配时，各环的开口应相互错开，第一环和第二环错开 120°，且不允许对着活塞销两端和活塞上的燃烧室方向。

活塞连杆组件装入气缸套时，应先转动曲轴，使准备装入活塞连杆的组件的连杆轴颈位于上止点，用木棒轻轻敲击活塞顶部，小心而谨慎地把它推进。如果发现推进困难，应仔细观察是否因活塞环脱出卡住而造成的。

大部分内燃机的活塞连杆，在气缸中都有一定的方向，装配错误会影响内燃机的正常工作，造成严重的不良后果。我们可以根据不同形式活塞连杆所具有的特点，来判别活塞连杆在气缸中的方位。

2-117　活塞销与销座孔及连杆小头是什么配合？怎样安装？

活塞销与销座孔及连杆小头的连接配合，一般采用“全浮式。”即在发动机正常工作过程中，活塞销不仅可以在连杆小头衬套内自由转动，还可以在活塞销座孔内缓慢转动，从而使活塞销各部分的磨损均匀。

当采用铝活塞时，活塞销座孔的热膨胀量大于钢活塞销。为了保证工作时有正常的工作间隙，在冷态装配时，活塞销与销座孔应当有一定的过盈。

其装配方法是：先将铝活塞放在温度为70～90℃的水或油中加热，然后在销子上涂一薄层机油，轻轻压入。为了防止活塞销轴向窜动而刮伤气缸壁，在活塞两端用锁环（或挡圈）嵌在销座凹槽中加以轴向定位。活塞销锁环与活塞销两端应各有0.20～0.80mm的间隙，锁环嵌入环槽的深度应相当于锁环钢丝直径的2/3。

2-118　怎样铰削修配活塞销与连杆衬套？

在更换活塞、活塞销的同时，还须更换连杆小端的衬套，以恢复销与套之间的良好配合。

活塞销与衬套的配合，在常温下应有0.005～0.010mm的微小间隙，这样高的配合要求是一般量具所难以测量的，在修配中一般凭感觉去判断。另外，还要求它们的接触面积在75%以上。

活塞销与连杆衬套的正确配合，是通过铰削或镗削等加工方法来实现的。

连杆衬套的铰削通常是用铰刀手工操作，其工艺步骤是：

①选择铰刀。根据活塞实际尺寸选择铰刀，将铰刀夹入台虎钳并钳口平面垂直。

②调整铰刀。把连杆小端套入铰刀内，一手托住连杆的大端，一手压小端，以刀刃能露出衬套上平面3～5mm为第一刀铰削量，如图2-22所示。如铰削量过大或过小，都会使连杆在铰削中摆动，铰出棱坎或喇叭口。

③铰削。铰削时，一手把住连杆大端，并均匀用力扳转，一手把持小端，并向下略施压力进行铰削。当衬套下平面与刃下方相平时，应停止铰削，此时，将连杆小端下压，使衬套脱出铰刀，以免铰出棱坎，在铰刀直径不变的情况下，再将连杆翻转一面重铰一次。铰刀的调整量，以

旋转螺母60°～90°为宜。

④试配。在铰销时应经常用活塞销试配，以防铰大。当铰削到用手掌的力能将销子推入衬套1/3～2/3时，应停止铰削。此时，可将销子压入或用木锤打入衬套内（打时要防止销子倾斜），并夹持在台虎钳上左右往复扳转连杆，然后压出销子，查看衬套的接触情况，如图2-23所示。

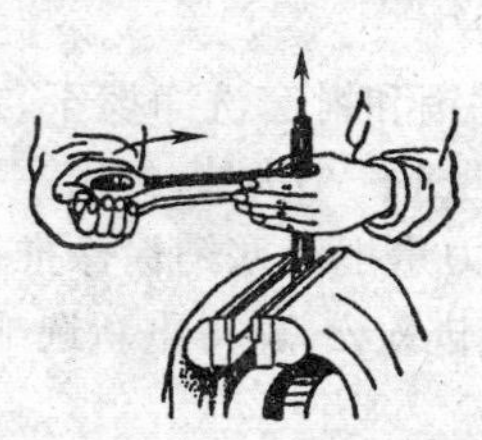

图2-22　连杆衬套的铰削

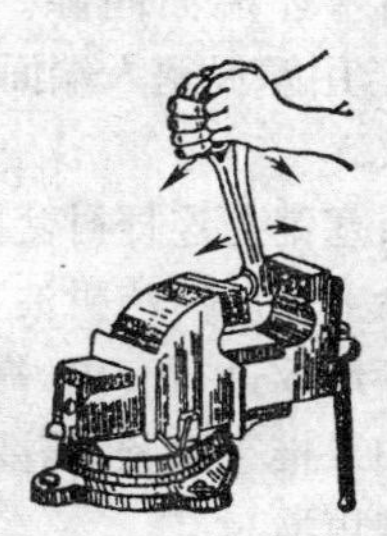

图2-23　查看封套的接触情况

⑤修刮。根据接触面和松紧情况，用刮刀加以修刮，修刮的要领同活塞销座孔的要求相同。经镗削或挤光以及铰削修刮，质量好，光洁度好的衬套，能以手掌的力量把活塞销推入连杆衬套，则松紧度认为适宜，如图2-24所示。衬套的接触面，应星点分布均匀，轻重一致，则接触面为适宜。

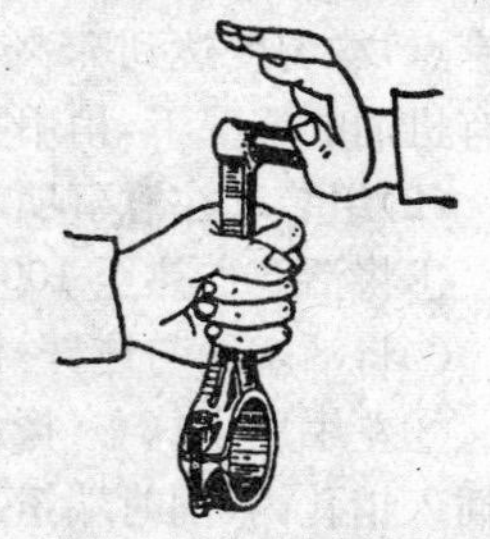

图2-24　活塞销与连杆衬套的配合

2-119　195柴油机活塞连杆如何优化组装？

活塞连杆组是由活塞、活塞环、活塞销和连杆等主要零件组成的。在组装前要认真地选配，否则可能会增大总装难度，并影响修理质量。

(1)组装前的选配

①检查活塞、连杆的质量允差。同一台多缸柴油机，活塞质量差不能超过10g，连杆质量差不能超过20g，活塞连杆组总成质量差不能超过30g。

②活塞与缸套的选配。在实践中的选配方法是：活塞与缸套洗净

擦干，在各自的工作面上涂一层清洁机油，将缸套直立，活塞顶部朝下，并用右手平稳地放入缸套。若活塞慢慢地落下，说明活塞与缸套间隙配合很好；若落不下，则间隙过紧；落下太快，则间隙太松。

③活塞环侧隙与环槽的选配。将活塞环装入环槽内，能沉入环槽底且自由转动，其边间隙不得超过0.10～0.15mm，否则边隙过大。

④活塞环端面间隙。将各道活塞环分别平放在离缸套上口线40mm处，用塞尺塞入端面间隙进行测定，测得各环间隙应符合该机说明书要求。

⑤活塞销与连杆衬套的选配。将活塞销和衬套洗净擦干，在各自工作面涂上一层清洁机油，用右手握在靠近连杆小头处，再用左手把活塞销端正地放进衬套内，靠右手大拇指的力量把活塞销徐徐推进衬套为宜。如果推进太紧，需要校刮衬套；如推进太松，就得重新选配，加大销子或者更换衬套。

⑥连杆轴瓦与连杆轴颈的选配。在轴瓦工作面上校刮，小点（俗称芝麻点）均匀度达到75%以上，连杆螺栓拧紧力矩达到规定，在配合面涂有机油的情况下，稍用手力可以转动为宜。

(2)组装和注意事项

①将活塞加热至100℃，并保温5min。

②将活塞销与连杆衬套面涂以机油。

③左手用干抹布（折几层）托住活塞，使销孔竖直，右手将销子平稳地插入销孔内，同时端正地转动一下销子，使它直立吃紧在销座孔内，然后用直径小于销内孔并带有端头的螺栓插进销心孔内、用锤子轻轻锤击螺栓端头，使销子打进活塞销孔内，当销子进到活塞座孔内刚出头1mm时停止锤击。

④把连杆小头按安装方向插入活塞内腔，并把衬套对准露出来的销子端头，使它顺利通过衬套。必须注意，当销子每敲进3～5mm时，要将连杆摆动几下，以防打偏咬住连杆。等销子打进，刚刚露出座孔头上的挡圈槽下端时停止进销（活塞销应趁活塞热时一次装进到位，用锤击销子的方法很容易使活塞变形）。

⑤将活塞销卡簧（挡圈）装上。安装时，要把挡圈完全放进销孔凹槽中，并不得有松动。

⑥安装活塞环时,应注意方向和顺序。

2-120　柴油机不能装反的零件有哪些?

由于有些零件正反都能装上,如不注意装反,会使柴油机技术状态恶化,甚至造成故障或事故,必须引起注意。下面介绍 20 个不能装反的零件。

①气缸垫。气缸垫为纯铜包石棉制成,安装时,有铜皮卷边的一面应朝向气缸套,以保证密封性能。

②活塞环。根据生产厂家不同,有三道环和四道环两种。第二、三道活塞环,靠近开口的端面上有字母[如"STD"(江苏仪征活塞环厂生产)、"NH"(南京活塞环厂生产)],应朝向活塞顶,以保证不窜机油。

③活塞。顶部桃尖形状的一侧应朝上。

④连杆与活塞组装。连杆小头上的小油孔应朝上,以保证衬套和活塞销的润滑。

⑤活塞连杆组。装入机体内时,连杆大端 45°分切面朝下。

⑥连杆与连杆盖。有编号的应在同一侧,以保证大头孔的原加工精度。

⑦燃烧室镶块。镶块松脱更换时,镶块上有小喇叭的一面应朝向气缸盖。

⑧喷油器压板。有圆弧凸起的一面应朝向喷油器,平的一面朝外,以保证喷油器被压紧时能居中,不偏斜,使用可靠。

⑨缸盖双头螺栓。螺纹长的一端拧螺母,短的一端拧入机体。

⑩缸盖螺母。有圆凸台的端面朝向气缸盖,以保证螺母端面与气缸盖平面间贴合良好。

⑪摇臂座。开槽的一侧应朝下,以保证摇臂头与气门对正。

⑫气门导管。有锥面的一端朝向气缸盖装入。

⑬气门座。进、排气门座外圆有倒角的一面朝向气缸盖座孔。

⑭喷油泵中弹簧下座。直径小的凸台应朝向弹簧。

⑮转子式机油泵。外转子有倒角的一面朝向泵体,调整垫片的油孔应与机体上油孔对正。

⑯橡胶骨架油封。带自紧弹簧的油封唇口一面应向内,以保证不漏油。

⑰调速器轴。轴上有油孔的一端应朝下，以利润滑。

⑱机油滤网卡簧。卡簧两端翘起部分应朝外，以保证卡簧圈端面与滤网贴平。

⑲齿轮室盖上呼吸器。安装呼吸器中间簧片组件时，簧片应朝外，以保证对外只呼不吸。

⑳平面推力轴承(8106)。先将孔是紧配合的一片(一般有字)压进调速滑盘，而孔是松配合的一片在外，以保证调整拨叉脚正常工作。

2-121　S195、X195和195柴油机主要零件哪些可以通用？

(1)相同处

①缸径、行程、功率、油耗、转速等基本一样。

②进、排气门齿轮形状一致，而配气相位角相差不大，燃烧室结构参数基本一致，压缩比均为20∶1。

③油泵凸轮型线，高压油管管径，喷油器总成一样。

④通用零件主要有：缸套、活塞及环、封水圈、连杆、轴瓦及螺栓、涡流室镶块、气门摇臂机构、缸头螺栓、油泵垫。排、进气门管垫等。

(2)不同处

①平衡机构。S195为双轴平衡。X195、195为单轴平衡。

②调速系统。S195为钢球调速器。X195和195为飞锤调速器。

③润滑系统。三型号均为压力、飞溅复合式，但X195、195采用二级滤清，设有机油滤清器，而S195型无此设置。

④冷却系统。S195、X195采用蒸发水冷式，而195用水泵强制循环水冷。

⑤供油系统。有采用I号单体泵，但也用齿条单泵的。

⑥不能通用的零件。

a. 机体异同。S195与L195同；X195、195、CC195与S195不同，而润滑油路也不同。

b. S195与CC195的缸套，气缸垫不同。缸套长度是：S195为210mm；CC195为203mm。气缸垫直径：S195为97mm，CC195为99mm。

c. L195与S195气门导管形状尺寸同，但因L195有润滑侧孔，故不可互换，只能改装互换。

d. S195 与 CC195 的活塞不同：高度不一，S195 高为 110～0.23mm，CC195 为 107.5～0.23mm，环槽数不同，S195 为五道槽，CC195 则是四道槽；顶部燃烧室深度不一，S195 为 3.5mm；CC195 则为 1mm。

e. S195 型与 CC195 的曲轴不同。回转半径 S195 为 57.5＋0.1mm，而 CC195 为 60＋0.1mm。

f. S195 与 X195 的凸轮轴不可互换。

另外，据技术检测得知 S195 功率、耗油率合格率分别是 X195 的 1.87 和 2 倍。由此也可证明前者较优，使用中山东产 195 型柴油机易烧瓦。

2-122　怎样选择零件修复工艺？

选择修复工艺的主要依据是：考虑用这些修复工艺所得到的覆盖层的机械性能，如覆盖层与基体金属的结合强度、覆盖层的耐磨性、覆盖层对零件疲劳强度的影响等，是否能满足原零件规定的技术要求。

①应满足待修零件的材质要求。各种修复工艺对材质的适应性不同，所以必须掌握各种修复工艺所适应的材质范围，台喷涂修复工艺对材质要求的适应性较广，对碳钢、合金钢、铸铁等大多数黑色金属及合金表面均适用，只对少数熔合困难的有色金属及合金（纯铜、铝合金等）喷涂较困难。再如刷镀修复工艺就适应难于焊接的金属，如铝、铜、铸铁、高合金钢及热处理层。所以，应针对待修零件的材质选择与之相适宜的修复工艺。

②应满足覆盖层厚度。待修零件的磨损程序不同，故修复时需补偿的覆盖层厚度也不同，修复工艺应能满足待修零件的补偿层的合理厚度，所以必须掌握各种修复工艺所能修复的覆盖层合理厚度。

③应满足零件的机械性能。即通过选用的修复工艺所获得的覆盖层强度、硬度及与基体结合强度等机械性能必须满足技术要求。覆盖层的耐磨性与硬度有关，一般硬度越高，耐磨性越好，如镀铬层的硬度最高，也最耐磨，所以在机械维修上得到广泛的应用，如镀铬活塞环、气缸表面镀铬等。

2-123　柴油机连杆轴颈失圆及曲轴抱瓦怎样修复？

(1)连杆轴颈失圆的修复　柴油机使用一段时间后，常出现曲轴轴颈失圆的情况，尤其是连杆轴颈更为多见。许多人靠手工锉和砂布打磨修复，这种方法有以下弊病：手工锉不能均匀，修后轴颈不圆；砂布打磨后表面不平整；尺寸无法掌握。可采取下述简单实用的方法解决这一问题。

轴颈圆度超限，可做一个铸铁套，其外径与轴瓦相等，宽度比轴颈工作宽度小0.2mm左右，内径按修后轴颈所要求的配合尺寸加工，两端倒角略小于轴颈两端的圆角，然后将铸铁套一分为二，做成一副铸铁瓦片，再做几个0.1～0.3mm厚的调整垫片，以用来调整磨合间隙和防止铸铁瓦片在磨合时转动。

修磨时将铸铁瓦片装入连杆，在轴颈上均匀地涂上一层细凡尔砂，然后再选择合适厚度的调整垫片，将连杆装在曲轴上，拧紧螺钉，以能转动又稍有阻力为适度，将曲轴架起，用手扳动连杆转动，并每隔一会儿，将曲轴转过一个角度，磨合一段时间后拆开检查一次，直到曲轴的圆度尺寸达到配合要求为止。而后擦净凡尔砂，用干净布或草绳对轴颈加以抛光即可。

(2)曲轴抱瓦的修复　在使用中，S195柴油机曲轴抱瓦现象时有发生，曲轴抱瓦程度不同，采取相应的修理措施。严重抱瓦的曲轴需送修理厂修复。手工刮瓦加工表面粗糙度低，从微观上看，无论怎样精心刮削，其表面仍是凹凸不平的。在实际使用中，只要受到较小的冲击载荷，轴瓦表面的微观凸起高度就会变低，轴颈与轴瓦的间隙很快变大，影响柴油机的动力性能。一般可在刮削连杆瓦时，在瓦盖上连杆大头之间垫上一厚0.2mm的铜片(或其他金属片)。刮瓦装配后，连杆应在曲轴上转动。往柴油机上装配时，把铜片卸下，连杆螺钉拧到操作者能用手摇动曲轴为止，再用铁丝把两个连杆螺钉锁定，可以起动柴油机，空转1h左右停机，再将连杆螺钉按规定力矩拧紧并锁定即可。

根据计算，厚0.2mm的铜片卸下后，相当于轴瓦与轴颈的间隙缩小到0.1mm左右，这样就避免了通常刮瓦所造成的使用中轴瓦间隙迅速增大的弊病。

2-124　发动机六个部位的修复方法有哪些？

(1)用附加螺栓法修复滑扣的内螺纹　发动机上某些零部件的螺纹孔滑扣后，如不允许用加螺纹法修复，可采用附加螺栓法进行修理，其工艺如下。

①将滑扣的螺纹孔钻掉，使孔径加大直径 4～5mm，然后测量底孔，攻螺纹。扩孔攻螺纹时，应注意螺纹孔的位置，不应钻穿水套，否则将影响强度，还会引起漏水。

②配附加螺栓。在车床上车制一个中空的螺纹套管螺栓。在制造附加螺栓时，应预留出扳手桩的长度，并用锉刀锉出方头，把附加螺栓拧入机体后，再用钢锯把方头锯掉，并用锉刀修平。

③附加螺栓的止退及内孔的扩孔攻螺纹。在修平的螺栓与机体之间的螺纹连接处，钻直径 4～5mm 的孔 1～2 处，然后打入销钉止退。再用手电钻扩螺栓上的孔(需要的底孔)，然后攻螺纹即成。

(2)水道孔腐蚀后的修复　发动机气缸套旁边的水道孔极易被腐蚀，出现严重凹陷，影响发动机的密封性能。现介绍两种修复方法。

①在凹陷处滴些机油，撒上铸造铝粉，调成糊状，并使之高出机体平面 0.10～0.15mm，待 4～5h 即可使用。

②先在台钻上将腐蚀了的水道孔加工成台阶状，深度一般为 3～5mm，孔径为直径 12～14mm，再用镗刀将座部镗平。再将 4～6mm 厚的铜板加工成与水道孔形状相同的补板，并有适当过盈，将补板镶入孔内，并钻出水道孔，用细锉刀或油石将镶件表面加工平整。此镶件允许高出机体 0.06～0.08mm。

(3)调速压簧螺母松动的修复　195 型柴油机调速压簧螺母极易松动，引起发动机怠速不稳或不能怠速运转等现象。现介绍一种简便修复方法：先将调速压簧螺母按规定装好，在调速器推杆螺纹端钻一直径为直径 2mm 的小孔，然后用直径 1.5mm 的开口销锁紧即可。

(4)水箱裂缝的修补

①将水箱晾干，在裂纹两端各钻一个直径 3mm 的孔，如果裂纹的长度超过 30mm 或裂纹弯曲较大，则在裂纹的中部或弯曲顶端再钻一个直径 3mm 的孔，并用断锯条刮削孔和裂纹，使其露出金属光泽。

②将 502 胶滴在小孔处，再用直径 3mm 的铝铆钉把孔铆实。

③把胶滴在裂纹处，用手锤在裂纹周围轻轻地敲打，使胶渗入裂缝中，隔 20s 再滴一次，再轻轻敲打，反复进行 3～4 次，直到胶不再渗入为止。放置 3～5h 后即可使用。

(5)油箱简易补漏法　油箱漏油后，可采用焊补或粘补工艺修复。对小于直径5mm的孔，可用下述方法修补：首选将漏油处清洗干净，再把塑料薄膜剪成10mm左右宽的带子，其长度按孔径大小而定。将塑料带紧紧地卷成圆柱形，使其刚好塞入漏油孔，最后用45kW电烙铁从油箱外部将塑料熔化，使塑料均匀地覆盖在孔洞外部。然后再将电烙铁伸入油箱内部，用同样的方法熔化塑料，形成一颗塑料铆钉，待塑料冷却后，油箱即可使用。

(6)气门同轴度的调整　气门座外圆和内圆中心偏离1mm以内时可以调整，若偏离1mm以上，一般要重新选购合格的新件。再将内外圆中心偏离1mm以内的气门座调整方法介绍如下。

①用45°铰刀铰削气门座口线。初铰时，由于偏心定会出现一边实铰、一边虚铰的现象，若继续下铰，就会逐步达到实铰，但铰削量一边多(原实铰的一边)、一边少(原虚铰的一边)。为了达到调整同轴度的目的，还需继续下铰，直到最小边的铰削宽度达到1.4mm为止。

②用75°的铰刀重匀座的下口线。由于座偏心，初铰时，座口线宽的一边为实铰，座口线窄的一边为虚铰，直至铰到虚铰一边刚刚实铰为止。这样，同轴度就调整过来了。同时，座下口界线也就清晰了。

③用15°铰刀轻铰座上口线，使其座上界线清晰。

④再用45°铰刀轻铰口线正面，达到口线宽度适当，座圆锥面平滑，气门下沉量也基本达到了要求。

2-125　怎样进行曲轴的检测与修理?

曲轴是发动机设备中的重要零件，其损伤的主要形式有轴颈磨损；曲轴弯曲、扭曲、断裂等。下面就曲轴损伤的原因、曲轴的检测及修理方法分析如下。

(1)曲轴损伤的原因

①曲轴的磨损。曲轴将活塞的往复运动变为回转运动，它承气体压力、往复惯性力和离心力的作用。曲轴在这些力的作用下产生不均匀磨损，轴颈磨损后不但直径减小而且锥度和椭圆增大。

②曲轴的弯曲、扭曲、折断。曲轴因受到过载的冲击，如发动机爆燃，起步过猛，尤其是发动机缺油或轴瓦间隙过小，发生烧瓦、抱轴事故后，曲轴将出现弯曲或扭曲。曲轴产生弯曲、扭曲之后，将加速配合件

的磨损，严重时会使曲轴折断。另外，由于机械加工、装配等原因也会使曲轴弯曲、扭曲、折断。

(2)曲轴的检测

①裂纹的检查：用磁力探伤法进行检查，无专用设备时，可用锤击或目测法检查，也可借助放大镜仔细观察判断。

②弯曲的检查：将曲轴支承放在顶尖平台上或置于磨床顶尖上，将百分表接触在中间一道主轴颈上，并使用指针对正表盘上零线，然后慢慢转动曲轴一圈，其指针摆差之半即是曲轴的不圆度。

③扭曲的检查：将曲轴置于顶尖平台上，并保持曲轴中心线与平台平行，将曲柄置于水平位置，用百分表测量同一水平面内第一、第四两连杆轴颈差值，即是曲轴的扭曲度。

④轴颈的测量：用外径千分尺测量轴的直径，每个轴径测量两个位置，每个位置两个方向。

根据测量的结果，计算出圆柱度、不圆度，按照曲轴技术要求，决定是否修理。

(3)曲轴的修理

①曲轴轴颈磨损的修理。除了曲轴轴颈局部轻微磨损可采用手工锉修和光磨修理外，一般应采用专用机械设备与工具进行磨削修理。对小型曲轴可分解后用曲轴磨床进行光磨。修理时，必须注意基准的选择。目前，多数是选用曲轴飞轮接盘外圆和安装齿轮处的轴颈或轴颈与曲柄间的过渡圆角等部位，以保证各轴间的位置精度。

轴颈的磨削是按修理尺寸进行的，每级尺寸差为 0.125～0.250mm，轴颈直径最大减小量一般不得超过原轴颈公称直径的 3%。

对中、小型曲轴轴颈磨损亦可采用电镀、热喷涂或堆焊等修理工艺进行修理，恢复尺寸，但采用这些方法修理时，必须注意消除内应力。

②曲轴弯曲、扭曲的矫正。

a. 曲轴弯曲的矫正：曲轴的不直度在 0.03mm 以内，可不必矫正；当不直度在 0.15mm 以内时，如需磨轴，可通过磨轴矫正，不磨削时，则必须矫正。不直度在 0.15mm 以上，不管磨不磨轴，都必须矫正。曲轴弯曲的冷压矫正一般在压床上进行，两端主轴颈支承在 V 形块上，为防止压伤轴颈表面，在轴颈与 V 形块间应加铜垫。矫正时，沿着曲轴弯曲的反方向，对中间主轴颈施加压力，其加压程度与曲轴弯曲的大小及材料有关。如果不直度过大，必须谨慎进行，以防施压过度，曲轴折断。矫正时，可取较小弯曲量多次进行。经多次冷压矫正的曲轴，会产生内应力，可在曲柄臂处用手锤敲击消除内应力。

b. 曲轴扭曲的矫正：曲轴扭曲变形的矫正较为困难，一般不予矫正。扭曲度在0.5mm以内，可通过磨轴予以减小或消除；扭曲度过大，则以报废更换曲轴处理。

2-126　怎样选配柴油机轴瓦和确定轴瓦间隙？

(1)轴瓦的材料　195系列柴油机轴瓦制造时根据主轴瓦及连杆瓦的规格，选择不同厚度、长度、宽度的双金属条。双金属条的底板为08号钢，工作层为20%高锡铝合金经轧制复合组成，不允许有分层、脱壳、夹杂等现象，必须粘合牢固。

(2)轴瓦的制造质量　如果制造轴瓦的材料符合要求，修理使用过程中又严格遵守操作规程(正确安装、调整、润滑、磨合等)，使用寿命可达5000～6000h。否则属于制造质量不佳，其连杆轴瓦主要表现在半径高度超差。当半径高度偏低时，轴瓦在自由状态下弹开量又偏小，会造成轴瓦在连杆大端内松动(轴瓦背面与连杆大端内表面贴合不良)，发动机工作时产生过热，甚至有敲击声。当半径高度偏高时，紧固连杆螺栓后，两片轴瓦瓦口处加力受到挤压，轴瓦内孔形成椭圆，轴瓦瓦口(对口平面)不平行还会开成锥度，这样会使轴颈及轴瓦工作面偏磨。因此，195系列连杆轴瓦的半径高度在制造时应控制在$39.009^{+0.07}_{+0.03}$mm的范围内。

主轴瓦制造质量不佳主要表现在外圆尺寸过大或过小。当外圆尺寸过大时，轴瓦往座孔内装入的压力要增大，容易造成止推边裂缝，合金层脱落现象，也会造成轴瓦孔变形，圆柱度与圆度超差等。当外圆尺寸过小时，轴瓦在瓦座内松动。所以主轴瓦的外圆尺寸要控制在直径$78^{+0.065}_{+0.045}$mm(X195、山东195)和直径$78^{+0.055}_{+0.035}$mm(L195、S195)范围内，内孔尺寸要在直径70mm(维修用瓦)范围内。同时轴瓦的壁厚尺寸在制造时必须达到要求。

(3)轴瓦的选配　当机器使用一定时间后，轴颈与轴瓦产生了磨损，配合间隙被破坏，造成机器转速降低，功率下降，工作时有敲击声，此时要进行检修。首先把发动机拆开，取下曲轴用外径千分尺测量各个轴颈尺寸。如果轴颈尺寸未超限，则要重新更换与轴颈原配合尺寸相应的轴瓦；如果轴颈尺寸超限，曲轴就要进行磨削修理，采用加大一个规格的轴瓦（轴瓦厚度加厚）。但有的用户对修理技术不明白，磨曲轴时不磨削到修理规格尺寸（每一修理规格轴颈尺寸为减小 0.25mm，轴瓦加厚 0.25mm），只是把轴颈磨损痕迹消除，这样做给选配轴瓦带来很大麻烦。

另外，当购不到与曲轴规格相匹配的轴瓦时，可选用规格大一号的轴瓦进行镗削改制（但有的规格不可改制）。因 195 型柴油机轴瓦从 0.00～0.25mm、0.50～0.75mm……，每两个规格的瓦系采用相同厚度的钢背，只是合金加厚了。

(4)轴瓦的装配　装配轴瓦之前，首先对轴瓦的外观进行检查，看有无明显缺陷，如划痕、夹渣、气孔、合金脱层等。轴瓦规格（瓦背上有标记）是否与磨修的曲轴规格相符，如无问题则可对轴瓦进行认真清洗，除掉防锈油及污物。同时对曲轴的油道、过滤塞、瓦座、主轴承盖及机体油道进行清洗，除净毛刺，然后用内径量表检查座孔圆柱度、圆度及座孔尺寸是否超差。如在允许范围内则将座孔涂上少许清洁机油，将主轴瓦轻轻地压入座孔内（如留有镗量的瓦，这时镗削至规格尺寸），并检查轴瓦内孔尺寸（此尺寸应与匹配的曲轴主轴颈具有标准间隙），装上曲轴，并撬动曲轴以无卡滞、转动灵活为准。再用上述大致相同的方法组装连杆轴瓦。

2-127　曲轴烧损有什么应急措施？

曲轴烧损是由于轴颈与轴承之间缺少润滑油或间隙过小润滑不良产生严重的粘着磨损所致。粘着磨损发生时轴承合金将有一部分涂抹粘着在轴颈表面，或使轴颈表面形成部分烧痕。

对于烧损的轴颈，可先用油石细心修磨，然后再用与轴颈宽度相等的细砂布条拉磨抛光，最后再用砂布条背面在轴颈上反复拉复几次，直到无明显烧痕时为止。

2-128　连杆轴承烧损怎样应急处理？

农用运输车行驶途中，有个别缸连杆轴承烧坏了，无法进行修复时，可将活塞连杆组抽出，使这个缸不工作。但应拆去该缸两只气门挺杆上的调整螺钉，使气门保持关闭；并将该缸的连杆轴颈油孔堵塞，以免烧坏其他轴承。

2-129　曲轴烧瓦后为什么应该检查曲轴同心度？

烧瓦时往往会使曲轴受到剧烈的冲击而造成曲轴的弯曲。所以应该检查曲轴各道主轴颈中心线的同心度。检查的方法可将曲轴安放于车床的两端顶尖上，或放置于V形铁中也可。测量时应使用百分表进行，首先将百分表上的指针定于“0”上。在测量单数轴颈的曲轴时，应在中间一道轴颈上测量；测量双数轴颈的曲轴时，应在两道中间的轴颈上测量。

测量时应使用百分表接触在轴颈的两端距离曲柄臂边缘5～6mm处，不应接触在轴颈的磨损面上。否则，曲轴由于圆度误差会使测量的弯曲数值不准确。曲轴回转过程中，表上反映出的数值之差即为曲轴的弯曲程度。但必须注意的一点是，曲轴颈由于磨损不均匀，所发生的偏移或椭圆不能认为是曲轴的弯曲。为防止错误的发生，在开始检查曲轴颈中心线的同心度之前，应先检查一下曲轴中心位置及二端顶尖孔内是否清洁。通常情况下，如同心度变形量在0.2mm以内时，将曲轴用砂布抛光即可装用。如果变形量超过0.2mm以上，按照要求应该进行矫正，直到重新磨削曲轴，以保证同心。此时切不可勉强使用，否则必将影响主轴颈与轴瓦的配合间隙，从而将会因曲轴同心度偏差过大而产生更严重的烧伤事故。

在曲轴弯曲的反方向对中间主轴颈施加压力。矫直时压力的大小应使曲轴沿着弯曲的方向压下弯曲度的4～5倍，停留0.5～1h。

2-130　曲轴不同心有哪些原因？

①曲轴安装不正确，各道主轴承下半块轴瓦的最低点不在同一条直线上。

②主轴承过度磨损，曲轴局部沉落引起中心线不直。

③组合式曲轴由于装配或加工的精度不高，曲轴上的各轴颈中心线不一致或轴径大小不一。此时可依靠调节轴承厚度来设法弥补不足之处。

④机座变形，平直性不足。

⑤经常性供油时间过早。

2-131 曲轴主轴瓦为什么磨损不均?

①各缸功率不一致。

②机油中含有固体杂质时,易使机油不能平均分布于各道主轴瓦中。难免有多有少,杂质多的轴瓦磨损较大。

③个别主轴承过热,易引起合金表面熔化。

④维修时,个别主轴瓦重新浇铸所用耐磨合金成分不同于其他各道主轴承,因此耐磨性各不一样。

2-132 怎样预防发动机烧瓦?

曲轴的主轴颈与轴瓦之间,或连杆轴颈与连杆轴瓦间因缺少机油润滑,或间隙过小而使油膜破坏,发生粘着甚至咬死的现象叫烧轴瓦。造成烧轴瓦的原因有:机油泵失效,机油压力不足;机油道堵塞,集滤器和滤清器过脏、堵塞,旁通阀失效;轴瓦装配过紧或轴瓦过短,轴承座转动,将油道堵塞,轴承配合间隙过小,接触面积远小于规定值,而使摩擦热急剧升高等致使轴瓦烧毁。

预防烧轴瓦的方法,就是要从以上几种原因着手,保证润滑系统工作良好,严格遵守技术标准和操作规定去装配轴瓦。

2-133 曲轴使用时间不长,为什么磨损很厉害?

①使用的机油质量不好,含酸性物质过多,易使曲轴腐蚀而早期磨损。

②机油泵泵油不良或是机油油道有阻塞不畅的情况。

③空气滤清器作用效果不良,使尘土、灰砂侵入机油内。这种现象在活塞和活塞环间隙过大时发生较多。

④轴承间隙不符合标准。

⑤使用的机油不合要求,应按不同的季节使用相应规格牌号的机油。

⑥曲轴轴颈表面光洁度不够。

⑦柴油机机温过高或加入机油量不足,使曲轴早期磨损。

2-134 怎样判断曲轴轴承响?

(1)故障现象 曲轴轴承响声沉重发闷,在改变发动机转速时响声明显,当突然开大油门时,响声更为明显,突然关小油门时,出现有沉重的“当、当、当”响声，发动机有振抖现象。

(2)检查判断方法　反复改变发动机转速，将相邻两缸高压油管同时“断油”，若响声明显减小，表明该道轴承松旷。发动机刚起动时，因轴承与轴颈间的油膜黏度较大，所以响声较小，随着温度升高后，油膜黏度减小，响声则会增大。当曲轴轴承磨损严重时，润滑油压力明显下降。

2-135　怎样研磨和刮削轴瓦？

柴油机轴瓦，一般有三类：锡基巴氏合金轴瓦，铜合金轴瓦和铝合金轴瓦。轴瓦经过正常使用后必然发生间隙增大的情况，通常是用过1500h左右后瓦片的磨损量约达0.015mm。但是如果使用不当，瓦片的磨损量也会迅速增大，从而使得机器工作不正常，因此必须定期检查调整轴瓦的间隙，使之达到规定要求。

如果发现轴瓦的内圆配合接触面不符合要求时，应将轴瓦内圆刮削好后，再检查其间隙是否合适。主轴承研磨校合的方法是将曲轴安装于轴承座上，装上轴承盖。校合时，应严格按次序进行。例如对具有五道主轴承的X4105型柴油机来说，应先紧1、3、5道主轴承盖，撬转曲轴数周，松开1、3、5道；再紧2、4道主轴承盖，转动数周，然后拆卸主轴承盖，予以修刮。如此连续进行，至初步校平后，再将轴与轴承全部装好并拧紧轴承螺母，撬转曲轴数周，然后松开螺帽取下曲轴，根据磨痕情况，进行修刮。

轴瓦上磨痕印迹的分布是否均匀，表示其配合接触面的好坏。一般在轴瓦与轴颈均匀接触的面积达到全部轴瓦的面积75%以上时，即认为研磨良好，否则仍应继续修刮瓦面。

将轴瓦夹在台虎钳上(不要夹得太紧以防轴瓦变形)，用三角刮刀前端15～20mm的两刀刃同时与合金面贴紧，作来回斜向往身面带拖动的运动，起刀落刀时用力要均匀，防止刀痕出现。为了保持刮刀锋利，防止粘刀，要经常用油石研磨刮刀和用带少量机油的布擦刀刃，在刮削工作面上加少许锭子油，以提高表面光洁度。研磨刮瓦时，应注意的一点是，铝基轴瓦由于膨胀系数要比铜铅合金及锡基巴氏合金大，因此在调试装配间隙时，铝合金的轴瓦应该大些，以免引起咬轴。一般情况下，使用铝合金轴瓦的曲轴，曲轴轴颈与轴瓦的配合间隙，应比前两种大0.0012～0.0015mm/mm。

2-136　为什么个别轴颈磨损很严重?

①轴瓦间隙过大。

②润滑油道局部堵塞。

③旋转轴承盖时用的拧紧力矩不符合要求。

④轴承盖垫片脱落、变动。

⑤曲轴弯曲变形。

2-137　为什么发动机运转时振动很大?

①发动机机体支架固定螺栓松动。

②曲轴上的平衡没有按照原有位置安装,或配重不对导致发动机在运转时振动很大,这在发动机猛加油门时最为显著。

③飞轮上的传动皮带轮松动。

④带离合器装置的发动机,离合器轴与变速器轴不同心。

⑤主轴承的配合间隙过大或轴向间隙过大,此时也将使发动机发生振动,并伴有连续的冲击声。

⑥发动机转速处于或接近临界转速,导致内燃机在某一转速范围内容易出现振动。

⑦发动机各气缸之间的供油量不均匀,或有个别气缸不工作。

⑧装在发动机上各缸活塞连杆组件彼此的重量相差很大,也有可能导致多缸发动机在运转时发生振动。一般要求各缸活塞连杆组件彼此的重量差不应大于 20g。

⑨多缸发动机的各缸气体压缩力不均匀,相差较大。

⑩当曲轴上的键槽损坏,而在离旧键槽 180°位置相应改制一道同样尺寸的键槽时,没有及时将与曲轴配合的飞轮键槽也按原键槽 180°位置相应改制一道同样尺寸的新键槽,其结果导致曲轴和飞轮的原有动平衡被破坏,造成机器跳动很厉害,这种故障在 195 型柴油机中有时见到。

2-138　曲轴油封为什么失效?

①油封弹簧脱落或弹力不足。

②油封刃口有粗糙或损伤。

③油封内圈磨损过大,使得轴颈与其配合间隙也过大,不起密封作用。

④装油封处的轴颈表面不够光滑，有沟痕或损伤。

⑤装油封处的轴颈圆度误差或偏心度过大，以致当轴颈在旋转时，使得油封内圈刃口反复变形。

⑥油封在装配时没有能平正地压入油封座内，或有时拆换油封时因疏忽而把油封装错了（一是方向装反了，二是安装时骨架自紧油封内弹簧脱落），使油封失去作用。

2-139 组装活塞连杆组的步骤及注意事项有哪些？

(1)将活塞连杆组合 先将活塞、活塞环、活塞销以及连杆等零件（经过配合后）装成一个组合件。

①将已修配完毕的连杆总成（包括连杆衬套）及活塞销置于连杆直线度检验仪上再进行一次检查，其弯曲及扭曲的允许限度应与单独矫正连杆时相同。若超过允许限度，应再进行矫正。

②取下活塞销，按原配顺序排列于工作台上，然后逐一用细钢丝彻底清除连油道中的污垢，并用煤油冲洗，以压缩空气吹干净。

③活塞销与活塞销座孔的配合过盈，在实际工作中不易检查。根据试验，在室温下将活塞销一端插入活塞销孔后，以能用手掌力量推入销孔至深度为1/2～2/3，而在活塞加热至70～80℃时，能以大拇指将活塞销推入孔内，即为合适。

④将已铰削适当的活塞置于水内，加热至70～80℃，取出活塞，迅速擦净座孔，用拇指力量将活塞销推入活塞的一端销孔，随即在连杆小端的衬套内涂上一薄层机油，将小端伸入活塞内，继续用拇指力量将活塞销推入连杆衬套，直至活塞的另一端销孔边缘，使活塞销端面与活塞销锁环槽的内端面平齐为止，再装入锁环。锁环与活塞销两端应各有0.10～0.25mm的间隙。锁环嵌入环槽中的深度应不小于环径的2/3。

⑤当活塞冷却后，测得活塞裙部的圆度误差，应保持原状，如发现有反椭圆现象，即属活塞销孔过紧，应重新校合。

⑥活塞及连杆装配后，仍应在连杆直线度检验仪上检查活塞裙部中心线对连杆下端大孔中心线的垂直度。检查方法是：当活塞裙部紧靠精磨平板时，用塞尺测量活塞顶部边缘与平板间的间隙应等于活塞裙部半径与顶部半径之差。凡大于或小于这一差值，均表明不垂直，允许误差应与单独校正连杆时相同。

⑦活塞销孔座与连杆小端两端面的间隙每面应在 1mm 左右。

(2)将活塞连杆组件装到气缸中　将活塞连杆组合件装到气缸中去,同时将连杆大端与连杆轴颈连接起来。操作时应注意的事项如下:

①组合件应在完全清洁的情况下装配。

②气缸壁及组合件涂以清洁的新机油(润滑部位)。

③检查活塞的位置是否装错,方向是否正确,是否按记号顺序装配。

④膨胀的位置方向,是否在侧面压力最大一面的对面。

⑤活塞环的开口位置分配正确。

⑥连杆大端上的喷油孔的方向,是否朝向凸轮轴的一方。

⑦奇偶数连杆的分配。

⑧用锥形套筒或卡圈将活塞环(如已将活塞环装好)压紧,以手锤木柄轻轻推敲活塞顶部,使其进入气缸。

⑨连杆盖的记号和方向不能装错,高速垫片不要漏装;

⑩按照规定的力矩拧紧连杆螺栓、螺母,并装好锁止插销。

2-140　什么是机械零件的不平衡?

如果一个回转质量的总重心不与回转轴线重合,那么它的平衡就要受到单面作用的离心力的破坏。这种平衡的破坏就称为不平衡。

不平衡会给旋转的机器零件增加负荷。不平衡会引起附加弯曲力,从而增加轴承的负担,还产生振动和噪声,并导致材料的提前疲劳损坏。在齿轮、皮带轮、轴和皮带上,不平衡可能由铸造缺陷(缩孔)、加工不精确、装配缺陷或单面磨损等引起。

高速回转的机器零件,必须找出不平衡的位置和大小,并通过平衡处理使之消除。

2-141　飞轮连接螺栓为什么会松动?

①曲轴的凸缘和飞轮的接合面发生偏摆或不平整,都会使连接螺栓松动,当接合面发生偏摆时,螺栓受力不均匀,受力大的易松动。

②螺栓孔和螺栓杆的配合公差过大。

③螺栓的质量不好,在旋紧时被拉长也易松动。通常这种螺栓的材料最好用 40Cr 钢、螺母用 45 号钢制造。

④没有按规定力矩拧紧飞轮螺栓,或螺栓紧度不一致。飞轮螺栓

的拆装顺序,应该对角拆装。

⑤飞轮螺栓保险装置没有起作用。飞轮螺栓保险锁片锁在螺栓的棱角上,使用较长时间后就会出现松动情况。

2-142 安装飞轮时应注意什么?

飞轮安装后最易出现的问题是摆差太大。这是由于曲轴凸缘不清洁,飞轮与凸缘接合面上存有脏物或是因飞轮螺栓的拧紧力不均匀而引起的。

一般飞轮摆差的要求是当飞轮直径在500mm,不得超过0.15～0.25mm。否则会加速曲柄连杆机构、曲轴前后轴过早磨损,有时飞轮摆差过大时会使发动机在运转中发生一种清脆的敲击声。解决飞轮摆差大的办法是在飞轮固定孔的后面加适当厚度的垫片来校正。

2-143 怎样检修飞轮?

飞轮的主要故障是:工作面磨损、齿圈磨损或打坏。

①飞轮工作面不平或严重磨损,可在气缸体上用千分表检查。飞轮偏差极限为0.10mm,如超过规定应予修理。修理飞轮工作面可在平面磨床或车床上进行。

②飞轮牙齿如有磨损或打坏,可用低碳钢焊条堆焊,然后通过钳工加工恢复其原有形状。或更换新齿圈。

③飞轮牙齿部分或一面打坏,可将齿圈拆下,用翻身移位的方法修复。齿圈与飞轮为过盈配合,故必须先将齿圈加热,一般为300℃左右,然后用铜冲冲下。对翻边齿圈套,端面应用锉刀倒角,以便与起动机齿轮啮合。

第4节 配气机构的故障诊断与检修

2-144 配气机构由哪些主要部件组成?其作用是什么?

柴油机是一台构造复杂、装配精密的机器。各系统只有密切配合、步调一致、协同工作才能将燃料的化学能通过燃烧变成热能,膨胀推动活塞连杆,转化成机械能对外作功。要完成这一系列的过程,需要一个统一的指挥,这个指挥就是曲轴。以多缸机为例,曲轴前端装有齿轮,这个齿轮通过惰齿轮带动油泵齿轮,油泵齿轮和油泵凸轮轴相连,这样高压油泵就可按指定的程序完成各缸的供油。同时，曲轴齿轮通过惰齿轮带动配气齿轮，配气齿轮和配气凸轮轴相连，这样配气凸轮轴按指令完成各缸气门的关闭和开启动作，完成进、排气过程。曲轴齿轮还要带动机油泵齿轮，使机油泵连续工作供应润滑系统所需要的润滑油（有的多缸机是通过配气凸轮上的螺旋齿轮带动斜插式机油泵）。对于单缸机来讲，曲轴齿轮还要通过惰齿轮带动平衡轴齿轮。这些齿轮置于缸体前端的齿轮室内，如图 2-25、图 2-26、图 2-27、图 2-28 所示。拆装齿轮时一定要注意齿轮之间的安装记号。

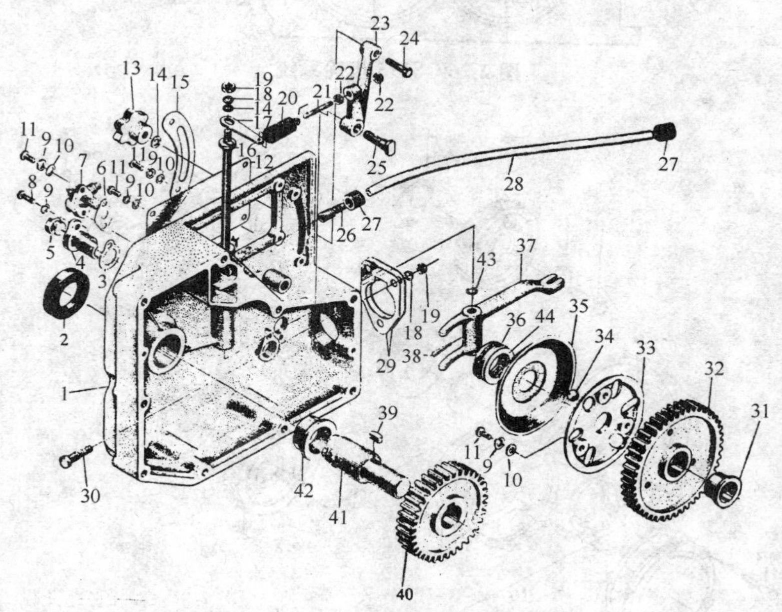

图 2-25　95 单缸机齿轮室总成

1. 齿轮室盖　2. 油封　3. 泵油扳手座垫片　4. 泵油扳手座　5. 油扳手座闷头　6. 观察孔盏板垫片　7. 油量校正器总成　8. 半圆头螺栓　9. 弹簧垫圈　10. 垫圈　11. 半圆头螺钉　12. 铭牌　13. 调速把手部件　14. 垫圈　15. 转速指示牌　16. 调速杆　17. 调速臂　18. 弹簧垫圈　19. 六角头螺母　20. 调速拉簧　21. 调节螺钉　22. 六角头螺母　23. 调速连接杆　24. 六角头螺栓　25. 固定螺钉　26. 通气管接头　27. 软管固定圈　28. 暖气管　29. 喷油泵垫片　30. 喷油泵螺栓　31. 调速齿轮衬套　32. 调速齿轮　33. 调速支架　34. 钢球　35. 调速滑盘部件　36. 单向推力轴承　37. 调速杠杆　38. 销　39. 键　40. 起动齿轮　41. 起动齿轮轴　42. 起动轴衬套　43. 调整垫圈　44. 调速滑盘垫片

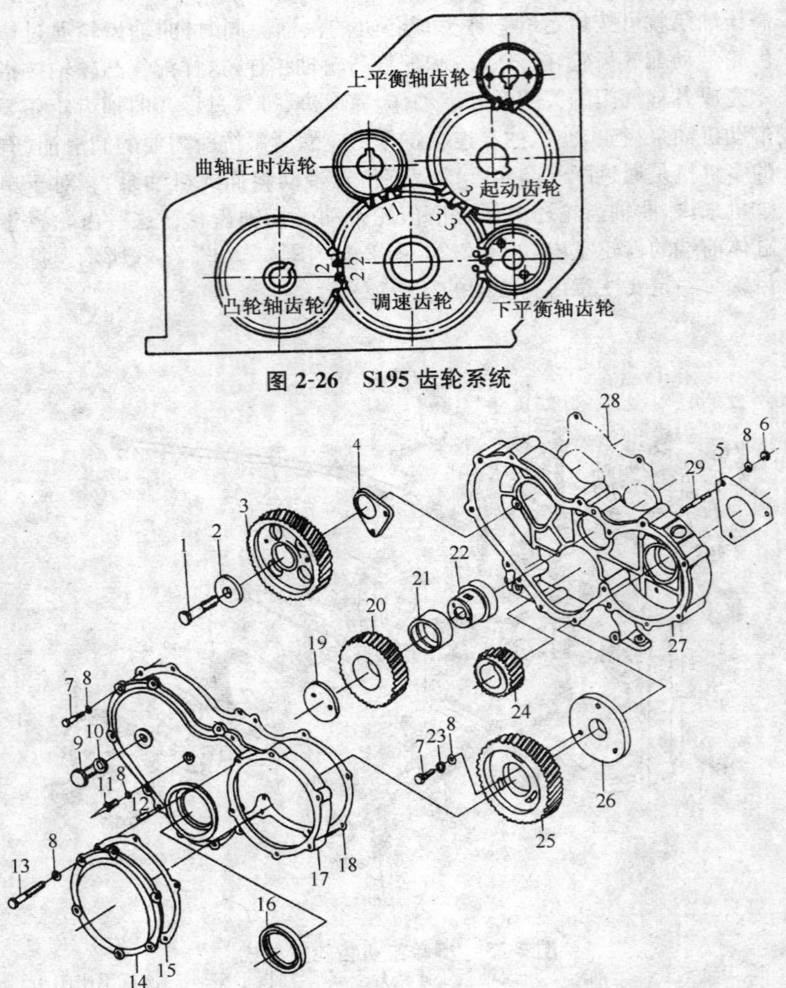

图 2-26　S195 齿轮系统

图 2-27　80 系列多缸机齿轮室总成

1. 螺栓　2. 凸轮轴正时齿轮压板　3. 凸轮轴正时齿轮　4. 凸轮轴止推板　5. 喷油泵垫片　6. 螺母　7. 螺栓　8. 垫圈　9. 放油螺塞　10. 垫圈　11. 指针　12. 销　13. 螺栓　14. 正时齿轮室前盖　15. 正时齿轮室前盖垫片　16. 油封　17. 正时齿轮室盖　18. 正时齿轮室盖垫片　19. 惰齿轮压板　20. 正时惰齿轮　21. 正时惰齿轮衬套　22. 正时惰齿轮轴　23. 垫圈　24. 曲轴正时齿轮　25. 喷油泵正时齿轮　26. 喷油泵正时齿轮座　27. 正时齿轮室　28. 正时齿轮室垫片　29. 双头螺柱

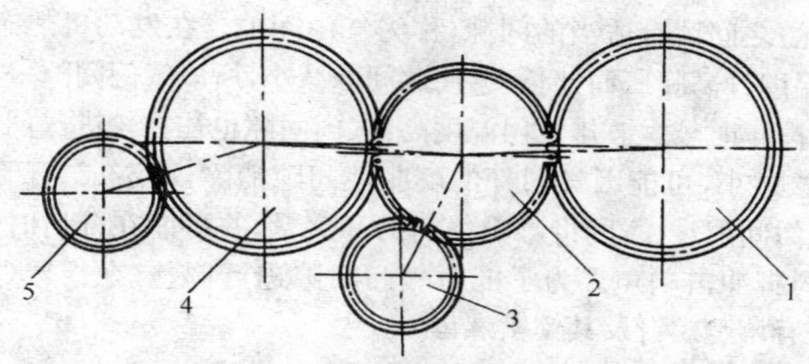

图 2-28　80 系列多缸机齿轮系统

1. 喷油泵正时齿轮　2. 正时惰齿轮　3. 曲轴正时齿轮
4. 凸轮轴正时齿轮　5. 液压泵齿轮

配气机构是柴油机的主要运动部件之一。气门配置在机体侧面的配气机构称为侧置式气门配气机构，气门配置在缸盖上的则称为顶置气门配气机构，凸轮轴安置在机体内称下置式。

柴油机在工作时，挺柱、挺杆、摇臂、气门等受热要伸长，如果在装配时气门和各传动零件之间已紧密接触，那么在工作时气门势必关闭不严，造成漏气，不但影响柴油机性能，而且气门会很快被烧坏。所以在装配时，一定要在传动链中留有适当的间隙，这就是气门间隙。

2-145　凸轮轴的作用是什么？

凸轮轴上配有各缸进、排气凸轮，用以控制气门的运动，并使其按一定的工作次序和时间开关。凸轮受到气门间歇性开起的周期的冲击载荷，因此对凸轮表面要求耐磨，对凸轮轴本身则要求具有足够的韧性刚度，同时在受力后变形应最小。

凸轮轴的材料一般用优质钢模锻而成，近年来广泛采用合金钢或球墨铸铁制的凸轮轴。凸轮和轴颈的工作表面经热处理提高硬度，以改善其耐磨性。

凸轮轴大多将凸轮与凸轮轴制成整体。当凸轮轴较长时采用分段制造，每段凸轮轴上有进、排气凸轮和油泵轮（每缸单用喷油泵），各段凸轮轴具有对中心的肩阶法兰盘，再用螺钉连接。

2-146　气门为什么要有间隙？间隙过大或过小对发动机有什么影响？

为保证气门关闭严密，在气门杆尾端与气门驱动组零件（摇臂、挺杆或凸轮)之间留有适当的间隙,称为气门间隙。在发动机热态时,气门杆因温度升高膨胀而伸长,会使此间隙减小,所以气门间隙一般热车时较小,冷车时较大。排气门温度高,气门间隙也往往较进气门大。若气门间隙过小,可能因气门杆的膨胀使间隙消除,而造成气门关闭不严;若气门间隙过大,则将影响气门的开启量,并可能在开启时产生较大的气门脚冲击响声。为了能对气门间隙进行调整,在摇臂(或挺杆等)上装有调整螺钉及其锁紧螺母。

2-147 什么是进气门配气相位?

①进气提前角——在排气冲程接近终了,活塞到达上止点之前,进气门便开始开启。从进气门开始开启到上止点所对应的曲轴转角称为进气提前角,一般为10°～30°。进气门早开,使得活塞到达上止点开始向下移动时,因进气已有一定开度,可较快地获得较大的进气通道截面,减少进气阻力。

②进气迟后角——在进气冲程下止点过后,活塞重又上行一段进气门才关闭。从下止点到进气门关闭所对应的曲轴转角称为进气迟后角(或晚关角),一般为40°～80°。进气门晚关,是由于气流还有相当大的惯性,仍能继续进气。下止点过后,随着活塞的上行,气缸内压力逐渐增大。进出口气流速度也逐渐减小,至流速等于零时,进气门关闭角最适宜。

2-148 什么是排气门配气相位?

①排气提前角——在作功冲程的后期,活塞到达下止点前,排气门便开始开启。从排气门开始开启到下止点所对应的曲轴转角称为排气提前角(早开角),用γ表示,γ一般为40°～80°。恰当的排气门早开,气缸内还有300～500kPa的压力,利用此压力可使气缸内的废气迅速地自由排出,待活塞到达下止点时,气缸内只剩110～120kPa的压力,使排气冲程所消耗的功率大为减小。此外,高温废气的早排,还可防止发动机过热。但γ角若过大,则将得不偿失。

②排气迟后角——在活塞越过上止点后,排气门才关闭。以上止点到排气门关闭所对应的曲轴转角称为排气迟后角(或晚关角),用δ表示。δ一般为10°～30°。由于活塞到达上止点时,气缸内的压力仍高于大气压,且废气气流有一定的惯性,所以排气门适当晚关可使废气排

得较干净。

由上可见，排气门开启持续时间内的曲轴转角，即排气持续角，为 $\gamma+180°+\delta$。如图 2-29 所示。

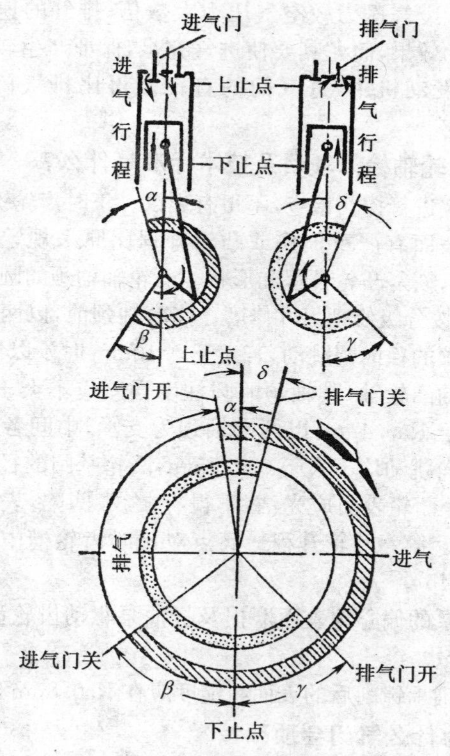

图 2-29　配气相位图

2-149　为什么进气门要比排气门大？

在过去，常使进气门与排气门做得大小一样，以便于互换。现在发动机转速较高，进气门的温度为 300～400℃，排气门的温度为 600～900℃，这决定了气门头部所用的材料有较高的要求，尤其是排气门，它需要全部（或仅是头部）用优质的耐热钢制造。至于进排气门的尺寸，现在使用的发动机，进气门直径一般略大于排气门直径。

进气时活塞下降，气缸内压力比进气管的压力低，这种压力差使混合气经过气门流入气缸。因为流量系数C的关系，在实际上混合气理论速率永远不能达到。

排气时由于废气压力较空气压力大数倍，排气的速率大于进气。为了获得同样的效果，而尤其要使进气充足，保证产生较大功率，所以在许多现代的发动机中，进气门的直径做得比排气门的大10%～15%。

2-150 凸轮轴检修项目及技术标准是什么？

①凸轮轴应进行探伤检查，不得有裂纹。正时齿轮键槽应完整。

②当凸轮表面有严重损伤或凸轮升程比原来规定减小5%以上时，应修磨凸轮，恢复凸轮升程和形状。凸轮轴轴颈的圆柱度误差超过0.15mm时，应按分级修理尺寸修磨。修磨轴颈前，以两端轴颈为支承检查中间两轴颈的径向圆跳动，若大于0.10mm时予以校正。

③修磨后的凸轮轴，其轴颈的圆柱度误差应不大于0.005mm，表面粗糙度不大于Ra0.4μm；以两端轴颈为支承，中间各轴颈及装正时齿轮轴颈的径向跳动均不大于0.025mm，凸轮基圆的径向圆跳动应不大于0.04mm。凸轮表面应光洁，不得有波纹、凹陷，表面粗糙度应在Ra0.8μm以下。第一凸轮升程最高点对正时齿轮槽中心线的位置偏差应不超过±45°。

④驱动油泵的偏心轮表面磨损及机油泵驱动齿轮齿厚磨损，均应不超过0.50mm。

⑤凸轮轴轴承镗削后的表面粗糙度应在Ra0.8μm以下。

2-151 为什么气门会顶死？

①润滑油太多，在高温的作用下，气门杆身和导管间形成积炭。

②气门与气门导管冷却不良，配合间隙过小。

③气门挺杆太松或弹簧扭曲，使气门杆在导管中滑动不正确。

④柴油中胶质含量太多。

2-152 为什么弹簧易折断？

一般气门弹簧折断的原因是使用日久，已到达了其使用寿命的限度。有时因材料不好，也会过早折断。弹簧的材料为0.50%～1.0%的碳钢，良好者则用合金钢制造。若所用材料不合规格，热处理不当，加工不良或表面有磨点、裂纹等，都可造成气门弹簧寿命的缩短。

气门弹簧的寿命与发动机的转速有很大关系，因为发动机的转速过高或超出了气门弹簧的临界速度，就可使弹簧内部发生极高的危险应力而造成折断。为了防止这种情况的发生，有些农用运输车气门弹簧的各圈间的距离略有不同，称为非等节距弹簧，一端圈间距较密，在安装时应注意较密的一端在上面。如果使用高频率（频率为每分钟振动的次数）弹簧、双重气门弹簧也可避免剧烈振动现象（称为共振现象）的发生。

在车辆行驶中车速不可过快，不宜猛踩加速踏板。在严寒时金属的性能较脆，则发动机的转速对其影响就更大了。

顶置式气门在气门弹簧断裂时，气门会掉入气缸而损坏缸体和活塞，必须经常检查或加设置保险装置，以防弹簧断时气门脱落。

2-153　气门弹簧折断后有什么征状？怎样进行检查？

气门弹簧折断时，会产生一种连续而杂乱的金属敲击声。一般在怠速时，排气管均无反映；中速时，有时空气滤清器回火或排气管“放炮”。

检查方法是：将气门室盖拆下，凭听觉或目力观察，或用旋具别气门弹簧。如果弹簧折断，便可明显发现。

2-154　为什么柴油发动机装有两个气门弹簧？

为了防止弹簧在工作时发生共振，顶置气门式配气机构发动机通常采用双弹簧结构，即把两个圆柱弹簧套装在一起使用。这两个弹簧的螺距、旋向及钢丝直径均不相同。安装双气门弹簧有以下三个作用：

①弹簧的总高度可以减小（和单气门弹簧相比），相应地也就减小了发动机的高度尺寸。

②可以增加弹簧工作的安全性，并消除了共振的危险。因为当弹簧的自由振动周期等于气门升降的周期或它的倍数时，就发生弹簧的共振现象，这样就破坏了气门的正常开闭时间，导致弹簧和气门座早期损坏。用两根弹簧时，因为它们的刚度不同，固有振动频率不同，共振的可能性就很小。

③当其中一个弹簧折断以后，另一个弹簧仍能继续维持工作，不会使气门掉入气缸而造成事故，从而提高了气门机构的工作可靠性和安全性。

2-155 气门为什么会烧蚀?

气门烧蚀主要是由于不合理使用造成的。发动机长时间在大负荷条件下工作,超过设计限度,会引起气门早期磨损;同时,还会引起气缸盖、气门座和气门导管变形,破坏气门的密封性,影响气门散热,使气门烧蚀;此外,发动机高温易引起润滑油、燃油氧化聚合和分解,在气门头和气门杆形成胶状沉积物,使气门密封面腐蚀,并使气门漏气、烧蚀。在使用中,应防止发动机长时间大负荷工作。维修时应及时清除积炭,密封不良要及时研磨,气门间隙过小应按标准进行调整。

2-156 怎样诊断正时齿轮发响?

正时齿轮的响声一般是由于齿轮磨损间隙过大,齿面剥落或毛糙、齿轮偏摆和齿轮损坏引起的。发动机工作发出"哗啦、哗啦"的响声。停车时两边晃动曲轴,可听到齿轮相撞的声音,则说明正时齿轮啮合间隙过大。齿轮啮合间隙过小时,也会发出"嗷嗷"的尖啸声,响声随发动机转速的升高而增大。齿轮偏摆时会发生一种"嘶啦、嘶啦"的响声,甚至发出哨音。齿轮损坏,将发出"硬硬"的有节奏的撞击声,且发动机转速越高,响声越大。判断正时齿轮响时,用金属棒抵在齿轮室盖上听诊,响声比较明显,这种响声不受断火和发动机温度的影响。

2-157 气门断裂的原因有哪些?

引起气门断裂的因素是多方面的。断裂的部位常发生在气门头部与杆部的过渡区或卡块槽处;对于两种不同材料制作的组合式气门,则断裂常出现在焊接处。除因焊接质量不好引起气门断裂外,引起气门断裂的原因还有以下几点:

①气门座圈散热不好。如将过盈量过大的气门座圈强行压镶入座孔中,座圈外光滑表面会因金属脱落而变粗糙,座圈与座孔接触不良,导热变坏,座圈会因过热而断裂。

②修配不当。由于气门或座圈修配不当,致使气门不能正确地落座,从而在气门头部与杆部过渡部位产生一个弯曲附加力矩,这个力矩是交变的,结果使气门杆因疲劳而断裂。

③气门间隙过大。由于调整不当,凸轮或挺柱磨损,推杆弯曲等,导致气门间隙过大,气门突然降落,落座力太大,气门或座圈受冲击而产生裂缝或断裂。

④发动机超速运转。发动机超速运转，引起气门“气脱”(气门脱离凸轮控制，即凸轮的反作用力为零)或“反跳”，致使气门断裂等。

2-158　气门座松动的原因是什么？

进排气门座与气缸盖(或气缸体)上的座孔均为过盈配合，柴油机为 0.13～0.20mm，在这个公差范围内一般不会发生松动。松动的主要原因可能是：气门座与座孔的圆表面形状误差和端面对圆表面的垂直度超过图纸规定或座圈压入座孔时有歪斜，使气门座与座孔的圆表面接触不良，产生松动现象等。松动后气门座的导热性能变差，气门座孔也会产生一定的损坏，严重时会产生漏气，所以最好是更换气门座，不要继续使用。

2-159　怎样防止气门烧损？

气门烧蚀主要是由于不合理使用造成的。发动机长时间在大负荷条件下工作，超过设计限度，会引起气门早期磨损；同时，还会引起气缸盖、气门座和气门导管变形，破坏气门密封性，影响气门散热，使气门烧蚀；此外，发动机高温易引起润滑油、燃油氧化聚合和分解，在气门头和气门杆形成胶状沉积物使气门腐蚀，并使气门漏气、烧蚀。在使用中，应防止发动机长时间大负荷工作。维修时，应及时清除积炭，密封不良要及时研磨，气门间隙过小应按标准进行调整。

2-160　为什么气门关闭不严？

①气门与气门座配合部位磨损、烧坏或粗糙，致使密封不严而漏气。

②气门间隙过小，一般车用发动机气门间隙为 0.25～0.45mm，如过小，则气门受热膨胀，间隙消失，关闭不严。

③气门座积炭过多，使气门关闭不严。

④气门杆部弯曲变形或气门头翘曲。

⑤气门在导管内上下往复运动时有发涩或卡滞现象。

⑥气门弹簧折断或弹力不足。

⑦气门座发生变形而导致气门封闭不严。

2-161　怎样修理气门？

(1)气门杆部的修理

①气门杆的矫直。当气门杆不直度大于0.02mm时应予以矫直，大于0.2mm时应报废。矫直方法:在专用的V形架上，使凸面向上，用手动压力机压矫。压矫时为10倍不直度，压下并停留2min。不直度矫正到零至反弯0.02mm之间，即可停矫。为避免压坏表面，可垫铜片。

②气门杆的重磨。气门杆磨损后，可在无心磨床上重磨，使直径减小至比修理尺寸名义尺寸小0.25mm和0.50mm。装机时，需配用减小孔径的导管。杆部直径公差应与原厂制件公差相同，不直度小于0.02mm，圆柱度误差小于0.01mm(在100mm长度内)表面粗糙度Ra0.8μm以下。今后，这一修理方法将为更换新件的方法代替。

③气门杆的镀铬修理。重磨法修理需同时配用修理尺寸的导管并备有相应的铰刀。在磨损不严重时，可以用镀硬铬(或松孔镀铬)的方法恢复气门杆的原始尺寸。镀铬时，应留有磨削余量，镀后将直径磨至原厂要求的尺寸。

(2)气门杆端的修理

①杆端磨平。气门杆端如被摇臂或挺杆螺钉磨凹时，可磨平，再如图2-30所示。但累积磨低量不宜大于1.5mm(因为杆端淬硬层厚度下限为2mm)。

②镀铬修理。对于磨损较重、硬度偏低的气门采用局部镀铬修理方法效果较好，镀后不必重磨，只用00号细砂纸抛光即可。对于杆端多次重磨的气门也宜采用此方法恢复。

(3)气门头部修理

①气门头部歪曲的冷矫:在专用的胎模中，如图2-31所示，以手压床冲头压平气门顶面。矫后应检查颈部是否有裂纹。

②气门锥面的磨削。磨锥面的加工通常在气门锥面磨光机上进行，如图2-32所示，具体操作方法是将气门夹在夹头上，并按照气门锥面角度数搬动夹头座，使座上刻线对准床面标尺上的相应刻度。

按下工件旋转按钮，使气门旋转。察看气门头部外径是否摇摆，如摆动较大，应重新矫正气门头部的歪曲或气门杆的直度。

按下电钮，起动砂轮电动机。一手转动纵向进给手柄，另一手操纵横向移动手柄。磨削时，进刀量应小(由纵向进给控制)磨至出现完整的锥面为止。宜使用冷却液，以提高光洁度，并防止过热。

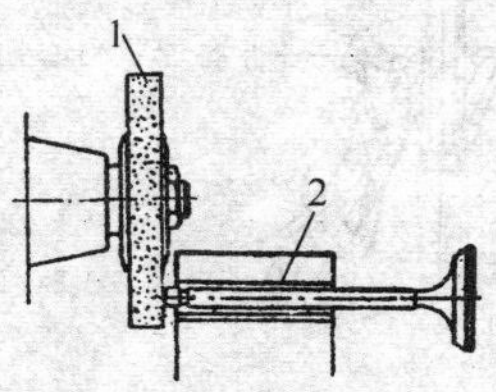

图 2-30　气门杆端的磨平

1. 砂轮　2. 带 V 形槽的夹具

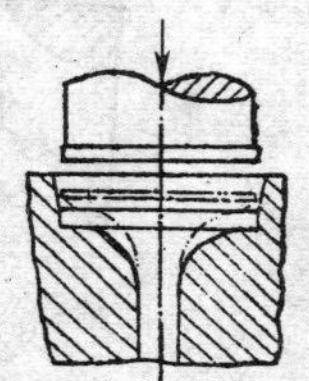

图 2-31　气门顶面的矫正

图 2-32　气门磨光机

1. 冷却液管　2. 砂轮　3. 待修气门　4. 横向进给手柄　5. 气门锥角刻度　6. 纵向进给手柄　7. 气门锥角调整紧固螺栓　8. 小电动机开关　9. 主电动机开关

检查气门头部厚度及直径大小。当厚度小于 0.8mm 时，应磨小气门头部直径，但不得小于规定尺寸，否则应报废气门。

2-162　怎样更换气门导管？

压出原气门导管，可用外径略小于导管直径的阶梯形心棒，将第一阶插入导管孔内定位，用两阶间的肩部抵住导管端面，以手锤击出导管。

检查新导管内孔与外径尺寸，内孔一般留有 0.3～0.5mm 的铰削量（也有精加工至最终尺寸的，须格外精心压入，勿使其变形或碰伤内孔）；外径应大于缸盖（或缸体）上的孔径，以保证过盈配合。

压入新导管之前，宜清除孔口锐棱，在孔与管径上涂少许润滑油，放正并压入（或用铜质阶梯形心棒以手锤击入）。过盈量过大或过小的，宜换用合适的。注意保证如图 2-33 所示的安装尺寸，具体尺寸应按厂家规定。

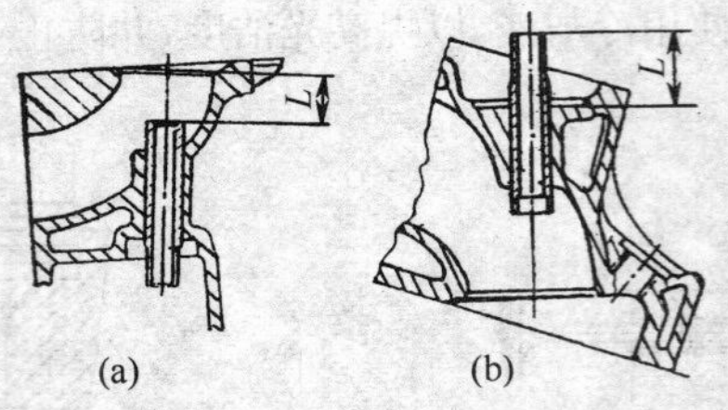

图 2-33　导管压入深度

(a)侧置气门式　(b)顶置气门式　L—装配时测量尺寸

2-163　排气门为什么最易磨损？

进气门的工作温度一般较低，在200～450℃，而排气门的工作温度较高，可达600～800℃。工作温度还会随压缩比和转速的增快而进一步增高，最高可达900℃左右，故排气门在使用中，与进气门相比较容易损坏。如果短期内排气门损坏，则往往还由于以下的原因造成：

①气门间隙过小，以致气门与气门座闭合不严密，而使得燃烧的气体从缝隙中窜出来，时间长了就会使排气门烧损。

②气门弹簧弹力减弱，使得气门与气门座密封性差。由于排气门经常处于高温下工作，因而此时易引起散热不良，时间一久，就易使排气门烧损。

③气门杆磨损过甚。

④气门杆部积炭过多，以致工作时不够灵活。

⑤供油量经常过大，往往燃烧不完全。

⑥气门顶部在使用时经常加入较多的机油。

⑦发动机长时间地在过热情况下超负荷运转。

2-164　怎样铰削气门座？

当接触密封带磨损变宽并超过3mm以上，接触带出现浅蚀坑，且用研磨法不能消除时，或气门座摆差过大，接触带不完整或有轻度烧蚀沟槽时，应重新铰削气门座锥带。

气门座锥带形状如图2-34a所示，其铰削顺序如图2-34b、c、d、e所示。具体操作方法如下：

①根据气门导管内径选择铰刀导杆，导杆以能轻易推入导管孔内、

无旷量为宜。

②把砂纸垫在铰刀下，磨除座口硬化层，以防铰刀“打滑”。

③先用与气门锥角相同的铰刀铰主锥带，以清除蚀坑和变形，直至出现宽度达 2mm 以上的完整锥带为止。铰削时两手用力要均匀，沿周边平稳铰削。

④用相配的气门试接触带。在座上涂色后，气门锥面上的正确印迹台图 2-34a 所示。若如无满意的结果，应做下述调整。

当接触面偏上时，宜加大 15°铰刀铰量。

当接触面偏下时，宜加大 75°铰刀铰量。

对于新气门的座圈套，此带应偏向气门锥带的下方，距下缘 1mm 为宜。

达到上述要求后，再用细刃铰刀重铰一次，以此提高锥面的精度。然后，在铰刀下垫 00 号细砂布磨修，使其达到较高的光洁度。

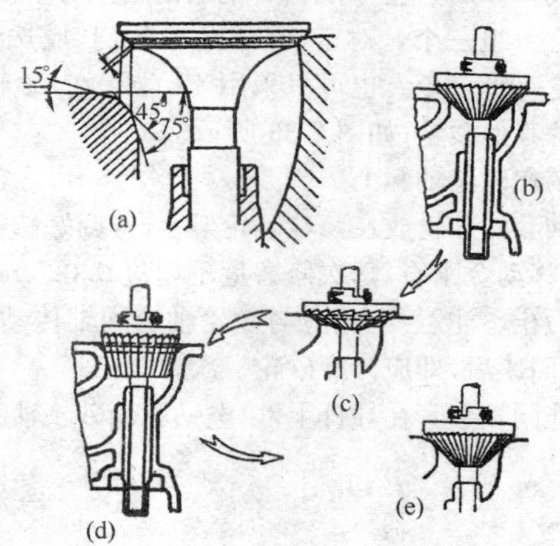

图 2-34　气门座的铰削

(a)气门座锥带形状(以 45°为例)　(b)铰削主锥带　(c)修整主锥带上边缘
(d)修整主锥带下边缘　(e)用细刃铰刀精铰主锥带

2-165　怎样磨削气门座?

有些气门座的材质十分坚硬，不能铰削，应代之以磨削。常用磨削工具如图 2-35 所示。操作步骤如下：

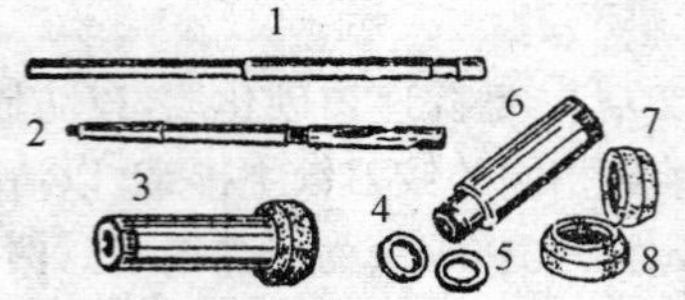

图 2-35 气门座的磨削工具

1. 带锥度的导杆 2. 胀开式导杆 3. 装好的磨轮 4. 螺母
5. 垫圈 6. 磨轮轴套 7. 60°砂轮 8. 45°砂轮

①首先，清洗气缸盖(或气缸体)。

②选择合适的导杆插入导管内，使其既能推入又无间隙。也可选用有微小锥度或胀开式的导杆，以便卡紧导管内孔。在磨座时，导杆不旋转。

③选用与所磨气门座角度和尺寸符合的磨削工具。砂轮直径应比气门头部直径大 3mm 为宜。对于 45°锥角的气门，应选用角度为 30°、45°和 60°的砂轮一组三个。对于 30°锥角的气门，应选用角度为 15°、30°和 45°的砂轮一组三个。也可只采用 45°(或 30°)砂轮，而另用不同锥角的铰刀代替其他砂轮，如图 2-36 所示。

④将砂轮装在砂轮轴套上。

⑤把装有轴套的砂轮放在修整砂轮架上，并调好修磨角度，以电钻驱动磨轮，上下移动金刚石，每次修磨量不超过 0.025mm，直至出现平整的砂轮锥面为止。注意：电钻应与砂轮轴套同轴传动，勿使其歪斜。每磨 3～4 个气门座后，即应修磨砂轮一次。

⑥把砂轮连同轴套套在导杆上，以电钻驱动砂轮轴磨削气门座，如图 2-37 所示。

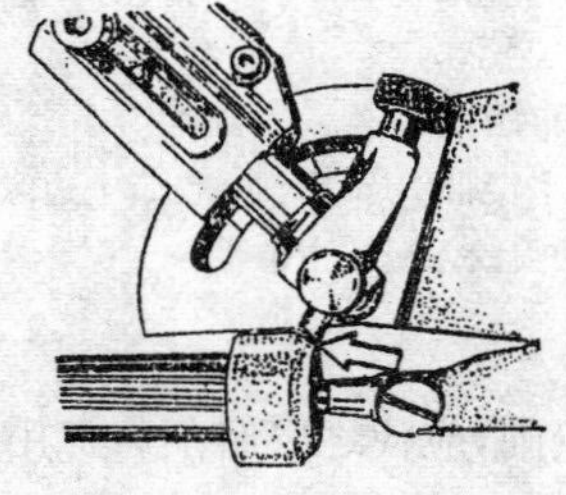

图 2-36 砂轮的修磨

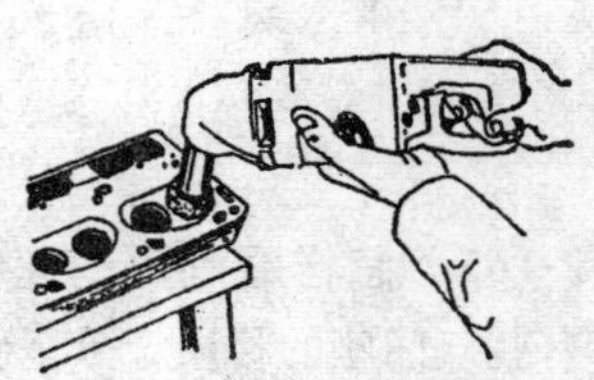

图 2-37 气门座的磨削

⑦当气门座的表面缺陷已消除，并出现完整的、大于 2mm 宽的锥带后，即可停磨。每磨 1～2s 后，即应提起砂轮，察看锥带一次。磨削时，手应握住电钻，勿使其全部重量压在砂轮上。因为只有保证砂轮高速旋转，才能获得较高的锥面质量。

⑧用浅色彩笔涂抹新磨出的锥带，以利于观察下一步锥带宽度的变化。

⑨用另一砂轮减窄锥带，使锥带偏于气门锥面下缘。进气门锥带宽度：1.2～1.8mm；排气门锥带宽度：1.5～2.0mm。

⑩拔下导杆，以其相配气门试配。提起气门，上下轻拍几次气门座，并观察气门锥面，其上应留有 1/3～1/4 锥带宽度的接触线。并且，此线应由座口上缘形成。

⑪用百分表检查气门座锥面，重磨后，对于导管的同轴度，其允许摆差值在 0.05mm(排气门)～0.10mm(进气门)范围内。

⑫按照上述方法磨削全部气门座。

2-166　怎样更换气门座？

当气门座松动、出现裂纹或经多次铰(磨)削后，锥面宽度过窄，以及锥面上因烧蚀出现很深的缺口、蚀坑时，应更换气门座。更换方法如下：

①取下原气门座。视气门座镶入情况不同采用不同的取出方法。如座内缘有凸入进气道喉口的部位，可用小撬棒撬出；沿周全超出喉口的，可采用图 2-38 中所示的拉爪、或斜向放入的削边螺杆拉出。无凸

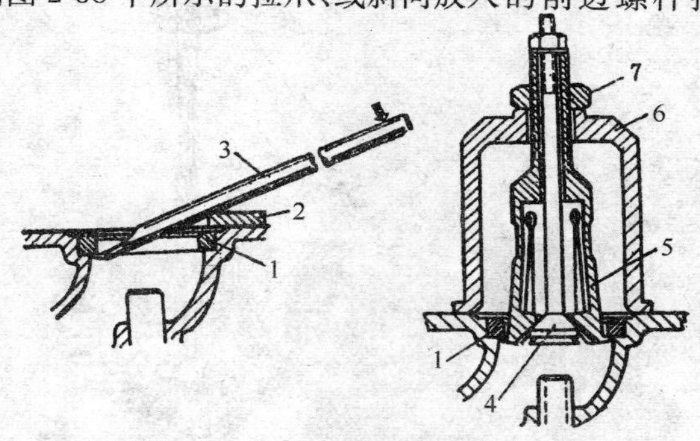

图 2-38　原气门座的取出方法

1. 原气门座　2. 垫块　3. 撬棒　4. 胀开锥　5. 弹簧夹头式拉爪　6. 套筒　7. 施加拉出力的螺母

出部位的可镗除。

但应注意，无论采用何种方法，均不得伤及座孔。

②镶入新气门座。将新座置入干冰（固体二氧化碳）或液态氮中冷冻10min后，取出放入清理干净的座孔中即可。在无液态或固态气体情况下，也可将气缸盖（或气缸体）在烘箱中加热至100～150℃后（保温时间视其重量大小而定，一般需超过2h）取出，将常温状态的新气门座压入。此外，也可用阶梯芯轴直接将气门座压入座孔中。

气门座镶入后，采用工具挤压座周。在制造厂，往往使用弧形凿子沿周冲挤，以加固座圈。

2-167　怎样研磨气门？

农用运输车二级保养中发现气缸压力不足，在发动机拆修中发现气门密封带模糊不清时，以及在更换气门导管、气门座或修磨气门、铰（磨）削气门座后，需研磨气门。

(1)手工研磨

①清洗气门、导管及气门座，将气门与座对应编号，以免错乱。

②用旋具研磨时，应在气门下套一软弹簧，将气门略推离气门座，如图2-39a。用橡胶捻子研磨时，不用此弹簧。直接在气门头上涂一薄层润滑油，以橡胶碗吸住后研磨，见图2-39b。

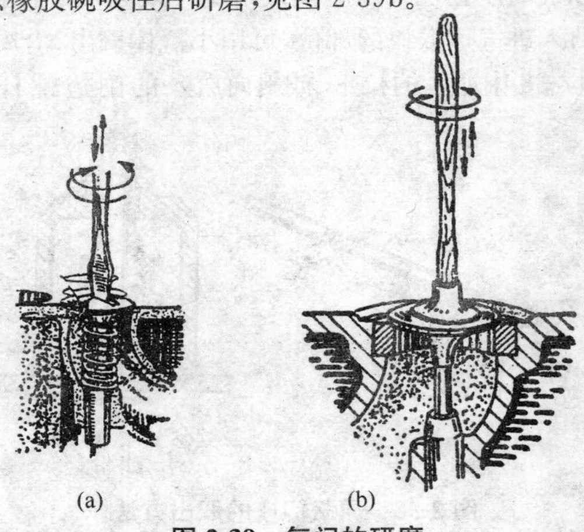

图2-39　气门的研磨

(a)使用旋具研磨气门密封锥带　(b)使用橡胶捻子研磨气门密封锥带

③在导管中滴入润滑油，在气门锥面上涂一薄层气门研磨粗砂膏，将气门插入导管。在手的动作下，使气门轻轻与座拍击，接触时气门应旋转，气门和座的相对位置应逐渐变化，不应停止在某一处。

切勿重拍和连续单方向旋转，并应防止气门研磨砂进入导管孔。

研至气门锥面上出现完整的接触带，并且边界清晰、带内无斑点及未研到的痕迹（气门座锥面也同样）时，用煤油洗去气门座圈上的气门研磨砂。

④换用气门研磨细砂膏（800 号以上）继续研磨，直至出现完整而均匀的灰色接触环带为止。研磨后的接触带宽度，应符合原厂规定。一般应为：进气门 1.2～1.8mm，排气门 1.8～2.0mm。

⑤全部气门研磨后，用煤油冲洗气门、导管及气门座并擦干。

(2)机器研磨　上述手工操作动作，可以用研磨机来完成。其操作程序与手工作业相同。

2-168　怎样检验气门密封性？

①在研磨好的气门锥面上，每隔 4～5mm 划一垂直于接触带的铅笔线，如图 2-40 所示。然后插入导管，使其与座接触，并转动 1/8～1/4 转，取出察看铅笔线迹，该线迹应全部被接触带切断。否则需重新研磨。

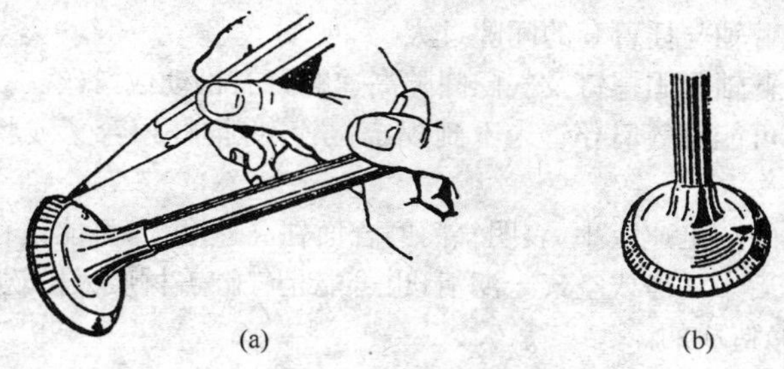

(a)　(b)

图 2-40　气门密封性的检验

(a)用铅笔在锥面上划线　(b)试配后线条全被割新

②采用图 2-41 所示出的气密性检验器，以橡皮球向气筒内打入 60～70kPa 的压力。如在 30s 内压力值无下降趋势，即为合格。

③将气门组装到气门座内后，向气道内倒入煤油或柴油，5min 内气门密封带不得有渗漏现象。

2-169 气门为什么易产生积炭？

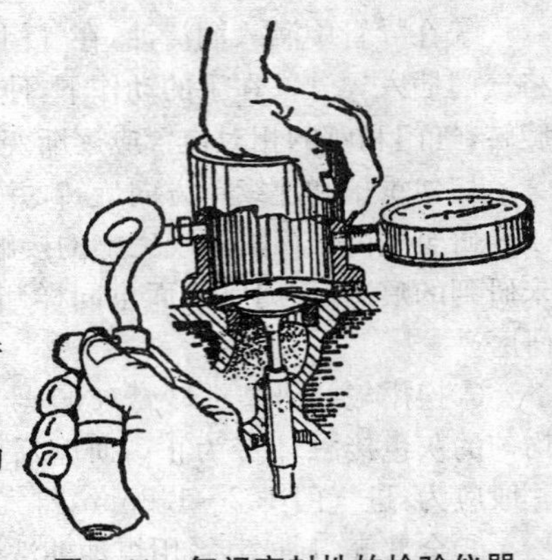
图 2-41 气门密封性的检验仪器

①燃油雾化不良。

②空气滤清器失去作用。

③在油浴式空气滤清器中，加入机油太多。

④气门导管有喇叭口或导管被磨成椭圆形。

⑤燃油质量不好，含有多量的胶质。

⑥气缸窜油。

⑦机油的黏度过稀或加注得过多。

2-170 气门间隙为什么会自动变大或变小？

有些气门间隙调整好后，工作时间很短，甚至不到几个小时，气门间隙就明显变化了，有的变大，有的变小。造成气门间隙迅速变大的原因可能是：

①摇臂轴与摇臂套的间隙过大。

②摇臂轴紧固螺钉及气门间隙高速螺钉有松动或滑丝。

③也可能是气门导管未下到规定位置，将推杆顶弯了或将摇臂顶开裂了。

气门间隙迅速变小，表明气门磨合面在高速磨损，可能是存在磨料研磨气门后未洗净或空气未滤清，也可能是气缸盖材质太松软（指不镶气门座的）造成的。

2-171 怎样调整单缸机气门间隙？

①拆下气缸盖罩。

②转动飞轮，使飞轮上止点刻线对准原设定的记号（如对准水箱上的刻线），使活塞处于压缩行程上止点，此时进、排气门均处于完全关闭状态，可以同时调整。

③松开锁紧螺母，用旋具旋松调整螺钉，将塞尺插入气门杆端和摇臂之间，然后，旋进调整螺钉，轻轻抽动塞尺，以略有阻滞或转动推杆略

有阻滞感觉为宜。

④调整气门间隙至规定数值后(主要单缸机冷态气门间隙见表 2-3),再旋紧锁紧螺母。

表 2-3　单缸机冷态气门间隙　(mm)

机型 / 气门间隙	R180	G185	EM190	S195	S1100	ZH1105W
进气门	0.15～0.25	0.2～0.25	0.25～0.3	0.3～0.4	0.3～0.4	0.3～0.4
排气门	0.15～0.25	0.25～0.3	0.25～0.3	0.35～0.45	0.4～0.5	0.4～0.5

⑤气门间隙调整完毕后,必要时再复核一次,直至调妥为止。

2-172　怎样调整多缸机气门间隙?

多缸机气门间隙调整的基本原理与单缸机完全一样,可以一个缸一个缸地调整,也可以利用喷油次序的规律取一个缸的压缩上止点以调整多个气门。例如喷油次序为 1-3-4-2 的四缸柴油机,当一缸处于压缩上止点时可调整 1、2、3、6(从前往后数)四个气门,转动曲轴一圈第 4 缸处于压缩上止点时可调整第 4、5、7、8 四个气门。主要多缸机冷态气门间隙数据见表 2-4。

表 2-4　多缸机冷态气门间隙　(mm)

机型 / 气门间隙	R180	G185	EM190	S195	S1100	ZH1105W
进气门	0.15～0.25	0.2～0.25	0.25～0.3	0.3～0.4	0.3～0.4	0.3～0.4
排气门	0.15～0.25	0.25～0.3	0.25～0.3	0.35～0.45	0.4～0.5	0.4～0.5

2-173　怎样判断气门脚响声?

发动机在任何转速上,都能听到“嗒、嗒、嗒”的金属敲击声,响声连续并有节奏,怠速和中速较清晰明显,发动机温度改变或断火时,响声无变化,可断定为气门脚响。

气门脚响的主要原因是:发动机磨损或调整不当,使气门脚步间隙过大。发动机工作时，调整螺钉与气门杆端或推杆发生撞击，产生响声。

检查时，可卸下气门室盖，在发动机怠速运转时，用手将挺杆提起，或在气门脚步间隙处插入塞尺，逐个气门进行试验。当塞尺插入到某个气门脚步间隙中时，响声消失或减弱，即为该气门脚步间隙过大。

2-174　怎样判断气门挺杆响声？

发动机怠速运转时，从凸轮轴一侧发出有节奏的“嗒、嗒、嗒”声音，响声清脆有节奏。断油试验，响声无变化，转速升高，响声减弱或消失，可判断为气门挺杆响。气门挺杆响的原因是：

①挺杆与导孔配合间隙过大，当凸轮挺起挺杆时，横向力使挺杆摆动，撞击导孔而产生响声。

②挺杆端头磨损有沟槽。

③挺杆不能自由转动。

④凸轮有线性磨损，顶动挺杆有跳动现象等。

检查时，可拆下气门室盖，用铁丝钩住气门挺杆调整螺栓处逐个试验，若响声消失或减弱，则可断定该缸气门挺杆响。

2-175　怎样诊断凸轮轴轴承响声？

凸轮轴轴承发出呼声采用如下方法诊断：

①怠速时响声轻微，中速时明显，高速时因受干扰而响声杂乱或听不清。

②断火时响声无变化。

③将发动机转速控制在响声明显位置时，在发动机外部各道轴承相应位置导音听，若某处响声较强并有振动，即为该道轴承响。

④拆下气门室盖，用长旋具等工具插入响声明显的轴承附近的两凸轮间压紧凸轮轴，抵消凸轮轴在转动中的跳动，若响声明显减弱或消失，则表明该道轴承响（注意：插入旋具时不要碰伤凸轮和挺杆底端面）。

2-176　怎样判断气门是否漏气？

先起动发动机使其运转，待机体温度达到50℃左右时停车，摇转曲轴，若气门漏气就会感到各缸压缩力不等，判断找到压缩力较小的气缸，把曲轴摇到压缩行程的后半行程的一半部位稍停15～30s，再摇转曲轴，感到压缩行程无压缩力或压缩力很小，在排气管口或进气管口（应将滤清器取下）会听到很长的叫声。如果向该气缸口加入少量机油，再摇转曲轴压力无明显好转，则表明气门漏气。

发动机工作时，如果气门漏气，则表现为气缸压缩力不足，燃烧不良，排气有规律地冒黑烟或白烟，耗油量增加，功率下降。如果同时还伴有进气支管过热，中央气管内有漏气声，甚至空气滤清器有反流窜气现象，或当把空气滤清器拆下，用手接近管口时，感觉有一股气流向上冲手，则说明气门漏气严重。如果工作长时间排气支管温度就很高，并且排气有“扑哧、扑哧”的声音，则说明排气门漏气。

2-177　怎样诊断与排除配气机构的异响？

(1)故障现象

①怠速时发出有规律的金属敲击声，但高速时，响声模糊。

②冷车运转时，响声明显，且每一循环，响声出现一次。

③出现响声的气缸，往往工作不良。

(2)故障原因

①气门敲击或漏气响声。调整好的气门间隙有变动，或原来的气门间隙就没调整好；气门调整螺钉磨损偏斜，气门间隙调整不一致，气门弹簧座磨损起槽或气门杆与气门导管磨损过甚；气门锁片脱落、气门头断裂，导致气门自由窜动；气门磨损、卡滞及烧蚀，导致密封不良。

②凸轮轴部位敲击响。凸轮轴与轴承配合间隙过大，轴向间隙调整不当，凸轮轴外颈与座孔配合松动，以及润滑不良导致轴承衬套烧毁或脱落，造成凸轮轴轴承敲击响；正时齿轮啮合间隙过大或过小，正时齿轮紧固螺栓松动等，导致凸轮轴正时齿轮响声；凸轮轴由于轴向间隙过大，衬套或衬套外圆磨损及弯曲等。

③气门座圈松脱产生的响声。气门座圈表面粗糙度过大或加工精度不合格，气门座圈产生松旷；由于气门座圈选材不当，遇热膨胀变形过大等。

④气门弹簧响声。气门弹簧折断或弹力不足、阻卡等。

⑤气门挺杆响声。气门挺杆与其导孔磨损严重，造成的配合间隙过大；挺杆不能自由转动；凸轮外廓过渡不圆滑，导致的挺杆跳动；挺杆

大端磨损过甚等。

(3)故障检查与排除

①首先应检查气门间隙有无变动，各缸气门间隙是否一致，气门弹簧与气门导管有无磨损，气门是否烧蚀等。

②某缸断火后，响声仍然存在，可用急加速或急减速的办法来进行确认。若转速提高或降低时，都能听见杂乱和轻微的噪声，且在急加速时成尤为明显，则可确定为正时齿轮的啮合间隙过大或过小所致。

凸轮轴轴承间隙或轴向间隙过大时，可听见连续的金属敲击声，且伴有轻微的振动。

③当转速变化时，响声几乎不变，故障缸断火时，响声消失；冷车起动时，响声易出现。对此，可检查气门座圈有无松动。

④若在各种转速下都存在响声，且加速困难，机身抖动现象出现时，应拆下气门室盖，查看气门弹簧有无折断，若折断，则应及时更换。

⑤若怠速时有节奏明显的"嘎嘎"声，且在气门室一侧尤其明显，转速提高后，响声消失，可拆下气门室盖，用铁丝钩住挺杆进行试验。若响声消失，则说明该挺杆发响；若响声不减轻，则应用手转动挺杆，若不能自由转动，或虽能转动但有阻力，则说明挺杆与其导孔之间积污，或其球面磨有沟槽所致。另外，还应检查凸轮外廓有无出现磨损。因为凸轮过渡不圆滑，就会出现传动冲击现象，并产生敲击响声。

第5节　燃油系统的故障诊断与检修

2-178　柴油机供给系统的作用是什么？由哪些部件组成？

燃油供给系统的作用是按柴油机各缸的工作顺序定时、定量、定压地将雾化良好的柴油送入燃烧室，并使其与空气较好地混合和燃烧。它的工作情况对柴油机的动力性和经济性有着重要影响。

从图2-42、图2-43可以看出，燃油系统由燃油箱经粗滤器、滤清器、输油泵、喷油泵(高压油泵)直至喷油器(油嘴)。一般将燃油箱至喷油泵和喷油泵回油至燃油箱或滤清器之间的油路称为低压油路，把喷油泵至喷油器之间的油路称为高压油路。

单缸机由于没有输油泵，因此燃油箱的下口一定要高于喷油泵的进油口。而多缸机有输油泵(一般装在喷油泵侧面，靠喷油泵凸轮轴上的偏心轮驱动)并带有手动装置，可以在起动前先泵几下，让柴油充满整个低压油路以利于起动。

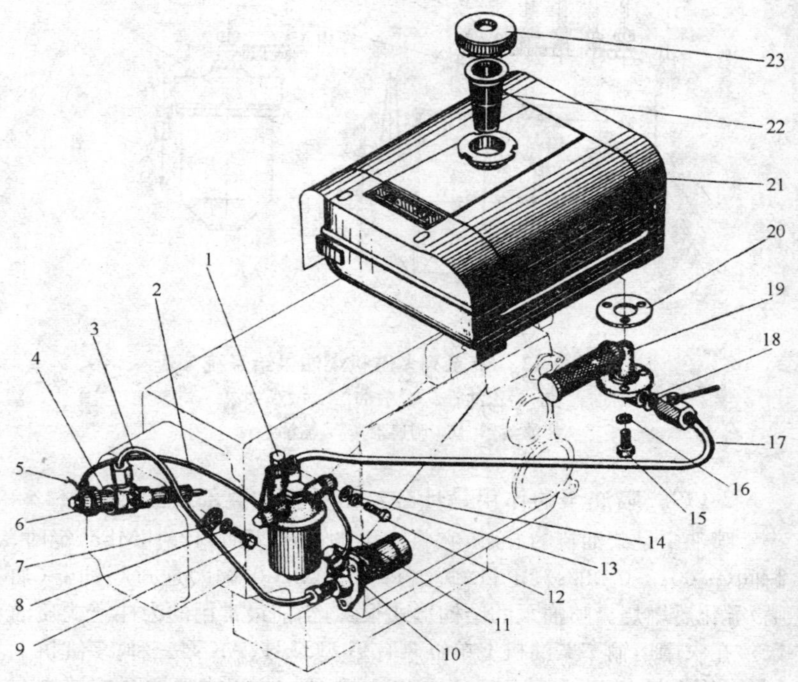

图2-42　ZH1105W单缸机燃油供给系统

1. 柴油滤清器总成　2. 软聚氯乙烯管　3. 高压油管部件　4. 喷油器总成　5. 镀锌钢丝　6. 回油接头　7. 高压油管夹　8. 垫圈　9. 螺栓　10. 喷油泵总成　11. 柴油管焊接件　12. 螺栓　13. 垫圈　14. 垫圈　15. 螺栓　16. 垫圈　17. 输油管组件　18. 垫圈　19. 柴油粗滤器部件　20. 接座垫片　21. 油箱　22. 加油滤网部件　23. 油箱盖组件

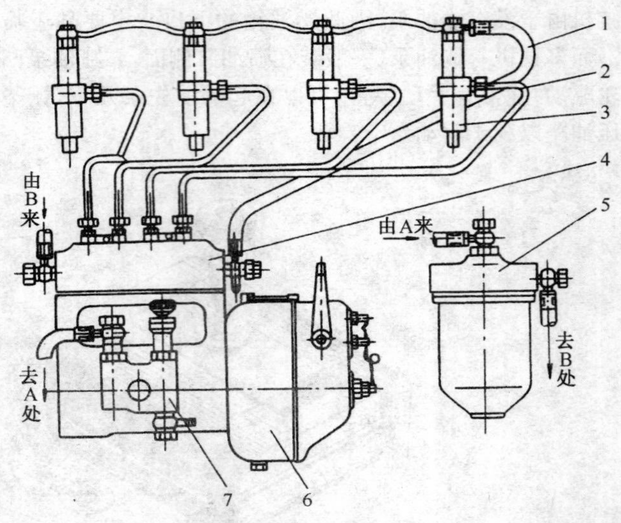

图 2-43　80 系列多缸机燃油供给系统

1. 回油管　2. 高压油管　3. 喷油器　4. 喷油泵　5. 柴油滤清器　6. 调速器　7. 输油泵

2-179　喷油泵的作用是什么？由哪些主要部件组成？

喷油泵是柴油机的心脏，它将产生的高压柴油（12.16MPa）定时、瞬间（0.001～0.002s）、定量（每缸每次 0.02～0.04g）通过喷油器（油嘴）雾化后燃烧。喷油泵的结构形式很多，当前最常用的为柱塞式喷油泵。在农用运输车柴油机上单缸泵有 A 型、I 号、AK 泵三种，多缸机上 I 号泵用得最多，少量的用 BQ 泵和 A 型泵。柱塞式喷油泵按结构布置的形式有单体泵和多缸泵之分，但其工作原理是相同的。在燃油系统中有三对精密偶件（喷油泵柱塞偶件、出油阀偶件、油嘴针阀偶件），而喷油泵中就有两对。喷油泵的结构如图 2-44、图 2-45 所示。

(1)柱塞偶件　柱塞和套筒合称柱塞偶件（如图 2-46 所示）。由优质合金钢制成，具有很高的表面光洁度和较高的硬度，其配合间隙为 0.002～0.003mm，并经成对研磨，在使用中不能互换。

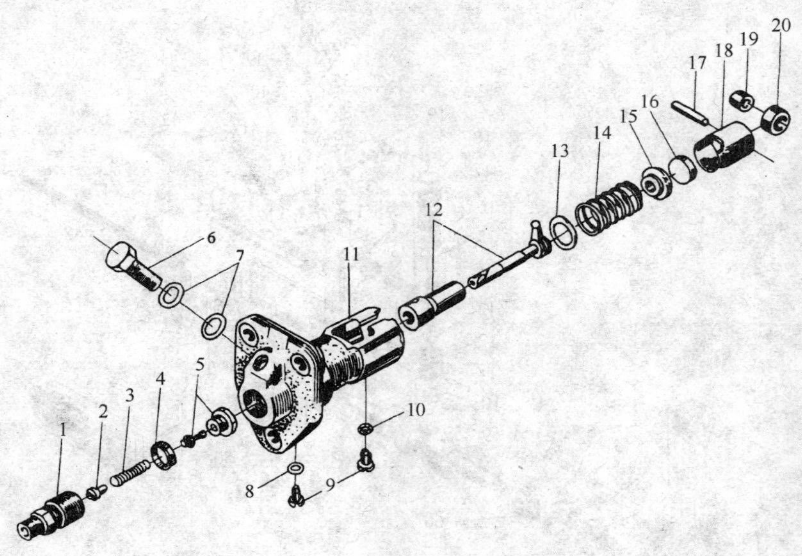

图 2-44　单缸喷油泵(调速器装在齿轮室里)

1. 出油阀紧座　2. 出油阀弹簧座　3. 出油阀弹簧　4. 出油阀垫圈　5. 出油阀偶件　6. 燃油管螺钉　7. 垫片　8. 垫圈　9. 定位螺钉　10. 弹簧垫圈　11. 喷油泵体　12. 柱塞偶件　13. 弹簧上座　14. 柱塞弹簧　15. 弹簧下座　16. 调整垫块　17. 滚轮轴　18. 挺柱体　19. 滚轮衬套　20. 滚轮

柱塞的上部加工有螺旋形斜槽,顶部钻有轴向孔和斜槽上的径向孔相通;中部有环形油槽,用以储存少量柴油润滑柱塞副的运动配合表面;尾部压装有调节臂,用以调节供油量的大小。还有一种柱塞结构是其上部在外圆上铣一段直槽,上端和顶部相通,下端紧接着一个螺旋槽,两种柱塞的工作原理相同。

柱塞套的上部有进、回油孔。回油孔的外孔口铣一月牙形的切槽,用于定位螺钉定位,防止柱塞在泵体内转动,如图 2-47 所示。

喷油泵的柱塞在油泵凸轮的推力和柱塞弹簧力的作用下往复运动,不断地吸入低压柴油,输出高压柴油,完成供油过程(如图 2-47)。

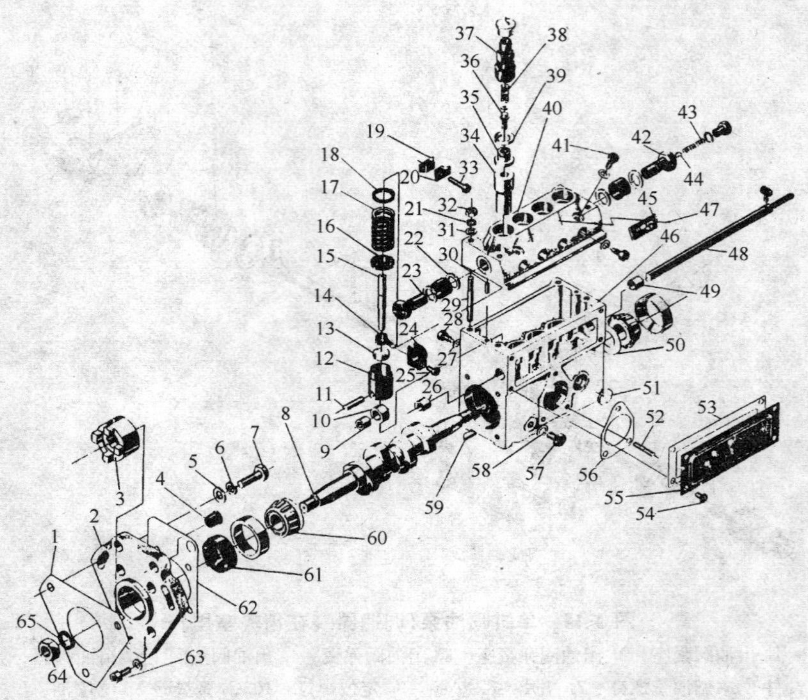

图 2-45　多缸喷油泵　(右侧未装输油泵,后端未装调速器)

1. 喷油泵垫片　2. 法兰　3. 联轴器接头　4. 拉杆罩　5. 垫圈　6. 弹簧垫圈　7. 螺栓　8. 喷油泵凸轮轴　9. 滚轮衬套　10. 滚轮　11. 滚轮销　12. 挺柱体　13. 调节垫块　14. 调节臂　15. 柱塞　16. 弹簧下座　17. 柱塞弹簧　18. 弹簧上座　19. 后夹板　20. 前夹板　21. 弹簧垫圈　22. 垫片(紫铜)　23. 进油管螺钉　24. 拨叉　25. 圆柱头螺钉　26. 拉杆定位衬套　27. 垫片(紫铜)　28. 定位螺钉　29. 螺柱　30. 圆柱销　31. 垫圈　32. 螺母　33. 圆柱头螺钉　34. 柱塞套　35、36. 出油阀　37. 出油阀接头　38. 出油阀弹簧　39. 出油阀垫圈　40. 喷油泵上体　41. 放气螺钉　42. 回油螺钉　43. 回油弹簧　44. 钢球　45. 标牌　46. 油泵下体　47. 铝铆钉　48. 拉杆　49. 拉杆衬套　50. 调节垫片　51. 油尺部件　52. 双头螺柱　53. 窗口盖垫片　54. 半圆头螺钉　55. 窗口盖　56. 输油泵垫片　57. 螺栓　58. 垫片(紫铜)　59. 半圆键　60. 轴承　61. 油封　62. 油泵安装面垫片　63. 圆柱头内六角螺钉　64. 螺母　65. 弹簧垫圈进油：当油泵凸轮的凸起部分转过后，柱塞在弹簧力的作用下下行，柱塞上部的空间逐渐增大，产生真空。当柱塞打开回、进油孔时，柴油从低压油路经进、回油孔同时进入柱塞上方空间(如图 2-47a 所示)。

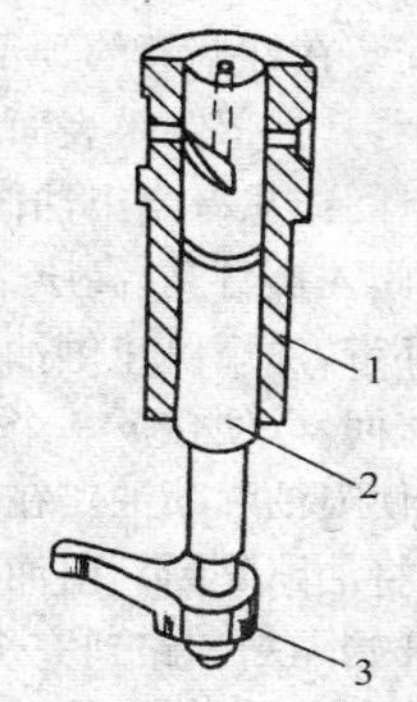

图 2-46　柱塞偶件

1. 柱塞套筒　2. 柱塞　3. 调节臂

压油：油泵凸轮顶起柱塞时，压缩柱塞弹簧，使柱塞上行，关闭进回油孔使柱塞上部的柴油受压，油压迅速升高。当油压高于出油阀弹簧压力和高压油路中残留柴油压力之和时，高压柴油顶开出油阀，经高压油管向喷油嘴供油(如图 2-47b 所示)。

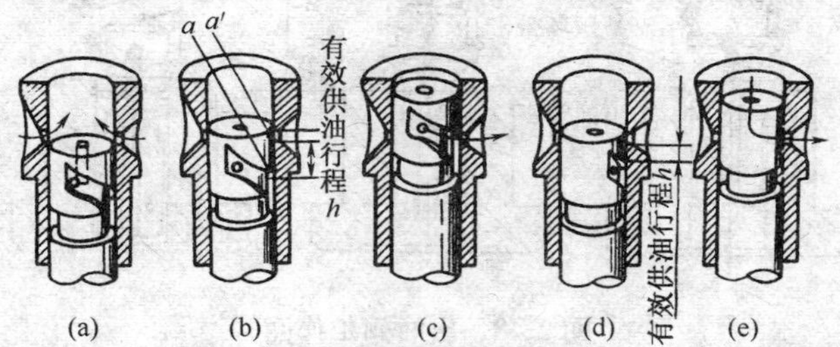

图 2-47　供油过程和油量调节原理

(a)进油　(b)供油　(c)回油　(d)供油少　(e)不供油

回油：柱塞继续上行。当柱塞斜槽打开进油孔时，柱塞上方的柴油经顶部轴向孔和斜槽径向孔流回环形油室(如图 2-47c 所示)，柱塞上方的压力迅速降低，出油阀在其弹簧力的作用下关闭，供油结束。

柱塞往复运动的行程、油泵凸轮的升程是不变的。但在整个行程中，只有从柱塞顶面封闭了柱塞套筒进油孔开始到柱塞斜槽与柱塞套筒进油孔相通时，才是供油的有效行程。此行程大，每个循环的供油量就大。柱塞上的切槽是螺旋斜槽，所以只要转动柱塞就可调节供油量(如图 2-47c，d 所示)。图 2-47e 所示为停止供油。

(2)出油阀偶件　出油阀及其阀座合称为出油阀偶件(如图 2-48

所示)，安装在柱塞套的顶部。出油阀是一个单向阀，在出油阀弹簧力的作用下，其上部圆锥表面和阀座严密配合，用来隔断高压油管和柱塞顶上的空间。只有当出油阀下面，即柱塞上部空间的柴油压力达到一定值时，阀才被打开，高压柴油才能进入高压油管。出油阀中部是圆柱形减压环带，油泵停止供油后，出油阀回落在阀座上，使高压油管的柴油不再流回，以便在下一个供油循环开始时，高压油管的油压能迅速升高，很快使喷油嘴喷油。在出油阀下落时，减压环带先进入阀座导向孔内，立即将油路隔断。出油阀继续下落一段距离，才回落到阀座上。出油阀从开始隔断油路到完全回落到阀座上让出的这一小空间，使高压油管的油压迅速降低，从而使喷油嘴断油干脆。出油阀下部是导向部，其断面呈“十”字形。出油阀的功能是保证供油、断油时干脆。

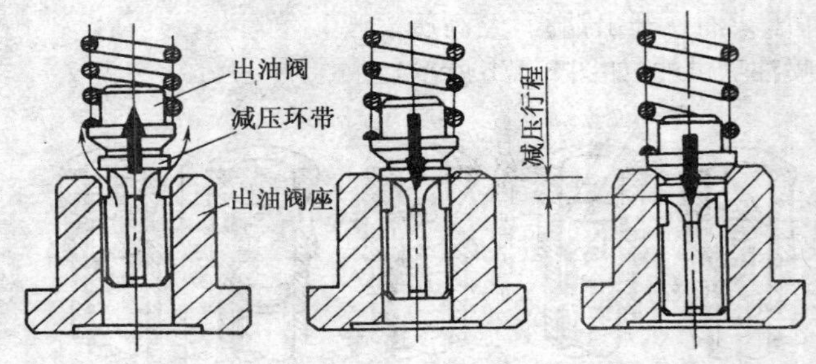

图2-48　出油阀工作图

(3)油量控制机构　按转动柱塞的机构不同可分成两种。一种是齿条式调节机构，如图2-49所示。调节齿圈1固定在油量控制套筒7上，而套筒则松套在柱塞套3上。在套筒下端有切口，正好和柱塞5下端凸块相配。调节齿圈和调节齿杆6相啮合，拉动齿杆便可带动柱塞转动。齿条式调节机构传动平稳，工作可靠，但结构复杂，制造比较困难。A型泵、AK型泵即采用这种机构。另一种是拨叉式调节机构，如图2-50所示。在柱塞2下端压有一个调节臂1，臂的球头插入调节叉5的槽内，而调节叉是用螺钉固定在调节拉杆4上的(松开螺钉就可以调整调节叉在拉杆上的连接位置，从而调整各缸供油的均匀性)。推动调节拉杆，就可以使柱塞转动，从而达到改变供油量的目的。拨叉式调节机构结构简单，制造方便，易于修理，采用较多。

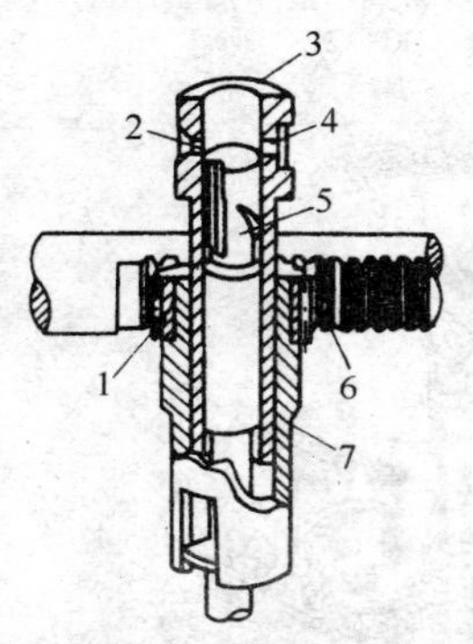

图 2-49　齿条式油量调节机构

1. 调节齿圈　2. 进油孔　3. 柱塞套　4. 回油孔　5. 柱塞　6. 调节齿杆　7. 油量控制套筒

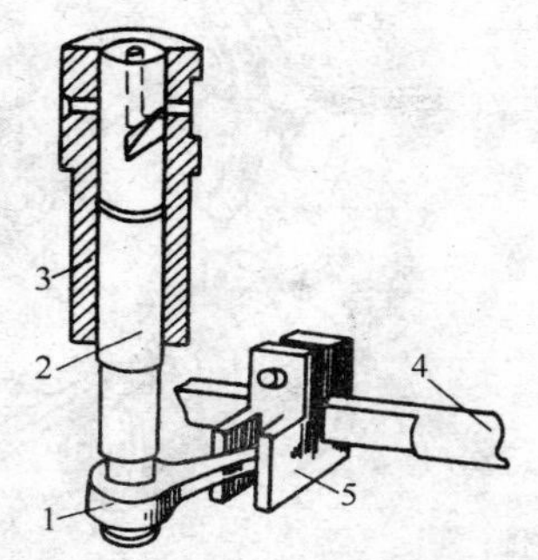

图 2-50　拨叉式油量调节机构

1. 调节臂　2. 柱塞　3. 柱塞套　4. 调节拉杆　5. 调节叉

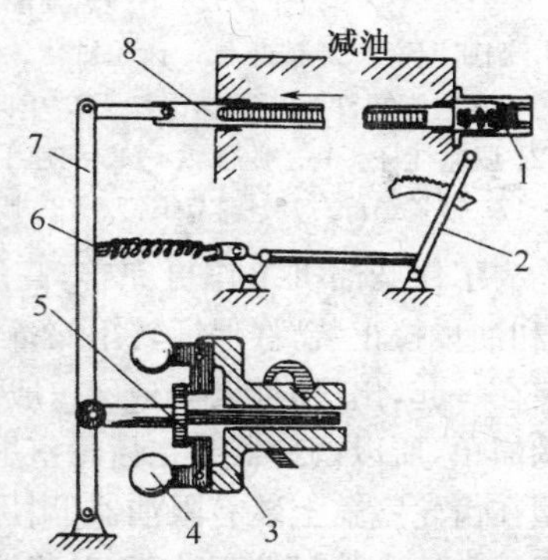

图 2-51　调速器工作原理

1. 齿杆限位螺钉　2. 操纵杆　3. 支承盘　4. 飞球　5. 滑动盘　6. 调速弹簧　7. 调速杠杆　8. 调节齿杆

(4)调速器　调速器的功能是按外界负荷的变化自动调节供油量，使柴油机稳定地运转。也就是说，当根据工况将油门设定在某一位置稳定工作时，工况随时有可能波动，而我们不可能随时去改变油门位置，需要设置一种机构根据柴油机的转速变化去自动的调节油量，保持转速稳定，不“熄火”，不“飞车”。在农用运输车柴油机上采用一套机械设置来达到此目的，称为机械式调速器，也就是在油泵凸轮轴上装一个调速盘(单缸机装在调速齿轮上，多缸机装在燃油泵凸轮轴上)，盘上装有数个钢球或飞锤，它们在转速变化时，其离心力也变化，并通过一套机构推动油量调节机构达到自动增减供油量，图 2-51 表示了调速器工作原理，图 2-52 表示了应用实例。

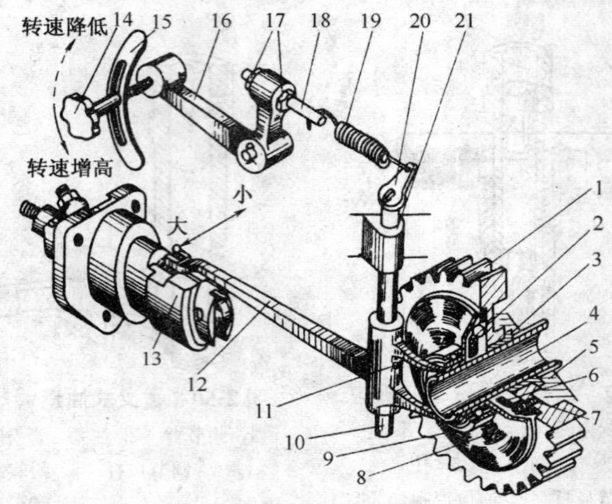

图 2-52 S195 柴油机高压油泵调速器

1. 调速齿轮 2. 钢球 3. 齿轮衬套 4. 调速齿轮轴 5. 机体 6. 调速支架 7. 半圆头螺钉 8. 调速滑盘 9. 单向推力轴承 10. 调速杆 11. 圆锥销 12. 调速杠杆 13. 喷油泵 14. 调速手柄 15. 转速指示牌 16. 调速连接杆 17. 锁紧螺母 18. 调节螺钉 19. 调速弹簧 20. 调速臂 21. 齿轮室盖

为了使柴油机工作更完善，高压油泵还有起动加浓装置（便于起动）和油量校正装置（保证转矩储备）。对于多缸泵来讲，上述各种机构都装在一起，出厂时已调整好，一般情况下不能随便拆卸。单缸泵由于结构简单，所以调速器装在齿轮室里，本身没有油量限制等机构。有些机型在齿轮室盖上装有限油器（出厂时已调整好），除限油外，有些还具备起动加浓和油量校正功能，对柴油机使用很有好处。

2-180 喷油器的作用是什么？由哪些主要部件组成？

喷油器的作用是将燃油雾化成较细的颗粒，并将它们分布到燃烧室中和空气形成良好的可燃混合气。因此，对喷油器工作的基本要求是：有一定的喷射压力、一定的射程和一定的喷雾锥角，喷雾良好，喷油终了能迅速停油，没有滴油现象。

目前，中小功率柴油机常用闭式喷油器。闭式喷油器在不喷油时，喷孔被一个受强力弹簧压紧的针阀所关闭，将燃烧室与高压油腔隔开。在燃油喷入燃烧室时，一定要克服弹簧的压力，才能把针阀打开。也就是说，燃油要具有一定的压力才能开始喷射。这样能够保证燃油的雾化质量，能够迅速切断燃油的供给，不发生燃油的滴漏现象，这在低速小负荷运转时是很重要的。

2-181　怎样调整单缸机供油提前角？

①拆下接喷油器一端的高压油管管接螺母。

②旋松接喷油泵一端的高压油管管接螺母，然后将高压油管旋转一个位置，使高压油管管接喷油器口向上，再将油泵一端管接螺母旋紧，将调速手柄拉到供油位置，摇车（或用泵油扳手泵油）使高压油管内的油泵满。

③为了便于观察，可对准油管出口处吹一口气，使油面向下凹，然后用手慢慢地转动飞轮，当看到油管口油面开始上升的一瞬间，立即停止转动飞轮，观察飞轮上的供油刻线是否对准燃油箱上的刻线（或箭头），若对准，说明供油提前角正确，否则按以下步骤调整：

a. 关闭油箱开关，并将调速手柄固定在供油位置的中间。

b. 拆去喷油泵进油管和紧固螺母，取出喷油泵。

c. 增加或减少喷油泵垫片可调整供油提前角。增加垫片，供油提前角变小；减少垫片，供油提前角变大（如图 2-53 所示）。

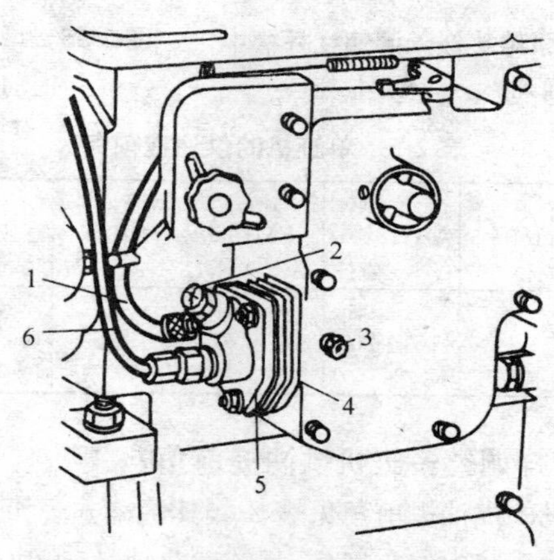

图 2-53　单缸机供油提前角的调整

1. 输油管　2. 放气螺钉　3. 油量限制螺钉　4. 垫片　5. 喷油泵　6. 高压油管

d. 安装喷油泵时要特别注意使调节臂(齿杆凸柄)球头嵌入调速杠杆的槽中(如图2-54所示)。齿条泵必须使齿条和调速杠杆联接可靠，否则会造成“飞车”等事故。安装时，可上、下移动调速手柄，经手感或观察，确认安装正确后，再拧紧喷油泵固定螺母。安装后需复查供油提前角，直至达到规定值为止。

增减垫片实际上是使喷油泵的滚轮离开凸轮轴的距离发生变化(Δ值)，而使凸轮推动滚轮的时间(迟或早)发生变化，也就改变了供油提前角，如图2-55所示。主要单缸机的供油提前角见表2-5。

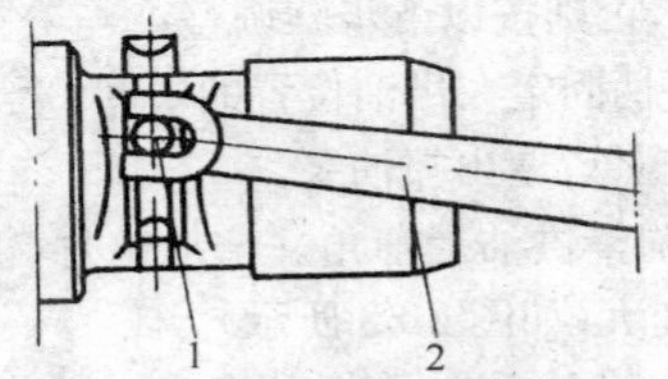

图2-54 喷油泵球头嵌入调速杠杆槽中

1. 喷油泵球头 2. 调速杠杆

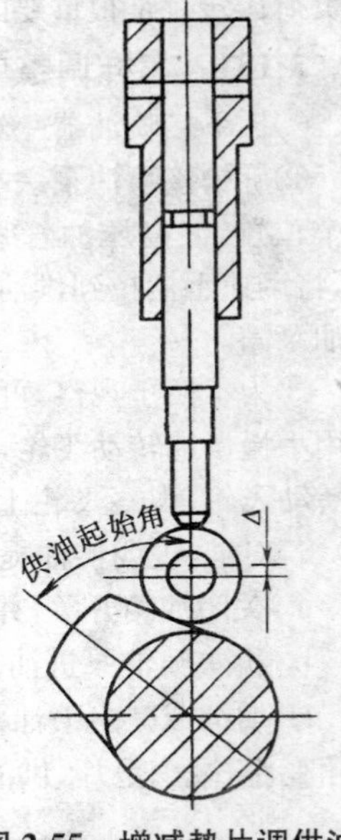

图2-55 增减垫片调供油提前角原理

表2-5 单缸机的供油提前角

机型	R180	G185	EM190	S195	S1100	ZH1105W
供油提前角(上止点前)	20°～24°	16°～20°	16°～20°	16°～20°	16°～20°	20°～24°

2-182 怎样调整多缸机供油提前角?

主要多缸机的供油提前角见表2-6，其调整方法如下。

①放掉燃油系统中的空气，反复转动曲轴，使喷油泵充满燃油。拆去第一缸高压油管，吹去出油阀座接头孔内的剩油，按顺时针方向缓慢转动曲轴，并密切注意接头孔内油面，在油面发生波动的瞬间，立即停

止转动曲轴。

表 2-6 多缸机的供油提前角

机型	375Q	480	485Q(DI)	N485Q	490QN	495Q	4100QB
供油提前角（上止点前）	13°～15°	15°～17°	24.5°～25.5°	13°～15°	16°～18°	17°～21°	15° 带提前器

②查对飞轮壳观察窗上止点记号对准飞轮的刻度(或曲轴皮带轮上的刻度和齿轮室上上止点指针)是否符合规定的最佳角度。

③供油提前角如不符合要求有两种调整方法：

a. 取下齿轮室盖上的前盖，松开喷油泵正时齿轮座三只腰子孔上的螺栓，进行调整。若提前角过大，可将齿轮座腰子孔相对于紧固螺栓逆时针转动；若提前角过小，可向相反方向转过一个角度，如图 2-56 所示。

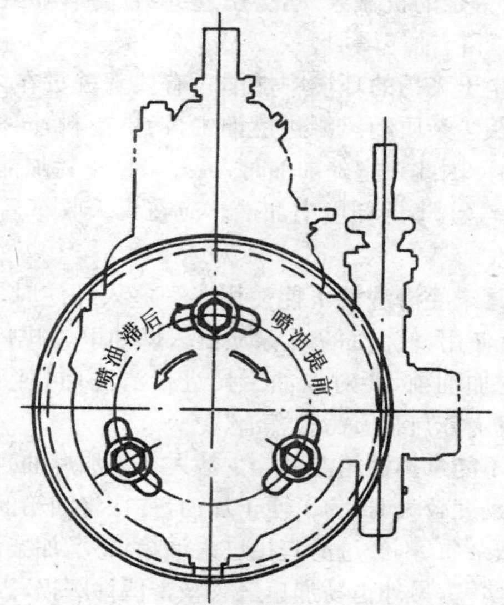

图 2-56 多缸机供油提前角的调整

b. 有些油泵和油泵齿轮是轴键相联的，无腰子孔，用上述方法无法调整。此时可以松开喷油泵泵体和齿轮室相联的三个螺母，把油泵泵体向机体方向转动，则供油提前角加大；反之，把泵体向机体外转，则供油提前角减小。

这两种方法实际上都是使油泵的柱塞相对于油泵凸轮轴改变一下位置，从而达到改变供油提前角的目的。

供油提前角应严格按照说明书所规定的数值调整（表2-6）。因为不同机型、不同转速的柴油机所要求的供油提前角不同。一般随着转速的提高，供油提前角应加大。有些高速机为了使柴油机在低速、高速时都具有较好的工作状态，在油泵正时齿轮上装有提前器，可以在一定范围内自动调整供油提前角。

2-183　柴油机燃油系统使用时应注意什么？

(1)燃油未经沉淀不能加入油箱　有些人对燃油不经仔细沉淀就加入油箱，这将造成三大精密偶件使用寿命大大缩短。因为这些精密偶件精度是很高的，配合间隙只有0.002～0.003mm左右；由于燃油在储运过程中混有一定的机械杂质，会引起磨料磨损，导致起动困难，排气冒黑烟，功率下降，油耗增加。

(2)不能在尘土飞扬的环境中加油　有些驾驶员在尘土飞扬的室外加油，使不少灰尘杂质随风飘进燃油中，污染油料，同样会加速三大精密偶件的磨损。因此在室外加油时，最好采用密封加油法。另外，在加油时应避开在尘土飞扬环境中加油。应在头天收车后加油，使燃油得到进一步净化。

(3)加油工具未经清洗就不能使用　一些人加注时，加油桶、油抽子等不经清洗就使用，使上面灰尘杂质混入燃油里，加剧三大精密偶件的磨损。因此在加油前，要对加油工具进行清洗；同时采取专用油抽子、加油桶，以免水分与杂质污染燃油。

(4)加油时不能拿掉油箱滤网　少数人在添加燃油时，特别在冬季气温较低，燃油黏度较大时，为了便于加油，往往将油箱的滤网拿掉，这样燃油中的机械杂质、不经过滤直接进入油箱，将增加柴油粗细滤清器的负担，易引起堵塞，另外也易加速三大精密偶件磨损，因此，在加油时不许拿掉油箱滤网。另外，为了加强过滤，在加油漏斗上加一层绸布或铜丝网，防止杂质进入油箱。

(5)要定期清洗柴油粗细滤清器　不定期清洗柴油滤清器，甚至长期不清洗，直至发现柴油机严重冒黑烟，才去清洗，会造成发动机功率不足，另外引起气缸积炭。因此必须定期清洗柴油粗细滤清器。

正确的清洗滤清器的方法是用毛刷顺着滤芯纹路刷洗。另外，最好用打气筒，将滤芯一头堵住，另一头放在柴油中吹洗。

(6)不能用明火烤低压油路　冬季气温较低，燃油滴黏度较大，流动性较差，甚至有冻结现象，造成起动困难。但严禁明火烤低压油路。正确的做法是冬季收车后，用破棉絮盖在发动机上，这样既保持发动机一定温度，燃油不易冻结，又便于第二天的起动。另外，可建个简易车棚，收车后及时入库，是保温的有效方法之一。

(7)不能长期不放沉淀油　长期不放沉淀油，会使柴油细滤清器底部杂质及水分增加，增加细滤清器负担，同时加速三大精密偶件磨损。因此，必须定期放掉细滤清器底部沉淀油。

2-184　柴油黏度对供油有什么影响？

在已知温度下，黏度决定着燃料的流动性和向喷油器供油的性质，也影响供油系统的各个性能。

(1)黏度对雾化的影响　随着柴油黏度的增加，喷油时柴油分子间的相互作用便增加，对喷柱分散的作用不利，因此柴油的黏度愈大，雾化愈劣；反之，黏度小时，油滴平均直径较小，低劣的雾化状况导致混合气不均匀、燃烧不完全，因此，燃料消耗量大，发动机的经济性下降。

(2)黏度对喷散度的影响　喷散度是指油柱的端点于一定时间内在压缩空气中所射入的程度，这种程度要求雾粒喷程适中，形成锥体的喷散角大。当喷散角太小时，参加燃烧的空气不充足，因此发动机功率减少或油耗增加，从燃料的观点来看，黏度是影响喷散度的一项较大的因素。

此外，柴油中沉淀水和机械杂质对柴油喷散度也有一定的影响，所以在轻柴油的规格中规定，不允许有水分和机械杂质存在。但是柴油在长途运输和长期储存保管过程中不可避免地要有水分和机械杂质进入，因此在使用前必须按照柴油机的技术规定沉淀分离或过滤去杂质后使用。

(3)黏度对机件磨损的影响　柴油机中的油泵套筒和柱塞，经常处在摩擦状态下工作的，摩擦面的润滑要靠油来保证。黏度过低的柴油不能形成油膜致使磨损增加，同样，黏度过大也会增加机件的磨损。

(4)黏度对供油量的影响　黏度与供油量有密切关系，当使用了黏度过低的柴油时，通过柱塞与套筒间隙的漏油量增多，功率下降。柴油的黏度也随温度的变化而变化的，为了使发动机运转可靠，柴油的黏度应适应在运转温度范围内的变化要求。

2-185　怎样预防燃油燃烧对发动机的高温腐蚀?

燃油在柴油机气缸中燃烧后，通常遗留一些固态或半固态物质，这些物质统称为灰粉。灰粉有20余种不同元素，其中对柴油机部件危害最大的是硫(S)、钒(V)、钠(Na)等元素。

这些灰粉物的沉积层，妨碍金属本身正常的热交换，从而引起机件的局部增温，增加机件的表面磨损及对金属的腐蚀。这类沉积物通常难于清除，从而缩短机件的使用寿命。预防和减轻高温腐蚀的方法如下。

①合理选用燃油。在条件允许时，尽量选用含钒、硫量较少的燃油。在炎热的南方地区，可选用凝点高的轻柴油，寒冷的北方地区，须选用凝点低的轻柴油。一般柴油的凝点，起码要比柴油机使用时最低环境温度低6～10℃，以保证其必要的流动性。中、高速柴油机在一般环境温度下，可选用0号轻柴油。

②注意燃油的清洁。尽可能防止杂质及水分混入，特别是海水。一旦进入水分，必须经过特殊处理或用分油机分离。柴油在使用前，应经过相当长时间(最好七昼夜)的沉淀处理，或用绸布过滤，以除去柴油中的机械杂质。

③注意柴油机的各项规定。注意排气温度不应超过原说明书中的规定，其各缸排气温度间的差别不要超过规定，特别要防止个别气缸的排气温度过高。对于排气系统、燃油系统，都必须根据原说明书的要求与规定，制定出操作规程，定期检查、清洗、调整。

2-186　怎样延长喷油器针阀偶件的使用寿命?

①保证安装时的清洁度。在安装针阀偶件特别是更换新针阀偶件时，一定要冲净进油道内防护油脂，以防由于油脂遇高温而烧结。

正确安装喷油器的工序：把高压油管的螺母连接在喷油器上，但这时不拧紧，然后摇转柴油机，使高压油管喷油直到接头处有油流出后再把螺母拧紧。由于脏物已经随油流出，因此可以延长喷油器针阀偶件的使用周期。

②正确使用密封垫片。喷油器前端的密封垫片主要作用是密封，但也有定位和散热作用。在安装喷油器时，要采用原来规定厚度的铜材料垫片，不要用铝、铁材料代替，一般换新针阀偶件时，同时换新垫片。

③合适的拧紧力矩。喷油器针阀偶件是靠喷油器螺母固定在喷油器上，所以在调试、更换喷油器针阀偶件时，一定要有合适的拧紧力矩，过大或过小都是不正确的。

合适的力矩要根据每个喷油器的实际结构而定，从而达到密封良好。但另一方面力矩应尽可能小，以减少针阀体变形。

另外，在拧紧之前，一定要把调整螺钉松开，使喷油器压力弹簧完全放松，可避免由于拉杆不正引起的内应力使针阀变形。

④清除积炭。喷油器轻微积炭时，要把喷油器夹在座钳上，用钳子夹住针阀的尾端，一边转动，一边往外拔，取出针阀后用竹片刮去积炭，清洗后用研磨膏掺机油研磨，研磨好后清洗干净再装复。

2-187 怎样排除柴油机周期性“游车”故障？

(1)柴油机长周期性“游车”的诊断和排除 柴油机在怠速或中速运转时，呈现周期性的转速不稳，转速表出现时快时慢，柴油机工作声音有节奏地时高时低。对此可按下列步骤进行检查。

①如果在怠速时稍有“游车”，可继续使用，如果“游车”严重，应卸下调速器上盖，观察泵杆前后的移动量，若能看出明显游动，则将柴油机熄火。

②拆下喷油泵侧面盖，用中指、食指夹着泵杆使其前后移动，检查其松紧度。若泵杆不能移动，应修理配合，直至泵杆移动灵活为止；若泵杆只能在极小范围内移动，一般是由于柱塞转动不灵活或泵杆与各连接处过紧所致，应予修理消除；若泵杆能灵活地移动，可用另一手把柱泵杆拉臂使其不动，一手夹着泵杆移动，当感到有旷动量时，可能是调速机构各连接处松旷，应进一步检查消除。

(2)柴油机短周期性“游车”的诊断和排除 柴油机在中速或中低速运转时，呈现周期性的转速不稳，此周期短，并有规律性。这时，从排气管发出“突、突”的排气声，在离机器较远处听得更明显；有时，每个周期中还可听到一个突出的点火敲击声；有些机器还出现抖动，这些均属短周期"游车"故障。

出现游车现象主要原因是调节齿条、齿圈、拉杆、衬套等油量调节件发涩、有阻滞；其次是柱塞弹簧折断，还有可能是调速器调整不当，调节弹簧失效，各铰链磨损其综合间隙增大，或调速器自动调节供油量时，运动件出现发卡，使测量调节不及时。

当出现短周期性"游车"时，可将柴油机熄火，拆下喷油泵侧盖，用手指轻夹泵杆，使其前后移动，同时缓慢转动曲轴，使各缸柱塞上下移动，检查泵杆在移动中有无较紧之处。当感到泵杆较紧时，立即使柴油机停止转动，然后用旋具逐缸轻轻拨动柱塞转动臂试验。若感到某缸柱塞较紧时，故障可能就在该柱塞，应按以下步骤排队除故障。

①松开柱塞限位螺钉，然后继续照上述方法试验。若好转，则说明螺钉头端顶住了柱塞外套，应将螺钉拆下，加上一定厚度的垫片，然后将螺钉紧固。

②若松开柱塞外套限位螺钉后仍无好转，可将出油阀紧座松开，如此时好转，则说明出油阀紧座的拧紧力矩过大；无好转时，将柱塞外套卸下，如柱塞外套与喷油泵泵体配合处有脏物，应清洗干净，重新装复。若喷油泵泵体与柱塞外套配合处不平，应修平。经上述检查调整后仍然无效，再检查调速器各连接部位是否有卡滞现象，之后再检查调整速器是否有过于松旷或间隙不当之处，并予以排除。

2-188　怎样排除柴油机突然停车?

(1)供油系统故障及排除

①柴油箱中缺油。加油后，必须先排净低压油路中的空气，然后再起动柴油机。

②柴油中有水，正常供油时突然被水隔断。可从油箱放油开关及柴油滤清器排渣孔进行检查，应放掉所有积水。

③油路堵塞，用气筒吹通。

④高压油管破裂，连接螺母松动或接头处脱焊造成漏油。应更换油管，拧紧螺母或重焊接头。

⑤低压油管破裂、连接螺母松动或接头处脱焊造成向里渗气。主要特点是：停车前柴油机转速忽高忽低，工作不稳定，停车后表现为低

压油管漏油。应焊接油管和拧紧连接螺母。

⑥出油阀失去密封。可能是出油阀座进入脏物或出油阀弹簧折断，使供油中断。应清洗或更换损坏的零件。

⑦油泵柱塞卡死，弹簧不能使其复位。应研磨或更换柱塞副。

⑧喷油器针阀卡死，通常卡死在开起位置，油不雾能化。应研磨或更换。

⑨油泵弹簧折断。应换新件。

⑩调速弹簧折断，飞锤外飞将油泵齿条移到了停油位置。应更换调速弹簧。

(2)配气系统故障及排除

①气门弹簧折断，气门不能恢复到关闭位置，应更换气门弹簧。

②气门杆卡死在导管中，应修复或更换。

③因气门间隙过大或气门间隙调节螺钉松动，导致气门推杆从摇臂处脱出，应重新装复后，按规定调整气门间隙。

(3)柴油机过热

①柴油机整体过热。这种故障属于冷却系统有问题。突然停车后，发现曲轴箱通风口大量冒机油蒸气，冷却出口或水箱盖大量冒水蒸气。原因多半是活塞胀死在气缸里，也可能是其他运动部件卡死。冷却系统常出现的故障有：

a. 进水管脱落或管接头松动漏水。应重新装复。

b. 水箱脱焊或放水开关漏水。应重新焊接水箱或修复放水开关。

c. 水泵和风扇传动带断了或因拉长而严重打滑。应修复水泵及更换或调整风扇传动带。

②柴油机局部过热。在曲轴箱通风口冒出大量机油蒸气，则可能是一副或数副轴瓦被烧毁，脱落的轴瓦合金挤在轴或瓦片之间，将轴卡死。遇此情况，应拆检轴瓦，必要时更换。使用中烧轴瓦的常见原因是缺机油，引起缺机油的原因有：

a. 油底壳内机油过少。

b. 机油泵进油管路漏气，吸不上机油。

c. 主轴承间隙太大，大量机油从间隙漏出，致使连杆轴承缺油。

d. 机油泵磨损后供油量减少，油压降低。

e. 机油泵的限压阀漏油。

2-189　为什么发动机转速不稳?

S195、S1100型柴油机因喷油泵、调速器故障而使发动机转速不稳有两种情况:一种是转速在大幅度范围内摆动。声音清晰可辨,称之为游车,也称调速器喘气;另一种是转速在小幅度范围内波动。声音不易辨别,无规律,在低速时较为明显,并引起发动机熄火,一般称为转速波动,实际工作中较多见。

(1)喷油泵故障影响发动机转速不稳的原因如下

①出油阀拧紧力矩(50～70N·m)过大或过小。过大使柱塞套产生微量挤压变形,柱塞运动不灵活;过小使高压区各接触面之间产生泄漏,致使供油不足。

②出油阀弹簧过硬、过软、偏磨、折断,造成供油规律失常。

③出油阀垫圈磨损严重、有毛刺、断裂,则在喷油泵泵油时产生泄漏。

④出油阀减压环带与密封锥面严重磨损,使供油、停油动作不干脆,供油不稳定,供油量增加或减少(一般是增加),有喷后滴油现象,并且喷油延续角增大。

⑤出油阀座与柱塞套接触面锈蚀、划伤或有杂质,引起高压油泄漏。

⑥柱塞套装反(柱塞套半圆槽应对准定位钉),拧紧柱塞套定位螺钉时漏装铜垫,铜垫因磨损过薄,定位螺钉头部有毛刺等,使定位螺钉堵住进油孔造成柱塞副进油量减少和偏磨。

⑦柱塞副磨损严重,密封性能下降,燃油泄漏增加,供油速率(单位曲轴转角供油量)减少,使喷雾质量变差。

⑧柱塞弹簧下座装反(凸台薄面应面向滚轮体),引起柱塞转动不灵敏。

⑨凸轮轴凸轮、轴颈、衬套、滚轮体总成、柱塞弹簧等的磨损,将引起供油规律改变,供油时间滞后,供油不均,供油量减少,供油压力降低。

⑩滚轮体定位螺钉导向槽磨损或与轴线不垂直,使滚轮体的上下运动变成螺旋运动,调整垫块使柱塞上端产生转动力矩,使柱塞在一定

范围内无规则转动，供油量随时变化。

⑪喷油泵固定螺栓变形，螺母松动，使喷油泵齿轮室盖松动，供油规律严重被破坏。

⑫喷油泵供油时间调整不当，以及喷油泵内有空气产生气阻。

(2)调速器故障影响发动机转速不稳的原因如下

①调速器连接杆的固定螺钉松动或磨损严重。

②调速拉簧调节螺钉、锁紧螺母松动，螺纹变形。

③调速拉簧弹力较软，或因长期使用弹力减弱。

④调速臂与调速杆锁紧螺母松动。

⑤调速杆与齿轮室盖支承孔，以及齿轮室盖支承调速杆台肩磨损严重。

⑥固定调速杆与调速杠杆的圆锥销松动。

⑦调速杠杆两爪圆弧面磨损严重，造成游隙过大。

⑧8106 推力轴承装反（应将内孔的静配合一面压在调速滑盘套上），转动不灵活。

⑨调速滑盘及轴、套磨损严重。

⑩调速支架固定螺钉松动，或支架支承钢球的导向槽磨损严重。

⑪调速钢球磨损严重或少装。

⑫调速齿轮与钢球接触部位磨损出现凹坑，增大摩擦阻力。

⑬调速齿轮衬套内径磨损严重，使调速齿轮转动时出现摆动。

⑭正时齿轮室齿轮磨损严重，啮合齿轮之间产生冲击。

⑮曲轴齿轮、凸轮轴齿轮与轴配合松动或滚键，造成供油时间过晚，发动机工作不平稳。

⑯调速齿轮轴与机体配合松动，出现轴向窜动。

2-190　柴油机飞车时应采取哪些急救措施？

柴油机飞车是最危险的故障之一。飞车不仅造成零部件损坏，而且危及人身安全，应引起驾驶人员的高度重视。

引起飞车的原因很多，但基本分为两类：一类是燃油超供，另一类是蹿烧机油。两种飞车虽然都表现为发动机超速运转，但具体表面有差别，因柴油引起飞车时，排气冒黑烟，一般可用切断供油的方法制止；机油引起发动机飞车必须同时断绝供给空气和急速减压来制止。

平时要按照技术要求对发动机特别是油泵调速器进行安装、保养、调试，燃油清洁，符合标号。柴油机一旦发生飞车时，驾驶员应保持镇静。迅速采取果断措施，强使柴油机立即停车，否则，柴油机会在极短的时间内立即损坏，酿成事故。强使柴油机停车的应急措施主要包括：迅速切断油路，迅速切断气路或迅速推（拉）动减压杆，具体采取哪些需视情而定。每个驾驶员对自己车辆的柴油机出现飞车现象后应采取哪种紧急停车措施，必须事先心中有数。

例如135系列柴油机出现飞车时，可迅速用布堵住空气滤清器的进气门，迫使柴油机安全停车。如果柴油机此时仅转速下降仍不能停车，则说明布堵塞不严或空气滤清器与进气支管的连接处接合不严。碰到这种现象，只要拉动停车手柄，柴油机即可安全停车。

又如105系列柴油机，出现飞车现象时，用切断油路停止供油的办法迫使其安全停车，既有效又方便。具体做法是：迅速用手将高压分泵手摇柄逆时针转过约180°，使高压分泵挺杆提起，将配气机构凸轮轴传来的动力切断，迫使高压分泵停止供油，柴油机迅速安全停车。

特别强调的是，出现飞车现象后，绝对禁止减少或去掉柴油机的负荷，以免造成转速更加急剧升高。安全停车后，应及时分析飞车原因，排除故障，以防再发生飞车现象。

为预防柴油机飞车，主要应做到以下几点：

①不要随意调整和拆卸高压油泵，确需调整，应在专门的试验台上进行。

②加强柴油机燃油泵的保养工作，保持高压油泵的齿条、扇形齿轮、控制套等机件的清洁，并经常检查扇形齿轮与控制套的配合情况，使其配合正确，活动灵活。

③定期更换调速器的润滑油，加注不能过多。

④燃油和润滑质量应符合规定。

2-191 怎样排除柴油机喷油器故障？

(1)喷油器滴油 喷油器工作时，针阀体的密封锥面受到针阀的频繁冲击，且高压油不断从该处喷出，锥面就会逐渐出现刻痕或斑点，从而丧失密封性，开始滴油。当柴油机温度低时，排气管冒出一股白烟，机温上升后则变成黑烟，缸内或排气管还发出不规则的放炮声，若停止向该缸供油，排烟和放炮声便消失。可在针阀头部沾少许氧化铬细研磨膏（注意不要沾在针阀孔内）对锥面进行研磨，最后在柴油中洗净，装入喷油器试验。若仍不合格则更换针阀偶件。

(2)针阀咬死　柴油里的水分或酸性物质会使针阀锈蚀而卡住；另外，针阀密封锥面受损后，缸内可燃气体也会窜入导向面形成积炭，使针阀咬死，喷油器即失去喷油作用，该缸就停止工作了。可将针阀偶件放在废机油中加热至沸腾冒烟状态，然后用手钳垫以软布夹住针阀尾端慢慢活动将其抽出，另沾清洁机油让针阀在针阀体内反复活动研磨，直到把针阀偶件倒置时，针阀能从针阀体内自行缓缓退出为止。

(3)针阀与针阀体导向磨损　由于针阀在针阀体内不断地往复运动，且由于柴油中杂质的侵入，其配合间隙便逐步磨大，有时还会因拉伤而出现刻痕，于是喷油器内漏增加、压力下降、喷油量减少，喷油时间也随着滞后，并造成柴油机起动困难、功率下降，当喷油时间延迟过多时，甚至机车不能工作。应更换磨损超限的针阀偶件。

(4)喷孔扩大　由于高压油流的不断喷射冲刷，针阀喷孔逐渐磨大，并造成喷油压力下降，喷射距离缩短，雾化不良的后果，柴油机便出现燃烧不完全，排气冒黑烟，缸内积炭增多的故障。若喷孔磨损不严重，可在孔端放一颗直径 3～4mm 钢珠，用小锤轻轻敲击，使喷孔局部发生塑性变形而缩小孔径，但应避免冲击过重，影响喷油部分的配合间隙。

(5)喷油器雾化不良　当喷油压力过低，喷孔磨损有积炭，弹簧端面磨损或弹力下降时，都会致使喷油器提前开起，延迟关闭，从而出现喷油雾化不良的后果。另外，由于粒径过大的柴油不能充分燃烧，便顺缸壁流入油底壳，使机油油面增高、黏度下降、润滑恶化，还可能引起烧瓦拉缸的大事故。应拆开清洗、检修、重新调试。

(6)针阀体端磨损　针阀体端面长期受针阀高速往复运动的冲击，并逐渐形成一个凹坑，从而增加了针阀的升程，影响喷油器的正常工作。可做一个夹具，将针阀夹持在磨床上磨修端面，最后再用细研磨膏在玻璃板上研磨。

(7)换错针阀偶件　有些针阀偶件外形尺寸相同，如果互相换错，就会出现起动困难，功率下降，甚至卡死针阀的故障。

(8)喷油器与缸盖接合孔漏气窜油　若缸盖接合孔内有积炭，铜垫圈硬化或平整度差，紧固喷油器压板螺栓单边偏压或未按规定力矩均匀拧紧，都会引起漏气窜油现象。铜垫圈硬化或烧红后浸入水中软化，若自制必须用纯铜按规定厚度加工，以确保喷油器伸出缸盖平面的距离在规定范围内，该伸出量过大、过小都会影响气缸的压缩比。

(9)回油管破损　针阀偶件磨损，针阀体与喷油器接合面不严密时，喷油器的回油量便相应增大。如果回油管破损，柴油便白白流失。因此，回油管必须完好密闭，并安装牢靠，以便柴油顺利流回柴油滤清器。同时，回油管终端应设单向阀，防止滤清器内的柴油倒流至喷油器。

(10)喷油器粘结在缸盖接合孔内　因积炭严重或机体过热，有的喷油器会粘结在缸盖接合孔内而难以取下。可先用小锤轻敲，并以柴油浸泡一会，然后在减压状态下摇转曲轴，待转速升高后立即放下减压，利用气缸压力将喷油器冲出。

2-192　怎样诊断柴油机燃油系统故障?

(1)初步诊断　初步诊断时一般采取听音取舍法，就是利用喷油器在气缸中喷油的声音来判断油路是否有故障。方法是:把减压杆提起，打开油门，摇转曲轴，并用旋具顶压油泵芯脚，使喷油器喷油，同时倾听喷油的声音，说明整个油路没有问题;如果听到“唧、唧”声，或没有声音，说明油路有问题，应按以下几步进行查找。

(2)仔细检查　油路出现问题会在喷油器工作时集中表现出来。把喷油器总成拆下来，接在机体外，用摇转曲轴的方法使之喷油。如果油路有问题，就可以看到喷油器在喷油时有以下表现:喷油器喷不出油;油雾粗大;喷油偏射;喷油滴漏;射程偏近或偏远。根据这个情况，便可做进一步的分析。

(3)原因分析

①喷油器喷不出油的原因有四种:燃油用尽或油箱开关未打开;燃油滤清器或低压油管堵塞;油路有空气，产生了气阻;喷油泵柱塞弹簧折断，柱塞不能完全回位，使进油行程缩短，导致进油困难或减少，同时油压下降，克服不了喷油器工作弹簧的预紧力，使针阀不能开起，油喷不出来。

②油雾粗大，主要是油压不够，其原因有三种:喷油器压力未调好;

喷油器针阀偶件和油泵的柱塞偶件严重磨损；调压弹簧折断或老化。

③喷油偏射，主要是燃油太脏，造成针阀偏磨，或针阀与针阀体一边有积炭，使喷油时一边受阻而偏射。

④喷油滴漏，主要是针阀与针阀体磨损；针阀积炭卡死；调压弹簧损坏；出油阀与阀座磨损后断油不干脆。

⑤射程偏近或偏远，主要是喷油压力过小或过大所致。

(4)结论的确立　结论的确立应用逐个淘汰法，就是把上述分析的基本原因结合构造进行筛选，去伪存真，逐个淘汰，查出故障的原因所在。

①喷油器喷不出油：利用淘汰法进行以下检查就可得出结论。检查时，只要把靠近高压油泵的低压油管接头拆下。如果有油溢出，说明油箱有油，油箱开关畅通，滤清器和油管未堵；如果溢出来的油带有气泡，就说明喷不出油的主要原因是油路有空气，产生了气阻；如果油管溢出来的油没有气泡，而是正常流出，就要着重检查喷油泵柱塞弹簧是否折断。在检查油泵柱塞弹簧是否折断时，为了准确起见，先把喷油器调整螺钉旋松 1/2 圈，如仍喷不出油来，则是油泵的问题。检查油泵的办法是：把高压油管拆下，用大拇指用力压紧出油阀压盖管口上，再摇转曲轴使之喷油或用旋具顶压泵脚，如油压感到不大，说明油泵柱塞偶件磨损严重；如果用旋具顶起泵脚时，感到很轻，就可断定是油泵柱塞弹簧折断。

②油雾粗大：先调节一下调压螺钉，若油雾还是很粗，可能是针阀精密偶件磨损或柱塞弹簧、喷油器调压弹簧折断；如果这些零件都没有问题，则是针阀烧死在开起位置。

③喷油偏射：只要集中检查喷油器是否磨损或积炭，就可解决问题。

④喷油滴漏：先检查喷油器的磨损及积炭情况，如没有问题，就要着重检查出油阀的技术状态。其检查方法是，把出油阀压盖和出油弹簧拆下，用大拇指用力压紧出油针阀，打开油门，摇转曲轴。如果在供油时，感到有很大的力把大拇指顶起，说明出油阀偶件良好，反之说明出油阀与阀座磨损严重。

⑤射程偏近或偏远：只要调整喷油压力，或追查影响喷油压力的原

因即可。

2-193 怎样调整供油量不均?

各缸供油量不均匀时,可通过转动柱塞改变其有效压油行程进行调整,使其达到均匀一致。

①拨叉式油量调节机构单缸供油量的调整方法是:松开拨叉紧固螺塞,改变拨叉在拨叉轴上的位置,即可通过调节臂转动柱塞,改变其有效压油行程即供油量。调整好后应将螺钉紧固。

②齿杆式油量调节机构单缸供油量的调整方法是:松开齿圈紧固螺钉,保持齿杆齿圈不动,然后转动套筒即可带动柱塞运动改变其供油量。调整好后,应紧固齿圈固定螺钉。

2-194 怎样就车调整个别缸的供油时间?

调整个别缸的供油开始时间一般应在试验台上进行。若条件不具备,又因拉杆调整螺钉松动或其他原因引起供油开始时间变动较大时,可就车临时调整。其方法步骤如下:

①将该缸高压油管紧固螺母卸下,移开高压油管。

②用手油泵泵油,以排除油路空气。

③将供油拉杆推至最大供油位置。

④转动曲轴,并注意观察出油阀紧座的中心孔,当孔中的柴油稍微移动时,立即停止转动。

⑤用旋具将气门压下,使之压在活塞上。来回转动曲轴,使活塞上升,凭手感试出活塞升到上止点位置。

⑥将喷油泵侧盖拆下,用扳手松开挺杆紧固螺母,然后转动调整螺钉。顺时针转动调整螺钉,供油开始时间推迟;逆时针方向转动调整螺钉,供油开始时间提前。

⑦调完后,将螺母拧紧,重新试验至合乎要求。

2-195 为什么喷油器故障多更换频繁?

(1)乱拆、乱卸、乱调整 有的驾驶员每逢发动机着火不好,不找别的原因,先要在车上调整一下喷油器,不见效就把喷油器拆下来,依次拆开看看,不管是哪一个喷油器有故障,也不管是不是喷油器有故障,就盲目的拆卸,最后解决不了就换个喷油器试试。

(2)拆装不注意清洁 油管接头与有关孔道也不做防尘保护,使零件表面或孔道污染。也有的用手指直接擦喷油器针阀工作面与导向部分，造成卡滞。还有的买回新喷油器不清洗好包装的防护油，直接装上使用，造成油嘴积炭故障。

(3)不按要求进行清洗　把喷油器体与针阀等零件，统统放在一个油盆内清洗，油脏了也不换，洗一遍就捞出来装配，甚至把喷油器偶件的针阀与阀体互相装错，破坏了原来的配合关系而加速磨损。

(4)不认真检查修理，随便更换　发现喷油器雾化不好或轻微粘结，不加修理就更换新品。

(5)不及时检查调整　多数等到喷油器出了毛病，发动机着火不好才检查调整。有的还在车上盲目调整，检查调整时只注意喷油压力、雾化情况和是否滴油，对喷射锥角和是否渗油并不在意。对于喷油泵柱塞副与出油阀的影响也不考虑，调不好再送试验台上校验。

(6)不管牌号规格乱用　用其他牌号的喷油器来代替原规格的喷油器，只注意压力合适、雾化良好就使用，不管喷射角差多少，结果影响发动机的功率。

(7)喷油器安装不当　在安装喷油器时马虎大意，使垫圈损坏或漏装，结果窜气烧坏喷油器偶件。有的还将喷油器压板装反或两个紧固螺钉扭力不均，使喷油器歪斜，造成漏气或烧坏喷油器偶件。

为了使保养好喷油器，延长其使用寿命，保证发动机工作，必须注意以下事项。

①在发动机着火不好时，先排除压缩系、配气机构、燃油供给系统有关原因后，确认是喷油器或哪一缸的喷油器有问题，再拆下检查维修。避免盲目乱拆乱卸。

②拆卸喷油器时，要在室内进行，先清除外部尘土后再拆卸，要把管接头擦干净，装上防护帽或干净布包上。

③在清洗喷油器时，先把总成清洗干净，再把喷油器偶件拆下，放在专门容器内清洗。装上防护帽或用干净布包上。

④喷油器轻微积炭时，要把它夹在台虎钳上，用钳子夹住针阀的尾端，一边转动，一边往出拔，取出针阀后用竹片刮去积炭，清洗后用研磨膏掺机油研磨。研磨好后清洗干净，再将喷油器装复校验。不要盲目更换喷油器。

⑤在保养和检修时，要检查校验喷油器，必要时进行调整与维修。

⑥买新喷油器时要查看质量，严防伪劣假冒商品，不要买与原规格不同的喷油器，以免影响使用效果。

⑦在装复喷油器时，要看铜垫是否平整无损，要把垫放正垫好，把喷油器压板凸缘朝下，平面向上，两个固定螺钉均匀地拧紧，不要使喷油器歪斜或漏气。

2-196 柴油机排气管冒白烟是什么原因？

(1)故障现象

①高速运转无力，不平稳，温度过高，排气管冒灰白色烟。

②功率不足，运转不平稳，加速不灵，排气管冒水气白烟。

(2)故障原因

①喷油时间过早。

②柴油中含有水分。

③气缸破裂或缸垫渗水。

(3)故障检查与排除

①检查驱动联轴节固定螺栓是否松动，否则，应重新调整供油提前角，并可靠紧固。

②使用规定标号柴油。

③将手靠近排气消音器处，白烟吹过手面时，有细微水珠。可以用逐缸断油法查看是哪一缸渗水，再确定是由于气缸破裂，还是气缸垫冲坏所致，然后更换相关机件。

2-197 柴油机排气管冒蓝烟是什么原因？

(1)故障现象

①功率不足，柴油机低温或小负荷时，排气管冒蓝烟。

②柴油机负荷加大或温度升高后，蓝烟变为深灰烟。

(2)故障原因

①油底壳内机油平面过高。

②气缸、活塞及活塞环磨损严重，或活塞环卡死在活塞环槽内。

③空气滤清器油池内润滑油过高。

④空气滤清器堵塞，导致进气量不足。

⑤喷油器积炭，雾化不良。

⑥气缸压力不足。

(3)故障检查与排除

①首先检查油底壳中润滑油的存量，若油量过多，应放出多余部分，以达到油尺刻度中线稍偏上为宜；若润滑油温度过高或油质变差，则有可能是气缸垫在机油道口处烧坏所致，则应更换缸垫与润滑油。

②检查空气滤清器池中的润滑油量及滤网情况，若油面过高，应放掉多余部分；滤芯堵塞时，应予以清除或更换。

③若不属于以上原因，则应先清除喷油器针阀积炭，并查看有无滴漏。若机件磨损严重，要更换。然后再检查压缩机构中活塞环是否有断裂、卡滞、扭曲及装反等现象；气缸和活塞间隙是否超过极限间隙，连杆轴随间隙或气门杆与导管间隙是否过大等。

2-198　柴油机排气管冒黑烟是什么原因?

产生冒黑烟故障的本质原因是：燃油不能完全燃烧，在废气中含有大量炭粒。下面就几个故障实例加以分析，供大家排除故障时参考。

①主现象是连续冒黑烟，还伴随有功率下降及柴油机过热现象。

原因：供油提前过晚。

分析：供油提前角过晚，使混合气在气缸中的物理及化学准备时间不足，燃料不能完全燃烧。同时，燃烧可能延续整个膨胀过程，大量热量被传给冷却水，且最高燃气压力产生在较大容积过程，使平均有效压力下降，故柴油机冒黑烟、过热且功率下降。

②主现象是连续冒黑烟，但伴随着功率不下降或稍有所升高，以及燃油消耗量明显增加的现象。

原因：供油量过大。

分析：柴油机油泵供油量过大超出冒烟界限，使功率稍有增加且冒黑烟。

③主现象是连续冒黑烟，又伴随着功率下降及着火声音异常现象。

原因：配气相位失准。

分析：气门间隙过大或过小；正时齿轮记号不对或装错；正时齿轮磨损过甚及凸轮轴轴向间隙过大等都会使配气相位失准，导致充气量下降和排气不净，使燃烧不完全而排气冒黑烟、功率下降及着火声音异常。

④主现象是连续冒黑烟,伴随现象是功率下降和着火声音沉闷。

原因:空气滤清器、进气道堵塞或增压器失效。

分析:空气滤清器、进气道堵塞或增压器失效,使进气量大幅度下降,导致混合气过浓而燃烧不完全,冒黑烟且功率下降,着火声音沉闷。

⑤主现象是间断冒黑烟,伴随现象是功率下降和"缺腿"油嘴过热。

原因:油嘴焦死在开起位置。

分析:油嘴焦死在开起位置使喷雾不良,燃烧不完全而排气间断冒黑烟且功率下降;同时,压缩和燃烧过程中的炽热气体还能从开起的针阀孔蹿入喷油器中,使其过热。

2-199　怎样排除柴油机无力故障?

发动机无力的故障是指发动机能起动,但起动之后却表现无力气的征象。通过"四看四查",就可以找出原因,予以排除。

(1)检查喷油是否卡滞　良好的喷油是不偏射、不滴油、油雾均匀并射程适当;在机体处可听到清脆的"噗嘶、噗嘶"声;用手摸捏高压油管还可感到燃油"脉动"感。对于多缸机由各缸高压油管燃油"脉动"力的大、小或无"脉动"力可诊断各缸的工作情况,必要时也可结合断缸检查,以便对症排除。

然而,即使喷油良好,也不能完全说明油路零件没有问题,因此还需要查一查供油拉杆和拨叉有无卡滞和松动等现象,如有问题应及时消除。

(2)检查喷油是否正时　也就是说供油提前角是否符合规定。各型柴油机在说明上都注明了自己的供油提前角。所以,柴油喷入气缸的时间应在压缩行程活塞到达上止点之前,提前供油时间是用曲轴转角来表示的。

供油太早(提前角过大),柴油机工作时有敲击声、易损坏零件、起动时容易发生倒转,同时也会影响发动机功率;供油过迟(提前角过小),柴油机起动困难、燃烧不完全、排气冒烟、机温过高和功率不足。现以S195型柴油机为例,检查一下供油提前角是否符合技术要求。其具体步骤:拆下喷油泵一端的高压油管螺母;拧松接喷油泵另一端的高压油管螺母,将高压油管旋转一个位置,使管口朝上,再将螺母拧紧;将手油门放到供油位置,用泵油扳手泵油或转动飞轮,使高压油管内充满柴油；缓缓地转动飞轮，当看到管口油面开始上升时立即停止转动，并观察飞轮上的供油刻线是否对准水箱上的刻线，如对准或相差不大（在飞轮圆周上相差为 8mm 以内），则认为供油时间正确，否则需要调整。

调整供油提前角的方法：关闭油箱开关；拆下喷油泵进油管；拧下喷油泵三个固紧螺母，将手油门置于中间位置，卸下喷油泵；增加或减少喷油泵与齿轮室盖之间的调整片（供油时间太早就增加垫片，供油时间太晚就减少垫片）；把齿轮室上观察孔盖板拆下，将喷油泵调节臂放在居中位置，手油门也放在中间位置，将喷油泵装上，并拧紧三个固紧螺母。装上喷油泵时，应特别注意调节臂的球头一定要嵌在调速杠杆的叉槽内。喷油泵装好后，必须从观察孔检查一次，以免因差错而造成飞车或不能起动。

(3)检查压缩是否漏气　现以 S195 型柴油机为例：在不减压的情况下摇转曲轴，当摇至压缩力较大时，再向上用力摇一下即手松放摇柄，但手不要离开摇柄，此时如果有一股很大的反弹力作用于手，说明压缩力很好；反之，压缩力很差。压缩力差就得查一查漏气的原因。漏气的主要原因是气缸内不密封，即是由相关零件或之间配合不当等诸多因素导致漏气，如气门没有间隙或间隙太小、活塞与缸套或活塞环与环槽间隙过大、环槽积炭等。为了缩小查找范围，在检查过程中（当发动机工作时），可先贴近空气滤清器听一听，是否有“嘶、嘶”的吹嘘声，如有则说明漏气跟气门有关；其次打开加机油口盖，如发现有一股的浓烟冒出，则说明气缸内相关件之间漏气，逐次确诊后，一一排除。

(4)检查烟色　发动机工作正常时，一般不冒烟或冒一些清淡的灰白色烟，有时用肉眼难以看出。发动机冒浓烟，是发动机有故障的表现，这种故障也会使发动机功率下降。故应查一查冒烟的颜色：如冒黑烟则是气缸内油多气少，燃烧不完全的表现；冒蓝烟是缸套和活塞等的配合间隙过大，使油底壳机油窜入燃烧室烧机油的表现；冒白烟是燃油掺水和未燃烧完全的柴油汽化后从排气管冒出。应诊断其原因加以排除。

2-200　燃油系统气阻应采取哪些措施？

(1)气阻对发动机工作的影响　气阻是指空气进入油路，对流动的燃油产生阻碍作用，它是柴油机供给系统常见故障之一。气阻的产生会影响发动机正常工作,当低压油路产生气阻时,在空气停留处的油管截面减小,燃油流动不畅,特别是在发动机满负荷时,供油的连续性被破坏,致使发动机转速不稳或下降。当高压油泵产生气阻时,因空气具有弹性和可压缩性,柱塞上行压油时,空气也受到压缩,体积变小,使油泵实际供出的油量和压力减小,供油的均匀性被破坏。当进入油泵的空气增多时,柱塞上行压油,柱塞套上腔的压力达不到使出油阀和喷油器针阀开起所需要的压力,此时油泵供油过程中断。而柱塞在下行吸油时,因空气体积膨胀,柱塞套上方空间压力减低,但仍高于低压油路的压力,此时又使油泵进油过程中断,使发动机在工作中熄火,或使发动机不能起动。

(2)产生气阻的原因及防止措施

①低压油路。

a. 油箱内油面过低,车辆行驶中,油面前后荡动,使油箱出油口处出现短暂缺油;或在油箱中油量较少的情况下,车辆倾斜停放和行驶,此时空气趁机进入油路。

b. 油箱里的燃油烧完再加油时,没有放掉油路中的空气。

c. 低压油路的零部件在清洗保养装机后,加油时没有将其积存的空气排尽。

上述情况防止措施:油箱中应保持足够的燃油;加油时,特别是拆装机器后,应将油路中的空气排尽。

d. 低压油管有裂纹或砂眼,空气从此处进入油路。

防止措施:金属油管一般可用锡焊修补;如无焊接工具,可在破裂或砂眼处截断,套上一截内径合适并有一定紧度的塑料管,再用细铁丝扎牢;塑料软管出现裂纹,一般应更换新件;若无新件,可在裂纹或砂眼处贴上一截胶带纸,在短时间内可继续使用。

e. 各油管接头处的铜或铝垫片凹凸不平、破损或选用垫片的材料大小不当,或空心螺钉端面不平、垫片处有杂质,或油管接头处螺钉拧紧力不足、垫片未压实,使空气进入油道。

防止措施:应使用符合规定要求的垫片。垫片、空心螺钉端面不平时,可在细砂布上研磨,直到无凹痕。若沟痕深无法修复时,应更换新件。装配时,接头垫片应清洁,并拧紧接头螺钉。

f. 柴油滤清器和喷油泵上的放气螺塞，因经常拆装使螺纹损坏，配合不严，空气进入油道。

防止措施：可用丝锥改螺纹，另配螺纹。临时措施，可将螺塞拆下洗净，然后涂上一层黄油装回原处，并加以紧固。

g. 柴油滤清器盖、输油泵盖、高压油泵盖处的垫纸损坏，盖与壳体的紧固螺钉拧紧力不够、不匀或受振松动而漏气，或接合处有伤痕、毛刺及杂质，引起漏气。

防止措施：更换新垫，拧紧螺钉，清除伤痕、毛刺，装配时注意清洁。

h. 膜片式输油泵的膜片破损，当膜片向下移动时，膜片上方容积增大，形成真空吸力，空气便从破损处进入输油泵，形成气阻。

防止措施：更换新膜片。若无新膜片，可用油布或塑料薄膜剪成与原来形状一样的膜片，夹在原膜中临时代用。

i. 柱塞式输油泵推杆与推杆孔磨损，配合间隙增大。当发动机负荷增大时，输油泵出油口处的油压降低，空气从推杆处进入油道。

防止措施：重新配制符合要求的推杆，并与孔研配。

j. 分配泵上的二级输油泵密封圈老化收缩，使端面不密封造成漏气。

防止措施：更换新密封圈。

k. 手油泵上的活塞密封胶圈长期使用严重磨损或老化膨胀失效。当手油泵工作时，空气从密封胶圈处进入油道；使用手油泵后，手柄没有拧紧，空气进入油道。

防止措施：更换密封胶圈。临时措施可先把密封胶圈从卡槽中拆出，在卡槽中用细棉线绕上一层，再把密封胶圈装上。使用手油泵后，应将手油泵拉帽旋紧。

l. 喷油器回油管里的空气随回油一起进入低压油路（回油管装在柴油滤清器上的机型）形成气阻。其主要原因是喷油器针阀密封锥面出现沟槽和针阀导向部分严重磨损，燃烧室里的高压气体经沟槽和导向部分进入回油管，再进入滤清器。

防止措施：更换针阀偶件，或改接回油油路，将回油引入油箱。

注意：低压油路中渗气和漏油是紧密相关的。凡漏油的部位，一般都有可能渗入空气产生气阻。是向外漏油还是向里渗入空气，决定于低压油管内的压力。当油箱内油面静压力使油管里的压力高于大气压时，表现为向外漏油。而当车速较高、满负荷作业或油路出现部分堵塞时（如滤清器、输油管等处有部分被堵），输油泵或高压油泵进油期间的抽吸作用，可使油管内出现一定的负压，这时空气就可能从原来漏油部位渗进低压油路产生气阻。

②高压油路。

a. 在检修拆装高压油泵、喷油器及高压油管时，空气进入高压油路产生气阻。

防止措施：装好机器后，在起动之前先排除油路中的空气。

b. 在安装单体泵柱塞套时，定位螺钉处的垫圈损坏、螺钉拧紧力不够或漏装，柱塞下行吸油时，空气从此处渗入油腔。

防止措施：更换垫圈，拧紧定位螺钉。

c. 喷油器喷油压力过低，调压弹簧折断，使油嘴头密封不严或针阀锥面被杂质垫住，气缸里的高压气体窜入高压油管，产生气阻。

防止措施：调整喷油压力，更换调压弹簧，注意燃油的清洁。

d. 采用分配泵的机型，喷油器咬死在开起位置，发动机在低速时，燃烧室内的高压气体克服油泵的压力，从针阀缝隙处进入高压油道，再经分配转子上的分配孔进入轴向油道，产生气阻。

防止措施：清洗或更换咬死的油嘴头。

e. 油泵柱塞副严重磨损，柱塞下行时，空气从柱塞副下端渗入油腔。

防止措施：更换柱塞副。

(3)排除气阻的方法及注意事项 油路中一旦产生气阻，首先应将造成气阻的原因查出并排除，然后还必须将油路中的空气排尽。一般先排除低压油路中的空气，再放高压油路中的空气。对于低压油路中的空气，可拧松柴油滤清器和高压油泵上的放气螺塞，用手油泵压油，直至从放气螺塞处流出的燃油中不夹气泡为止。单缸机可打开油箱开关，利用油箱中的燃油重力，将空气从放气螺塞处排出。排除高压油路中的空气，可先拧松喷油器一端的高压油管接头，打开油泵侧盖（柱塞泵），将供油拉杆放在最大供油位置，再用旋具撬动喷油泵柱塞弹簧座，或摇转曲轴使喷油泵工作，空气即可随燃油一起排出，直至油中不夹气泡为止。

使用分配泵的机型在放气时应注意：二级输油泵盖上的闷塞不是放气螺塞，拧松闷塞后虽然能排除低压油路中的空气，但不能排除油泵内的空气。而且拆下闷塞后，容易使控制阀柱塞及调压弹簧丢失，因此不要在此处排气。分配泵上有顶盖放气螺钉和泵体放气螺钉，放气时应分别利用。前者是为了排除油泵壳体和顶盖内空气，避免经回油接头重新进入低压油路；后者是为了排除油量控制阀前的低压油路中的空气，防止空气进入高压油泵。

另外，使用Ⅱ号泵的机型，因泵盖上放气螺钉位置较低，而每循环供油量又较少，出油阀内的空气不易排尽。为此或将出油阀紧座拧出，用手油泵将空气排尽。

2-201　怎样延长柴油机高压油管寿命？

正确安装高压油管，对它的使用寿命有决定性作用。

(1)安装前的检查　安装前应仔细检查高压油管两端小锥体形状是否正确，锥体与油管相交的台肩处是否平整，锥体台肩周围平面与油管中心线是否垂直，紧固螺母与锥体头之间的垫圈是否完好且平整，螺母内螺纹有无损伤，与高压油泵和喷油器上的管接头螺栓直径、螺距是否相等。

(2)高压油管整形　根据高压油泵与喷油器的相互位置，对高压油管进行整形。必须使高压油管的端头和其相接的喷油器或高压油泵的接管螺栓在一条中心线上，还应注意整形的高压油管必须与其相接的两端接管螺栓上的键穴同时都吻合。

(3)安装，校正　安装时先拧紧高压油泵一端的油管紧固螺母，这时喷油器一端的锥体接头应与接管螺栓上的锥穴对正并吻合，否则应重新校正油管的形状，使之对正并吻合。然后拧紧喷油器一端的油管紧固螺母，松开高压油泵一端的油管紧固螺栓，看此处油管锥体接头是否与其相接的接管螺栓上的锥穴也对正吻合。如对正吻合，表示油管形状正确，上紧此处油管上的紧固螺母即可。否则，还应对油管进行重新整形。必须如此反复进行两端交替松、紧检查，校正数次，直至两端都正确为好。

(4)注意事项　安装中应注意中间加有固定卡的高压油管。在安装整形中首先应把固定卡装好并紧固在适当位置，然后再进行上述两端交替松、紧检查校正。不允许在两端交替检查装好后，再上中间的固定卡。还应注意高压油管两端的紧固螺母，应能用手指顺利拧到接管螺栓上，直到最后再用扳手拧紧。

(5)堵漏措施　当发现高压油管接头处漏油时，应检查分析原因。如发现是油管锥体与接管螺栓锥穴接触面有损伤而漏油时，可用纸片或薄铜皮剪一小圆垫片，用油管锥体压入锥穴，然后上紧螺母即可。切不可不分析漏油原因，只要见此处漏油，就在高压油管的锥体根部乱缠乱绕棉线绳来堵漏，只有在高压油管根部开裂，当时又没有更换件的应急情况下，才可暂用此法，待有件后将高压油管换掉。

2-202　柴油机修理要把好几关？

(1)气缸压力关　柴油机是压燃式发动机，如果气缸压力不足，缸内被压缩空气的压力和温度达不到要求，喷入的燃油因燃烧缓慢而不能充分利用，会引起发动机冒黑烟和机温过高。气缸压力严重不足，发动机就无法起动。为了保证有足够的气缸压力，活塞与缸套的配合间隙、活塞环的端、边间隙必须符合要求，气门与气门座的密封性要好，喷油器前端密封垫及气缸垫要完好，且厚度符合要求。

(2)燃烧室的容积关　柴油机经修理后，往往会使燃烧室容积发生变化，改变原有的压缩比，直接影响柴油机的正常工作。燃烧室容积改变的主要因素有：活塞位置装反、气缸垫厚度不当、曲柄连杆磨损或弯曲、涡流室镶块错位、气门下陷量过大等。在修理时，应对这些情况加以注意。

(3)柴油雾化关　柱塞副、出油阀副及喷油器针阀副的技术状态不好，均会造成喷油雾化不良，使柴油机起动困难，燃烧不完全，积炭增多，以致发动机功率下降，油耗增加。因此，对燃油系统，特别是精密偶件要认真进行检修。

(4)正时关　包括供油正时和配气正时。若供油不正时，S195、X195型柴油机可借助喷油泵与齿轮室盖之间的垫片调整，每增减0.1mm厚的垫片，相当于飞轮弧长6.3mm。若配气不足时，应先检查与纠正正时齿轮安装上的误差，然后调整气门间隙。气门间隙每变动0.1mm，曲轴转角变化3°，相当于飞轮弧长11.1mm。调整时应注意活塞压缩到上止点时，进、排气门间隙(冷车状态)不能小于0.2mm，以防机件受热膨胀，气门关闭不严，或气门头撞击活塞。

(5)三滤关 空气滤清器技术状态不好，会使灰尘进入气缸，加速活塞环、气缸、气门与气门座早期磨损，造成起动困难，功率下降。柴油、机油滤清器技术状态不好，会使杂质进入有关零部件之间，造成三大精密偶件早期磨损，加速曲轴与轴瓦磨损，严重者造成柴油机早期报废。

(6)通孔关 现以S195型柴油机为例，轴承、衬套五处通孔在安装时要对正。

①主轴承。每对主轴承油槽上都钻有油孔，分别与气缸体、主轴颈上的油孔相通，以便润滑油进入主轴承和主轴颈。安装时，只要主轴承的凸缘缺口对正定位销，就能防止主轴承转动，保证油孔对正，使润滑油路畅通无阻，避免烧瓦。

②摇臂衬套。摇臂中部压有衬套，上有油孔，承接以机油压力指示阀油孔喷出的润滑油，润滑摇臂轴。向摇臂内压入衬套时，如孔不对准，摇臂轴及衬套就会因干摩擦而烧损，使气门间隙变大，产生严重的敲击声。

③连杆衬套。连杆小头钻有机油孔，和连杆衬套的油孔相通，收集飞溅的润滑油，润滑活塞销和连杆衬套。向连杆小头内压铜套时，若两个不对准，铜套和活塞销将发生干摩擦，发出“噹噹”的敲击声，直至咬死。

④起动轴衬套。齿轮室盖和机体的起动轴衬套安装座孔上都有集油凹槽，以便飞溅的润滑油从凹槽流入，润滑衬套和起动轴。安装起动轴衬套时，两衬套油孔要分别与机体和齿轮室盖上相对应的集油凹槽相通。否则起动轴与衬套干摩擦会造成早期磨损，导致齿轮室噪声增大。

⑤凸轮轴衬套。凸轮轴衬套安装座孔上方钻有集油凹槽，让主轴承多余的油和飞溅的油顺着机体边沿流入集油凹槽、润滑衬套和凸轮轴。安装时，凸轮轴衬套油孔如不对准座孔的集油凹槽，凸轮轴衬套就会加快磨损，引起供油角度和配气相位变化，导致柴油机功率下降。

(7)小孔关

①油箱盖通气孔。该孔堵塞后，使油箱不再与大气相通，油箱上部因油面下降会出现负压，造成供油中断；燃油受热蒸发后，使油箱内压力升高，引起油箱开关处漏油。因此此孔不能堵。

②曲轴箱换气孔。发动机工作时，总有少量废气窜入曲轴箱。换气孔堵塞后，废气越积越多，曲轴箱内气压升高，会使机油渗漏。高温废气混入机油，还会加快机油变质，加速机件磨损。因此，在维修时一定要疏通此孔。

③输油泵泄油孔。输油泵上的泄油孔堵塞，会导致推杆和导管间少量柴油渗漏进入喷油泵，冲淡下体内的润滑油，加速零件磨损。因此，此孔也不能堵。

④水泵泄水孔。该孔如果堵塞，渗漏的水排不出泵体，进入轴承座内，会加速轴承的损坏。因此，在检修时一定要疏通此孔。

(8)磨合关 新的或大修后的柴油机不经磨合就投入重负荷作业，将会造成机件严重磨损，影响性能和使用寿命。

①冷磨合。卸下喷油器，用外力带动柴油机运转，同时检查机油压力和各部温度，并注意倾听各部件声音。冷磨合后，趁温度高时放出机油，清洗机油滤清器和各油道。

②热磨合。

a. 无负荷热磨合，注意柴油机工作情况和各部分响声。

b. 按规定载荷和时间磨合，经常注意各部分声音及加机油口的窜气、排烟、喷油器回油等情况，发现问题及时排除。

2-203 单体泵装配中不能忽视哪些问题?

柴油机配套的柱塞式单体喷油泵装配中容易忽视、而且影响柴油机使用性能的一些问题作一介绍，以确保装配质量。

①确保零件清洁。油泵各零件、拆装工具等都应认真清洗，保证清洁；新购的柱塞偶件、出油阀偶件应清洗除去防锈油；修理场所不得有风沙、灰尘侵袭。

②柱塞套安装座孔支承台肩应平整、光洁，不得有划痕、裂纹或变形，否则应铰削，或用研磨膏研磨，或在台肩处加密封垫(或绕石棉线)，以防台肩处漏油或使柱塞套歪斜；座孔受柱塞套挤压造成局部缩孔变形，应铰削至标准尺寸，以防柱塞套受挤使柱塞卡滞。

③柱塞套座孔台肩平面铰削或研磨后，应保证柱塞的压缩余隙，如有不适、余隙过小、供油预行程过小，可在台肩处加垫调整，台肩处加垫时要保证供油时间和供油量不受影响。

④柱塞套定位螺钉长度、密封垫片厚度应合适，以保证定位螺钉端头光滑部分伸入柱塞套定位槽，但又不抵在定位槽上；螺钉拧紧后，柱塞套在座孔内应有 1～1.5mm 的轴向窜动，但无转动现象；采用在定位螺钉上绕尼龙线堵漏时，应保证定位的可靠性。

⑤柱塞调节臂与柱塞配合不得松动；调节臂上端面至柱塞顶面的距离应符合规定；柱塞回油孔中心线与调节臂中心线的夹角应符合要求。

⑥向泵体内安装柱塞、柱塞弹簧、滚轮体（或挺柱体）时，若压不动滚轮体（挺柱体），则说明装配有误，切不可硬敲，以防损坏偶件。

⑦柱塞调节臂与挺柱体外缘应有 1.5mm 左右的间隙；柱塞尾部在柱塞弹簧座内应有 0.2～0.5mm 的轴向窜动量；转动凸轮轴使柱塞运行到凸轮上止点，用旋具撬动柱塞尾端，柱塞的移动量（即柱塞余隙）不得小于 0.3mm，否则可通过改变（减小）调整垫块厚度或磨削柱塞顶部平面来调整。

⑧对于磨损轻微的柱塞偶件，可以适当调整柱塞转角，以增加 5%～10%的供油量，缓解供油不足的矛盾，但要保证停供转速不得过高；对于磨损严重的柱塞偶件，则不宜采用。

⑨出油阀弹簧的预压量应符合要求；弹簧自由高度下降、螺距不等、歪斜达 1.5mm 或侧面磨损发亮痕迹超过弹簧直径的 1/3 时，应予以更换。

⑩对油泵高、低压油道起密封作用的出油阀垫圈，不要因为拆、装困难而将其外圆磨小，否则油泵内高、低压油路相通，油泵无法工作。当出油阀垫圈改用、代用时，对垫圈的厚度、内外径、材质都要认真选择，不可马虎。

⑪出油阀座与柱塞套之间，是靠两平面精密加工后的高光洁度来紧密接合密封的，若两平面间有细小杂质、毛刺或划痕，也会引起高、低压油的串通，装配中应仔细检查。

⑫出油阀内有减容体的不可漏装，无减容体的不可多装；出油阀紧座应按规定力矩拧紧。

⑬出油阀紧座拧紧后，原来转动、移动灵活的柱塞有可能变得不灵活了，这时说明柱塞套产生了应力变形，变形原因可能是柱塞套台肩不平或定位螺钉将柱塞套顶偏，应拆卸重新装配。禁止采用研磨柱塞与柱塞套的方法来消除卡滞现象，否则会缩短柱塞偶件的使用寿命。

⑭单体泵装好后，应向泵体进油孔内注满清洁柴油，再用拇指堵住进油孔，将泵体垂直于地面按压数次，观察供油调节齿条或调节臂处于最大和停止供油位置时，油泵是否能泵油或停供，如不能泵油或停供应重新装配。

⑮油泵拨叉槽与调节臂或齿条凸柄的配合间隙应小于0.2mm，过大或卡住时应更换调节叉或修复调节臂；油泵往机体上安装时，调节臂(齿条凸柄)应对准拨叉槽，且应将油泵凸轮凸起转向后方，S195等柴油机还应通过手油泵压住油泵滚轮体，方可盖上正时齿轮室盖，以防损坏泵体。

⑯油泵在机体上装好后，应将调速手柄分别置于停供和最大供油位置，扳动飞轮，看油泵是否能停供和泵油。否则说明拨叉槽未对准，应重新装配；同时移动调速杆应灵活，拨叉不得与泵体相擦，以防起动飞车。

⑰更换新的柱塞副和出油阀副后，应检查、调整供油时间；当供油时间调整垫片抽完后，应检查柱塞余隙，以防柱塞顶住出油阀座。

2-204　怎样安装柴油机喷油泵?

195型柴油机的喷油泵安装技术要求很高，如安装不当，会使柴油机出现不能起动、不能熄火、工作无力及飞车的故障。

(1)喷油泵总体安装

①柱塞套的定位安装。如图2-57所示为柱塞套结构图。在柱塞套大端两侧，有相同高度的进油孔1(兼回油孔)和进油孔5，在孔1的外端有月牙形切槽2，在孔5的外端制有沉孔4。柱塞套装入泵体内，应使带有切槽的一侧对准泵体上的定位螺钉孔。拧紧定位螺钉后，螺钉头部进入切槽内，推动柱塞套时应有3mm左右的上下窜动量，但柱塞套在泵体内既不能

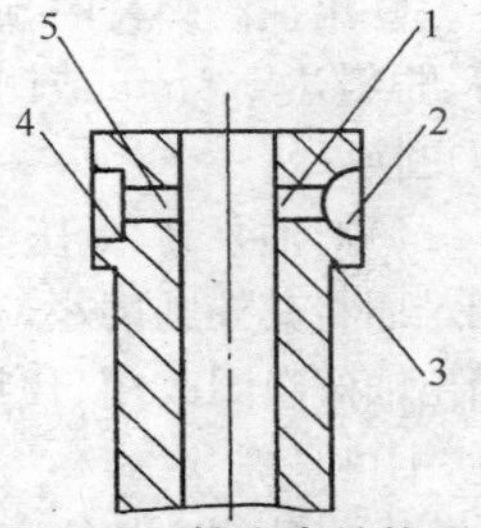

图2-57　柱塞套结构图

1、5. 进油孔　2. 月牙切槽　3. 台肩　4. 沉孔

转动，又不能被抽出。拧紧出油阀紧座，柱塞套下移，台肩 3 与泵体台肩压紧，此时柴油机正常工作。

不应将柱塞套翻转 180°安装。如果安反了，定位螺钉拧到沉孔 4 的位置，会出现如下不良后果：若沉孔完全被定位螺钉堵死，柱塞套不能回油，但柱塞不断供油，调速器无法控制，造成飞车或不能熄火；若沉孔没有被堵死，虽然能回油，但会造成功率不足。这是因为定位螺钉使柱塞套上移了约 0.8mm 的距离，而柱塞的工作行程是不变的，柱塞移到上止点时，柱塞顶和柱塞套形成的空间加大，则使供油压力降低，供油不足。另外柱塞套上移，柱塞的有效行程（供油行程）减小，影响供油量和供油时间，同时柱塞上移，台肩处形成间隙，易泄油且进入油底，冲淡机油。

②垫片的安装。定位螺钉下面的垫片的作用，一是密封，防泄油作用；二是对柱塞套的正确定位。垫片的大小、厚薄要合适，过大会使垫片变形损坏；过小会引起漏油。过薄会使柱塞套顶死，破坏柱塞套在泵体内的正确位置，特别上移时，拧紧出油阀紧座后，会使柱塞套、定位螺钉变形损坏；过厚会使柱塞套从泵体内脱出或不能定位。

③垫块的安装。垫块装在柱塞尾端和挺柱之间，把动力传给柱塞。在正常情况下，柱塞调节臂与挺柱体外缘间约有 1.5mm 的距离。漏装垫片，挺柱体外缘和调节臂直接接触，作用力外移，形成力矩，容易撞断柱塞转臂。

④齿轮齿条泵应按记号安装。齿条、调节齿轮、柱塞装配时一定要对准记号。若无记号或记号不清时，应采取如下办法安装。如图 2-58 中所示的齿轮齿条泵啮合情况看，齿条 3 在泵体处于居中位置，即调节凸柄 2 的中点在泵体的轴线上，使齿轮 4 上的齿轮套 5 的两个卡槽 6 转到上下垂直位置，则齿轮和齿条进入正常的啮合。再把齿

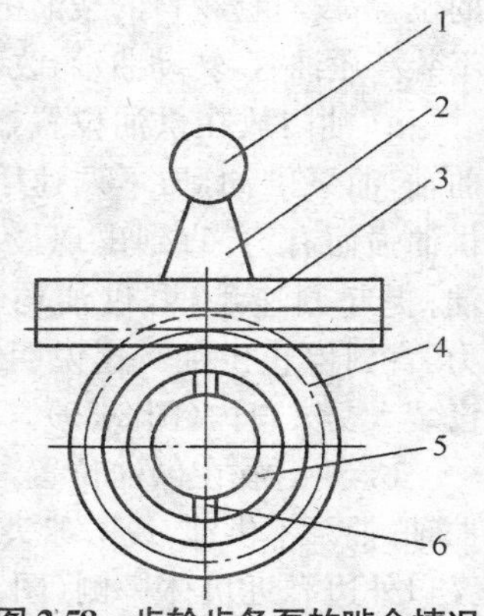

图 2-58　齿轮齿条泵的啮合情况

1. 球头　2. 凸柄　3. 齿条　4. 齿轮　5. 齿轮套　6. 卡槽

条推向机体一侧(右边),齿轮随之转动,齿轮套上方的卡槽转到右边,下方卡槽转到左边。随后使柱塞下端和头部径向回油孔在一侧的凸缘,对准齿轮套右边的卡槽,装入柱塞套内。此时柱塞斜边始终处于打开柱塞套上的回油孔,喷油泵处于停供油的熄火状态。把齿条拉到机体外侧一边,供油量逐渐加大,直到最大供油量为止。

(2)喷油泵安装到柴油机上

①保证泵体处调整垫片总厚度不变,以使供油正时。

②把油泵凸轮凸起转向后方位置,以便于安装油泵。

③用油门调节调速器叉头,与齿轮室盖安装孔对正,把齿条上凸柄摆到正中位置,把油泵总成装入叉口中。

④油泵固定螺栓均匀上紧,以使油泵凸缘与齿轮室安装面压紧贴实。

⑤柱塞调节臂球头(或凸柄上球头)必须装在调速器杠杆叉口内。如图2-59为球头在三个不同位置时的情况。即保证球头1装入调速器杠杆2端叉头4的叉口3内,不然会影响喷油泵的正常工作。为了安装的准确性,有的柴油机设有检视口,拆下口盖,就可以观察到球头的位置;没有检视口的柴油机,可以采取供油方法检查:喷油泵装好后,不装高压油管,转动曲轴,改变油门位置,看油泵泵油情况。

a. 油门放在供油位置,转动曲轴,油泵供油,压下调速手柄,供油强而有力,直到出现最大供油;提起调速手柄,供油弱而无力,直到停止供油。这说明球头已装入交叉口内(图2-59)。

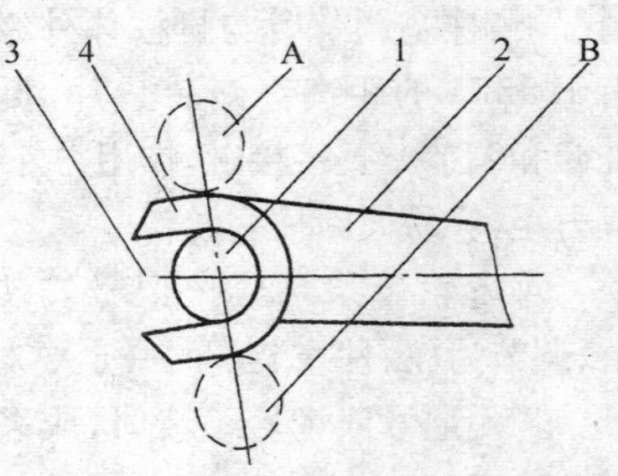

图2-59 球头在不同位置示意图

1. 球头 2. 杠杆 3. 叉口 4. 叉头

A. 停供位置 B. 最大供油处

b. 油门放在供油位置,转动曲轴,油泵不供油,说明球头装在叉口外边靠近机体一侧(图2-59中A所处位置),柱塞卡死在停供油位置,起动发动机而不能着火。

c. 油门放在停供油位置,转动曲轴,油泵供油,说明球头装在远离机体一侧(图2-59中B所示位置),柱塞是卡死在最大供油位置,调速器不起调速作用,柴油机起动着火后立即飞车。装在A、B两个不同位置时,均要重装,直到正确为止。

2-205 怎样安装高压泵?

(1)安装步骤

①装柱塞套筒。注意柱塞套筒上半月形定位槽与泵体上柱塞定位螺钉对正,并将柱塞定位螺钉拧紧。这时柱塞套筒在泵体内允许有少量的轴向移动,但不可作旋转动。

②装调节齿条。把带调节凸柄的调节齿条装入泵体的齿条安装孔中,使调节凸柄居于齿条安装孔的中间位置(可在外部观察到调节齿条两端露出量相等),并沿铅垂线竖直向上。这时调节齿条正好处于工作状态中的中油门位置。

③装调节齿轮。使调节齿轮的两缺槽中心连线呈水平状态,将其装入泵体安装主孔中的相应位置,使之与调节齿条啮合(注意再检查一遍,这时调节齿轮两缺槽中心连线必须居水平线),这时调节齿轮也正好处于工作状态中的中油门位置。

④装柱塞弹簧上座、柱塞弹簧。

⑤装柱塞。注意使柱塞头上的径向回油孔(或称最小有效行程位置)指向调节凸柄(也即正对柱塞套筒上的回油孔位置),两柱塞凸肩正对调节齿轮上的两个缺槽,这时柱塞也正好处于工作状态中的中油门位置。

⑥装柱塞弹簧下座、推杆体总成、推杆体导向销钉和卡簧(这时用手能够压动推杆体作往复运动,表明柱塞在柱塞套筒中能运动自如,柱塞两凸肩正好进入调节齿轮两缺槽)。

⑦装出油阀座、出油阀、出油阀垫圈、出油阀弹簧、出油阀紧座。

⑧检验。向高压油泵进油口注入适量清洁柴油,用手压动推杆体总成,模拟油泵工作时推杆体的往复运动,并缓缓拨动调节凸柄。在大油门时出油阀紧座上高压油出口射出的油量较大,在中小油门时高压油出口射出的油量也随之减少,在最小(即停车)油门时高压油出口应没有油射出,即表示安装正确。

(2)注意事项

①整个安装过程必须注意零件清洁。

②出油阀紧座、柱塞定位螺钉必须按规定拧紧，柱塞定位螺钉铜垫不能漏装，以免漏油。

2-206　柴油机在使用中怎样节省燃油？

(1)保持技术状况良好　柴油机的燃油消耗与柴油机的气缸压力、配气相位、供油系统及冷却系统的技术状况有关。

气缸压力与压缩比及气缸活塞组的技术状况有关。如果活塞、活塞环与气缸壁间隙过大，活塞环弹力不足、卡滞及对口，气门与气门座不密合，气门脚间隙过小，气缸垫漏气等，都会使气缸压力下降。燃烧室积炭过多、气缸垫过薄或修理将气缸盖磨削过多，会使气缸压力增高。柴油机的压缩比应符合规定，如果压缩比过低，柴油机压缩终了时的温度及压力就低，使滞燃期延长，气缸内积累的燃油增多，会使速燃期的压力猛烈增加，柴油机工作粗暴，不仅燃油消耗增加，而且影响使用寿命。如果压缩比过高，将使燃烧最高压力过分增加，使机件负荷增大。

配气相位失准，燃油消耗明显增加。

供油系统技术状况不好，喷油泵供油量过多或过少，喷油提前角过大或过小，喷油压力过低，雾化质量不好等均会增加燃油消耗。空气滤清器堵塞，冷却系技术状况差，使冷却水温过高或过低，也会使油耗增加。

因此，柴油机在使用中应定期进行维护，正确调整各部配合间隙，经常保持良好的技术状况，是节约燃油消耗的基础。

(2)正确操作　正确操作，包括掌握柴油机工作温度和经济转速。据测试证明，不同技术水平的驾驶员，在相同使用条件下，驾驶同一辆汽车，其燃油消耗的差异可达20%～40%。

掌握柴油机工作温度，主要是预热保温。柴油机冷起动时应进行预热，使柴油机温度升至40℃以上再起动；并使柴油机走热温度升至50℃以上再行起步；在使用中，应使柴油机工作温度保持在80～90℃之间，否则，均会使油耗增加。

掌握经济转速。柴油机一般在中速运转时，油耗最低，转矩最大，驾驶员可以根据车速表指示随时控制车速，使柴油机运转在经济转速范围。

(3)正确使用燃油和机油　低品质或不适当的燃油及机油，也是增加柴油机燃油消耗的原因。因此，应根据柴油机制造厂的推荐来选用燃油及机油。

2-207　柴油机低压油路不来油什么原因？如何诊断与排除？

(1)故障原因

①油箱内无油或存油不足。

②油箱开关未打开或油箱盖空气孔堵塞。

③油箱内上油管堵塞或从上部折断。

④油管堵塞、破裂或接头松动。

⑤柴油滤清器堵塞或限压溢流阀关闭不严。

⑥油路中有空气。

⑦输油泵工作不良。

(2)诊断与排除方法

①当松开喷油泵放气螺钉，扳动手油泵，放气螺钉处无油流出，说明低压油路不来油。首先检查油箱内的存油是否足够，开关是否打开，油箱盖空气孔是否堵塞。若良好，可扳动手油泵试验。若拉出手油泵拉钮时感到有吸力，松手后能自动回位，说明油箱至输油泵之间的油路堵塞，应排除堵塞。若拉出手油泵拉钮时感觉不到有吸力，但压下去时比较费力，说明柴油滤清器堵塞，应清洗柴油滤清器。若上下拉动手油泵拉钮时，均无正常的泵油阻力，说明输油泵进油阀或出油阀失效，应更换进油阀或出油阀。

②当放气螺钉处流出的是泡沫状柴油，说明油路中有空气。应检查油箱内上油管有无破裂或松动，油箱至输油泵间油管有无破裂或接头松动。应进行检修或更换，并排除空气。

排除空气时，松开柴油滤清器上的放气螺钉，扳动手油泵泵油，直至流出的柴油不含气泡为止，然后拧紧放气螺钉。再松开喷油泵上的放气螺钉，扳动手油泵泵油，直至流出的柴油无气泡为止，然后拧紧放气螺钉。

③当放气螺钉处流出的柴油不急，说明低压油路来油不畅，应检查油箱开关是否完全打开、油箱盖空气孔是否堵塞、油管接头是否松动、

油管是否堵塞、输油泵工作是否良好以及限压溢流阀是否关闭不严等。

2-208　喷油管不喷油或喷油量不足是什么原因？如何诊断与排除？

在低压油路正常供油的情况下，喷油泵不喷油或喷油量不足。

(1)故障原因

①喷油泵凸轮轴断裂或联轴节主动盘或被动盘连接键损坏。

②供油齿杆卡死，使柱塞不能转或转动量过小。

③油量调节齿圈(或调节叉)固定螺钉松脱，使柱塞滞留在不供油位置上。

④柱塞卡住或柱塞弹簧折断，使其丧失泵油作用。

⑤柱塞偶件磨损严重。

⑥挺杆与柱塞脚步间隙过大。

⑦出油阀卡死或其弹簧折断。

⑧出油阀密封不良。

⑨溢油阀密封不良或其弹簧折断。

(2)诊断与排除方法

①接通起动机，查看喷油泵输入轴和凸轮轴是否转动，若不转动说明联轴节或凸轮轴或连接键已断裂或损坏，应进行修复。

②若喷油泵转正常，打开喷油泵侧盖，检查供油调节拉杆是否总处在不供油位置，供油调节齿圈(或调节叉)固定螺钉是否松脱，使柱塞滞留在不供油位置上，柱塞与柱塞套筒是否咬死。

③若上述均无问题，拆下高压油管，扳动手油泵，观察出油阀是否密封。若出油阀溢油，说明出油阀密封不良或其弹簧折断。应研磨出油阀偶件或更换出油阀偶件或出油阀弹簧。

④若喷油泵喷油量不足，主要原因是柱塞与套筒磨损严重或溢油阀密封不良。应更换柱塞偶件或溢油阀弹簧。

在柴油机检查喷油泵柱塞磨损、柱塞弹簧折断和出油阀密封性的方法如下：当断开某一缸高压油管后，如柴油机转速无变化，说明该缸工作不良。然后，把油门拉杆置于中速位置，用手指堵住高压油管端面的出油孔，立即记下时间，直到手指堵不住，柴油喷出来为止，看需要几秒钟。再把工作较好的某一缸的高压油管拆下，用同样方法检查，并记下时间，两者比较一下如相差较大，说明时间长的那个缸的柱塞磨损。如断开某缸的高压油管后，柴油机转速无变化，且高压油管无油喷出或喷油极少，说明该缸柱塞弹簧折断。这时，只需打开侧盖，用旋具上下拨动柱塞弹簧便可发现。

检查出油阀密封性，可将柴油机熄火，由下端断开所有高压油管，然后用手油泵泵油，如出油阀压帽无油冒出为正常。若出油阀压帽往外冒油，说明出油阀密封性不良，可进一步检查出油阀弹簧和密封圈。

2-209　喷油泵供油不均是什么原因？如何排除？

(1)故障原因

①各分泵柱塞与套筒磨损不一致。

②有的柱塞粘住或其弹簧折断或弹力不足。

③有的调节齿圈或调节叉的固定螺钉松脱或调节齿圈与齿杆或调节叉与调节臂磨损不均而不一致。

④出油阀偶件磨损严重或弹簧折断。

⑤喷油泵凸轮与滚轮体不均匀地磨损。

⑥滚轮体调整螺钉调整不当或松动。

(2)诊断与排除方法

①在柴油机运转时，可采用逐缸断油试验。当某缸断油时，若柴油机转速明显降低，黑烟减少，敲击声变弱或消失，说明该缸供油量过多。若柴油机转速无变化或变化甚小，说明该缸供油量少。找出有故障的单缸后，再进一步查明故障原因。

②打开喷油泵侧盖，检查该缸分泵柱塞是否粘住、弹簧是否折断、调节齿圈或调节叉固定螺钉是否松脱、滚轮体调整螺钉是否松动。

③若上述均无问题，则应拆下喷油泵，检查柱塞偶件、调节齿圈与齿杆或调节叉与调节臂的配合间隙以及凸轮轴与滚轮体等磨损情况，并进行检修与调试。

2-210　喷油泵供油提前角失准是什么原因？如何诊断与排除？

(1)故障原因

①喷油泵联轴节紧固螺栓松动而产生相对位移。

②喷油泵凸轮轴锥形轴颈半圆键或键槽损坏。

③喷油泵传动机构零件(包括传动齿轮、凸轮轴及滚轮传动部件等)磨损。

④滚轮体调整螺钉松动。

⑤喷油泵驱动齿轮安装位置不正确。

⑥柱塞偶件严重磨损或柱塞弹簧折断。

⑦出油阀或其弹簧损坏,密封不严。

(2)诊断与排除方法

①检查联轴节紧固螺钉是否松动及凸轮轴与联轴节连接的半圆键或键槽是否损坏。若联轴节相对位移,应重新调整供油正时。

②若联轴节紧固螺钉及轴键状况良好,应检查喷油泵驱动齿轮安装位置是否正确。

③若驱动齿轮安装位置正确,应检查滚轮体调整螺钉是否松动、出油阀是否密封,方法同前。

④若非上述原因,则应拆下喷油泵解体检查传动机构零件及柱塞偶件的磨损情况,视情修复或更换。

在行车中,可凭经验判断车用柴油机的供油是否正确。例如,在突然加大油门或上坡行驶时,柴油机有严重的金属敲击声,说明供油提前角过大,供油时间过早;反之在行车中感到柴油机发闷无力、过热和排烟过多,则说明供油提前角过小,供油时间过迟。

在调整供油正时,将柴油机熄火后,旋松喷油泵连接盘的紧固螺钉,根据供油时间的早晚,拧动喷油泵连接盘(不可拧得太多)后再试。若供油时间过早,将喷油泵连接盘回拧一个角度,反之,供油时间过迟,则顺拧喷油泵连接盘。

2-211 喷油器雾化不良是什么原因?如何诊断与排除?

(1)故障原因

①喷油压力太低。

②针阀与针阀体密封锥面磨损或烧蚀。

③针阀偶件内有脏物,针阀卡滞不能关闭。

④喷孔变大。

⑤喷孔积炭、堵塞。

(2)诊断与排除方法

①将喷油器从气缸上拆下，接上高压油管，旋下调压螺钉护帽，将调压螺钉拧进，同时用旋具撬动柱塞弹簧座，观察其喷油情况，若雾化转好，说明原来喷油压力太低，应按规定压力调整，并拧上护帽。

②若喷油压力正常，应分解检查喷油器针阀是否卡滞，阀体密封面是否磨损或烧蚀，喷孔是否变大或被积炭堵塞。应修复或更换。

在柴油机上检查喷油质量的方法如下：将喷油器从气缸盖上拆下，接上高压油管，然后用旋具撬动柱塞弹簧座，观察喷油状况。如轴针式喷油器喷出的油呈均匀的雾状，不是呈线状或羽毛状，且喷油时发出断续清脆的"唧唧"声；多孔式喷油器各孔自成一个雾柱，且喷油时发出断续的"砰砰"声，则属喷油质量良好。

用三通管将被检查的喷油器与标准喷油器并联到喷油泵上。将油门拉杆放在最大供油量位置，排除燃油系统中的空气，拆下其他缸的喷油器或按下减压装置，摇转曲轴或用起动机带动柴油机旋转。检查喷油器喷油压力并观察喷油质量。若两个喷油器同时开起喷油，则表明喷油压力正常，若标准喷油器开始喷油较早，则表明被检查的喷油器压力过高，反之过低。

2-212　怎样调整喷油泵的喷油时间？

泵喷油器的开始喷油时间和供油均匀度是在发动机上进行调整的。喷油开始时间是以改变摇臂挺杆的长度来实现的。调整时应使相应缸泵喷油器处于不工作位置(排气门开起时)，用专用的卡尺测量挺杆端面至泵喷油器体上平面的距离，其值应符合规定值。如不符合，应调整摇臂挺杆的高度，以达到要求的位置。如果挺杆的高度大于规定值，则需旋出挺杆。反之，如挺杆高度小于规定值，则需旋进挺杆。这样便会改变柱塞相对于套筒上小孔的位置，从而改变喷油时间。

喷油的均匀度可按下列步骤进行调整：

①将拉杆位于最小喷油量位置，脱开调整器与控制小轴相连的操纵杆；

②放松操纵杆的调整螺钉；

③将一个泵喷油器的齿杆推至停止喷油位置，在此位置时，将控制轴及操纵杆上的螺钉紧固；

④推动其余泵喷油器的齿杆至停止喷油位置，并紧固操纵杆的螺钉。

⑤发动机起动后，观察其工作情况，以判断供油是否均匀，然后再根据需要进一步调整各缸供油的不均匀度。

2-213　怎样调试喷油器？

调试喷油器应在喷油器试验器上进行，主要调整喷油压力，试验针阀密封性和喷雾情况。

(1)调整喷油压力

①拧进调压螺栓喷油压力升高，拧出调压螺栓喷油压力降低，慢压试验器手柄，调整到表针指到 2×10^7 Pa时，喷油器开始喷油，新喷油器其喷油压力应调至 2.2×10^7 Pa。

②调整后，装上垫圈和锁紧螺母，以60～80N·m的力矩拧紧锁紧螺母，然后重新矫正喷油压力。

③同一台柴油发动机的喷油压应一致，相差应在 5×10^5 Pa以内。

(2)试验针阀密封性　试验前，先检查喷油器试验器的密封性，将喷油器试验器的高压油管堵死，压动试验器手柄，使压力升至 3×10^7 Pa，观察在3s内压力下降不大于 1×10^6 Pa为良好。针阀密封性试验项目如下：

①试验针阀与针阀体圆柱工作面密封性。此试验用油液降压法试验，将喷油器安装在试验器上，把试验器上的高压油管与喷油器连接紧，拧动调压螺栓，并连续压动试验器手柄，将喷油压力调整到 $(2.3\sim2.4)\times10^7$ Pa，测量压力从 2×10^7 Pa下降到 1.8×10^7 Pa所需要的时间，应为10～20s。

②试验针阀与针阀体锥面密封性。拧动高压螺栓，并边续压动试验器后柄，将喷油压力调整到标准喷油压力。然后把油压快速上升到喷油压力 2×10^6 Pa，从这时起，使油压按照每3～5升高 1×10^6 Pa的速度均匀上升到开始喷油，喷油应呈雾状。喷油开始与结束后，喷孔周围允许有微量湿润，但不得有滴油现象。

(3)试验雾化情况　按规定喷油压力，使喷油器以 60～70 次/min 的喷油速度进行雾化试验，要求油雾分布均匀，无滴油飞溅现象。当喷油停止时，能听到清脆的响声。

2-214　柴油机工作粗暴是什么原因？如何诊断与排除？

柴油机工作粗暴是指柴油机在工作时发出有节奏的、清脆的金属敲击声，急加速时响声更大或发出没有节奏的敲击声，同时排气管都排黑烟。

(1)故障原因

①喷油时间过早或过迟。

②空气滤清器堵塞或进气胶管凹瘪。

③柴油质量差。

④喷油器雾化不良或滴油。

⑤各缸喷油量不均。

(2)诊断与排除方法

①如果响声均匀，说明各缸工作情况差不多。其故障原因与喷油正时、进气状况、柴油质量等有关。可先检查喷油正时是否正确。

若喷油时间过早，响声尖锐、清脆、有节奏，排气管冒黑烟。应重新调整喷油正时。

若喷油正时正确，应检查空气滤清器是否堵塞，进气胶管是否凹瘪。若进气管或空气滤清器有堵塞现象，工作时进气不足，将导致燃烧不完全，延长着火滞后期，从而产生严重的着火敲击声。应清洗空气滤清器或管道。

若进气管道畅通，仍有响声，应考虑柴油质量问题，是否为柴油十六烷值过低，如十六烷值过低，发火性能不好，柴油从开始喷入至开始发火的时间增长，气缸内积累的柴油较多，一旦发火燃烧就爆燃，使气缸压力和温度急剧上升，柴油机工作粗暴，噪声增大。可更换柴油进行对比试车，如爆燃声消失，故障排除。

②如果响声不均匀，说明各缸工作情况不一致。可用单缸断油法找出工作不良的气缸。

若怀疑其缸喷油器不良，可调用标准喷油器或调换它缸喷油器进行试车，如响声消失(或转移他缸)，说明故障就在喷油器。应进行检修或更换。

若喷油器工作良好，可能是某缸分泵供油量过大，可用减油法试验，减油后响声消失，则故障排除。

第6节 冷却系统的检修与故障排除

2-215 冷却系统由哪些主要部件组成？其作用是什么？

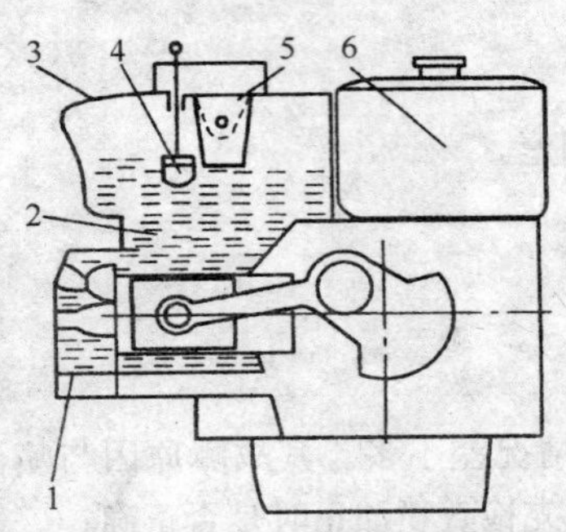

图2-60 蒸发式冷却系统示意图

1. 缸盖水套 2. 缸体水套 3. 水箱 4. 浮子 5. 加水口 6. 油箱

采用蒸发式水冷系统的单缸柴油机，其冷却系统主要由水箱、缸盖水套、缸体水套组成（如图2-60所示）；采用强制循环式水冷系统的柴油机，其冷却系统主要包括散热器、风扇、水泵、缸盖水套及缸体水套等（如图2-61所示）。冷却系统的主要作用是将受热零件所吸收的多余热量及时传导出去，以保证柴油机在一个相对稳定的温度范围内（一般为80～95℃）工作，不致因过热而导致柴油机功率下降或机件损坏。

车用柴油机多用强制循环式水冷系统。

强制循环式冷却系统工作过程为：在水泵作用下，流入机体和气缸盖水套内的冷却水，吸热后由缸盖出水进入散热器芯，靠自身和风扇产生的气流散发带走水中的热量。冷却后的水又被吸入水泵，经过配水室重新进入机体和气缸盖水套，再进行循环。

风扇用来增大通过散热器芯的空气流速，以提高散热效果。气流吹过缸体与缸盖时，也增大了柴油机的散热面积。风扇位于散热器与机体之间，与水泵安装在同一个根轴上，并由曲轴上的皮带轮驱动。风扇的V带张紧力必须适宜，才能保证风扇和水泵正常转速。

水泵用来强制冷却水在冷却系统中的加速循环与流动。农用运输车用柴油机一般采用离心式水泵，它主要由水泵壳、叶轮、水泵轴和水

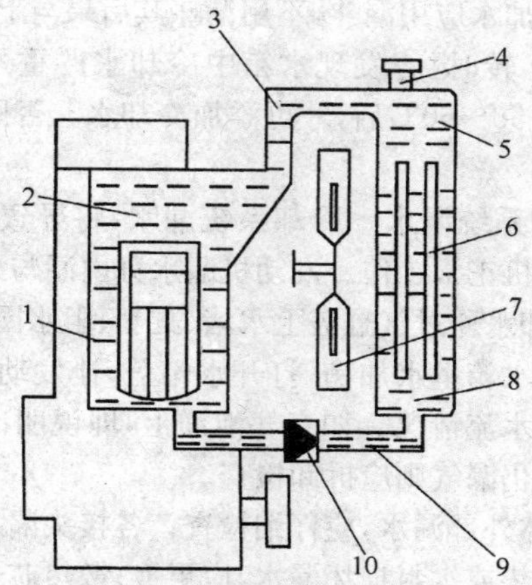

图 2-61　强制循环式冷却系统示意图

1. 缸体水套　2. 气缸盖水套　3. 上水管　4. 加水口盖　5. 上水室　6. 散热器　7. 风扇　8. 下水室　9. 下水管　10. 水泵

封等组成。

当柴油机运转时，水泵叶轮由曲轴皮带轮驱动旋转，来自散热器下水室的水，从水泵进水管被吸进叶轮中心，并由叶轮带动一起旋转，在离心力作用下，水被甩向叶轮边缘，经出水管被压送到缸体水套中。

为了防止冷却水从水泵轴和壳体配合间隙中漏出，一般在轴上都装有密封装置和甩水圈。

2-216　怎样保养发动机冷却系统?

发动机冷却系统技术状态好坏，将直接影响发动机的动力性和经济性，应及时保养。

(1)及时添加冷却水　冷却水是保证发动机正常工作的重要组成部分。因此起动前检查水箱中存水情况，若不够应加注，添加时应注意如下几点。

①使用软水，如河水、雨水、雪水、冷开水；不用硬水，如井水、自来水、泉水、盐碱水，因为硬水易在零件表面形成水垢。

②冷却水不应加得过满。因为农用运输车在高低不平的道路上行驶时，冷却水易从水箱口溅出，滴在缸盖、机体上，易使这些零件产生裂

纹，冲坏气缸盖。加水应用漏斗，不用漏斗其后果与上述情况相同。

③当发动机运转时，若发现水箱中冷却水严重不足，应怠速5～8min，待机温降至50～60℃后，才可添加冷却水。否则会引起缸盖、机体产生裂纹。

(2)防止冷却系统漏水　冷却系统漏水，将导致水箱中冷却水减少，不能保证发动机正常工作。发动机漏水分内漏与外漏。

①内漏。冷却水通过气缸盖上水堵、缸套、阻水圈损坏处漏入油底壳。检查方法：将水箱里水加满，打开水箱盖，让发动机在大油门位置运转，观察水箱内水流情况。如有气泡涌上，即说明冷却系统漏气，应紧固缸盖螺栓，如仍漏气则应拆卸检查。

②外漏。机体外部漏水，应仔细检查。各接头漏水，应紧固定各软管夹箍；水泵各衬垫或水封损坏漏水，应更换；散热芯子有裂缝，应焊补或堵塞，但堵塞、焊补面不宜超过10%。

(3)节温器必须保持良好技术状态　当发动机冷机开始运转时，水箱上水室进水管处有冷却水流出，说明节温器主阀不能关闭；当发动机冷却水温度超过70℃时，水箱上水室进水管处无水流出，说明节温器主阀不能开启。如有上述情况，应拆下节温器进行检查。

(4)不许先起动后加水　冬季作业结束后，一般都把冷却水放出，第二天起动时，应先加水再起动。

(5)定期清除水垢　柴油机每工作500～1000h，应对水箱、水套内水垢进行清除。清除时，先放尽冷却水，卸去水箱，用25%的盐酸溶液注入水套内并保存10min，使水垢溶解脱落，放出清洗液后，应用清水冲洗。如果水垢较多，一次冲洗不净，可重复冲洗。配制盐酸溶液时，应将盐酸慢慢倒入水中搅匀，切忌将水倒入盐酸中。

(6)定期检查保养冷却系

①定期检查风扇V带张紧度，太松应加以调整，同时按规定在风扇、水泵轴承和张紧轮等处加机油或注润滑脂。

②发动机每工作300～400h，应检查水泵漏水情况。新换水封后停转3min内漏水不应超过2滴，若仍漏水严重则应更换水封填料。

③清理散热器片。当散热器片及散热管间有堵塞情况时，应拆下外罩，用木片剔除散热器片与散热管间的污物、杂草及尘土。

(7)不可随意改装水箱　为了避免水箱里蒸发出来的水蒸气阻碍驾驶员视线，把敞口水箱改成半封闭式。这样改装后，阻碍了水蒸气蒸发，减少了同外界空气对流散热，使机体中的热量不能及时散发出去，导致发动机温度过高，功率下降。

另外，还有人将水位指示器去掉。这样水箱里存水情况不能及时掌握，容易造成水箱缺水，使发动机过热。

(8)冬季应作好冷却系统的保养工作

①冬季作业结束后应及时放尽冷却水，放冷却水时应注意以下事项。

a. 作业结束后不许立即放掉冷却水。正确做法是让发动机在小油门位置怠速动转 5～10min，待机温降至 50～60℃时熄火才可放水。

b. 放水时观察放水孔有无堵塞现象。

c. 放完水后，为了彻底清除水道里的水，油门在关闭状态减压摇转曲轴 20～30 转。

②放完水的机器应及时进入机库，有保温帘的应放下保温帘。另外在发动机上盖上破棉絮，加强保温，便于第二天起动。

③冬季起动发动机时，应向水箱里加注 80℃左右的热水，预热发动机。

④发动机起动后必须做好预热工作，否则由于机温较低，将导致燃烧不完全，排气冒黑烟，同时发出严重“敲缸”声。正确做法是在中小油门位置预热一段时间，当水温达 40℃时起步，60℃时才可以正式投入作业。

(9)减少冷却系统中的水垢　将丝瓜筋去籽、洗净、晒干、切成适当长度，放在水箱中即可清除水垢。使用中注意事项：定期清洗丝瓜筋上面水垢和其他杂质，清洗时用适量洗衣粉，然后用干净清水冲洗；发现其破损及时更换，一般情况下一年更换一次；加的冷却水应是软水，且 2～3 个月更换一次。

2-217　如何清除发动机水垢？

散热部位的水垢，不但浪费燃料，使散热效能降低，而且易造成金属局部过热，引起事故。

(1)水垢的分类　水垢按其主要化学成分可分为四类：碳酸盐水垢：指碳酸钙含量在 50%以上的水垢；硫酸盐水垢：指硫酸钙含量在

50%以上的水垢;硅酸盐水垢:指二氧化硅含量大于20%的水垢;混合型水垢:指没有一种主体成分的水垢。

(2)水垢清除方法　目前除垢方法有手工、机械和化学除垢三种,一般情况下,化学除垢比较理想,根据水垢在酸中或碱中的溶解情况,化学除垢又分为碱法除垢和酸法除垢。

碱法除垢常用纯碱法和磷酸钠法。纯碱法对硫酸盐水垢和硅酸盐水垢起作用,而磷酸钠法对碳酸盐水垢起作用。目前,常推荐合成碱法除垢液的配方是:用氢氧化钠、煤油、水配制的清洗液;用碳酸钠、煤油、水配制的清洗液;用磷酸钠、氢氧化钠、水配制的清洗液三种。由于动力机械的水垢多为混合型,可选用第三种配方。为了缩短除垢时间,氢氧化钠浓度为0.3%~0.5%;磷酸钠为0.4%~0.7%。配成的清洗液加人冷却系统之后,让发动机工作一段时间进行除垢,对未脱落的残垢可用人工清除掉,最后用清水冲洗干净。

碱法除垢速度较慢,酸法除垢速度较快。其原理是:水垢中的钙、镁的碳酸盐与盐酸反应,生成钙、镁的氯化物而溶于水,对于难溶于盐酸的硫酸盐或硅酸盐水垢,随着周围碳酸盐水垢的溶解而脱落。它适用于清除碳酸盐和混合型水垢。

(3)酸洗添加剂　酸法除垢虽然比较快,但金属在酸中会产生电化学腐蚀。为抑制酸对金属的腐蚀作用,且能在金属表面形成一层保护膜,人们使用酸洗缓蚀剂。根据近几年酸洗水垢证明,碳酸盐水垢除净率达100%,缓蚀效果也很显著。

2-218　怎样治理农用运输车渗漏?

根据农用运输车的不同部位和特点,采取以下不同的堵漏措施,较好地解决渗漏。

(1)原纸垫太薄部位换用软木垫　此种办法适用于油底壳、后桥中间盖及喷油泵定时齿轮室盖等部位。安装时在软木垫两面先涂上快干漆,再涂点机油,这样,既可以堵漏,又可以粘附在零件表面,以免给下次拆装带来不便。

(2)常拆装而用软木垫易损坏部位换用石棉垫　此种办法适用于常拆装而用软木垫易损坏,用纸垫又太薄,零件表面温度较高的气门室罩盖、起动机排气管接头和机油粗(细)滤清器等部位。

(3)机件接合不平且工作温度较高部位采用石棉油　此办法主要用于机件接合面不平，工作温度较高部位的起动机缸盖垫、起动机排气管垫、主机缸盖垫、主机进(出)水管纸垫和主机进气支管垫等处堵漏。安装时，先将石棉线捣成细末，并与相当于石棉细末 60%的黄油拌匀制成石棉油，然后在零件接合面渗漏处均匀地涂上一层很薄的石棉油，再安装垫和零件并紧固。

(4)在油压不大处采用浸水纸垫　此种办法主要用于油压不大处的齿轮室前(后)盖、起动机缸体、曲轴箱连接处、变速器上盖(前盖)及最终传动壳体等各垫。此办法主要利用水不透油的道理，将新纸垫在温热水中浸泡两分钟左右，待能用指甲按印即可，安装前在纸垫两面涂上快干漆。

(5)Ⅱ号泵台的治漏　Ⅱ号泵渗漏是普遍问题。其治漏方法是：安装前，先把泵各零件清洗干净后，在零件的接合面上涂上快干漆，并在更换的纸垫(或原纸垫)两面涂上快干漆，然后安装紧固即可；若调速器加速臂轴孔渗油，可在轴孔内侧铰槽下胶圈，即可解决渗漏。

(6)其他部位的治漏

①油管接头不平，可在平板玻璃上用气门研磨砂研磨平，并在接头垫上涂快干漆，即可防止渗漏。

②燃油箱开关渗油，多因球阀生锈造成，可用气门研磨砂研磨修复，如钢球锈蚀严重，应更换钢球。

③高压油管渗漏，多因接头磨损或安装角度不正确引起的，可根据实际情况用细砂纸研磨或用矫正办法解决；也可在接合面上垫熔丝，安装时不要用力过大，不漏即可；若喇叭头磨损严重，则应更换油管。

④空气滤清器进气胶管接头处缠绕电工胶布；油盘口上加阻水圈等都可解决漏气。

2-219　怎样排除发动机缸套漏水？

柴油发动机缸套漏水的主要原因是由于修理工经验不足，缸套安装不正确造成，应从安装方法上分析解决这一问题。

(1)不正确的安装方法

①安装缸套前没有将缸套上的支撑环带及机体的相应部位进行认真清洗，积炭、毛刺未清除干净。

②装阻水圈之前，没有将新的缸套放在机体座孔中进行试装。

③阻水圈质量不合格，粗细不均匀或有裂纹，有的稍加力一拉就断，在装之前没有认真检查。

④装阻水圈时没有将其光滑面理顺，在外表面有扭曲现象。

⑤装配缸套进入机体座孔的方法不妥，出现缸套与机体座孔配合紧，用垫铁放在缸套上用锤硬砸入，使阻水圈没有平稳进入，局部阻水圈边缘被切，出现与机体座孔配合松，也不查找原因排除。

⑥特别是缸套装上后，没有加水试压检查，而是直接加润滑油试车，使故障出现。

(2)正确的安装方法

①安装缸套前，认真清洗缸套的上下支撑环(新、旧缸套都要清洗和除锈)，发现有毛刺、尖角和刮手等现象，应用锉刀锉掉后再用砂布磨平。

②缸套未装阻水圈之前，应先放入机体座孔内试装，使缸套能在机体座孔内轻轻转动，无明显晃动为宜。其台肩应凸出机体平面0.06～0.15mm，不足时应自制铜皮垫，先套入缸套上再装上阻水圈，使它垫在机体座孔上端；凸出量过大应车修缸套上端面(机体座孔上端面不清洁也容易引起凸出量过大)。多缸机相邻缸的高度差，最大不得超过0.05mm。

③装阻水圈之前，要认真仔细检查阻水圈质量，修平毛边。老化、一拉就有裂纹、弹性小、粗细不均匀的阻水圈不能使用。

④阻水圈装在缸套上，不应有扭曲现象。应用旋具的圆杆插入，顺圆圈将光滑面理顺，在外圈表面上涂上一层润滑油或肥皂水。

⑤将缸套装入机体座孔时，应用两手平均用力按两下为好，若用缸盖压入，注意螺母应均匀对称压入，不得在缸套上垫物砸入。出现配合松时，应取下查明原因排除后再压入。

⑥缸套装上后，一定要加水试压，有条件的要磨合试验，S195型柴油机靠蒸发式冷却，可将水箱加满盖好盖，用打气筒溢水管向水箱打气，观察缸套有无漏水现象，只要有一点漏水，都要返工。返工后检查无问题时再加机油，这样可防止浪费机油，然后进行试车。

2-220 水箱“开锅”有哪些原因?

S195、X195、L195等单缸柴油机是采用水冷蒸发式冷却的，水箱

“开锅”的原因，可能有以下几个方面。

(1)正常“开锅”　柴油机在正常载荷时水温为 90℃左右，如长期加载负荷，水箱的水便开始“开锅”沸腾。仔细观察水箱口，如有油渍、不规则的气泡、怪色异味等不正常现象，说明柴油机已有故障的征状，应停机检查予以排除。

水箱口的水像锅里的沸水一样翻滚、晃动、均匀地散发蒸气视为正常，但会耗去大量水分。所以，必须及时添加冷却水。

(2)气缸垫烧损引起的“开锅”　气缸垫烧损后，缸内的压缩气体窜入水箱，水温很快升高，达到沸点引起“开锅”；观察水箱口有气泡冒出，导致水温过高，柴油机功率下降。缸垫损坏越严重，气泡冒的越快而连续不断，猛踩加速踏板气泡更为明显。这种故障往往是修后的柴油机缸盖螺栓拧紧力矩不一致、新换缸垫过薄质量差造成的。拆下缸盖便能发现缸垫烧损、击穿等现象，须换缸垫。必须指出，在缸垫没有烧损、击穿时水箱冒气泡，就要检查机体、缸盖水道处有无裂纹，接合面是否平整，缸盖螺栓根部是否有裂隙等，如有，则会引起气体窜入水箱，查明原因后，予以排除。

(3)气缸套炸裂引起的“开锅”　气缸套炸裂，水箱口冒气泡与缸垫烧损出现的故障征状相似，不同的是水的表面有一层黑色油渍并有烟臭味，工作时间越长油渍越多，柴油机无力。气缸套炸裂的原因，主要是缸套上端凸缘在安装时因质量或技术问题，过于高出气缸体上平面(标准凸出量为 0.06～0.16mm)，当缸盖螺栓压紧后，将气缸套凸缘退刀槽处挤成横裂纹。另外，热机急加冷水，冬天不放水，都能造成气缸套炸裂或冻裂，一般呈纵裂纹。气缸套一旦发生了裂纹，柴油机发动后，缸内的润滑油在气体压缩下，经裂纹窜入水道进入水箱，冒出带油烟的气泡，进而“开锅”。

气缸套凸缘退刀槽处的裂纹，在没有压缩的情况下不易发现，必须把缸盖拆下，用手锤在缸套下部敲一下，再把机体上平面的水道孔用橡皮泥全部堵死(不准漏水)，利用水箱加满水的压力和锤击的振动，在缸套腔挤裂的横纹处便能见到小水珠渗出，即可更换缸套。

(4)曲轴轴向间隙小引起“开锅”　新换曲轴和主轴瓦的柴油机，机油润滑良好，但在工作时马上出现“开锅”现象，水箱口的水呈蹦散状溅出，柴油机声音笨重粗暴并冒黑烟，功率急剧下降，自行熄火；待机温降下后又能发动工作，但水再次"开锅"，故障又重复。这种"开锅"现象即因曲轴轴向间隙太小，引起曲轴受热膨胀，与主轴瓦抱紧而增加自身载荷，水温即随之升高开锅沸腾。因此，在修换曲轴和轴瓦时，对曲轴的轴向间隙应利用纸垫进行调整(增加垫片间隙变大，反之变小)，使其为0.10～0.25mm，才能保证曲轴足够的窜动间隙不至于发生因抱轴引起的"开锅"现象。

2-221　发动机过热对机件有什么影响?

①降低了充气效率，导致发动机的功率下降。

②早燃和爆燃的倾向加大，破坏了发动机正常工作；同时，也促使零件承受额外的冲击负荷而造成早期损坏。

③运动件间的正常间隙被破坏，使零件不能正常运动，甚至损坏。

④金属材料的机械性能降低，造成零件的变形及损坏。

⑤润滑情况恶化，加剧了零件的摩擦和磨损。

2-222　发动机过冷对机件有什么影响?

①进入气缸的可燃混合气(或空气)温度太低，使点燃困难或燃烧迟缓，造成发动机功率下降以及燃料消耗增加。

②润滑油的黏度增大，造成润滑不浪，加剧了零件的磨损，同时增大了功率消耗。

③燃烧后的生成物中的水蒸气易冷凝成水与酸性气体形成酸类，加重了对零件、特别是气缸壁的侵蚀作用。

④因温度过低而未雾化的燃料对摩擦表面(气缸壁、活塞、活塞环等)上油膜的冲刷以及对润滑油的稀释，加重了零件的磨损。

2-223　怎样检修水泵?

(1)检查水泵的步骤

①检查泵体及皮带轮座有无磨损及损伤，必要时应更换。

②检查水泵轴有无弯曲，轴颈磨损程度，轴端螺纹有无损坏。

③检查叶轮上的叶片有无破碎，轴孔磨损是否严重。

④检查水封和胶木垫圈的磨损程度，如超过使用限度应换用新件。

⑤检查轴的磨损情况，可用表测量轴的偏摇量，如超过0.1mm，则应更换新的轴承。

(2)修理水泵的方法

①水封及座的修理。水封如磨损起槽，可用砂布磨平，如磨损过甚应予更换；水封座如有毛糙刮痕，可用平面铰刀或在车床上修整。

②泵体的修理。在泵体上具有下列损伤时容许焊修：长度 30mm 以内，不伸展到轴承座孔的裂纹；与气缸盖接合的凸缘有残缺部分；油封座孔有损伤。

③水泵轴的弯曲不得超过 0.05mm，否则应予以更换或冷压矫正。轴颈磨损超过使用限度，可涂镀修复。

④叶轮叶片破损，应予更换；水泵轴孔径磨损严重可以镶套修复。

2-224　怎样清洗散热器？

散热器一般用氢氧化钠（NaOH）或铬酸酐（CrO_3）水溶液煮洗。如果内部积垢严重，应拆去一下水室，以便用通条或用两根钢锯条接焊一起进行通插，清除水管内的积垢 。煮洗后，应用压缩空气和清水冲洗内外部。

清洗液的成分和温度：

①氢氧化钠	150g；
水	1L；
温度	70～80℃。
②铬酸酐	50g；
水	0.9L；
磷酸（H_3PO_4）	0.1L；
温度	30℃。

2-225　膨胀水箱的作用是什么？它是怎样工作的？

(1)作用和构造　膨胀水箱的作用有三个：

①把冷却系统变成一个永久性的封闭系统，避免了空气不断进入，减小了对冷却系统内部的氧化腐蚀。

②使冷却系统中的水气分离，使压力处于稳定状态。从而增大了水泵的泵水量和减小了水泵及水套内部的气穴腐蚀（穴蚀）。

③避免了冷却液的耗损，保持冷却系统内的水位不变。

膨胀水箱多用透明材料制成，位置略高于散热器水平面。这样可以不打开散热器盖检查液面。膨胀水箱也可有金属材料制成，位置略高于散热器水平面，安置在驾驶室的后方。

(2)工作原理　在封闭式冷却系统中，蒸汽混在水中无法分离，散热器盖上的阀门虽然能调节冷却系统内的压力，但在调节过程中放掉一部分蒸汽(水)，又放进了一部分空气。这时，冷却系统中的空气、蒸汽和水一起循环。为此，在水套和散热器的上部，容易积存空气和蒸汽的地方用水管与膨胀水箱相连，使空气和蒸汽不再放出而引导膨胀水箱内与水分离。此时，蒸汽冷凝为水后又通过管进入水泵的进水口，使水泵进水口处保持较高的水压，增大了泵水量。而积存在膨胀水箱液面以上的空气，得到了冷却，不再受热膨胀，因而变成了冷却系统内压力上升的缓冲器和膨胀空间，使压力保持稳定状态。

气穴腐蚀是由于气穴(气泡)的产生而引起的，气穴产生最严重的地方是离心水泵的进水口处(冷却系统压力最低的地方)。这些气泡使水泵的泵水量下降，并在金属表面附近破裂时对金属表面产生冲击，造成疲劳剥落，即所谓机械剥蚀。此外，在气泡中还伴有空气中的氧，它们借助于气泡破裂时放出的热量，对金属进行化学腐蚀。这种化学腐蚀和机械剥蚀的共同作用，使金属表面逐渐产生麻点和穴孔。这种现象称为穴蚀。

为了避免气穴和气穴腐蚀的产生，多采用如下办法：

a. 水泵进水口处保持较高的水压，即利用膨胀的补充水管进水；

b. 进水口处通过面积较大，使水流速度不必太高，保持一定的压力；

c. 水泵的进水口和出水口处加平衡孔相通，使叶轮进水处的压力较高，防止气泡的产生。

不少水泵都不同程度地应用了上述措施。应该说明，由于出气管连通了水套、散热器和膨胀水箱，节温器的大循环阀门上不再有放气用的小孔，这有利于发动机的热起，并防止寒冷时过度冷却。有的冷却系统只用一个散热器泄汽管连通膨胀水箱的底部或上部，管子插入水中，以使蒸汽冷凝后再吸回散热器。这样，只能解决水气分离和防止冷却液消耗问题。

2-226　怎样检查散热器?

(1)检漏

①在车上检漏：拆下水箱上的进出水管，并堵塞水箱的进出水管口（避免渗漏）。然后，加水至加水口座平面以下 10～20mm 处。用水箱盖性能检验器，借助专用接头装在加水口座上，使用检验器的打气筒向散热器内施加 8×10^4 Pa 的压力，表指针读数不应有下降现象（观察时间不得少于 5min）。如有下降说明有渗漏，应拆下散热器做②项检查。

②在水槽中检漏：将空水箱的进出水管口堵死，从加水口座处通入压力为$(3\sim8)\times10^4$ Pa 的压缩空气，如有气泡浮出，则出现气泡处即为渗漏点，宜做好标志待修。

(2)冷却管堵塞的检验　拆下散热器出水管，从加水口快速倒入一桶热水（不可溢出）。然后，用手摸散热器芯体各处，未升温区的上部边缘即为堵塞位置。

(3)水箱盖的性能检验　用手推动打气手柄，注意读取水箱盖排气阀开起（此时，表针会突降）前的压力示值。此数值应符合工厂规定。

2-227　怎样焊修散热器？

(1)焊接工具　烙铁：焊上、下水室时，常用 0.5kg 或更重的烙铁。焊其他部位，应根据位置不同选用适当大小的烙铁或功率适宜的电烙铁。

煤气火焰喷嘴：以工业或民用煤气为燃料，加热烙铁或直接加热工件。

喷灯：各种喷灯（如汽油、煤油、酒精喷灯等）均可用来加热烙铁或工件。

(2)焊料　锡铅焊料 3 号和 2 号（相当于牌号 HISnPb58-2 和 HISnPb68-2）适用于焊接较薄的冷却管和冷却片或用烙铁做局部热镀。

锡铅焊料 1 号（相当于 HISnPb80-2）适用于上、下储水室和主片等较厚零件的焊接与热镀。

(3)焊剂　氯化锌溶液（俗称强水）或氯化锌与氯化铵液的混合液。

(4)辅料　苛性钠溶液和碳酸钠溶液可用于预先清洗零件表面的油污。

盐酸或硫酸溶液可用于零件表面除锈或酸蚀。

(5)焊修工艺　常见的修理作业项目，如储水室补漏，更换冷却水管，消除散热器芯体开焊、更换主片及侧片等，都是把一个薄铜皮搭焊在另一制件上。其基本操作方法如下：

①焊前准备。备齐焊料、焊剂、辅料、工具，并烧热烙铁。

②清理焊接表面。用刮刀刮除工件表面的漆层，并以砂布打光，使之露出金属本色。必要时，可用布团蘸稀酸溶液将锈擦掉。然后，用碳酸钠液中和余酸，再用清水冲洗并擦干（但铝散热片水箱忌用酸液）。

③保护被焊表面。将清洗干净的焊接表面立即涂敷焊剂，用烙铁烫以少许焊料将表面覆盖起来。用于补漏的铜皮也可如此处理。

④施焊。施焊前，先将烙铁在氯化铵石上摩擦一下，蘸少许焊剂，立即用刃口割焊适量焊料覆盖烙铁刃口两侧传热表面。烙铁接触焊件时，不要只将刃口立于工作上，而应充分利用刃口两侧的表面借助焊料、焊剂与工件贴合传热。不时移动烙铁，使焊区各处均匀地达到最适宜的焊接温度。

当看到熔化的焊料充分进入表面之间且分布均匀后，立即移开烙铁，让焊缝冷却。

⑤焊后清理。用清水冲洗焊区的剩余焊剂。

⑥试漏或试压。随工件不同，操作程序也不同，可视情况简化上述程序中的某些步骤。如修复脱焊之处时，则不必再镀锡覆盖被焊表面。焊好侧片之后，也不必试漏、试压等。

(6)注意事项

①烧烙铁的温度不宜过高，避免烧坏烙铁（在暗处看到烙铁呈现微红色时，即已过热）

②烙铁的工作面（刃口及两侧的弧面）应经常保持清洁、光滑（可用锉刀锉光），以利附着焊料。

2-228　怎样修理散热器零件？

(1)上、下储水室

①拆下储水室。应由两人配合工作，先在储水室顶面焊两只钩或钢片。解焊缝时，每人各执一把重烙铁解焊缝，手提钩环，使水室与主片分离。为避免加热时间过长使主片与冷却管同时脱焊，可将散热器直立于水槽内使水淹过芯部。

②储水室局部出现少量腐蚀针孔时，可用烙铁在此局部热镀一层焊料，作为暂时性修补。

③储水室碰伤塌陷的修复。在凹坑的底部焊一钩环，在拉起的同

时，以小锤修整四周，使表面平整。然后将钩环解焊。

(2)疏通冷却管

①在修理厂，可将散热器拆下，在清洗槽内用 10%～15%的苛性钠或工业苏打(每升水溶 100g 左右)溶液将铜质散热器浸没并煮 30min。在加热过程中，应不断摇动散热器，加速溶液流动。煮毕用热水冲洗(但不可用此方法来修理铝散热片的散热器)。

②在大修厂里，可将上储水室拆掉，直接用通条疏通。

(3)更换冷却管　大修中，应尽力恢复散热器的性能。对于临时应急掐死、折断的冷却管须拆除，以便换用新管。电阻加热片是用约 3mm 直径的电炉电阻丝加热压扁制成的，宽约 10mm，厚约 0.6mm，插入冷却管部分应用云母片包好，以便与冷却管绝缘。

插入电阻加热片前，应预先将冷却管整形，以便插入。不能理直的部分宜剪掉。

通电加热至焊料完全熔化后，滞留 30min 迅速断电，均匀用力拉出散热管。对于中间剪断处，可从两端同时拉出(或再加热一次拉出)。

换入新冷却管时，须先在管外表面浸镀一层焊料(宜使用三号或四号锡铅焊料)。用烙铁熔融主片上孔中焊料，用布揩净，使孔宽敞。直立芯体，将管内衬以通条，前端宜略收回，借助通条插入芯体，串通全长后将通条抽出。修整冷却管两端，并略扩口。插入电阻加热片，通电焊合。最后，用小烙铁将管与主片焊合。

(4)梳理散热片　为保证散热器的散热效率，减小其通风阻力、降低风扇动力消耗，应及时将倒伏的散热片扶正。

2-229　发动机漏水有哪些现象?

行驶中发动机过热，冷却水消耗过快和刚刚驶过路面上有点滴水渍。

发动机发生漏水故障时有下述现象：

①散热器、气缸体水套、水管及接头等处破损，使冷却水流失，水泵漏水。

②气缸筒有裂纹、渣孔或气缸垫损坏密封不严、冷却水渗入气缸筒并随工作过程被排出机外。

③湿式缸套下水封损坏或缸体有缺陷、冷却水流入曲轴箱油底壳内。

④运输车突然感到行驶无力，发动机发出“扑噜、扑噜”响声。或停放过夜、次晨出发时发动机突然不能发动。

2-230 发动机缸体漏水时怎样检查？

①用原车机油标尺检查机油时，如油面增高、油质变差，同时伴有冷却水消耗过多，说明气缸体冷却水套下部有渗漏处。

②检查油底壳内的机油有水珠，颜色变浅，水分和机油经曲轴旋转激烈搅拌后，常呈现出浮黄色液体。气缸体须做加压试验，确诊漏水部位，并及时更换变质的机油。

2-231 怎样排除发动机的漏水故障？

气缸体、气缸盖破裂的修补，应根据其破裂的程度、损伤的部位、修理条件和设备情况，确定其修理方法。

一般用环氧树脂胶粘结。环氧树脂不仅有优良的机械性及耐热性，而且有防水、防腐蚀、抗酸碱的性能。硬化后还具有收缩性小，粘结力强，耐疲劳等优点。但不耐高温、不耐冲击。因其需要设备简单，制作容易，操作方便，故缸体破裂部位仍可采用。填补工艺：

①选用3～4mm直径的钻头，以手电钻将裂纹两端钻孔，而后沿裂纹长度凿出V形坡口。

②刮削坡口进行腐蚀清理，可用1份重铬酸钾、5份浓硫酸、34份蒸馏水配合后，将填补去锈的表面清洗、烘干。

③再用丙酮或乙醚及其溶剂洗涤干净后置于烘干箱中，加温到50～60℃，取出填补。

这种填补裂纹，只限于缸体水套部分，至于气缸盖燃烧室、气门座附近等裂纹不能填补，因环氧树脂不耐高温而使用范围受到一定的限制。

2-232 怎样处理发动机温度过高？

农用运输车行驶过程中，水温超过90℃甚至沸腾。下车检查，冷却水容量符合标准且又无漏水现象。引起发动机温度过高大致有三个方面，即冷却不良、燃烧不良、动配合件过紧。

(1)冷却不良的原因

①百叶窗关闭或开度不足。

②风扇皮带松弛或因油污而打滑。

③散热器出水管吸瘪或内壁脱层堵塞。

④风扇角度不对，散热器片倾倒过多或水管堵塞，水垢沉积过多。

⑤节温器大循环工作不良或分管不良。

(2)发动机燃烧不良引起发动机温度过高的原因

①点火时间过迟。

②燃烧室积炭过多。

③排气门间隙过大。

(3)检修 对此故障，首先检查百叶窗是否关闭或开度不足。若开度足够，再检查风扇叶片的固定情况和皮带的松紧度。当用大拇指在风扇皮带中部施加3～4kg力时，压下距离应为10～15mm。若压下距离过大，说明皮带过松，应予调整。若皮带不松仍然打滑，则说明皮带轮磨损或粘有油污，应予更换。

如果风扇转动正常，发动机仍然过热，则应进一步检查风扇的风量。在发动机运转时，将一张薄纸放在散热器前面，若纸被牢牢地吸住，说明风量足够。否则应调整风扇叶片角度，并将叶片头部适当折弯，以减少涡流，必要时可更换风扇。

如果风扇正常，可触试散热器和发动机的温度。若散热器温度低，而发动机温度很高，说明冷却水循环不良。此时应检查散热器出水胶管是否被吸瘪，内孔有无脱层堵塞。若被吸瘪可查明原因予以排除，必要时更换胶管。若无新胶管时，可在吸瘪的胶管内放入适当大的弹簧支撑。如出水管良好，拆下散热器进水管，发动车进行试验，冷却水应有力地排出。若不排水说明水泵或节温器有故障。拆下节温器，看散热器进水管有无水排出。若无水排出则水泵不良，若有足量水排出，应检查节温器伸缩管或里面的易挥发液体是否漏掉。必要时更换节温器。行车中若无零件更换时，可把节温器拆掉应急使用，待回家后及时更换。

若上述各部位均正常，再检查散热器和发动机各部位温度是否均匀。如果散热器冷热不匀，说明其中有堵塞或散热器片倾倒过多。如果发动机的温度前端低于后端，则表明分管已损坏堵塞，对此应予拆换。水套内水垢过多，应将影响发动机的散热。故应在检修时予以清除。

如冷却系统工作正常，发动机仍然过热，则应检查喷油时间是否过迟，排气门间隙是否过大，混合气是否过浓或过稀，燃烧室内积炭是否过多，油底壳内机油是否足够，以及新车或刚大修过的车各动配合件的配合是否过紧等。

此外,农用运输车爬长坡,长时间超负荷工作,顶风行驶或高温季节长时间低速行驶等也会引起发动机过热。

2-233　怎样保养散热器的软管?

散热器软管用于连通缸盖或缸体与散热器的水路。软管常用天然橡胶制成。正确使用和安装软管是耐久不漏的重要途径。选材时,应选择长度合适、外观无裂缝、无脱层、无扭曲、无起泡和壁厚不均匀的罗管。在软管内不可涂润滑油或润滑脂,否则会加速橡胶管的老化。安装时,可用清水将管口湿润,然后再均匀用力将软管套装在金属接头上,最后,选用尺寸合适的夹箍(不能用铁丝代替夹箍),装夹箍的部位距离软管的端部8mm左右。保养时,不能用汽油清洗软管,也不能在软管上喷涂银粉或漆。另外,散热器的框架应固定可靠,以免散热器总成产生剧烈振动而造成软管接头松脱而漏水。

2-234　水箱内不应加什么样的水?

冷却水的品种应使用在发动机内不易形成水垢的软水,可用自来水或经过沉淀的雨水和雪水,不应该直接使用河水或井水作为冷却水。因为河水和井水与土壤接触会将土壤中的无机物溶于其中,使得水分中含有大量的钙、镁等盐类,称为硬水。钙、镁等盐类受热后即会产生一种不能溶解于水的灰白色的碳酸钙(镁)等沉淀物,这就是水垢。此时必将影响机器的散热效果。

测量水的硬性采用硬度单位计量。通常是每一升水中若含10mg当量的氧化钙时,其硬度为1度。如果水的硬性不超过12～14度时可以认为是软水。反之,如超过12～14度时则为硬水。河水或井水的硬性大多超过20度。在化验条件缺乏的情况下,用泡沫试验法也可简便测定出水分是否具有硬性。这种方法可以利用肥皂来鉴别,如果把肥皂在水中经过搓擦而易产生泡沫,则此水为软水。反之,则为硬水。

2-235　冷却系统中的水经常换好吗?

加入冷却系统中的水使用一段时间后,矿物质已经析出,比较好用。因此,除非水已很脏,不及时更换会引起管路及散热器堵塞外,一般不应随便更换。因为加入冷却系统的冷却水尽管都选择了软水,但水中还会含有少量的矿物质,在受热和蒸发后,这些少量的矿物质会渐渐析出沉淀下来，附着在缸体和缸盖的水套及散热器内，形成水垢。冷却水更换的次数越多，析出的矿物质越多，水垢越厚，不但会导致发动机散热不良，容易过热，而且还可能使散热器等堵塞甚至损坏。

2-236　冬季当发动机发动后再加冷水好吗？

不预先加满冷却水就先起动发动机的做法不好。当气缸套和气缸盖已经很热时，冷水突然进入水套，很容易使气缸盖底板和气缸套产生骤冷而裂纹。另外，水温过低也会加快机器零件的磨损，增加燃油的消耗。

2-237　为什么发动机运转时水温正常，而停车后水箱“开锅”？

发动机运转时，水套中的水是流动的，虽然气缸内的温度很高，水未加热到沸腾就流走了。机器带负荷突然停车后，气缸内温度仍然很高，水泵停转，水套中的水停止流动，迅速被气缸壁和气缸盖壁加热，有时直至沸腾。因此这是一种正常现象。一般水冷发动机停车时最好怠速运转 2～3min 后使水温降低一些再熄火，就可避免“开锅”。

2-238　水泵为什么吸水量小？

冷却水泵所吸的水量应该满足于发动机冷却的需要，如果冷却水泵出现吸水量小甚至不吸水的情况，主要原因有以下几点：

①水泵风扇皮带过松。

②水泵叶轮轴上的键销脱落或固定螺钉松脱，以致引起叶轮在轴上滑动。

③水泵叶轮被污泥或其他杂物所堵塞。

④水泵叶轮磨蚀过甚。

⑤水泵叶轮与泵壳的间隙太大（一般规定水泵叶轮两面的间隙不应超过 0.3mm）。

⑥水泵吸水管堵塞。

⑦水源的高度低于水泵的高度过多。

2-239　怎样预防发动机水套生锈？

水遇到铁和空气中的氧就起化学作用，而变成铁锈。气缸水套由合金铝和生铁铸成，水中免不了有气泡存在，于是冷却系统内金属件逐渐锈蚀，甚至不能使用。一般在散热器内阻塞水道的固体中铁锈占

90％。

空气的来源，多半因散热器上水箱水面过低，在高速时冲入散热器的水流甚急，带进一部分空气泡。等到空气泡随水流进水套后，水套内的锈蚀作用可能较平常加快 30 倍。空气泡的另一来源是水泵吸水的一边有泄漏，发动机转动时，由此漏缝吸进空气。

水温升高，也能加快锈蚀作用。如在 80℃正常工作温度时的锈蚀作用较 20℃时更加快些。

水内含有矿物盐和其他矿物质，能在水套内加速金属锈蚀。水锈日积月累的结果，几乎可以填塞水套，对冷却系统的影响很大。

为保持冷却系统优良的性能，除了做好经常性的保养和清除工作之外，还必须设法防止锈蚀的作用，如果处理得当，可以减少 95％的铁锈。

防锈应注意不使冷却系统缺水，保持冷却系统的封闭性，不能漏气，以及尽可能加注清洁的软水，另外还可以加一种防锈剂，它的作用是防锈，但不能排斥原有的铁锈。在加注前要将冷却系统冲洗干净。合格的防冻液内，已加入适量的防锈剂，所以冬季加用优良的防冻液，不必再加防锈剂。

2-240　发动机突然过热是什么原因？

(1)故障原因

①风扇皮带断裂。

②水泵轴与叶轮脱转。

③冷却系统严重漏水。

④调温器大循环阀门脱落。

(2)诊断与排除方法

①行车中发动机突然过热，应注意电流表动态，若加大油门时，电流表不指示充电，表针只是由放电 3～5A 间歇摆回“0”位，说明风扇皮带断裂。如电流表指示充电，则应熄火，用手触试散热器和发动机。若发动机温度很高，而散热器内温度低，说明水泵轴与叶轮脱转，使冷却水大循环中断，若发动机和散热器温度差别不大，则应检查冷却系统有无严重漏水。

②冷车初发动时温度升高很快，冷却水沸腾。多系调温器大循环

阀门脱落并卡在散热器进水管内，阻碍了冷却水的大循环。因为这种故障能使冷却系统内压力迅速升高，当内压升高到一定程度时，便突然冲动卡滞的大循环阀门改变其方位，突然导通大循环水路，此时，沸腾的水便迅速冲开散热器盖。此故障应更换调温器。

2-241　发动机过冷是什么原因?

发动机过冷是指冬季在百叶窗关闭的情况下，水温表指针经常指在 75℃以下。

(1)故障原因

①百叶窗关闭不严。

②保温套覆盖不严。

③柴油机两侧下部与车架之间的挡风板失落或变形严重不起挡风作用。

④调温器失效。

(2)诊断与排除方法

①冬季发动机过冷，应首先检查车头是否安装保暖套及其覆盖是否密封，并检查百叶窗能否关闭严密。如达不到要求，应视情况进行检修或安装。

②若保暖套和百叶窗符合要求时，可检查发动机两侧下部的挡风板状况。如挡风板失落或变形严重，应补装或整修。

③若挡风板良好，可用手触试发动机上部和散热器上部温度。如两者温度基本上一样，说明冷却系统中未安装调温器或调温器小循环阀门卡死不能打开。应安装或更换调温器。

2-242　猛加油时散热器喷水是什么原因?

①散热器冷却水管沉积的水垢过厚或部分堵塞。发动机工作时，冷却水由水泵泵出，经冷却水套、进水管流入散热器上水室；再经散热器冷却水管、下水室、出水管流回水泵。如果散热器冷却水管积垢过厚或部分堵塞，使水流通过面积减小，当猛加油门时，水泵大流量水进入上水室而不能全部通过冷却水管，产生喷水。

②气缸套上部破裂和气缸垫冲坏。如果气缸套上部破裂，或气缸垫冲坏与水套或水套孔相通，发动机加速时，高压燃气窜入水套，冲入

散热器产生喷水。

第 7 节 润滑系统的检修与故障排除

2-243 润滑系统的作用是什么？它由哪些主要部件组成？

(1)润滑系统的作用 润滑系统的总的作用就是把清洁的和温度适宜的润滑油送至各摩擦表面进行润滑，使柴油机各零件能正常工作。具体作用：

①减摩作用。减轻零件表面之间的摩擦，减少零件的磨损和摩擦功率损失。一般金属间摩擦的摩擦系数 $f=0.14\sim0.30$，而液体间摩擦的摩擦系数 $f=0.001\sim0.005$，为干摩擦的几十分之一。

②冷却作用。通过润滑油带走零件所吸收的部分热量，保持零件温度不致过高。

③清洗作用。利用循环润滑油冲洗零件表面，带走由于零件磨损造成的金属细末和其他杂质。

④密封作用。利用润滑油的黏性，附着于运动零件表面，提高零件的密封效果。如活塞与气缸套之间保持一层油膜，增强了活塞的密封作用。

⑤防锈作用。润滑油附着于零件表面，防止了零件表面与水分、空气以及燃气接触而发生氧化和锈蚀，从而减少腐蚀性磨损。

(2)润滑方式

①压力循环润滑。对于承受较大负荷的摩擦表面，如主轴承、连杆轴承等处的润滑，是将机油在机油泵的作用下，以一定的压力注入摩擦部位，这种润滑方式称为压力循环润滑。其特点是工作可靠，润滑效果好，并且有强烈的清洗和冷却作用。

②飞溅润滑对于用压力送油难以达到或承受负荷不大的摩擦部位，如气缸壁、正时齿轮、凸轮表面等处的润滑，可利用运动零件对轴承间隙处出来的机油、油底壳的机油的击溅作用，将机油沫送至摩擦表面，这种润滑方式称为飞溅润滑。对于承受负荷较小或相对运动速度较大的摩擦表面，如气门调整螺钉球头、气门杆顶端与摇臂间等处的润滑，则利用油雾附着于摩擦表面周围，积多后渗入摩擦部位，这种润滑方式称为油雾润滑，也是飞溅润滑的一种。

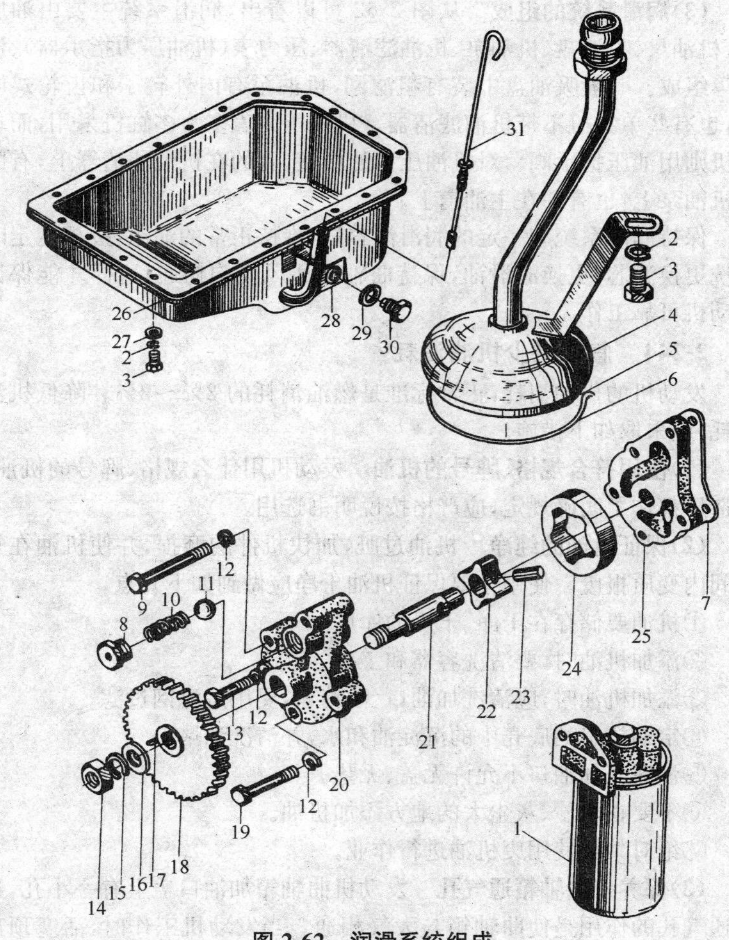

图 2-62　润滑系统组成

1. 机油滤清器　2、12. 弹簧垫圈　3、9、13、19. 六角头螺栓　4. 吸油管部件　5. 滤网部件　6. 钢丝挡圈　7. 机油泵垫片　8. 限压阀塞　10. 限压弹簧　11. 钢球　14. 螺母　15. 轻型弹簧垫圈　16. 小垫圈　17. 半圆键　18. 机油泵齿轮　20. 机油泵体　21. 机油泵轴　22. 内转子　23. 圆柱销　24. 外转子　25. 机油泵盖　26. 油底壳垫片　27. 平垫圈　28. 油底壳焊接件　29. 组合密封垫圈　30. 六角头磁性螺塞　31. 机油标尺部件

(3)润滑系统的组成　从图2-62可以看出，润滑系统主要由油底壳、机油尺、吸油盘、机油泵、机油滤清器、压力表（机油压力指示器）、油管等组成。一般吸油盘中装有粗滤网，机油泵有内外转子和齿轮式两种，也有些单缸机不带机油滤清器。机油压力表多为多缸机采用，而单缸机则用油压指示阀。对机油压力的调整，有的在机油滤清器上，有的在机油泵上，也有的在主油道上。

保持润滑系统有一定的润滑油容量，维持正常的油压，按规定定时清洗更换滤芯，更换润滑油，保持曲轴箱通风机构畅通，这样才能保证发动机可靠工作。

2-244　怎样减少机油消耗？

发动机的机油消耗，正常标准是燃油消耗的2%～3%。降低机油消耗，应采取如下措施。

(1)使用符合规格、牌号的机油　发动机用什么规格、牌号的机油，制造厂都作了明确规定，应严格按说明书选用。

(2)保证机油的纯净　机油过脏，加快机件的磨损，并使机油在短时间内变质报废。使用中要保证机油干净应做到如下几点。

①机油要储存在干净、干燥的库房。

②添加机油时，要清洗容器和工具。

③添加机油时，应清洗加油口、油箱盖，要用过滤网过滤。

④定期放出油底壳中的沉淀油和水，并清洗油堵。

⑤油底壳加油口不允许无盖、无垫。

⑥不要在风沙、灰尘大的地方添加机油。

⑦绝对禁止使用废机油进行作业。

(3)保养好曲轴箱通气孔　发动机曲轴箱加油口盖上有一小孔，这个通气孔的作用是使曲轴箱与大气相通。当发动机工作时，活塞顶部的气体通过气缸与活塞、活塞环之间渗漏到曲轴箱，使曲轴箱的压力加大。由于经常保持气孔与大气相通，曲轴箱内的压力就不会上升，渗漏也就减少。

(4)保证气缸和活塞裙部的正常间隙　气缸和活塞的正常间隙，在出厂说明书上有明确规定数值。间隙过大，发动机功率下降，耗油增加，曲轴箱中的机油会通过活塞和气缸过大的间隙进入活塞顶部燃烧，即所谓"烧机油"。活塞顶的燃油也会沿间隙流入曲轴箱,冲稀机油。间隙过小,发动机易过热,活塞膨胀,使活塞与气缸壁卡死,即所谓"粘缸"。

(5)保证活塞环的技术状态　首先保证活塞环的开口间隙和边间隙。一定的开口间隙和边间隙是防止发动机热胀冷缩时造成活塞环卡死、拉缸。

其次保证油环和活塞环槽小油孔的畅通。活塞环分压缩环和油环两种,压缩环主要起密封作用;而油环起刮油作用,即将气缸壁上的机油刮下,通过油环中的油孔,重新进入曲轴箱,不致使机油进入活塞顶燃烧。所以保养活塞连杆部件时,一定要注意油环油孔、活塞环槽油孔畅通无阻。

(6)正确安装活塞环

①镀铬的压缩环要安在第一道活塞环槽中。

②有扭力环的,其方向不要装反。

③活塞环开口不要对准燃烧室,上下环的开口要错开。

④活塞环要在环槽中试装,否则会发生卡死现象。

⑤正式安装时,活塞、气缸壁、活塞环上要涂一薄层干净的机油。

(7)气缸阻水圈不要漏水　缸套阻水圈如果漏水,会有大量的热水流入油底壳,使阻水圈失去弹性,老化变质。禁止使用有毛边、气孔、砂眼、裂纹等的阻水圈。安装时,阻水圈应全部进入槽中,不得扭曲、挤偏,位置要端正。

(8)废气不要窜入曲轴箱　大量废气窜入曲轴箱,会造成曲轴箱中压力增大,使机油渗漏严重,污染机油,所以工作中要使废气少窜入曲轴箱。因此,要做到如下几点:

①保证活塞环的开口间隙、边间隙。

②保证气门杆与气门导管的正确间隙。

③经常检查气缸、活塞、活塞环等的磨损情况,超过极限时立即更换。

(9)机油压力和温度适当　机油压力过高和过低,表明润滑系统有故障,或曲柄连杆系磨损,或机油变稀、变稠、老化变质等,所以在工作中要经常检查机油压力是否正常。机油温度过低,机油黏度加大,影响润滑；机油温度过高，机油变稀，润滑性能下降，所以发动机的机油温度一定要在70～85℃之间。

(10)保养好机油滤清器　保养好机油滤清器，可以保证机油清洁，使发动机各机件得到良好的润滑。对它们的保养必须按时、按号、按操作规程进行。

(11)更换机油，清洗油道、油底壳　机油的更换周期应按出厂说明书规定执行。更换机油时必须按规定清洗油道和油底壳。

(12)防止渗漏　机油渗漏不但使机油消耗增加，而且会使发动机脏污，应该积极采取措施。

2-245　怎样维护机油转子泵？

小型柴油机润滑系统除润滑油路外，润滑设备不多，但对其正确使用和技术维护是非常重要的。润滑不当将造成发动机不供油或供油不足，"游车"、"飞车"、冒白烟或黑烟等等，因此，应做到以下几点。

①每次起动前，都要检查油底壳中机油油面的高度，是否在机油标尺上、下刻线之间且接近上刻线，不足时应添加，但不得超过上刻线。

②所用机油必须是柴油机用机油，牌号不明的机油或劣质润滑油都不能使用。

③起动发动机时或在工作中，要随时观察机油压力指示器中的红色浮标是否升起。如不升起或升起不足或突然下降，都应立即停机检查，排除故障，否则会造成不正常磨损、烧瓦、抱轴等严重事故。

④定期更换机油。一般应按说明书中规定的时间或耗油的多少，更换油底壳中的机油。允许使用超期不变质的机油，但决不允许继续使用超期已经变质、失去润滑能力的机油。机油可否继续使用，可用下列简单方法进行判断。

a. 从油底壳中取出少许旧机油，放在手指上搓捻，如感觉几乎无机械杂质且黏性还好，此机油可继续使用，否则应换用新机油。

b. 在滤纸上先后各滴一滴新机油和使用过的机油，观察对比其变化情况。如果在已用机油油滴中心黑点内有较多的硬沥青质及炭粒，表明滤清不良；如果黑点较大，且为黑褐色、均匀无颗粒，则表明机油已经变质，应换用新机油；如果中间黑点较小而且颜色较浅，周围的黄色浸润较大，说明机油没有变质，还可继续使用。

c. 取柴油机中的机油放容器内，然后慢慢倒出，观察油流及光泽。如油流保持细长而均匀、无混浊，说明油中无胶黏性物质、杂质及水分，可继续使用，否则应更换机油。

⑤更换机油时，要清洗润滑油路。正在工作的发动机，熄火后趁热(50℃以上)拧下放油螺塞，使机油全部流出，然后拧紧螺塞。将清洁的柴油加入油底壳中，手扳减压杆，快速摇转曲轴 3～4min 后放出清洗油。待油底壳不滴清洗油时，将放油螺塞拧紧，加入新机油，摇转曲轴 2～3min，以便使新机油挤出各相对运动件表面间的清洗油，使之形成新的油膜。

⑥清洗润滑油路的同时，要清洗集滤器的滤网。发动机开始工作几小时后，必须将集滤器拆下，及时洗掉滤网上的堵塞物。这样反复清洁两三次才能除净机油中污物，否则，极易发生烧瓦、抱轴等事故。

⑦保养清除曲轴离心净化室中的油污后，一定要拧紧连杆轴颈两端的油堵，免得油堵处渗漏机油，造成润滑不良。

2-246　油面增高的原因是什么?

发动机油底壳的油面增高，表明在工作中有外来的液体侵入油底壳，且进入量大于消耗量，这表明油底壳中已渗入了水、柴油或机油，它们会降低润滑效果，甚至会引起发动机“飞车”，还会加速零件的磨损或引起烧瓦抱轴等故障。

发现油底壳油面增高，应立即停车，待 30min 后拧松油底壳放油螺塞，如有沉淀水流出或流出的机油带有水珠，则表明水漏入机油中;如流出的机油转稀，可用油尺蘸上机油在卫生纸上点一滴，若油迹迅速扩散，扩散部分与未扩散部分颜色深浅分界明显，则是润滑油中混入了柴油。现将油底壳油面增高的原因及解决办法叙述如下。

(1)机油渗到油底壳

①自紧油封失效或损坏。在喷油泵的前部连接板内装有自紧油封，如果油封失效或损坏，则喷油泵壳体内的机油会漏到正时齿轮室，而后漏到发动机油底壳内，使其油面增高。

②液压泵的主动齿轮轴自紧油封损坏。采用分置式液压悬挂系的发动机，液压泵主动齿轮轴自紧油封损坏，液压系机油沿定时齿轮室流进发动机油底壳内，使油底壳内油面增高。

解决办法：更换自紧油封。

③气门摇臂固定螺栓松动。如气门摇臂固定螺栓松动，使某一缸气门不能打开，喷入气缸内的柴油不能燃烧，沿气缸套流入油底壳，使油底壳内油面增高。

解决办法：拧紧摇臂固定螺栓。

④柱塞套定位螺钉松动或漏装小铜垫。柴油从喷油泵内腔经固定螺钉处漏出，从齿轮室流入油底壳，使其油面增高。

解决办法：拆下喷油泵，垫好小铜垫后重新安装好，这时柱塞套可在泵体内上下移动2～3mm，但不能转动。

⑤喷油泵的泵壳底座支承面有微小裂纹，或夹有脏物。解决办法是拆下喷油泵，用清洁的柴油清洗后，再用刀或圆锉修整支承面，除去表面微小裂纹，恢复表面粗糙度；或剪两个与柱塞套和油泵壳体底座内、外径相同的塑料薄膜垫片，套在柱塞套上，装好后经试验不漏油后再投入使用。

(2)喷油器工作不正常

①喷油器针阀体与喷油器体的接触平面密封不严而漏油，喷入气缸内的燃油除燃烧或随废气排出外，其余的沿气缸壁流入油底壳，使其油面增高。

②喷油器针阀体与针阀磨损，造成封闭不严或喷油压力过低而漏油，使油底壳油面增高。

解决办法：检查调整喷油器，使其达到标准状态，如达不到，应进行修复或更换合格的喷油器偶件。

(3)冷却水渗漏到油底壳

①气缸盖通往摇臂润滑油路螺栓松动。解决办法是应及时拧紧螺栓。

②气缸套阻水圈老化、损坏。阻水圈受热老化变质，从而出现渗水；阻水圈因安装过高，强行压入而被剪破，造成漏水；机体配合凸肩有拉毛、毛刺，安装时因切破阻水圈而造成漏水。

解决办法：机体配合凸肩有拉毛、毛刺时，应先用砂纸打平；安装阻水圈时不要凸出过高，阻水圈低时，可用黑胶布剪成宽度为阻水圈截面周长3/4的长条，沿圆周方向贴在阻水圈的内圆周表面，用手镶入槽中，再用正常压力压入即可。

③气缸垫烧损。气缸垫烧损时，冷却水会从气缸垫烧损部位漏出，经气门推杆进入油底壳。

解决办法：更换新的气缸垫，并按规定正确安装和拧紧气缸盖螺母。

④气缸盖水道孔闷头松动或损坏。闷头腐蚀损坏，此时水从闷头漏出，经气门室推杆孔进入油底壳。

解决办法：放掉冷却水，拆下损坏的闷头，清除座孔内脏物、杂质和水，并涂一层磁漆，镶上新的闷头即可。

⑤气缸套、气缸套及机体产生裂纹。解决办法是：气缸套、气缸盖及机体等零件产生裂纹或有砂眼、气孔等缺陷时，可根据情况进行粘补、焊修或更换。

2-247　柴油机对润滑油质量有什么要求？

(1)黏度适宜黏温性能好　润滑油的黏度对发动机的起动性能、磨损程度、功率损失的大小及燃料和润滑油的消耗量等都有直接影响。因此，在使用发动机润滑油时，必须选择适当的黏度才能收到良好的效果。另外，还得对它的黏温性能提出较高的要求，因发动机不可避免地要在温度变化较大的情况下工作。为了适应发动机起动前后温度的变化，所以要求润滑油必须具有良好的黏温性能。常用来表示润滑油黏温性能的指标有黏度比和黏度指数。选用时以黏度比较小或黏度指数较大的油为佳。

(2)生成胶膜的倾向小　润滑油在发动机中的活塞及气缸壁等高温零件上是呈薄层状态的，由于高温及金属的催化作用，薄层易氧化生成漆状胶膜，胶膜是热的不良导体，使活塞过热，并能使活塞环固结在活塞环槽里，严重时会使活塞环烧坏。活塞环被烧毁会使润滑油渗入燃烧室内，增加润滑油的耗量，又会使燃气从燃烧室通过烧毁的活塞环缺口串入曲轴箱，这样将降低柴油机的功率并引起柴油机严重的污损。

发动机零件表面的润滑油是否容易生成胶膜与润滑油的热氧化安定性及浮游性有关。热氧化安定性就是润滑油在温度和空气中氧的作用下，在金属表面薄油层中所具有的防止胶膜生成的能力。用这个指标可以评定润滑油的氧化倾向，可以测知润滑油在发动机的活塞环区域及其他高温零件上生成胶膜的速度。浮游性良好的润滑油能使氧化物悬浮在油面上，使之不集结或沉积在气缸壁、活塞等金属零件表面，因此避免了氧化产物的进一步受热氧化分解而生成胶膜。各发动机润滑油中加入的多效添加剂，即具有改善油的浮游性的作用。

(3)腐蚀性小　在发动机的高温、高压工作条件下，润滑油很容易被氧化而产生一些酸性物质。在水分与酸性氧化物同时存在时就会引起金属腐蚀。发动机停车逐渐冷却时，在气缸和曲轴箱中，不可避免地有冷凝水出现，因此产生了引起腐蚀的条件，而当润滑油中有足够的酸性氧化物时，腐蚀就开始了。

在标准中发动机腐蚀性指标以 g/m^2 为单位，即指规定的金属片，在试验的条件下，在试油中每平方米所损失的重量克数。数值愈大，说明油的腐蚀性愈强，在选用时应以数值小的为佳。

(4)低温流动性好　润滑油的低温流动性对于冬季操作的发动机具有重要意义。这项性能以油的凝点大致判定。但应明确，润滑油的凝点并不等于它所能使用的最低温度，润滑油停止流动的温度一般较凝点高 5～10℃，因此，在选用润滑油时应要求其凝点比气温低(但有预热或保温措施时则不受限制)，才能保证发动机在起动和暖车过程中润滑油能连续进入油泵，维持正常循环，起到良好润滑作用。此外，须注意的是当润滑油冷到接近于其凝点的温度时，黏度随之增大。因此，在低温时发动机起动困难，并不完全是由于润滑油的凝固，也可能是由于它的黏度急剧增大给发动机零件的相对运动造成极大凝固力所致。因此，在选择低温操作的发动机润滑油时，应结合油的凝点，黏度及黏温性来综合考虑。

2-248　杂质对发动机磨损有什么影响?

引起发动机技术状况变坏的因素很多，但主要是零件的磨损，而造成零件磨损的原因大多是由于进入发动机内的杂质造成的磨料磨损。磨损的结果往往造成发动机起动困难、动力性和经济性下降。因此，防止及控制杂质进入，是减少发动机故障、提高使用寿命的关键。

(1)杂质对发动机的影响　杂质对发动机的影响，主要表现在固体接触而造成烧结黏度；零件表面发生磨料磨损；表面拉伤及油路和空滤器阻塞等故障。

当杂质进入零件运动表面，混入润滑油里，形成磨料磨损，加快了运动件的磨损速度；若杂质大于规定的表面间隙，将如同楔子被挤进滑动面一样。粒度小的杂质易堆积在润滑系统内，因此导致供油阻力增大，油压减少，油温上升，进而造成烧瓦、抱轴、烧结黏度，致使发动机不能正常运转。

当空气滤清器发生短路时，没有滤清的空气直接进入气缸里，空气中的砂粒是一种十分有害的磨料。

另外，发动机工作时，燃油与空气比例失调，燃烧不完全，气缸中产生积炭，粘附在气缸、活塞及活塞环上，妨碍了热量传递，导致油膜破坏和活塞环烧结，使发动机密封性能下降和磨损量增加。

当燃油未经充分沉淀或柴油滤清器失效时，未经滤清的柴油进入三大精密偶件，杂质粒子对柱塞副将造成磨料磨损。

(2)防止杂质进入发动机的措施　防止或减少杂质进入发动机的有效措施，就是提高空气滤清器、燃油滤清器和机油滤清器的滤清效果，并正确使用与保养。另外，燃油使用前必须经过严格的沉淀与过滤，维修保养机器时必须注意环境与操作者双手及工具清洁，具体措施如下。

①按时保养空气滤清器。在进行耕、耙、播、收、轧、割等多灰尘场所作业时，应提前保养。注意空气滤清器是否短路，固定作业时可适当延长进气管高度。

②机油滤清器和燃油滤清器应按规定及时保养或更换，新的或大修后的发动机磨合试运转后，应立即清洗润滑油路，当发现密封件有损坏和变形时，要及时更换。

③严禁发动机长期超负荷作业。因为超载作业时燃烧不完全，产生大量积炭，加剧气缸磨损。

④发动机在作业中，如发现油温过高，油压偏低和有气阻等情况，应立即停车检查。

⑤燃油加入油箱前需经 96h 沉淀，且加油工具要干净，提倡采用密闭加油法。

2-249　怎样保养和检修柴油机润滑系统？

当前，绝大多数的小型农用运输车处在满负荷、超负荷的工况下作业，且作用时间长，道路条件又差，润滑系统负担特别重，再加上维护保养不当，机油更换不及时，烧瓦现象时有发生。

(1)清洗检查　清洗是检修中非常重要的一环。清洗难度较大的是油道、连杆轴颈的净化腔、推杆孔周围的油垢，其清洗程序如下。

①拆下曲轴，拧出连杆轴颈油腔上的螺塞，清除油腔内的沉积物，并用60℃左右的热水加金属清洗剂刷洗，拧紧螺塞。

②用压缩空气或机油枪抽吸柴油，冲洗油道及推杆孔周围的油垢，拧出油底壳放油螺塞，放净柴油，擦净油底壳中的铁屑等杂物，上紧吸油滤网。

③在曲轴箱中加入1.5kg柴油，拧松通往机油指示器的空心螺栓，摇转发动机1～2min，直到此处流出清洁的柴油，然后拧紧螺栓，再摇数转。卸下后挡板及吸油滤网，放净油底壳柴油，清洗后装复，拧紧油底壳放油螺栓，在曲轴箱中再加入2.5kg新机油后即可试车。

(2)安装调整

①更换机油泵转子时，外转子倒角的一面必须向内，否则易冲泵垫。

②调整机油泵体与机体接触面间的垫片时，不能破损，厚薄适中。检查方法是：拧紧机油泵上的三只固定螺栓，用手直接转动下平衡轴，应无卡滞和轴向间隙。在未装定时齿轮罩盖前，先装上吸油滤网，并在曲轴箱中加入清洗用柴油。在下平衡轴齿轮端面的孔中，拧一只M8×95的螺栓(定时齿轮罩盖长螺栓)当作摇把，顺时针摇转下平衡轴。此时机体横油道就应有压力油排出，否则必须增减垫片厚度进行调整。摇不动表明间隙过小，下平衡轴卡滞，该轴左侧7205轴承受轴向力，使机体轴承外圆卡簧槽损坏，造成机体报废；间隙过大，7205轴承易损坏。

③更换的滤网其背面不能用铁板钻孔作骨架，因为它有效过滤面积小，易堵塞。

④机油泵体与泵盖之间垫片的厚度应控制在0.03～0.06mm，减少垫片可提高机油泵出油压力，厚薄必须按要求调整。安装前，在泵壳内加少许机油，以起密封作用(摇转发动机就能顺利泵出机油)。

⑤内转子轴上的长方榫插在下平衡轴的长槽中，发动机长时间运

转时，使长方榫磨损呈菱形，平衡轴长槽磨出扇形凹坑，应及时更换或修复。

(3)摇臂润滑 摇臂是采用气门罩盖上机油指示器下的喷孔喷油飞溅润滑的。问题是重负荷下的机油黏稠、变质、喷孔堵塞，使摇臂干磨，气门间隙变大，动力下降。解决办法是：清洗指示器下的油腔，用直径1mm的铁丝疏通喷孔。如喷孔油流射向摇臂与摇臂座的空隙处，应找一小块1mm厚的铁皮，在其上钻一个直径12mm的孔，借用摇臂座螺栓压紧，把挡板上收集的油流导向摇臂轴衬套处。

按上述要点进行保养和检修，对S195柴油机润滑系统工作的可靠性大有促进，是提高发动机动力不可忽视的一项工作，特别是主油道压力一定要检测调整。

2-250 润滑系统常见故障及原因有哪些？

(1)主油道机油压力过低 主油道压力即机车上油压表读数，若主油道供油量减少或主油道的油路漏油都会使其数值降低。造成机油压力过低的原因有：油底壳油量不足；机油集滤器严重堵塞，使吸油阻力增大，泵油量下降；机油压力表损坏或不准确；机油黏度过小而易从各相对运动零件间漏失；机油滤清器严重堵塞，而安全阀压力过高或阀门卡死，使机油难以送到主油道；机油泵严重磨损，泵油量不足；主轴瓦及连杆轴瓦的轴承间隙过大，机油严重漏失；回油阀磨损严重，密封不好，或因弹簧变软弯曲和折断等，使油路内机油过早过多地通过回油阀流入油底壳，致使流入主油道的油量少。

(2)主油道机油压力过高 压入主油道的油量过多或主油道的油路堵塞都会使机油压力过高。其主要原因有：机油黏度大；限压阀和调压阀弹簧预紧力调整过高或阀门卡死，使机油泵出油压力过高；安全阀关闭不严或开起压力过低，使部分机油不经过滤清器就进入主油道，因而增加流量和压力；回油阀弹簧预紧力调整过高或卡死，使主油道回油压力过高或不回油；离心转子堵塞，使流入粗滤器与主油道的油量增加；机油压力表不准确或损坏。

(3)机油温度过高 若油温过高，则使机油黏度下降，润滑效果不良，机油易于氧化变质。主要原因有：机油滤清器滤芯堵塞以及安全阀、散热开关不严密，使部分或全部机油不经过散热器而从安全阀短路直接流入主油道；机油散热器失灵；机油泵泵油量不足，使循环散热作用减弱；压缩系统漏气，使大量高温气体窜入曲轴箱，造成油温升高；机油黏度过大不利于散热，或发动机负荷过重。

(4)机油消耗量过大　主要原因有：油管接头、前后油封或其他孔道漏油；活塞环粘结或磨损过大，气缸套磨损过甚，机油从油底壳窜入燃烧室被烧掉；油环回油孔积炭，击溅的机油不能流回油底壳。

(5)机油变稀　主要原因有：活塞环粘住或磨损过甚，致使未燃烧的燃油流入油底壳稀释机油；使用了不合格的机油或燃油；发动机过热；气缸套及轴承磨损过甚。

(6)机油过早老化变质　对于固定周期换油法(按固定周期强制的换油)来说，在未到换油期时机油即很快老化变质，既有机油在机器外部加速污染变质的原因，又有机油在机内使用中快速老化变质的原因。例如，机油在保管时进入尘砂或水；发动机技术状况不正常，以致发生燃油稀释、冷却水渗漏、磨损过速、三滤不良，特别是缸塞间隙过大，窜气严重；发动机长时间持续高负荷或超速运行，发动机时开时停，起动频繁，负荷过轻，工作温度太低等都会加速机油的老化变质。

2-251　怎样鉴别机油中的柴油和水?

(1)机油中漏入柴油的危害及简易鉴别法

①对比法。用两根同样型号的试管，分别注入标准机油(新鲜清洁机油)和待检测机油，对着阳光观察对比，即可确定出机油(待检测机油)中是否含有较多的柴油。

②黏度法。用两根直径为5mm、长200mm的玻璃试管，分别装新鲜清洁机油和待检测机油，用橡胶塞或软木塞塞住，蜡封口，两管同时倒置，记录管中气泡上升所需的时间，如两者时间相差超过20%，则说明待检测机油黏度明显下降，待检测机油不是含有较多的水就是含有较多的柴油。

③观察法。检查被润滑机件的表面状况，如有锈蚀斑点，则说明机油的防锈能力减弱，机油中含有较多的水或柴油。

(2)机油中漏入水的危害及简易鉴别法

①观色法。清洁新鲜机油是蓝色半透明的，若机油中含有较多水分，静止状态下呈褐色。如发动机工作一段时间后停机观察，机油呈乳

白色，并伴有许多泡沫。

②燃烧法。把烧红的铜丝网放入被检机油中，如有“噼啪”响声，则表明机油中含有较多的水分。或者将被检机油注入试管加热，当温度接近 80～100℃时，发生“噼啪”爆响声，则也表明机油中含有较多水分。

③放水法。发动机停机熄火 30min 后，松开油底壳放油螺塞，如有水流出，则说明机油中含有较多的水。

④比较法：分别用手蘸被检机油和新鲜机油，用手指进行捻搓对比，如手感被检机油黏性差，则表明被检机油中漏入水或柴油。

鉴别出机油中是漏入较多的水或柴油后，根据燃油系统和冷却系统产生内漏的途径，采取措施堵漏，并对被污染的机油加以更换和处理。

2-252　运动黏度随温度的变化有什么变化？

机油的黏度随温度而变化，当温度降低时，其黏度迅速上升。通常用不同温度下的运动黏度的比值来表明。国产机油规定了机油在 50℃与 100℃时运动黏度比 V50/V100 的最大值。该比值小，则表示机油黏度随温度的变化小，对发动机工作有利。通常选用在低温下黏度较小的机油，这样不仅便于起动，而且在正常工作时（机油温度为 70～90℃），温度虽然升高，而黏度变化不大，仍能保持正常润滑。

机油黏度随温度变化的特性给使用上带来了麻烦，因为适合于夏季用的机油到冬季就会变得太稠，适合于北方用的机油在南方就过稀。因此，必须按气温变化更换和选用机油。

2-253　机油润滑有几种方式？

①压力润滑：它是利用润滑油泵，使润滑油产生一定的压力，连续不断地送到各摩擦表面上去。压力润滑适用于摩擦表面载荷重，运动速度高，且摩擦表面没有外露的运动机件。

②飞溅润滑：它是借助运动零件激溅起来的油滴或油雾，飞到摩擦表面上去。飞溅润滑适用于摩擦表面载荷较轻、相对运动速度又比较小的零件。如气缸壁、配气机构的凸轮表面等。

③复合润滑：发动机润滑系统主要是采取压力润滑和飞溅润滑所进行的润滑，也可叫做复合润滑方式。

2-254　柴油机机油面过高或过低有什么危害?

机油面过高时,连杆下端和曲柄臂达到油面高度而将机油甩到气缸壁上,使活塞不能防止大量机油渗入燃烧室和气缸内,必将造成气缸盖、气门及活塞顶部形成大量的积炭。使活塞环在槽内胶结,从而使活塞环所起的密封作用降低,影响发动机的动力,并因机油油面过高,引起机油消耗量增加,排气管冒蓝烟。还会使发动机泄漏机油。

机油面过低时,当机油低于机油泵滤网时,则有空气开始进入机油泵中,造成机油压力降低从而导致各部零件过热而加速磨损,甚至引起粘缸烧轴等机械事故。因此起动发动机前必须检查机油的油平面高度。

2-255　为什么要定期更换润滑油?

更换润滑油要在发动机热态下进行,操作程序是,把空油盆放在发动机的排油孔下面,拧开放油塞。曲轴箱内的脏油,由于在热态下流动性好,所以能从油孔中全部流出。旧机油流出后将油塞旋好,然后灌入新鲜的润滑油,加到规定的油面处。

对于四冲程发动机,润滑油使用久后会发生变质。一部分未燃烧的燃油会从活塞环的间隙中流入曲轴箱内,使润滑油变稀。机件磨损后的碎金属屑及燃烧后形成的积炭,也会落到润滑油中,使润滑油变脏,破坏润滑的作用,加大发动机的磨损。在这种情况下必须放掉旧润滑油,换上新鲜润滑油。

2-256　润滑油浓比稀好吗?

有的人看书或听师傅讲,认为用黏度很大的机油比用黏度小的机油好,如果机油油质薄,怕保不住油膜,觉得用黏度大的机油保险。这种看法是不全面的,因为机油的黏度越大,流动性能差,机油的内摩擦阻力也越大。由于机油的黏度选用偏大将在使用中造成燃料过分消耗、功率降低和发动机机件磨损增加等不良状况,所以在能保证机件上有一定厚度油膜的条件下,油的黏度选小一点为好。黏度小的机油内摩擦阻力小,发动机刚起动时,旋转自如,发动机起动容易,散热良好,能保证发动机发出最大的功率。

2-257　发动机润滑油压力过低的原因是什么?

①润滑油量不足,润滑黏度过低或稀释变质。

②限压阀弹簧过软或调整不当。

③旁通阀弹簧折断或弹力过小。

④润滑系统有渗漏处。

⑤机油泵工作不良。

⑥主轴承、连杆轴承等间隙过大。

⑦细滤器分流过大或漏油。

⑧机油表及传感器失效。

2-258　发动机润滑油压力过高的原因是什么?

机油压力过高是指油压表指示的数值超过了最大允许值。引起机油压力过高的原因主要有以下几个方面:

①机油黏度过大。

②气缸体润滑油道堵塞。

③机油滤清器滤芯堵塞且旁通阀开起困难。

④新装发动机主轴承间隙过小。

⑤限压阀调整不良。

⑥机油压力表及传感器工作不良。

2-259　润滑油什么时候应更换?

发动机在工作中机油不断被许多机械混合物所脏污。这些机械混合物是由金属屑外界飞入的尘土灰粒和由于机油氧化所产生的不溶性生成物所组成的。在机油里大量的金属屑是与非金属屑生成物相结合的形态存在的。另外在高温工作状态,也使机油易迅速氧化而产生大量的漆膜沉积物、胶质和积炭。由于上述原因常常使得用过的机油颜色将逐渐变黑,失去原来新鲜机油时的透明度。至于油底壳内的机油究竟用到什么程度才应该更换,在实际工作中通常可用对比法来判断机油的变质程度,从而确定机油的更换期。

对比法的步骤是在洁白的纸上先滴一滴新鲜机油,然后再滴上一滴使用中的机油,观察对比变化情况。如果发现后者油滴的中心黑点里有较多的硬沥青质及炭粒等,表明机油滤清器的滤清作用不良,并不说明机油已经变质。如果黑点较大,且是黑褐色并均匀无颗粒,则表明机油已经变质应该更换。如果中间黑点较小颜色较浅,四周的黄色润迹较大,表明机油可继续使用。

2-260　限压阀的作用是什么?

为了防止润滑系统油压过高而增加发动机功率消耗,造成油路中密封连接处漏油等,在主油道或机油泵上设有限压阀。其作用是限制润滑系统的油压,使其不要超过规定值。其工作原理是:当发动机润滑系统油路中油压超过规定值时,限压阀被推开,多余的润滑油便流回油底壳或机油泵进油口,使油压降低。油压越高,限压阀开度越大,流回油底壳的润滑油越多,油压下降得越多。当润滑系统油压降到正常压力时,限压阀在弹簧作用下便复位。

2-261　工作中润滑油压力突然升高或降低怎么办?

(1)突然升高　行驶中油压突然升高,首先应检查机油滤清器滤芯是否堵塞,旁通阀弹簧是否压缩过多或过硬。还应检查机油限压阀柱塞是否卡滞。经检查上述良好,则可能是润滑系统油道堵塞。凸轮轴正时齿轮打碎后,其碎屑容易堵塞油道,烧毁轴瓦。对此必须清理油道,那种错误可认为机油压力越高润滑效果越好的看法是不对的。对机油压力突然升高,必须及时检查,查出原因,清洗滤芯和油道,更换不合适的零件。否则将冲裂机油滤清器外壳盖或机油传感器,甚至烧毁轴瓦。

(2)突然降低　行驶中机油压力突然降低,报警器指示灯亮,驾驶人员应停机检查。可能是曲轴箱缺机油、发动机温度过高或指示仪表损坏。还可能是由于轴承螺钉松动、折断或烧瓦所引起,这时可从加机油口处听到曲轴箱内轴承发出不正常的响声。确定故障原因后,应及时检修排除。

2-262　机油管破裂怎样处理?

机油管破裂将导致机油从破裂处渗漏,增加机油的消耗,影响润滑的可靠性。漏油不太严重时,可在破裂处涂上肥皂,然后用胶布将其包扎紧。如漏油严重,应用锡焊修补。若油管接头处密封不严而漏油,可在喇叭口后面缠上棉线旋紧使用。对喇叭口处破损严重的,可将其锯掉,重新翻口使用。

2-263　机油尺油管向外漏油怎么办?

行驶中发动机机油尺油管处不断向外排机油,原因有:油底内的机油油面过高、油底内气压过高。对该故障可首先检查油底内的机油油面高度。如油面高度合适，则引起窜机油的原因肯定是油底内气压过高所致。

引起油底内气压过高的原因有：机油温度过高或曲轴箱通风口堵塞，使油底内的废气及机油蒸汽无处泄压；还可能是发动机气缸密封不良，气缸内的高压气体泄进油底。对油底内气压过高，应首先检查发动机温度和机油温度是否正常。如温度过高，可根据前面发动机过热故障的检查和排除方法予以解决。若发动机温度正常，应进一步检查气缸密封不良向下窜气。

引起气缸向下窜气的原因有：个别气缸拉伤、个别活塞环不对口、活塞环胶死在环槽内，以及发动机磨损严重，气缸间隙过大。若气缸密封不良可参考前面气缸漏气故障的诊断方法予以检查排除。当气缸密封不良向下窜气而足以引起从油尺管向外窜机油，如是个别气缸则该缸肯定工作不良，发动机将有缺腿现象。若各缸都磨损使气缸间隙超限而引起窜气，则发动机动力性和经济性明显下降。诊断时结合这些故障现象综合进行分析。如果不存在发动缺腿或动力不足的现象，气缸向下窜气而引起油尺管向外排油的故障原因是不成立的。那么由于曲轴箱通风口堵塞所引起的可能性最大。

发动机曲轴箱通风口的位置有些设在气门室盖上，与加机油口共用；有的设在发动机的一侧。如通风口被油泥等物堵塞，曲轴箱内的气压就会增高，被曲柄连杆机构搅动飞起的油雾，在高压气体的带动下，就将从油尺管里喷出来，对此情况应清洗通风口，确保通风口的畅通。

2-264　怎样清洗润滑油油道？

发动机在工作过程中，润滑油的作用显得非常重要，即除了起润滑减少摩擦的作用外，还起到冷却以及清洁的作用，因此确保润滑油不间断循环流动的各条大小油道的畅通，亦显得非常重要。发动机的修理中，除必须对各润滑系统的组成部分进行必要的检查和修理外，特别是在发动机大修后，装配时必须对各油道进行彻底的清洗和疏通，以保证润滑油的畅通无阻。发动机润滑油道的清洗一般方法是：

①用细铁丝缠上干净的布条，再蘸些干净的煤油，通洗曲轴上的油道，要保证曲轴上的油道都能互相贯通。用铁丝通洗后，再用压缩空气

吹净，直到油道内已无油污及杂物时为止。

②气缸体上油道通洗，应先拆下主油道的油堵塞，用蘸上煤油的细圆毛刷插入油道内来回拉动疏通。对缸体上各隔板上的油道，应用细铁丝缠上布条通洗。对其他各小油道，凡能用铁丝通洗的都应进行通洗，最后用压缩空气吹干净。

③各连杆轴承油孔和活塞销衬套油孔可用煤油清洗，再用压缩空气吹净。如不具备压缩空气，也可用打气筒代替使用。

④油道全部疏通清洗吹净后，应重新安装好油道堵塞。装紧各油管接头并检查有无松动和漏油现象。

2-265　怎样正确检查机油油平面？

每日出车前都应检查机油油平面。检查时，应将农用运输车停放在水平道路上，在发动机熄火后数分钟，让机油全部流回油底壳。然后抽出机油标尺，用干净的布擦净，重新插入，再拉出油标尺，油面应在油尺的上、下刻线之间。油面低于下刻线时，说明缺油，应补加润滑油至规定高度；油面高于油尺上刻线时，说明润滑油过多。油面过高、过低时，都应分析其产生的原因，若有故障应及时排除。

2-266　曲轴箱为什么要设通风装置？

在活塞的压缩和膨胀冲程中，气缸内的一部分气体不可避免地会经过活塞环的间隙漏入曲轴箱中。如果没有通风装置会产生以下不良后果：①曲轴箱内的气体压力增高，高于环境大气压时，会引起机油自曲轴两端油封处漏出以及油雾自油底壳密封面漏出；②曲轴箱中的机油被漏气所污染；③在曲轴箱中温度过高并存在有飞溅的油雾和燃气的情况下，遇到某些热源的引燃时，可能产生爆炸。所以，现代发动机都采用曲轴箱通风装置，将可燃气体和废气抽出曲轴箱。

曲轴箱通风管的位置应选择在便于排除曲轴箱中气体但又不致将飞溅的油粒随同排出的地方。四冲程柴油机一般将通风管（呼吸管）设在推杆室或气缸盖的罩盖上，管内往往装有滤清填料，既可防止外界尘土进入曲轴箱内，又可挡住机油油雾逸出。一般农用柴油机常将通风管出口朝向车辆行驶相反的方向，以便利用行驶速度将曲轴箱内气体抽出。这种将曲轴箱内的气体直接导入大气中去的方式称为自然通风。而增压发动机曲轴箱内的气体通到增压器的吸气端。

2-267　机油为什么消耗过快？

当发动机机油消耗率达 0.1～0.5L/100km，且排气管冒烟时，则认为发动机润滑油消耗量过多。引起润滑油消耗量增多的原因主要有以下几方面：

①活塞与缸壁间隙过大。当活塞与气缸壁配合间隙过大或气缸磨成锥形或椭圆形后，活塞环、活塞和气缸壁就不能很好的贴合，飞溅的机油就会从缝隙处上窜到燃烧室而被烧掉，引起润滑油消耗量剧增。

②活塞环磨损或损坏，活塞环对口或装反。活塞环磨损后，弹力会减弱，对缸壁的压紧力变小，刮油作用也随之降低；同时，活塞环与环槽磨损后，还会使侧隙、背隙增大，窜油量增多，特别是当油环损坏时，窜油量将成几倍增大。此外，当活塞环对口或活塞环装反，也相当于给飞溅到缸壁上的润滑油提供了一条上油的通路，引起机油消耗量猛增。

③进气门导管磨损过甚。进气门导管磨损严重时，进气冲程在进气管真空度的作用下，润滑油就会从气门杆与导管孔的配合间隙处大量进入气缸而被烧掉。

④机油加得过多。油底壳机油加得过多，会使飞溅到缸壁上的润滑油增多，导致油环负荷重而工作不正常，刮油能力下降，上窜机油增多。

⑤机油黏度过低。黏度低的机油易上窜，且油膜较薄，很容易被烧掉；同时黏度低的机油，挥发量也较大。

⑥油路有渗漏等现象。油封损坏、管路破裂、接合处不密封等均会引起机油泄漏，使消耗量增多。此外，空气压缩机窜油也会使大量机油随压缩空气排出，使油底壳内机油量减少。

⑦发动机转速过高。行驶中爬山过多或运用低速档过多以及离合器打滑等，均足以造成发动机转速过高。转速越高，曲柄和连杆的离心力就越大，甩到缸壁上的机油也将增多。这样油环就来不及将缸壁上的机油刮落，进入燃烧室烧去的机油即要增多。同时，由于输油量的增多，油底壳内的机油温度也会增高，机油变稀。另一方面，自曲轴箱通气口被空气带出的雾化机油也增多。因此，机油的消耗量就会增多。

2-268　为什么起动时机油压力正常，热车时机油压力下降？

发动机冷车发动时，机油压力正常，走热后压力逐渐降到看不出来，如果确已检查证明机油压力表、机油泵和调压阀等无故障，应即检查机油的数量、质量、油路及发动机轴承的松紧程度。如曲轴箱通风不良，温度增高，机油黏度在热车时稀，若遇油管或接头处略有漏油现象，以及曲轴、连杆、凸轮轴轴承等处较松，就能使油压降至很低。

2-269　机油泵泵油量下降的主要原因是什么？

机油泵的工作情况决定着润滑系统的油量和油压。机油经长时间工作后，将造成泵油压力低、泵油量减少以及其他机械故障，使机油泵工作性能变坏。其主要原因是：

①机油泵的端面间隙、齿顶间隙、齿轮啮合间隙以及轴与轴承配合间隙过大；

②各处密合面及限压阀座的严密性和阀门的调整等也会对泵油压力和泵油量有影响。因此，机油泵长时间使用后，应检查其性能好坏，有故障时可分解后修复。

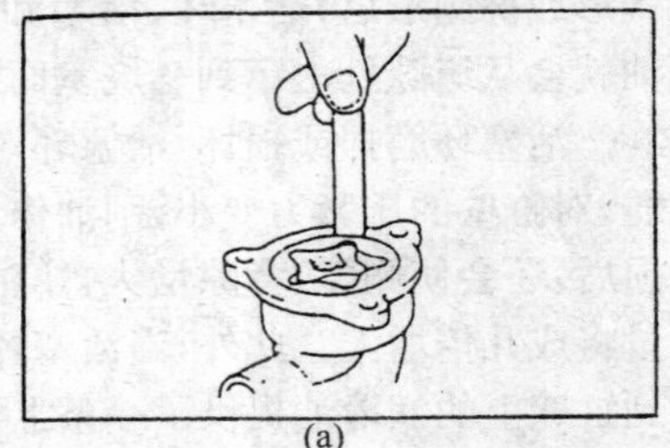
(a)

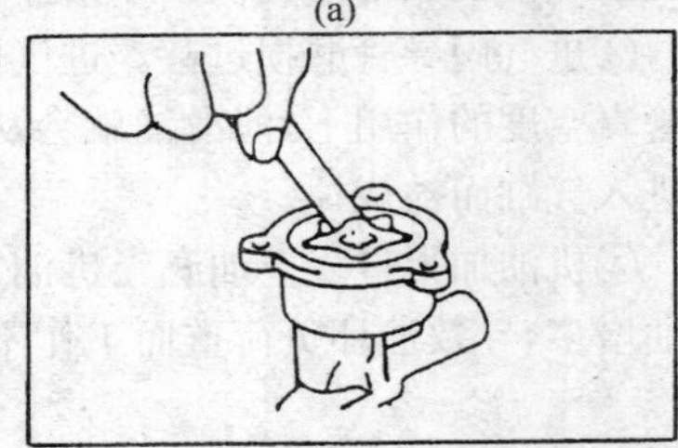
(b)

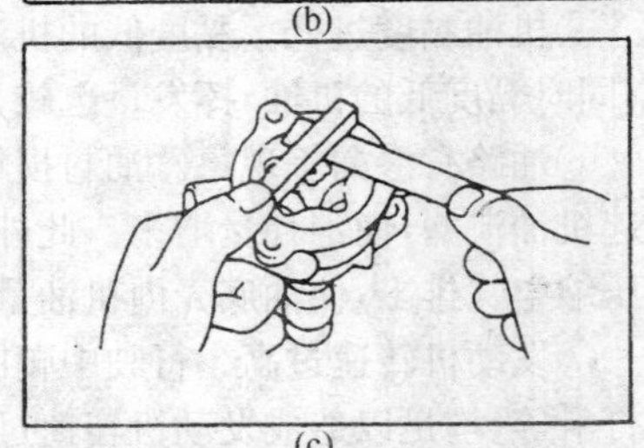
(c)

图2-63　检查转子式机油泵

(a)检查泵体间隙　(b)检查齿顶间隙　(c)检查端面间

2-270　怎样检修转子式机油泵？

转子式机油泵分解后主要检查下列内容：

①检查泵体间隙。方法如图2-63a所示。用一塞尺测量被动转子（外转子）与泵体间的间隙，如果间隙超过允许值则应同时或分别更换转子和泵体。

②检查齿顶间隙。方法如图2-63b所示。用一塞尺测量主动转子与被动转子间的间隙，如果间隙超过允许值，则应同时或分别更换内转

子和外转子。

③检查端间隙。方法如图 2-63c 所示。用一平板尺紧贴油泵端面,用一塞尺测量平板尺与转子端之间的间隙,如果间隙超过允许值,则应同时或分别更换转子和泵体。

2-271　柴油机起动后,为什么要等温度正常时再起步?

因为发动机温度低时,润滑油黏度较大,摩擦阻力也大,润滑油不能循油道畅流至各润滑部位,造成润滑不良。同时,低温使燃油雾化不良,未燃烧的燃油会沿气缸壁流入曲轴箱,这不仅冲淡甚至破坏了气缸壁上的润滑油膜,而且稀释了曲轴箱中的机油,使润滑性能降低。此外,低温会加剧发动机腐蚀磨损,影响发动机使用寿命。因此,发动机起动后,必须等水温上升到 40℃以上时,方能起步。

2-272　高速行车为什么费机油?

发动机速度愈高,负荷愈大,机油消耗愈多。因速度高及负荷大时,发动机的运转温度较高,机油随温度的升高而变稀。稀薄的机油比黏稠的机油容易窜入燃烧室内。同时,发动机转速高,便有较多的机油溅在气缸壁上,油环来不及将气缸壁上的机油刮落,所以机油进入燃烧室的量也较多。因此在同样距离内用高速行驶,虽然时间较短,但机油的消耗却增多。

2-273　润滑系统在使用过程中应注意什么?

①要选用合格的润滑油。必须按说明书中的要求加注润滑油,加注的机油内不允许混入水、灰尘和杂质等。

②要经常检查油底壳油面高度,并保持油面高度不过高,也不过低。新修的发动机应加入略多的机油,经运转后,停车检查油面高度,多则放,少则添。

③发动机起动前,应用手摇柄转动数圈,然后再起动发动机,以便各部都得到充分润滑。冬季起动前,应将润滑油预热加温。

④在运转中,应注意油压和油温,发现不良现象时应及时停车检查,并排除故障。

⑤注意观察并记载机油消耗量,当出现不正常情况应及时查找出原因,并排除故障。

⑥定期清洗润滑系部件(粗滤器、细滤器、机油散热器等),保证润

滑系统经常清洁畅通。

⑦发现润滑油变质变色、油底壳沉积物过多或油中混入水、燃油时，应及时更换，并应严格执行冬夏交替的季节性换油。

2-274 怎样诊断机油集滤器的响声？

发动机高速运转时，在其下部发出无节奏的响声，在加机油口处可听到“呼、呼”的响声，同时油底壳下边有振动现象，此响声即为机油集滤器异响。引起机油集滤器异响多是由于集滤器浮子内渗入机油或限位不良而上下摆动，碰触油底壳所致。

诊断时，可加大发动机油门，使发动机高速运转，此时在机体下部听诊，若在下部听到有“呼、呼”的响声，用手触摸油底壳下边，感到有与响声吻合的振动，则可断定为机油集滤器碰触油底壳的响声。一般若响声不太严重，行驶中可不予修理，待回站后及时予以检修。

第 3 章　底盘故障诊断与检修

第 1 节　传动系统的作用与组成

3-1　三轮农用运输车传动系统由哪些主要零件组成？是怎样传动动力的？

三轮农用运输车传动系统，主要由皮带传动装置、离合器及操纵机构、变速器、链条和后桥等组成，如图 3-1 所示。柴油机的动力先由飞轮经皮带传递到离合器，离合器再将动力传递到后桥，再经半轴传给驱动轮；另一路传给液压泵作为液压系统动力源；再一路经动力输出轴输出，可为其他作业机具提供动力。

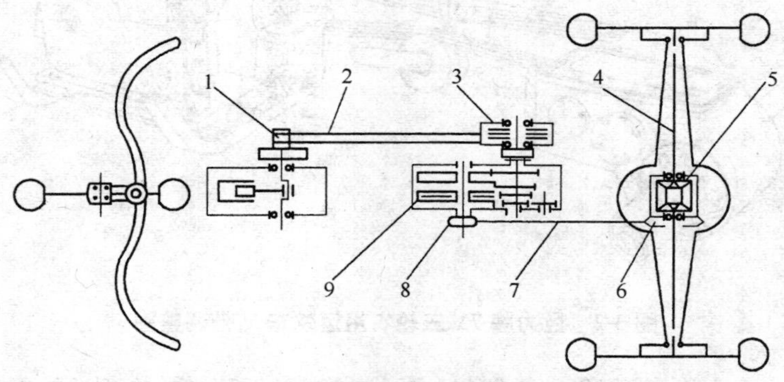

图 3-1　三轮农用运输车传动系统示意图

1. 发动机皮带轮　2. 三角皮带　3. 片式摩擦离合器　4. 半轴　5. 半轴齿轮　6. 大链轮　7. 传动链条　8. 小链轮　9. 变速器

3-2　怎样检查调整皮带？

V 带过紧会造成：①降低保护传动系统过载的能力；②加快 V 带的变形和磨损，影响其使用寿命；③加大安装主、从动带轮的柴油机和离合器轴所受的径向力，使其变形加速，轴承发热、磨损也同时加剧；④手摇起动柴油机时费力。

若V带安装过松，或使用中变形伸长，使V带传动装置产生松弛现象，就会经常打滑，造成：①不能有效地全部传递柴油机的动力，降低农用运输车的载货能力，严重时，无法行驶；②加速V带发热、磨损，使用寿命缩短。因此必须及时调整。

(1)V带松紧度的调整方法　在第一级减速增扭传动绝大多数采用V带传动装置的三轮和四轮农用运输车中，张紧度的调整是靠柴油机的前后移动来张紧或放松V带，以达到改变主、从动带轮的中心距来实现的。即先松开柴油机固定在车架上的全部螺栓（或螺母），然后拧动调整螺栓（或螺母），使柴油机前后移动，直到检查V带的松紧度和主、从动带轮的相对位置合适时为止，如图3-2所示。

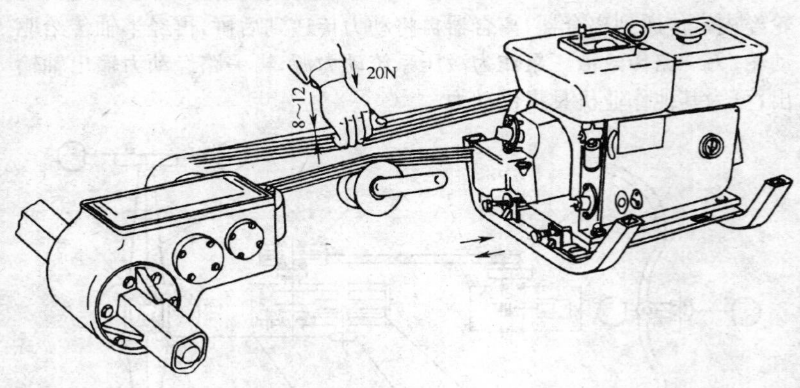

图3-2　巨力牌7Y三轮农用运输车V带调整图

巨力牌、光明牌、飞毛腿牌、奔马牌等7Y系列三轮农用运输车和金猴牌JS905型、兰鸵牌LT1308型等四轮农用运输车的V带传动装置采用了V带紧轮装置，除用移动柴油机来调整V带松紧度外，还可用图3-3所示的调整螺母14以调整张紧轮装置中调节拉杆13的长短方法来调整张紧轮10相对V带的上下位置，以达到对V带的张紧程度进行微调的目的。

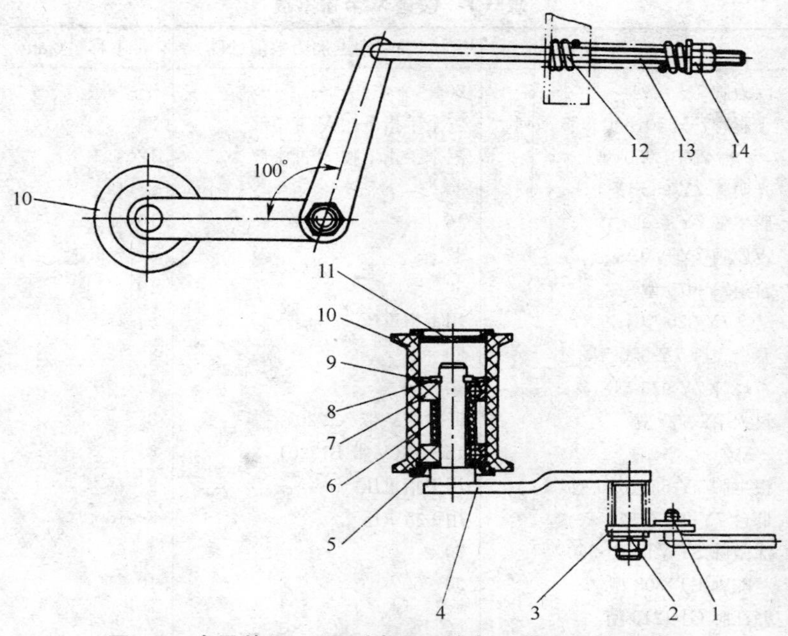

图 3-3　奔马牌 7Y-975 型农用运输车 V 带张紧轮总成图

1. 锁销　2. 螺母　3. 连接板　4. 张紧轮连接件　5、11. 盖　6. 套筒　7. 轴承　8. 内挡圈　9. 外挡圈　10. 张紧轮　12. 弹簧　13. 调节拉杆　14. 调整螺母

(2)V 带松紧度的检查方法

①在 V 带的中点用力下按(见图 3-2 所示),其下移量不超出该农用运输车规定的数值。表 3-1 列出了国内一部分不同型号三轮和四轮农用运输车的规定数值,也可作为其他型号机型参考。

②前后带轮的同一端面应在同一平面内,其允许公差一般不大于 0.2mm(有的农用运输车称之为主、从动带轮的中心线要平等或要求轮槽的中心线要对齐)。

3-3　V 带使用中注意事项有哪些?

为了使 V 带传动装置正常、有效地传递柴油机的动力,并延长其使用寿命,使用中应该注意:

表 3-1　检查V带松紧度

产品型号	在V带中点加力数值(N)	V带下移量(mm)
巨力牌 7Y 系列	20	8～12
飞彩牌7Y-550、650、975 系列	三个手指下按V带中部	25
7YPJ-950 型	三个手指下按V带中部	12
光明牌 7Y-950 型	20	8～12
唐牛牌 7Y 系列	16	10～12
吉鹿牌 7Y-950A_3	22	5.6～6.3
希望7Y-975 型	50	19
7Y-320 型	用手指重压	8～15
雁南飞牌 7Y-950 型	20	8～12
军峰牌 7Y-975 型	40～50	15～25
星火 7Y-550 型	9～12(V带 A1220)	8
	15～18(V带 B1220)	8
银牛牌 7Y-550、650 型	用手指重压	8～15
邢台 7Y-975A 型	用手指重压	8～15
沈微牌 SYWTYPJ-950 型	20	4～6
兰鸵牌 LT1308 型	30～50	10～15
赣江牌 GJ 1210 型		
1305 型	四个手指下压	10～20
1205		
金猴牌 JS905 型	40～50	14～15
四方牌 TH905-Ⅱ型	四个手指下按	10～15
飞彩牌 FC1205 型	三个手指下压	12

①车辆停放时，应避免V带在烈日下暴晒，否则，将加速其老化变质。

②两个带轮同V带接触的两个斜面应保持光滑，不能有毛刺，以免拉伤V带。

③V带和两个带轮的轮槽两斜面应避免沾油，以免打滑，否则，V带将不能有效传递柴油机的全部动力。严重打滑时，将无法工作。另外也应避免沾上酸、碱物质，以免腐蚀V带，降低使用寿命。

④当V带传动装置中一根或多根V带因磨损严重或其他原因必

须更换时，应同时更换所有的V带，且型号、长度应一致(其长度应符合V带分档配组的规定)，使其具有相同的张紧性能，最好为同一生产厂家生产，以免造成V带上的载荷分配不均。

⑤每种型号农用运输车上V带传动装置中V带的数量是一定的，不应在减少V带数量的情况下使用，否则将不能有效传递全部柴油机的动力。

3-4　传动V带有哪些常见故障？

故障现象：皮带打滑、掉带和皮带早期磨损。

故障原因与排除：

①皮带打滑多由皮带张紧度不足引起，应适当增加皮带张紧力。

②掉带主要由两带轮轴线不平行或两带轮槽不在同一平面内引起，应检查和调整带轮轴线的平行度，调整皮带轮轴向位置，使轮槽处于同一平面内。

③皮带早期磨损主要是由于皮带过紧或过松、皮带轮槽不在同一平面内造成的，应适当调整皮带张紧度或皮带轮槽位置。

3-5　国内三轮、四轮农用运输车用V带选用什么型号？

国内一些三轮、四轮农用运输车所选用的V带情况见表3-2所列。

表3-2　农用运输车用V带型号

企业名称	产品型号	V带型号	根数
山东巨力(集团)股份有限公司	巨力牌TY系列	A型和B型	3(4)
安徽飞彩集团皖南机动车辆厂	飞彩牌TY系列	B型	3
山东光明机器厂	光明牌TY-950A(850A)	B2743(B2650)	3
	TY-950(850)	B1524	3
	TYPJ-950A(975A)	B2743(B2650)	3
	TY-650、750	B2718(B2743)	3
河南许昌机器制造厂	飞毛腿牌TY-750、850	B型	3
沈阳辽河机械总厂	天菱牌TY-950系列	B型	4
邢台拖拉机厂	邢台TY-975A	B2362	3
	TY-550	A1220或B1220	2

续表 3-2

企业名称	产品型号	V带型号	根数
长春拖拉机厂	吉鹿牌 TY-950A_3	B型	4
石家庄拖拉机厂	希望牌 TY 系列	B型	3
安徽宁国机械工业总公司	三环牌 TY 系列	B型	3
山东德州宏力农机(集团)有限公司三轮车厂	雁南飞 TY-950 系列	B型	3
山西运城拖拉机厂	唐牛牌 TY 系列	B型	3
新乡第一拖拉机厂	中峰 TY-975	B型	4
开封机械厂	中州TY-750	B2760	
	TY-975	B2660	
	TY-975A_2	B2940	
郑州飞马(集团)股份有限公司	飞马牌TY-975	B2820	3
	TY-975A	B2700	4
河北邢台农用运输车总厂	银牛牌TY-550、650	B1450、1540	2
	TY-975	B2337、2500	3
江西南丰县农机修造厂	军峰牌 TY-850、975	B1560	3
	星火牌 TY-550	A 或 B1220	2
江西手扶拖拉机厂	GJ1210 系列、1205、1305	B型	3
浙江四方集团公司	四方牌 TH905	B型	3
山东潍坊拖拉机厂	康达牌 WF905	B2040	3
跃进集团江苏金猴农用运输车有限公司	金猴牌 JS905	B 型 3×2240 联体或 B2240	3
沈阳金牛机械厂	沈微 SYW905 型	B型	3
兰州手扶拖拉机厂	兰鸵牌 LT1308	B2286	3

第2节 离合器故障诊断与检修

3-6 离合器的作用是什么?

按动力传递顺序来说,离合器是传动系统中的第一个总成,其主动部分与发动机的飞轮相连,从动部分与变速器相连。在农用运输车从起步到行驶的整个过程中,驾驶员可根据需要操纵离合器,使发动机与变速器暂时分离或逐渐接合，以切断或传递发动机向传动系输出的动力。其具体作用有如下三个方面：

①使发动机与传动系统逐渐接合，保证农用运输车平稳起步。车用活塞式发动机的最低稳定转速为 300～500r/min，而农用运输车起步则是由静止开始的。因此，在变速器空档位置起动发动机后，若没有离合器而强制地将变速器挂档，使传动系统与发动机刚性地连接，则由于二者原先速度相差很大，不但会由于冲击造成机件的损伤，而且发动机产生的动力远不足以克服农用运输车由静止到运动产生的巨大惯性力，从而造成发动机转速急剧下降到最低稳定转速以下而熄火，无法起步。有了离合器，则在起步时使离合器逐渐接合（与此同时，逐渐加大油门，增加发动机的输出转矩），它所传递的转矩也就逐渐地增加，于是发动机的转矩便可由小到大地逐渐传给传动系统，实现平稳起步。

②暂时切断发动机与传动系统的联系，便于发动机起动和变速器换档。

农用运输车行驶中变速器要经常变换档位，即变速器中的齿轮副要经常脱开啮合和进入啮合。脱开时，由离合器切断发动机传来的动力，以减小啮合齿面间的压力才能顺利脱开（操纵加速踏板来改变发动机的转速也可短暂地解脱齿面间的压力，但要求较熟练的操作技能）；挂档时，由离合器切断与发动机的联系，便可较容易地配合以适当的操作，使待啮合的齿轮副圆周速度相等，避免或减小其冲击而顺利地进入啮合（恰当地操纵加速踏板，选择发动机的合适转速，也能使待啮齿轮副圆周速度同步而顺利挂档，但要求有更熟练的操作技能）。这就是离合器起到的便利换档的作用。

③限制所传递的转矩，防止传动系统过载。如果发动机和传动系统是刚性连接而没有离合器，则当农用运输车紧急制动时，传动系统将迫使发动机急剧降速，于是发动机运动件将产生很大的惯性力矩（其数值可能远远超过发动机所能发出的最大转矩）反作用于传动系统，造成传动系统过载而损坏机件。有了离合器，可在紧急制动时使其分离，从而免除发动机反作用于传动系的惯性力矩。即使在不分离的情况下，由于离合器能通过滑转来限制所传递的转矩，从而也可以防止传动系

统过载，起到一定的保护作用。

3-7 传动系统对离合器有什么要求？

根据离合器的作用，离合器应满足下列主要要求：

①具有合适的储备能力。既能保证传递发动机的最大转矩，又能防止传动系统过载。

②接合平顺柔和，以保证运输车平稳起步。

③分离迅速彻底，便于换挡和发动机起动。

④具有良好的散热能力。由于离合器接合过程中，主、从动部分有相对的滑转，在使用频繁时会产生大量的热量，如不及时散出，会严重影响其使用寿命和工作的可靠性。

⑤操纵轻便，以减轻驾驶员的疲劳。

⑥从动部分的转动惯量要小，以减小换档时的冲击。

3-8 离合器是怎样工作的？

离合器由主动部分、从动部分、压紧装置和操纵机构组成，其工作原理如图 3-4 所示。

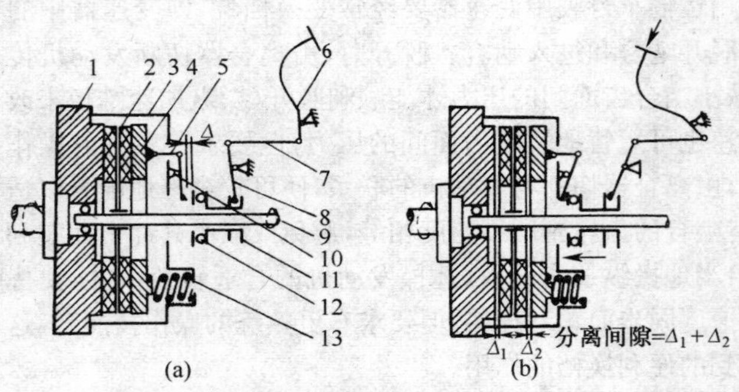

图 3-4 离合器工作原理图

1. 柴油机飞轮 2. 从动盘 3. 离合器盖 4. 压盘 5. 分离拉杆 6. 踏板 7. 拉杆 8. 拨叉 9. 离合器轴 10. 分离杠杆 11. 分离轴承座套 12. 分离轴承 13. 离合器弹簧

(1)结构

①主动部分。柴油机飞轮 1、离合器盖 3 和压盘 4 连成一体，随柴油机曲轴一起转动，是离合器的主动部分。压盘 4 又可沿离合器轴 9

作轴向移动。

②从动部分。从动盘 2 和离合器轴 9 用花键连成一体，属从动部分。从动盘可作轴向移动。离合器轴 9 一般为变速器的第一轴（输入轴）。

③压紧装置。离合器弹簧 13（螺旋弹簧或膜片弹簧）为压紧装置。

④操纵机构。踏板 6、拉杆 7、拨叉 8、分离轴承座 11、分离轴承 12 属操纵机构，它作用于离合器上分离机构（分离杠杆 10 和分离拉杆 5）。

(2)传动关系　从动盘 2 被多个压紧弹簧 13 压在柴油机飞轮 1（三轮农用运输车压在离合器 V 带轮总成）和压盘 4 之间。发动机的转矩通过从动盘上的摩擦面来传递。从动盘的盘毂中心孔为花键套，套在离合器轴上。从动盘转动后，离合器轴也随之转动，动力进而传入变速器。

(3)动作　踩下踏板 6 时，分离轴承座 11 及其分离轴承在拨叉 8 的拨动下向前移动，首先消除分离轴承 12 与分离杠杆 10 之间的自由间隙 Δ，然后推压分离杠杆 10，并使其绕支点摆动。分离杠杆的另一端带动分离拉杆 5 向后拉动压盘 4，从而进一步压缩弹簧。这时飞轮与从动盘和压盘与从动盘之间的摩擦面出现分离间隙（$\Delta_1+\Delta_2$），使从动盘失去传递柴油机转矩的作用，离合器处于分离状态。

踏板踩下消除自由间隙 Δ 的行程称为踏板自由行程；当摩擦面之间出现分离间隙 $\Delta_1+\Delta_2$，即从动盘处于完全分离状态时，踏板的行程为工作行程；踏板自由行程和工作行程之和称为踏板总行程。

当踏板逐渐分开时，被压缩的弹簧也逐渐伸张，在弹簧力的作用下，压盘将从动盘压紧在飞轮（三轮农用运输车为带轮）表面上，离合器又处于接合状态。

3-9　干式经常接合摩擦式离合器的结构和工作状态是怎样的？

三轮农用运输车广泛采用了干式经常接合单片（如图 3-5、3-6 所示）或多片（如图 3-7）摩擦式离合器。单片离合器多用于柴油机功率为 6kW 及其以下的小吨位三轮农用运输车上，多片离合器则用于 8.8kW 及其以上功率的三轮农用运输车上。

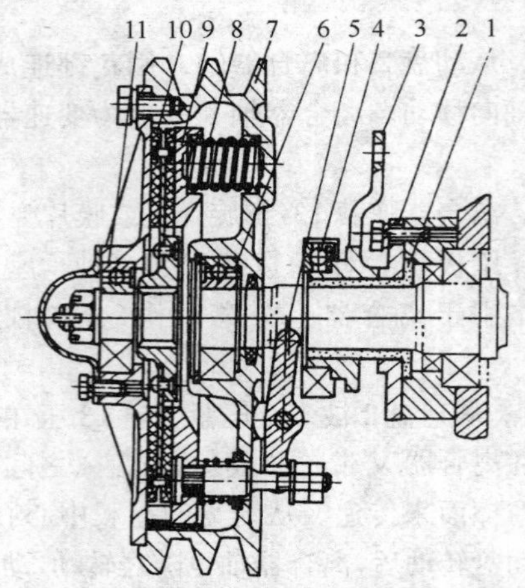

图3-5 V带传动单片摩擦离合器结构图

1. 分离爪座 2. 固定分离爪螺钉 3. 分离爪 4. 分离轴承 5. 分离杠杆 6. 轴承 7. 带轮总成 8. 离合器弹簧 9. 压盘 10. 从动盘 11. 轴承

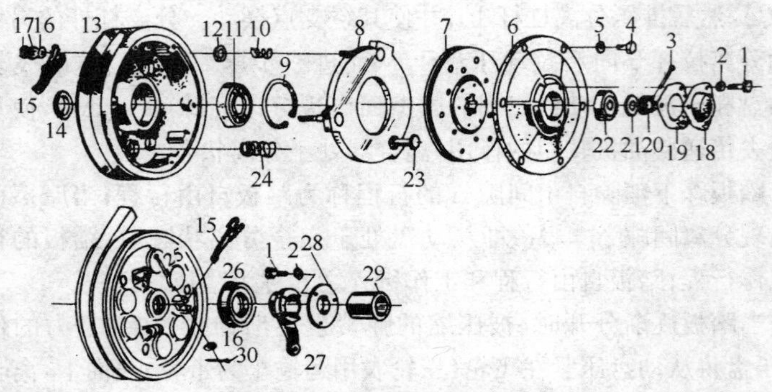

图3-6 单片离合器装配分解图

1. 螺栓 2. 垫圈 3. 锁销 4. 螺栓 5. 垫圈 6. 带轮盖 7. 从动盘 8. 压盘 9. 挡圈 10. 弹簧 11. 轴承 12. 封尘圈 13. 带轮 14. 毡圈 15. 分离杠杆 16. 垫圈 17. 螺母 18. 轴承盖 19. 纸垫 20. 螺母 21. 垫圈 22. 轴承 23. 调整螺杆 24. 离合器弹簧 25. 销轴 26. 分离轴承 27. 分离爪 28. 固定分离爪牌 29. 分离爪座 30. 锁销

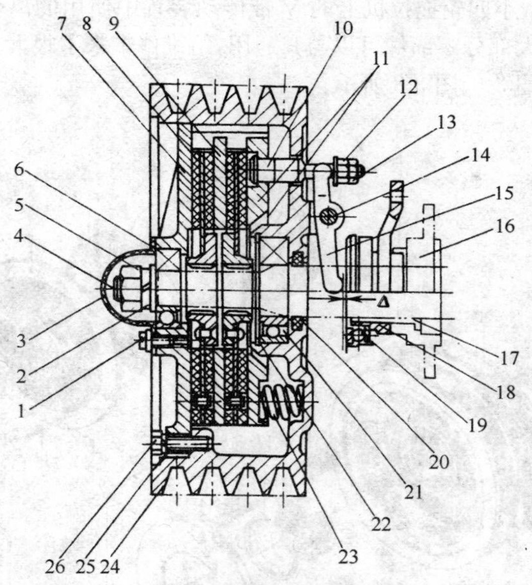

图 3-7　V 带传动多片摩擦离合器结构图

1. 螺钉　2. 垫圈　3. 轴承盖　4. 离合器轴　5. 螺母　6. 轴承　7. 带轮盖　8. 从动盘　9. 主动盘　10. 调整螺杆　11. 压盘　12. 调整螺母　13. 锁紧螺母　14. 销轴　15. 分离杠杆　16. 分离爪座　17. 分离爪套　18. 分离爪　19. 分离轴承　20. 毡圈　21. 轴承　22. 挡圈　23. 离合器弹簧　24. 带轮　25. 垫圈　26. 螺栓

在我国小吨位(1t 及其以下)四轮农用运输车中,有的是从三轮农用运输车改进设计变型来的,由于仍采用了原三轮农用运输车上的卧式柴油机(如 S195、S1100、S1105、S1110 型等),所以借用了此种结构类型的离合器。但也有从手扶拖拉机变型设计来的或独立设计型的小吨位四轮农用运输车,由于也选用了上述各种不同型号的卧式柴油机,故也采用了干式经常接合摩擦式多片离合器(见图 3-7 所示),如江西手扶拖拉机厂的赣江牌 GJ1210 系列、1205、1305 型,跃进集团江苏金猴农用运输车有限公司的 JS905 型,山东潍坊拖拉机厂的 WF905 系列,兰州手扶拖拉机厂的 LT1308;浙江四方集团公司的 TH905-Ⅱ型,沈阳金牛机械厂的 SYW905 型等四轮农用运输车。这些车型的离合器基本上都是从我国大量生产的东风-12、工农-12 型手扶拖拉机和泰山-12(15)型小四轮拖拉机上的V带传动装置中使用的离合器借用过来的,所以大部分零部件可以与其通用,给维修带来了很大方便。其装配、分解如图3-6、图3-8所示。

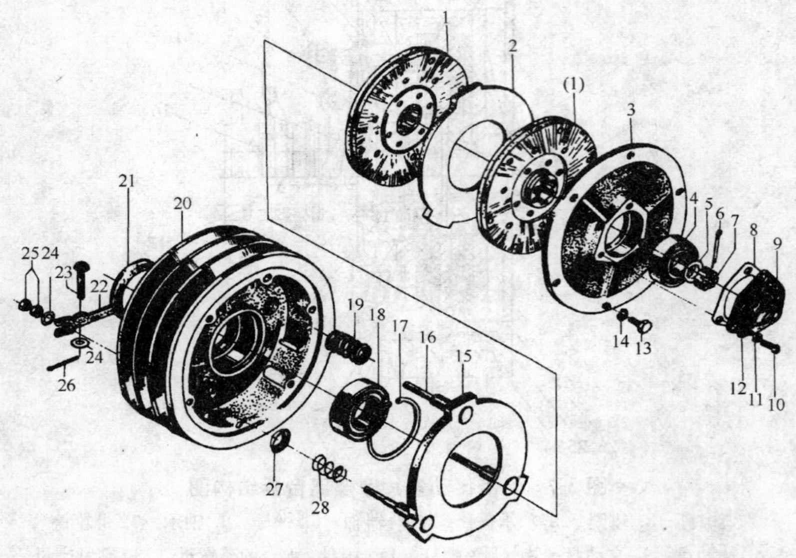

图3-8 多片摩擦离合器装配分解图

1. 从动盘 2. 主动盘 3. 带轮盖 4. 轴承 5. 垫圈 6、26. 锁销 7. 螺母 8. 纸垫 9. 轴承盖 10. 螺钉 11. 弹簧垫圈 12. 垫圈 13. 螺栓 14. 弹簧垫圈 15. 压盘 16. 调整螺杆 17. 挡圈 18. 轴承 19. 离合器弹簧 20. 带轮 21. 毡圈 22. 分离杠杆 23. 销轴 24. 垫圈 25. 螺母 27. 封尘圈 28、弹簧

图3-5中,主动部分主要为带轮7、压盘9;从动部分为从动盘10和离合器轴(即变速器输入轴);压紧装置为一组螺旋弹簧8;分离机构主要为分离爪3、分离轴承4、分离杠杆5及其调整螺杆。分离时,脚踩脚踏板带动其传递机构和分离爪3使分离轴承4前移,推动分离杠杆5绕销轴转动,将另一端调整螺杆连同压盘9一齐向后拉动,将螺旋弹簧8进一步压缩,从动盘10和压盘、带轮之间失去压紧力,彼此之间出现间隙,从而失去传递动力的作用,形成分离状态,此时带轮在两个轴承6上空转。

图 3-7 中，主动部分主要为带轮 24、带轮盖 7、主动盘 9 和压盘 11；从动部分为两个从动盘 8、离合器轴 4；压紧装置为一组压缩的螺旋弹簧 23；分离机构主要为分离爪 18、分离轴承 19、分离杠杆 15 和调整螺杆 10 等。整个离合器通过两个轴承 6、21 安装在离合器轴上。当脚踩下离合器踏板后，通过传递机构使用分离爪 18 绕离器轴 4 转动，由于螺旋面的作用，它将同时沿轴向移动，推动分离轴承 19 前移。消除自由分离间隙后，压动分离杠杆 15 绕销轴 14 转动，分离杠杆另一端将调整螺杆 10 连同压盘 11 向后拉，进一步压缩螺旋弹簧 23，使两个从动盘 8 与带轮盖 7、主动盘 9、压盘 11 脱开，出现间隙，致使两个从动盘失去传动力的能力。此时，带轮总成在离合器轴上空转，即柴油机的功率传递被切断。脚步松开离合器踏板，踏板、分离爪在各自回位弹簧的作用下恢复原位，分离轴承也随之后移，被压缩的一组螺旋弹簧 23 伸张。在此弹簧力的作用下，压盘 11 将两个从动盘压向主动盘和带轮盖，并直至压紧，使离合器主、从动部分处于接合状态。

3-10　离合器操纵机构是怎样的？

图 3-9 为巨力牌方向把式三轮农用运输车上的离合器操纵机构。当踩下踏板 1 时，通过踏板支架组合件 2 带动离合拉杆 5 后移（回位弹簧 3 同时被拉伸），使分离爪 6 转动，达到分离离合器的目的。抬起踏板，在回位弹簧 3 的作用下，拉杆前移，分离爪恢复原位，离合器重新处于接合状态。

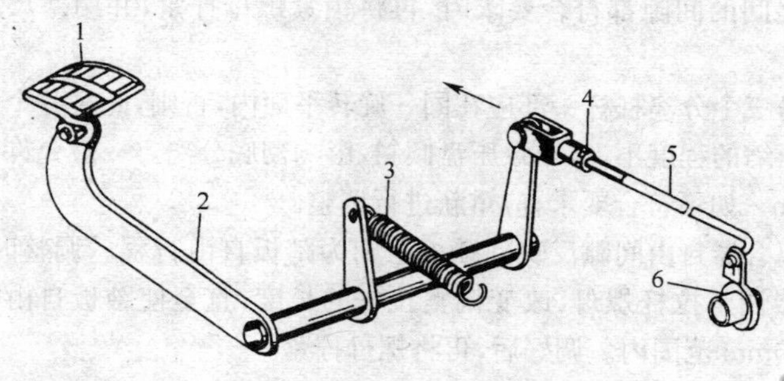

图 3-9　巨力牌方向把式车离合器操纵机构

1. 踏板　2. 支架组合件　3. 回位弹簧　4. 螺母　5. 拉杆　6. 分离爪

3-11　怎样检查与调整离合器？

离合器从动盘上的摩擦片，无论是在经常接合工作状态，还是在频繁的分离使用过程，都会造成摩擦片因磨损而变薄。此时在被压缩弹簧伸张力的作用下，压盘和调整螺杆等零件一齐前移，把摩擦片压向带轮。调整螺杆的前移，使分离杠杆绕支点(销轴)转动，分离杠杆的另一端头部向后移，从而减小了同分离轴承之间的自由间隙(分离间隙)，反映到踏板上的自由行程也变小。如果原来已调整好的自由间隙过小或等于零，则说明原被压缩的螺旋弹簧伸张量已过大。弹簧的伸张使其压缩力变小，致使压盘压向从动盘摩擦片上的压紧力随之减小。而摩擦片传递动力的大小与压紧力成正比，所以，造成摩擦片不能传递柴油机的全部功率，否则就会打滑，但自由间隙也不能太大，因为太大的自由间隙反映到踏板上的自由行程也太大。因踏板的总行程是一定的，自由行程的加大，必然造成工作行程的减小，这样在离合器分离时，不彻底的分离造成挂档困难或打齿。所以，在离合器使用到一定时期后，应对其自由间隙进行检查并调整。

在离合器处于接合状态下，先用塞尺分别插入三个分离杠杆端部与分离轴承端面之间，检查其间隙是否符合该车说明书上所规定的数值，如不符，松开锁紧螺母，旋转调整螺母进行调整。顺时针方向旋转，其间隙变小；逆时针旋转，间隙变大。调整到每个分离杠杆头部与分离轴承之间的间隙都符合要求时，再将锁紧螺母拧紧，并用塞尺复查一遍。

另三个分离杠杆头部应在同一旋转平面内，否则，此时各个螺旋弹簧被压缩的程度不一，导致压盘倾斜，影响彻底分离。一般允许误差为0.1mm。如不符合要求，应重新进行调整。

离合器自由间隙反映到踏板上则为踏板自由行程。调整时，松开离合器调整拉杆螺母，改变调整拉杆的长度，直至使踏板自由行程在20～40mm范围内。调好后，再将螺母拧紧。

国内部分三轮与四轮农用运输车采用V带传动所用离合器的主要技术规格与调整参数见表3-3，也可供其他车型参考。

表 3-3　国内部分三轮与四轮农用运输车 V 带传动所用离合器的主要技术规格与调整参数　(mm)

产品型号	离合器型式	摩擦片(外径/内径)	自由间隙	踏板自由行程
巨力牌7Y-650、750	单片干式经常接合摩擦式	160/76	0.3～0.5	20～40
7Y-850、950、975	双片干式经常接合摩擦式	160/	0.3～0.5	20～40
三环牌 7Y 系列	双片干式经常接合摩擦式	160/76	—	20～40
飞马牌 7Y-975	双片干式经常接合摩擦式	160/76	0.4～0.7	20～40
赣江牌 GJ1210、1205、1305	双片干式经常接合摩擦式	160/76	0.5～0.7	30～50
兰鸵牌 LT1308	双片干式经常接合摩擦式	160/76	0.4～0.6	15～20
金猴牌 JS905	双片干式经常接合摩擦式	160/76	0.6～1.0	30～50
四方牌 TH905-Ⅱ	双片干式经常接合摩擦式	160/76	0.2～0.5	—
潍坊牌 WF905 系列	双片干式经常接合摩擦式	160/76	0.4～0.6	—
沈微牌SYW905	双片干式经常接合摩擦式	160/76	0.5	—
7Y-950	双片干式经常接合摩擦式	160/76	0.4～0.7	20～40
飞彩牌FC1205	双片干式经常接合摩擦式	160/76	0.3～0.5	10～30
7Y 系列	双片干式经常接合摩擦式	160/76	0.3～0.5	—
天菱牌 7Y-950	双片干式经常接合摩擦式	—	0.2～0.4	—
吉鹿牌 7Y-950A_3	双片干式经常接合摩擦式	160/76	0.3～0.5	20～40
军峰牌 7Y-975	双片干式经常接合摩擦式	160/76	0.4～0.7	20～40
中峰牌 7Y-975	双片干式经常接合摩擦式	160/76	0.2～0.4	—
中州牌 7Y-750、975	双片干式经常接合摩擦式	160/76	0.2～0.4	20～40
飞毛腿牌 7Y 系列	双片干式经常接合摩擦式	—	0.3～0.5	30～60
雁南飞牌 7Y-950	双片干式经常接合摩擦式	160/76	0.3～0.5	20～40
邢台牌 7Y-975A	双片干式经常接合摩擦式	—	0.3～0.5	15～25
光明牌 7Y-650、750、850、950、975	双片干式经常接合摩擦式	—	0.2～0.4	20～40
希望牌7Y-320	单片干式经常接合摩擦式	160/76	0.3～0.5	10～20
7Y-975	双片干式经常接合摩擦式	160/76	0.2～0.4	30～40
唐牛牌7Y-750 系列	双片或单片干式经常接合摩擦式	160/76	0.5～0.7	20～40
7Y-975	双片	160/76	0.5～0.5	—
银牛牌7Y-550、650	单片干式经常接合摩擦式	160/76	0.32(0.5)	20～40
7Y-850、950、975	双片干式经常接合摩擦式	160/76	0.3～0.5	20～40
星火牌 7Y-550	单片干式经常接合摩擦式	160/76	0.5	15～25

3-12 直接传动型离合器是怎样工作的？

大量的直接传动车型的三轮与四轮农用运输车普遍采用了单片干式经常接合摩擦式离合器，且其中绝大多数采用的压紧元件为螺旋弹簧。

离合器结构借用了机械操纵的原东方红-20型轮式拖拉机、工家-12K型直接传动手扶拖拉机和液压操纵的NJ1061DA型轻型汽车的离合器结构型式。对于传递不同柴油机功率（承载吨位）的农用运输车，它们的离合器的结构形式相同，只是结构尺寸和重要技术参数大小不同而已。在我国大量农用运输车产品中，直接传动车型离合器结构型式占多数，如图3-10所示。

直接传动车型离合器的主动部分为柴油机飞轮、离合器罩壳和压盘等，从动部分为从动盘和离合器轴；压紧装置为螺旋弹簧，分离装置为分离轴承座、分离轴承、分离杠杆和分离杠杆支架等。

当脚踩下离合器踏板时，踏板通过机械或液压操纵机构使分离轴承座、分离轴承、分离压盘左移，消除自由间隙后，推动分离杠杆绕其支架销轴转动，分离杠杆另一端（外端）推动分离杠杆支架连同压盘一起右移，压紧分离杠杆弹簧并进一步压缩离合器螺旋弹簧。此时，压盘、从动盘和柴油机飞轮之间失去弹簧的正压力，从而出现间隙，使从动盘在离合器轴上空转，不能传递柴油机的动力，离合器处于分离状态。

当抬起脚踏板后，在回位弹簧的作用下，分离轴承和分离拨叉右移恢复原位，同时，在分离杠杆弹簧和离合器螺旋弹簧的作用下，其他所有零件恢复原位。从动盘在螺旋弹簧的正压力作用下，再次被压在压盘和柴油机飞轮之间，离合器重新处于接合状态。

在有些四轮农用运输车中，如广东湛江三星企业集团生产的SX2系列、四川省公路机械修配厂生产的川交牌系列、新疆天山汽车厂的ISQ 810、2815、贵州山地集团红星机械厂的SD2815系列、湖南省汽车改装厂的JZ1605K、2010K、2815K农用载客车、安徽皖南机动车辆厂的FC2310、2815、福建省邵武林业专用汽车厂的F12815系列、江西拖拉机厂的K22310、兰州手扶拖拉机厂的LT2815系列、安徽合肥淝城农用运输车厂的HSL2310系列和王牌CDW2010、2815等，以及BJ1040（或原BJ130）轻型载货汽车都采用了图3-10所示的结构型式离合器。

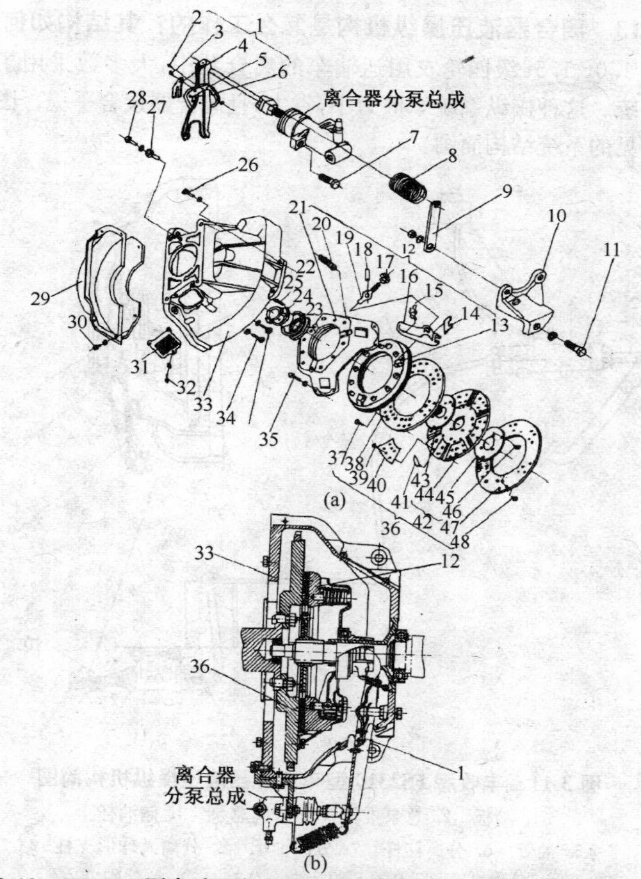

图 3-10　NJ1061 型车液压操纵螺旋弹簧离合器结构图与装配分解图

(a)装配分解图　(b)结构图

1. 离合器分离叉总成　2、3、37、48. 半空心铆钉　4. 球形支柱夹板　5. 分离叉护罩框　6. 分离叉护罩　7. 六角螺栓　8. 分离叉回位弹簧　9. 回位弹簧钩板　10. 分泵支架　11、六角螺栓　12. 离合器压盘及壳总成　13. 离合器压盘　14. 分离杠杆支架　15. 分离杠杆弹簧　16. 压盘分离杠杆　17. 分离杠杆调整螺母　18. 分离杠杆支架销　19. 调整螺钉　20. 压盘弹簧　21. 离合器后盘壳　22. 分离轴承套筒及轴承总成　23. 分离轴承　24. 分离轴承套筒　25. 回位弹簧　26. 六角螺栓　27. 分离叉球形支柱　28. 六角螺栓　29. 离合器壳底盖　30. 六角螺栓　31. 离合器壳侧孔网总成　32. 圆柱头螺钉　33. 离合器壳　34. 六角螺栓　35. 压盘壳螺栓　36. 离合器带摩擦片总成　38. 离合器摩擦片　39. 平头铆钉　40. 离合器从动盘弹簧片　41. 平衡片　42. 离合器从动盘总成　43. 离合器从动盘毂　44. 离合器从动盘　45. 离合器从动盘毂固定圆片　46. 半圆头铆钉　47. 离合器摩擦片(前)

3-13　离合器液压操纵机构是怎么工作的？其结构如何？

在1.0t、1.5t级四轮农用运输车的离合器中，大多数采用了液压操纵系统。这种操纵系统摩擦力小，省力，且离合器接合平稳。图3-11为其常见的系统结构简图。

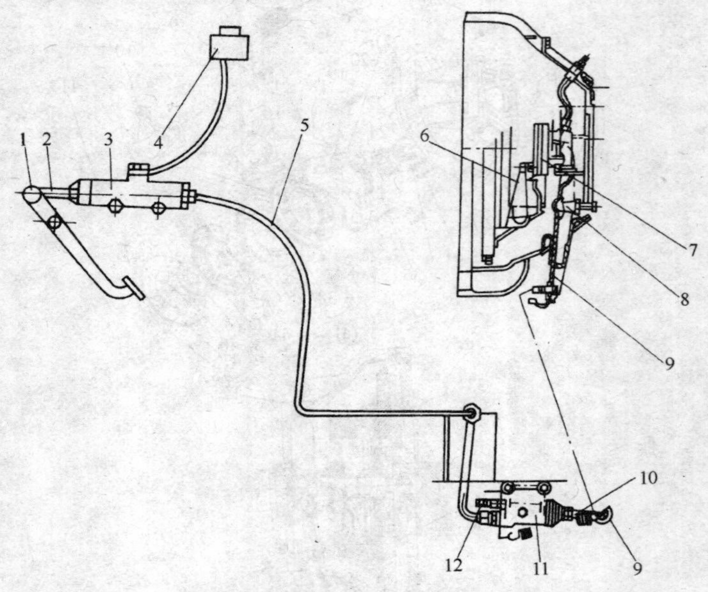

图3-11　丰收牌FS2310型车离合器液压操纵机构简图

1. 踏板　2. 总泵推杆　3. 分离总泵　4. 储油杯
5. 油管　6. 分离杠杆　7. 分离轴承　8. 分离叉球形支柱
9. 分离叉　10. 分泵推杆　11. 分泵　12. 放气螺塞

脚踩踏板1后，与踏板相连的总泵推杆2移动，并把从储油杯4进入总泵3的液压油压力提高，高压油经过油管5进入分泵11内，推动分泵推杆10向右移动，继而推动分离叉9绕分离叉球形支柱8转动，使分离叉另一端拨动离合器分离轴承7向左压离合器分离杠杆6，达到离合器分离、切断柴油机动力的目的。

如图3-12所示，离合器分离总泵主要由缸体3、活塞回位弹簧4、活塞8、护罩12和推杆13及推杆叉组件15等组成。缸体上部的连接螺管 1 用橡胶软管与储油杯相通，左端与脚踏板机械机构相连，右端则通过管路系统与装在离合器壳体上的分泵进油口相连。

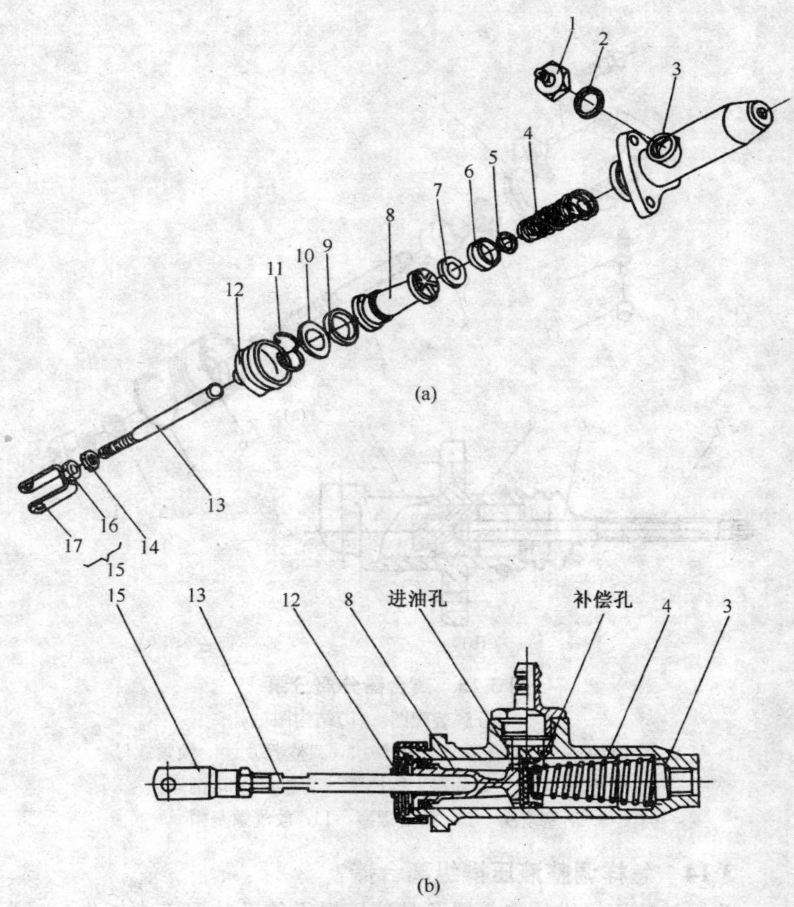

图 3-12　离合器分离总泵

(a)分解装配图　(b)结构图

1. 连接螺管　2. O形密封圈　3. 缸体　4. 活塞回位弹簧　5. 回位弹簧座　6. 皮碗　7. 活塞垫片　8. 活塞　9. 活塞皮圈　10. 止推垫圈　11. 孔用弹性挡圈　12. 护罩　13. 推杆　14. 锁紧螺母　15. 推杆叉组件　16. 推杆叉螺母　17. 推杆叉

如图3-13所示，离合器分泵主要由缸体2、护罩6、活塞8、推杆7和放气螺塞10等组成。

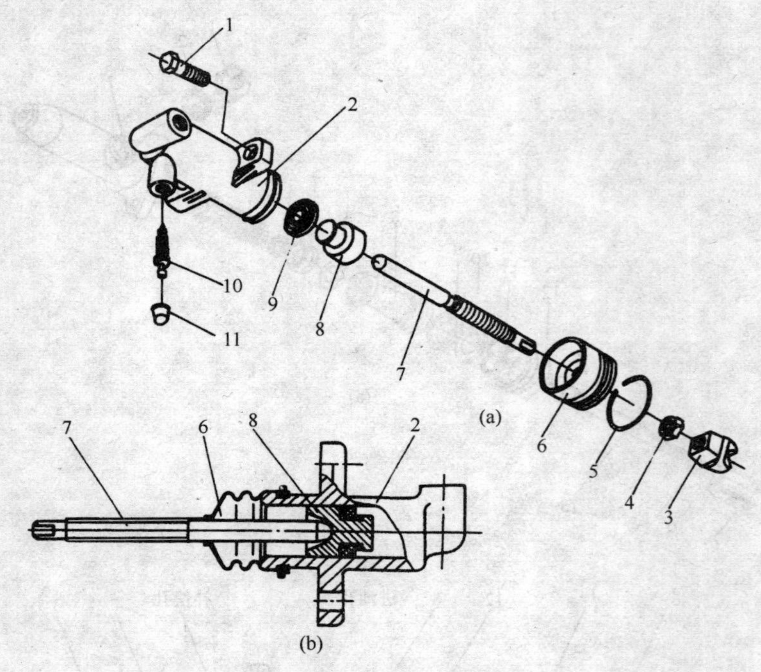

图3-13　离合器分离分泵

(a)分解装配图　(b)结构图

1. 六角螺栓　2. 离合器分泵缸体　3. 调整螺母　4. 锁紧螺母　5. 钢丝挡圈　6. 分离主缸护罩　7. 推杆　8. 活塞　9. 活塞皮圈　10. 放气螺塞　11. 放气螺塞帽

3-14　怎样调整液压操纵离合器？

为了使液压操纵的离合器及其液压操纵传动装置正常工作，必须保证离合器踏板具有一定的自由行程。将踏板完全踩下时，分离分泵的活塞（推杆）的行程也应不小于车辆所规定的数值。该行程在车辆出厂时已调整好，通常不需进行调整，只有在特别需要和使用一段时间磨损后才进行调整。

踏板自由行程是离合器分离杠杆(膜片弹簧为分离指)与分离轴承之间的自由间隙以及分离总泵推杆与活塞之间的间隙共同反映到踏板上的非工作行程。所以,按说明书上所规定的数值,调整好这两个间隙,也就是调好了踏板自由行程。

①离合器自由间隙的调整该间隙的调整是用改变离合器分泵推杆长度的方法来实现的。首先拆下分离叉上的回位弹簧(图 3-10 中 8),然后松开分泵推杆上锁紧螺母,按顺时针方向转动分泵推杆,让调整螺母与分离叉接触,再按逆时针方向转到推杆(一般 5～7 圈),使分离叉端的自由行程(一般为 3～4mm)和自由间隙(一般约 2.5mm)达到规定值后(反映到踏板上的自由行程一般为 20～36mm),拧紧锁紧螺母,并装上分离叉回位弹簧。

②分离总泵推杆与活塞之间间隙的调整(见图 3-12)。先拧松总泵推杆上的锁紧螺母 14,逆时针旋转推杆 13 使之与活塞 8 轻轻接触,再顺时针旋转推杆(一般约 3/4 圈),使其达到规定值后(一般为 0.5～1mm,反映到踏板上的自由行程为 3～6mm),再拧紧锁紧螺母 14。

我国部分农用运输车液压操纵离合器的主要技术与调整参数见表 3-4 所列。

3-15　使用离合器时应注意什么事项?

①分离离合器时动作要迅速,脚踩踏板要一踩到底,如分离过程时间过长,摩擦片与压盘、飞轮之间则产生滑磨,加快摩擦片的磨损。

②接合离合器时,动作则应缓慢、柔顺,使车辆平稳起步。如接合过猛,车辆则向前冲击,不安全。另外传动系统零件则可能因过大冲击而损坏,在车辆平稳起步后,应立即使离合器完全接合。

③车辆行驶中,严禁把脚放在踏板上,也不允许用脚踩离合器使其处于半分离状态,以达到降低车辆行驶速度的目的。因为此时摩擦片在负荷下滑磨,会加速磨损。

3-16　离合器打滑是什么原因? 怎样排除?

离合器打滑是指柴油机虽仍在工作,但车辆起步时,柴油机不能有效输出动力,起步困难,重载时甚至不能起步;即使车辆轻载时能起步,行驶速度很低;车辆行驶时加油门,车速不能随着柴油机转速的提高而提高;严重打滑时,离合器发出焦臭味,磨损严重。

表 3-4 部分农用运输车液压操纵的离合器主要技术与调整参数 (mm)

产品型号	摩擦片		总泵内径	分泵内径	自由间隙	分离叉端自由行程	三个分离杠杆端面所在平面允差	总泵推杆与活塞之间间隙	踏板自由行程
	外径	内径							
三星牌 SXZ 系列	254	150	22	24	2.5	3～4	0.2	0.5～1	22～32
金猴牌 JS2815	254	150	22	24	2.5	3～4	0.15	0.5～1	27～40
铁武林牌 FL 系列	254	150	22	24	2～3	3～4	0.2	0.5～1	20～30
铁牛牌 TN2815	254	150	22	24	2.5	—	0.15	1.5～2.5	27～38
北京牌 BJ2310	254	150	—	—	2.5	—	0.2	0.5～1	20～35
丰收牌 FS1608	200	100	22	24	—	—	—	—	15～20
FS2310、2815	254	150	22	24	2.5	3～4	0.2	0.5～1	27～38
希望牌 SJZ-SY2815	254	150	22	24	2	2.9～3.6	—	0.5～1	24～30
龙马牌 LM2310、2815	254	150	22	24	2.5	3～4	0.2	0.5～1	27～40
兰鸵牌 LT2815	254	150	22	24	2.5	3～4	0.2	0.5～1	27～38
天山牌 TSQ2815	254	150	22	24	2.4	3～4	0.2	0.5～1	20～30
宇康牌 YK2010、2815	254	150	22	24	2.5	3～4	0.2	0.5～1	20～40
华山牌 BAJ 系列	254	150	22	24	2.5	3～4	0.3	0.5～1	22～38
康达牌 WF2815	254	150	22	24	2.5	3～4	0.15	0.5～1	27～38
神龙牌 MSL2815	254	150	22	24	2.5	3～4	0.15	0.5～1	20～40

续表 3-4

产品型号	摩擦片		总泵内径	分泵内径	自由间隙	分离叉端自由行程	三个分离杠杆端面所在平面允差	总泵推杆与活塞之间间隙	踏板自由行程
	外径	内径							
四方牌 SF2310、2815	254	150	22	24	2.5	—	0.40	0.5～1	25～35
方圆牌 FY 系列	254	150	22	24	2.5	—	0.40	0.5～1	25～35
川交牌 CL 系列	254	150	22	24	2.5	3～4	0.2	0.5～1	25～35
双马牌 SM2815	254	150	22	24	—	3～4	0.4	0.5～1	27～38
中峰牌 ZF2010、2815	254	150	22	24	2.5	3～4	0.4	0.5～1	25～35
山地牌 SD2815	254	150	22	24	2.5	3～4	0.3	0.5～1	32～40
海山牌 HS2310 TY2815	254	150	22	24	1.5（最小）	2～3	—	0.5	21～35
神宇牌 DSK2815	254	150	22	24	1.5	3～4	—	0.5～1	27～38
王牌 CDW2010、2815	254	150	22	24	1.5	3～4	—	0.5～1	27～38
桔洲牌 JZ2415、2815	254	150	22	24	2～3	3～4	—	0.5～1	23～33
金芙蓉 FR2815	254	150	22	22	3	3～4	—	—	27～38
海德牌 HD2310	254	150	—	—	2.5	3～4	0.3	0.5～1	30～40
飞彩牌 FC2310、2815	—	—	—	—	1.5～2.5	3～4	0.15	—	20～40
云峰牌 TY2815	—	—	—	—	—	2～3	—	0.5	—

离合器打滑原因与排除方法见表3-5。

表3-5　离合器打滑原因与排除方法

原　因	排除方法
①踏板自由行程太小或没有，三个分离杠杆不在同一旋转平面内	①调整至规定数值
②摩擦片或压盘端面有油污	②用汽油清洗、晾干
③离合器弹簧变软或折断	③更换弹簧
④从动盘磨损、铆钉露出，摩擦表面烧损	④用砂纸打磨或更换摩擦片、从动盘

3-17　离合器分离不彻底是什么原因？怎样排除？

离合器分离不彻底是指不能彻底切断动力，造成齿轮冲击、挂档困难。离合器分离不彻底的原因与排除方法见表3-6。

表3-6　分离不彻底的原因与排除方法

原　因	排除方法
①自由间隙过大、三个分离杠杆不在同一旋转平面内	①调整至规定值
②踏板自由行程太大	②调整至规定值
③从动盘翘曲变形	③矫正或更换
④新装用的摩擦片太厚	④取出使之减薄或在离合器盖与飞轮之间加垫
⑤从动盘盘毂花键与离合器轴花键间卡滞或咬死	⑤修理或更换
⑥弹簧折断	⑥更换弹簧
⑦分离总泵上分泵漏油	⑦更换活塞皮圈或总成
⑧管路系统内有空气	⑧排气

3-18　离合器接合不平稳起步抖动是什么原因？怎么排除？

离合器接合不平稳起步抖动是指离合器接合时不仅不能均匀全面地传递柴油机动力，而且起步时有抖动现象。

离合器接合不平稳、起步抖动的原因及排除方法见表3-7。

3-19　离合器有响声是什么原因？怎样排除？

当踩下离合器踏板少许时，分离轴承与分离杠杆接触处发响；将离合器踩到底时发响；连续踩下离合器或放松离合器在接合或分离时发响；踩下和放松离合器踏板后，再踩下油门踏板时有间断的碰击声。

表 3-7　接合不平稳、起步抖动原因及排除方法

原　因	排除方法
①压紧弹簧压力不一致或个别弹簧折断	①检查、更换弹簧
②三个分离杠杆不在同一旋转平面内	②调整至规定值
③从动盘翘曲变形	③矫正或更换
④柴油机支架或变速器固定螺栓松动	④检查松动情况并紧固
⑤分离轴承阻滞	⑤清洗、润滑或更换
⑥摩擦片破损、铆钉松动或表面硬化	⑥修复或更换

离合器响声异常的原因及排除方法见表 3-8。

表 3-8　响声异常的原因与排除方法

原　因	排除方法
①分离轴承缺油或损坏	①加注润滑油，如不能排除则更换
②压盘驱动部分(凸台处)磨损间隙大	②修理或更换
③分离轴承自由滑动响	③检查回位弹簧如折断或失效，则更换
④分离杠杆磨损松旷	④修复或更换
⑤分离杠杆回位弹簧弹力不够或折断、松脱	⑤修复或更换
⑥摩擦片损坏	⑥修复或更换
⑦离合器前轴承缺油或损坏	⑦润滑或更换
⑧飞轮螺栓松动	⑧紧固

3-20　怎样修理直接传动型离合器？

(1)离合器压板与飞轮的修理　离合器压板与飞轮工作面不平、起槽时，一般用油石磨光。如槽深超过 0.5mm，不平度超过 0.2mm，可在磨床上磨平。磨削后，压板的厚度应不小于规定尺寸。磨削厚度超过 2mm 时，应换新件。

中间主动盘传动销孔磨损超过 0.5mm 时，应换用新件。

(2)离合器盖的修理　将离合器盖放在平板上按住，如有摇动即变形。或用塞尺在离合器盖三个凸缘处测量，间隙超过 0.5mm，应进行矫正。

窗口磨损可堆焊锉削修理，使分离杠杆或挂耳的侧面与窗口配合不松旷。

(3)压板弹簧的修理　压板弹簧出现弯曲、折断或弹力弱，应换用新件。同组弹簧高度不得相差 2mm，压力不得相差 39.2N，否则应换

弹簧。若在弹簧座上加垫圈，其厚度不得超过 2mm。

(4)从动盘和摩擦片的修理

①摩擦片的修理：摩擦片一般易出现磨损、烧蚀、破裂等现象。摩擦片有硬化和轻微烧蚀者，可用锉刀锉削和砂布打磨修复后使用。若出现沟槽超过 0.5mm 或不平度超过 0.12mm 时，应进行磨削修理，每片磨削厚度应不超过 1.5mm；摩擦片表面距铆钉头深度不小于 0.5mm，否则更换；摩擦片破裂应换用新件。如少数铆钉头露出，片又较厚，可将铆钉孔锪深重铆铆钉。

拆除摩擦片的方法：用比铆钉直径小 0.3～0.5mm 的麻花钻钻去旧铆钉，拆除摩擦片，同时清除从动盘的污物。

②从动盘的修复：从动盘的接合盘与钢片的铆钉松动应重铆，铆钉断裂应更换。从动盘的花键齿齿宽磨损超过 0.25mm，或与变速器第一轴花键配合间隙超过 0.6mm 时，应换用新从动盘。钢片翘曲在半径 120～150mm 范围处摆差达 0.7mm 时，应进行矫正。将从动盘装在变速器一轴上，两端抵紧，用百分表测出翘曲部位，用专用扳手夹住变形部分扳动矫平。亦可采用夹模矫正，将从动盘钢片置于夹模之间，然后将夹模一起放在台虎钳上夹紧，旋转手柄将钢片矫平。

选配新摩擦片应测量厚度，两片相差不超过 0.5mm；铆钉长度应穿过片的总厚度再伸出片表面 2～3mm。

③铆接摩擦片：将新摩擦片同时放在钢片上，使边缘对正夹紧，先钻好对称孔，用螺栓穿过定位，再钻其他孔。然后用锪钻锪出埋头柱坑(含铜丝的摩擦片坑深为片厚的 2/3，不含铜丝的摩擦片坑深为片厚的 1/2)。铆接摩擦片，可用铆合机，一般用手工铆接，将顶模夹持在台钳上，一人抬平从动盘，另一人用冲模敲击铆钉。铆接时铆钉紧度应适宜，不能过紧。

铆好的摩擦片表面应距铆钉头 1.2～1.5mm。铆钉位置一般应交错排列，内外铆钉头应相对一致，相邻铆钉头应一正一反。摩擦片边缘摆差不大于 0.4mm；表面不平度超过 0.5mm 时，应修磨平整。铆好的摩擦片不得有裂纹或缺损；无弹片的从动盘，摩擦片与钢片应紧密贴合，不紧密处不得超过 0.1mm。

(5)其他零件的修理

①隔热垫圈损坏，应换用新垫圈。

②分离杠杆调整螺钉磨损厚度小于 2.5mm 时，应换调整螺钉。

③分离支架销磨损、横销滚针轴承和孔磨损或配合间隙超过 0.15mm 时，应修复使用，分离杠杆弯曲应矫正。

(6)操纵部分零件的修理

①分离轴承转动不灵活、发卡，应换新轴承。如转动灵活，但有“沙沙”响声，可用机油与润滑脂各 50%加热浸煮，或用黄油枪注入黄油。

②分离轴承座的轴颈磨损松旷，可堆焊，车削加工修复。

③注油管破裂，应换用新管；管孔堵塞应疏通。

④分离叉支柱板损坏，应换用新件；球形支柱磨损，可堆焊修复或换用新件；分离叉护罩损坏，应换用新件。

⑤拉簧折断，拉力减弱应更换。

⑥离合器拉杆弯曲应矫正，螺纹损坏应换用新件。

⑦离合器踏板轴与衬套磨损，间隙超过 0.5mm 时，应换衬套；轴颈磨损，可堆焊车削加工修复。

3-21　怎样检查和保养离合器？

离合器的主要问题是有打滑现象。农用运输车在满载或上坡行驶时，如出现动力不足，不如以前那样省劲，是由于车长期行驶，离合器片经磨损逐渐变薄，离合器间隙增大，踏板自由行程逐渐变小，从而使离合器打滑，影响了动力的传递。如在平坦的路面行驶感到动力不足时，意味着离合器片磨损较严重，同样也出现打滑现象。为避免上述情况，应及时调整离合器间隙。

检查时应挂上低速档，用右脚同时踩住油门和制动踏板，缓慢放松离合器踏板。如发动机立即熄火，则说明离合器未打滑；如放松离合器踏板发动机不立即熄火，则说明离合器打滑；如放松离合器踏板发动机不立即熄火，经过一段时间才熄火，则说明离合器开始打滑。这时应及时调整离合器间隙，以免故障扩大。

离合器打滑严重时，会嗅到焦臭味，如不及时发现，就要更换离合器片，这样费工费时，还要增加车辆修理成本。

如离合器片磨损严重，就要到修理厂进行大修。

正常的保养应做到：

①经常在踏板轴套处和离合器拉线上注油，以减少磨损；

②根据使用的情况及时调整离合器间隙。

注意:正确地使用离合器,严格杜绝半踩离合器踏板的现象,能延长离合器的使用寿命。

3-22　离合器的技术要求是什么?

①压板(包括前压板)的磨损沟槽超过0.5mm,或平面度误差超过0.12mm时,应磨削平面,但磨削的总限度应不超过1.51mm,磨削后应进行静不平衡试验,其不平衡量应不大于100g·cm。

②离合器从动盘换铆新摩擦片时,铆钉头应低于摩擦片表面不小于1mm;铆合后对盘毂轴线的端面圆跳动一般不大于0.8mm。

③离合器弹簧主要参数应符合规定。装配时应进行选配,同一组弹簧压力差应不大于39.2N,自由长公差应不大于2mm。

④离合器分离杠杆端面磨损超过1mm时,应予以修理。调整好的分离杠杆端面应在同一平面内,并与压板的内平面平行,各分离杠杆端面至压板内平面的距离彼此相差应不大于0.2mm。

⑤离合器被动盘上的键槽与变速器第一轴花键的配合间隙应符合有关规定。

⑥离合器总成与曲轴、飞轮装合后,应进行动不平衡试验。试验结果应符合原厂规定。

3-23　为什么离合器自由行程忽高忽低?

农用运输车在行驶中,有时会出现离合器自由行程忽高忽低现象,这种故障不完全是离合器本身的问题,往往是由于曲轴止推片磨损严重,产生轴向窜动所致。曲轴的轴向窜动,使离合器分离轴承与分离杠杆内端面的间隙忽大忽小,直接影响到离合器踏板自由行程的忽高忽低,直到消失。特别是当农用运输车经常行驶在比较复杂的地区或路段,由于道路质量差,坡度变化大,曲轴止推片承受负荷大,润滑条件差,会使止推片磨损严重。超载超挂、低速行驶时间较长,也会加速止推片磨损。另外,保养中不注意检查曲轴轴向间隙,会使窜动量过大。

3-24　使用离合器时应注意什么?

①定期检查调整离合器操纵机构。清除泥土,及时拧紧所有的连接螺栓;润滑离合器分离轴承。

②正确驾驶操作。农用运输车在行驶中,离合器工作频繁,每分钟接合一次,都要产生大量的热,而这些热量又不能在很短的时间内迅速

消失；过多地使用离合器，会使其温度过高，引起摩擦片急剧磨损或开裂，压盘受热变形以及压紧弹簧退火等，严重影响离合器的正常工作，缩短使用寿命。驾驶员必须严格遵守操作规程，正确使用离合器。有些驾驶员习惯把脚放在离合器踏板上，或使用半脚离合器，使离合器处于半联动工作状态；有些驾驶员起步或猛抬高离合器等，这样会产生冲击，对离合器和传动机件不利。

③出车前应检查离合器踏板自由行程，当发现自由行程已经消失或很小时，应及时调整，以免影响离合器正常工作。如果调整分离拉杆螺母已不能达到要求的踏板自由行程时，则应暂时调整分离杠杆上的调整螺母。

④离合器压盘弹簧常因离合器摩擦片产生高温退火而变软和缩短，所以在更换摩擦片的同时，应注意检查压紧弹簧的长度和弹力。否则装复以后，离合器会产生打滑而无法排除。

⑤离合器摩擦片磨损变薄而自由行程消失后，由于机件损坏或调整螺母锈死而无法调整时，应及时送修。不能光依靠降低分离杠杆内端高度的办法来恢复自由行程，因为这将会加速离合器从动盘的磨损，并引起飞轮和压盘表面拉伤，压紧弹簧退火。同时，由于分离杠杆内端高度降低，减少了离合器的工作行程，使离合器分离不彻底，变速器换档困难，加速机件损坏。

3-25　怎样更换离合器摩擦片？

在更换之前，应检查从动盘钢片的挠曲度，如钢片挠曲超出 0.8mm 时，应用夹钳或用专用矫正扳手在台虎钳上进行冷矫。另外要重视摩擦片的质量，对摩擦片的要求是性能稳定，受温度变化影响小，无开裂现象，在高温时摩擦系数应无明显下降。由于石棉等级低，纤维短，性能不稳定，不能保证规定的行驶里程，并易出现滑摩现象而引起烧蚀。现改用铜丝石棉酚醛混合物摩擦片，提高了质量，并在表面开有通风槽，增加了散热性，提高了强度，性能稳定，保证离合器的正常工作，能达到 4 万～5 万 km 的行驶里程。

更换的新摩擦片，其厚度与直径应符合规定尺寸。摩擦片的铆接步骤如下：

①把两片新摩擦片同时放在从动盘钢片一侧，对正位置后，用夹具

夹紧，选用与钢片铆钉孔相适应的钻头，按钢片各孔的位置，依次钻出铆钉孔，并用专用钻头按铆钉孔的直径再钻出埋头孔。埋头孔的深度一般为摩擦片厚度的3/5～2/3，如摩擦片内含铜丝的，其深度为摩擦片厚度的1/2。

②将摩擦片分别放在钢片两侧（埋头坑向外），对正铆钉孔后，用2～3个夹子夹紧进行铆接。铆钉一般选用与铆钉孔规格一致的紫铜或铝质铆钉。

③最好在专用铆接压力机上进行铆接，以保证铆接质量。如无压力机时可用手工操作，铆合时应先将四角铆好，再对称地铆其余部分。铆接时不能用力过猛。为使摩擦片与钢片可靠地铆接，应采用单铆方法，即一颗铆钉只铆一片摩擦片。铆钉头的位置应间隔均匀地交错排列。

④摩擦片铆合后，要求铆钉头低于摩擦表面不少于1mm，铆钉不得有松动现象，摩擦片不得有裂纹，与从动盘钢片间应无裂缝。

为了使摩擦片与飞轮、压盘能很好地接触，可在飞轮上涂上白粉，放上从动盘，略施压力转动检查，发现摩擦片接触不良时，应锉去较高的部分，逐次修磨，直至均匀地接触为止。

3-26　怎样检修离合器从动盘钢片与从动盘毂？

①从动盘钢片与从动盘毂铆钉不应松动。可用敲击法检查，如有松动和断裂，应更换从动盘或重铆。

②从动盘花键槽与变速器第一轴花键的啮合间隙，不得超过允许值。

检查方法：将离合器从动盘装在变速器第一轴上，在盘的外缘上做一标记，转动从动盘，测量转动弦长值，其值的1/10即为花键配合间隙近似值。

③从动盘钢片的翘曲检查。从动盘端面对盘毂轴线的端面圆跳动一般应不超过0.8mm。

④离合器从动盘减振簧如裂损或弹力减弱应更换。弹簧支承座出现沟槽或从动盘毂与波形弹簧之间铆钉松动，均应钻去减振盘上的支承销，焊修支承座沟槽，然后铆合。

3-27　怎样修理离合器踏板不回位？

放松离合器踏板后，踏板不能正常回上来。这主要是离合器回位弹簧断裂或连接部分生锈、缺油等导致的离合器操纵不便。

处理方法为：更换断裂的回位弹簧，用除锈剂清洗连接机构，润滑保养各相关机件。

3-28　为什么放松离合器后起步困难？

农用运输车起步时，离合器完全放松，农用运输车仍不走动，属于离合器打滑。但为排除其他可能原因，应进行以下试验：农用运输车停驶时，拉紧手制动，将变速挂入某一档位，松开离合器，用旋具拨动飞轮，若能拨动，说明离合器打滑。此外，起动车后，将变速杆拨入某一档位，拉紧手制动后，缓慢放松离合器，使离合器处于完全接合状态，发动机不熄火，也说明离合器打滑。或者，农用运输车行驶中，车速不能随发动机的转速升高而提高，也属离合器打滑，打滑严重时，可以嗅到焦臭味。

离合器打滑的原因：离合器间隙过大（即踏板自由行程过小），离合器膜片弹簧弹性减弱，摩擦片磨损过甚或露出铆钉，离合器片有油污。其次是离合器调整不正确，离合器拉线卡滞不回位，分离轴承弹簧脱落等。由于离合器打滑，造成发动机动力不能输送到行驶机构。因而农用运输车起步困难。

3-29　怎样拆下或装上离合器总成？

在缺乏离合器专用压具的条件下，如果要拆下或装上离合器总成，可以按以下方法进行：用千斤顶将车的前桥顶起，其高度以离合器总成能顺利地放入前轮胎下面为宜；将需要拆下或装上的离合器总成推入前轮胎底下；慢慢地放下千斤顶，利用车前部的重量压缩离合器的压力弹簧，待离合器的压力弹簧被压缩到足够程度时，就可以拆下或装上离合器总成了。

第 3 节　变速器与后桥传动的故障诊断与检修

3-30　变速器的作用是什么？

①降低柴油机的转速，并增大其转矩，以保证在其后的后桥进一步减速、增大转矩后，实现驱动车轮能与运输车运输工况相适应的低转速、大转矩。

②变换排档，即以改变传动系传动比的形式，在柴油机功率（转速和转矩）不变的情况下，改变驱动车轮的驱动力大小和车辆行驶速度，以适应不同运输工况。

③实现空档，即在柴油机不熄火的情况下实现较长时间停车，或使柴油机顺利起动。

④实现倒档，使运输车倒退行驶。

3-31 变速器是怎样工作的？

变速器是靠几对不同传动比的齿轮来实现变转矩和转速的，主要是靠齿轮传动的减速、增大转矩的作用。两齿轮相啮合，主动齿轮一个齿推动从动齿轮一个齿，如主动小齿轮的齿数为8，从动大齿轮的齿数为16，则小齿轮转1圈，大齿轮只能转过1/2圈，所以一对齿轮传动就可以达到降低转速的作用。同时，两齿轮齿接触表面上的作用力是相等的，根据“作用力乘半径等于转矩”的原理可知，在作用力相等的条件下，小齿轮半径小，转矩小，大齿轮半径大，转矩也大，因此，在小齿轮驱动大齿轮时，既可以降低大齿轮的转速，又可以增大大齿轮的转矩。实际上齿轮的半径与它的齿数是一个正比关系，因此，如果不计传动过程中的摩擦阻力，则大齿轮转速降低的倍数，也就是转矩增大的倍数。

为了实现运输车实际使用工况下要求的变转矩变速作用，变速器必须由不同传动比的多对齿轮组成。当一对齿轮传递动力时，其他齿轮脱开啮合。

各种型号的农用运输车上的变速器排档数目、齿轮组合以及具体结构形式不完全一样，但齿轮变速器的工作原理与其完成的作用是基本相同的。

3-32 变速器操纵部分怎样构成？

(1)换档叉轴及其锁止装置 换档箱、换档叉轴及其锁止装置构造如图3-14所示。高速换档轴、低速换档叉轴、倒档换档叉轴上分别安装着高速档换档拨叉、低速档换档拨叉和倒档换档拨叉。高、低速档换档叉轴上各有三个沿轴向分布的半圆形凹坑，中间的一个是空档锁止位置。高速档换档叉轴的前后圆形坑分别为一、二档锁止位置槽。倒档叉轴上只有两个沿轴向分布的半圆形槽：前面一个为倒档空档锁止位置槽，后面的一个为倒档锁止位置槽。低速档换档叉轴的空档限位凹槽侧面有一小孔,是安装互锁销用的。

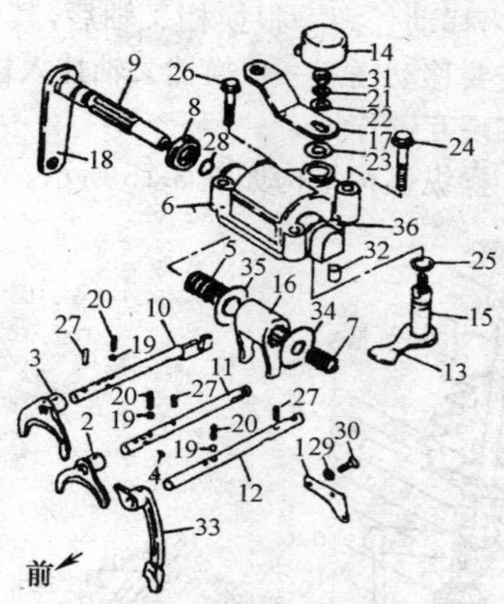

图 3-14　换档叉轴及锁止装置

1. 限位板　2. 一、二档拨叉　3. 三、四档拨叉　4. 互锁销　5. 换档轴第二弹簧　6. 换档杆箱　7. 换档轴第一弹簧　8. 换档杆轴罩　9. 换档杆轴　10. 高速档换档叉轴　11. 低速档换档叉轴　12. 倒档换档叉轴　13. 换位轴臂　19. 自锁钢球　20. 自锁弹簧　21. 保险垫圈　22. 垫圈　23. 垫圈　24. 螺栓 M8×40　25. O 形密封圈 14×2.4　26. 螺栓 M6× 35　27. 弹性销　28. O 形密封圈 16×2.5　29. 保险垫圈　30. 螺栓 M8× 18　31. 螺母 M8　32. 定位销 6×12　33. 倒档拨叉　34. 垫圈　35. 垫圈　36. 换档箱

①自锁装置:上箱中部凸起的三个部位各钻有一个孔,其位置正在三根换档叉轴的正上方,每个孔内都装有自锁钢球和自锁弹簧。当任何一根换档叉轴及换档叉做轴向移动到其本身的空档或某一档位时,自锁钢球在自锁弹簧的压力作用下,必然会嵌入相应的凹槽内,使换档叉在这一位置上锁住,防止自行脱挡。两相邻半圆形凹槽之间距离等于保证齿轮在全齿宽上的啮合或完全退出啮合(确保实现空档)所必需的换档叉移动距离,保证全齿宽啮合。

②互锁装置:为防止换档时同时挂入两个档,操纵机构内还有互锁装置。在三根换档叉轴处的平面内,沿轴的径向钻了与三个换档叉轴孔相通的孔道,每两根换档叉轴之间的孔道中各装一个互锁钢球。高速档和倒档换档叉轴的侧面朝向互锁钢球的侧表面上,都有一个半圆

形凹槽，中间的低速档换档叉轴两侧都有半圆形凹槽，并以一孔相通，中间装有互锁销。当移动任意一根换档叉轴后，其他两根被锁止在空档位置不能移动；若要移动任意一根换档叉轴挂入档位，其他两根必须在空档位置，从而实现互锁作用。

(2)操纵机构　操纵机构结构如图 3-15 所示。

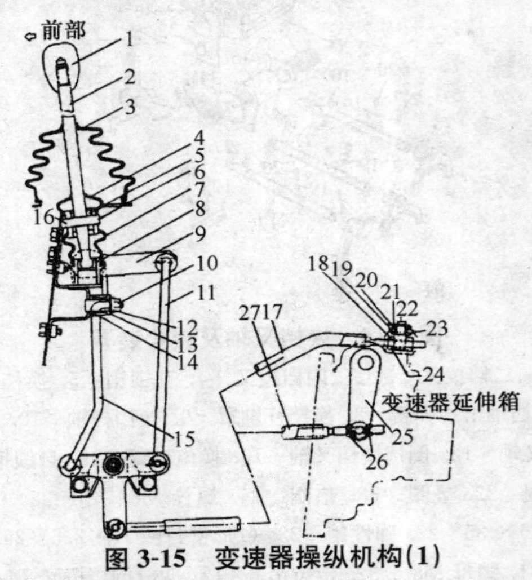

图 3-15　变速器操纵机构(1)

1. 变速杆手柄　2. 变速杆　3. 变速杆防尘罩　4. 上护套　5. 变速杆座　6. 变速杆轭销　7. 下护套　8. 变速杆衬套　9. 换档第一摇臂　10. 螺母　11. 换档第一连杆　2. 锁紧垫圈　13. 垫圈　14. 衬套　15. 换位第一连杆　16. 开口销　17. 换位第二连杆　18. 换位杆接头　19. 衬套　20. 波动垫圈　21. 垫圈　22. 开口销　23. 换位摇臂　24. 螺母　25. 换档摇臂　26. 螺母　27. 换档第二连杆

驾驶员操纵变速杆，通过换位杆和换档杆，传给变速器换位摇臂和换档摇臂，然后由换档箱内的换位摆杆和换档摆杆传递到三根换档叉轴的一根。

①变速杆的左右动作传给换档选择摇臂：当变速杆按图 3-16 所示的换档位置向左或向右移动时，操纵动作按以下顺序传给换档摇臂：变速杆→变速杆传动轴→换档第一摇臂→换档第一连杆→换档第二摇臂→换档第二连杆→换档摇臂→换档摆杆。使换档摆杆处于相应的位置上。

②变速杆的前后动作传给换档摇臂：上述左右选位动作完成后，再

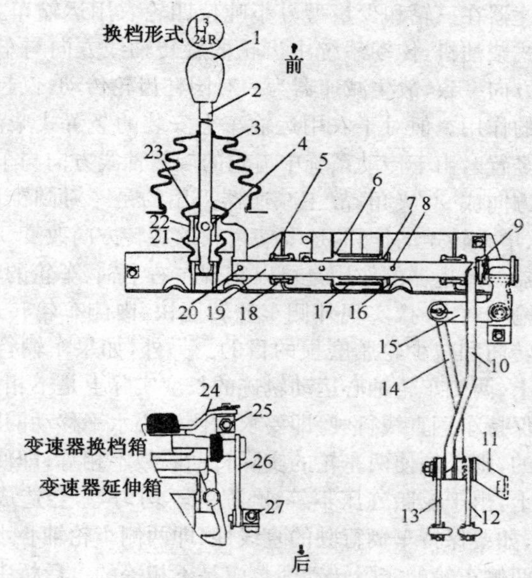

图 3-16　变速器操纵机构(2)

1. 变速杆手柄　2. 变速杆　3. 变速杆防尘罩　4. 变速杆座　5. 轴护套　6. 回位弹簧支座　7. 回位弹簧　8. 弹簧销　9、15. 换档第一摇臂　10、14. 换档第一连杆　11. 摇臂支架　12、13. 换档第二摇臂　16. 垫圈　17. 倒档锁弹簧　18. 轴衬套　19. 变速杆传动轴　20. 弹簧销　21. 下护套　22. 变速杆座　23. 上护套　24、26. 换档摇臂　25、27. 换档第二连杆

向前或向后推动变速杆，操作动作按以下顺序传递；变速杆→变速杆传动轴→换档第一摇臂→换档第一连杆→换档第二摇臂→换档第二连杆→换档摇臂→换档摆杆→档叉轴—拨叉。拨叉前后移动拨动同步器齿套或倒档空转齿轮轴向移动，完成换档操作。

3-33　后桥由哪些主要部件组成，它们是怎样工作的？

后桥通常是指变速器与驱动轮之间的传动机构和壳体总成的总称(传动轴不包括在内)。它主要包括主减速器、差速器和半轴三大部分。但在赣江 GJ1210 系列四轮农用运输车中还有两级最终传动，起进一步减低转速和增大转矩的作用。

①主减速器在三轮和少量型号小吨位四轮农用运输车上，由于采用了横置卧式柴油机，传动系统中齿轮的旋转轴线方向与车辆驱动轮的旋转轴线方向一致，故主减速器为一对圆柱齿轮传动，仅起降低转速和增加转矩的作用。但对于农用运输车上安装的竖置式柴油机（含卧式柴油机的竖置），由于传动系统中齿轮的旋转轴线方向与车辆驱动轮的旋转轴线方向成90°夹角，故主减速器采用的是一对圆锥齿轮传动，不仅起降速、增大转矩的作用，还要使齿轮的旋转方向改变90°。

②差速器。差速器的作用是可以实现左右半轴、车轮的转速不同。特别是在运输车转向时，实现外侧车轮转速快、内侧车轮转速慢，以达到车辆顺利转向和减少轮胎磨损的目的。另外，如果车辆行驶在凸凹不平的道路上，两侧车轮轴心运动轨迹的长度实际上是不相等的，但此时往往要求保持车辆直线行驶，即要求两侧轴心水平移动的距离相同。要实现此目的，则必须使两车轮的实际转动圈数不相等；即使车辆行驶在平坦道路上，由于轮胎气压不等、磨损的不均匀等，会造成两侧轮胎的半径不等，如要保持车辆行驶的直线性（即两侧车轮轴心水平移动距离相等），则两侧车轮的实际转动圈数应是不相等的。后桥中的差速器即实现上述功能。其工作原理以图3-17、图3-18进行说明。

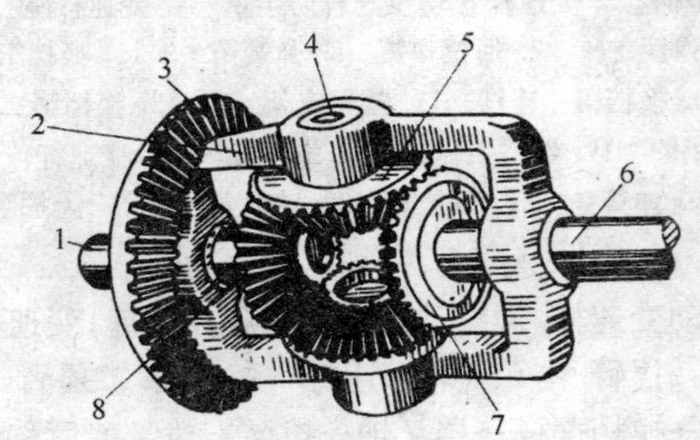

图3-17 差速器基本结构图

1、6. 半轴 2. 差速器壳体 3. 主减速器大圆锥齿轮
4. 行星齿轮轴 5. 行星齿轮 7、8. 半轴齿轮

在图3-17中，框架2表示差速器壳体，主减速器大圆锥齿轮3固定在框架（差速器壳体）上，框架内有4个直齿锥齿轮，与左右半轴通过花键联接在一起的两个锥齿轮8、7为半轴齿轮、与两半轴齿轮相啮合

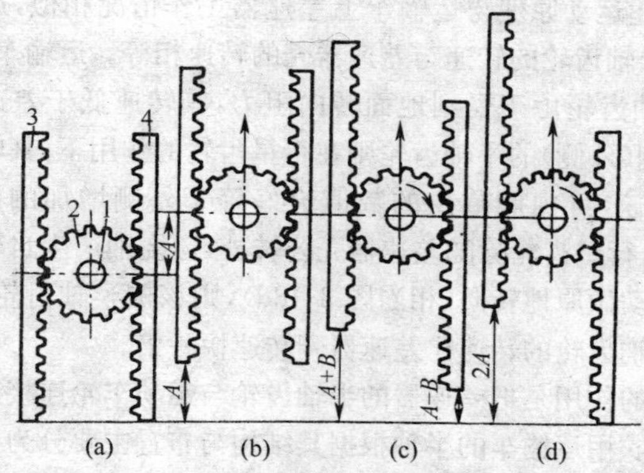

图 3-18　差速器差速原理图

1. 行星齿轮轴　2. 行星齿轮　3、4. 半轴齿轮

的另两个锥齿轮5为行星齿轮，行星齿轮空套在轴4上，可绕轴旋转，轴4则安装在差速器壳上。

当主减速器主动小锥齿轮带动被动大锥齿轮3转动后，又带动框架转动。作用在框架上的转矩经轴4传给两个行星齿轮5，然后再通过两个行星齿轮平均分配给两边的半轴齿轮7、8，使两边的半轴、驱动车轮得到相等的转矩。在运输车直线行驶时，两边半轴齿轮在行星齿轮的驱动下随同框架（差速器壳）一起旋转（如同一个整体），两边驱动车轮转速相等。

农用运输车转向时，需要差速器差速，使两边半轴齿轮、驱动车轮转速不同。在图3-18中，齿条3、4相当于两个半轴齿轮，与两齿条啮合并能在轴1上转动的齿轮2相当于行星齿轮。向前拉动轴1（相当于差速器壳带动行星齿轮轴1），使其移动距离A，则齿轮2带着两根齿条一起移动相等的距离A，这时齿轮2只是随轴一起移动而不绕轴1转动（图3-18b）。如果有一根齿条在外力作用下使其移动减慢，则齿轮2将一面向前移动，一面绕轴4转动，结果使另一根齿条的移动距离增加，其增加的值恰好等于移动慢的那根齿条所减少的值（图3-18c）。如果将一根齿条按住不动，则齿轮2随轴1移动时，还要沿着不动的那根齿条滚动，结果，另一根齿条移动的距离等于轴1移动距离的两倍（图

3-18d)。上述运动原理与运输车上差速器工作情况相似,运输车直线行驶时,两半轴齿轮的转速与差速器壳的转速相等。运输车转向时,内侧车辆、半轴齿轮由于受到地面转向阻力,其转速低于差速器壳的转速,而另一侧(外侧)的半轴齿轮则在行星齿轮的作用下,其转速高于差速器壳的转速,且内侧减少的数值恰好等于外侧增加的数值(图 3-18c)。此时,行星齿轮除随差速器壳公转外,还绕轴产生自转。如果将一侧车轮制动做原地转向(相当图 3-18d),则该侧半轴齿轮停止转动,而另一侧半轴齿轮的转速比差速器壳转速快一倍。

③半轴的作用是把差速器的半轴齿轮与驱动车轮连接起来。我国三轮与四轮农用运输车的半轴根据其结构与布置主要分为半浮式和全浮式半轴。大量三轮农用运输车和部分小吨位四轮农用运输车上,半轴一般为半浮式,但在大吨位四轮农用运输车上,半轴一般为全浮式。

a. 全浮式半轴。全浮式半轴的一端用花键装在差速器壳内的半轴齿轮上,但差速器壳通过锥轴承安装在后桥壳内,使该端半轴处于“浮动支承”。而半轴的另一端(外端)安装驱动车轮,半轴是通过轮毂和双排锥轴承支承在半轴壳上。

这种半轴结构只承受由柴油机传递过来的转矩,不承受主减速器大圆锥齿轮和车轮所受作用力所引起的水平和垂直弯矩(由后桥壳和半轴壳承受)。

b. 半浮式半轴。半浮式半轴与全浮式半轴的不同点是车轮端的半轴直接通过轴承支承在半轴壳上,这样,半轴除传递转矩外,还要承受车轮端所受的水平与垂直弯矩,因此所受的载荷较大。但其最大优点是结构简单。所以,在小吨位三轮和四轮农用运输车上被广泛采用。

3-34 三轮农用运输车变速器是怎样工作的?

在我国目前三轮农用运输车产品中,绝大多数生产企业与产品型号为四档位变速器,三个前进档,一个倒档,即(3+1)型。只有两个或三个前进档位、无倒档的变速器(2+0 或 3+0 型),有关企业已不再配置此两种结构型式的变速器。但对于目前社会上已保有的此类三轮农用运输车的使用与维修,由于其结构比较简单,完全可以参考四档位变速器(3+1)的有关内容。

(1)四档位变速器(3＋1)的结构　星火牌 7Y-550 型变速器如图 3-19 所示。这种结构型式的变速器开发于 20 世纪 80 年代中期,由于设计时间早,故被以后的生产企业所采用。它的传动部分主要由输入轴、输出轴、倒档轴三根轴和 6 个齿轮组成,其中两个为双联齿轮。在输入轴 37 上,主动齿轮宽齿轮与轴制成一体;Ⅱ、Ⅲ档主动齿轮 20、19 用平键(有的车型改用花键)固定在输入轴 37 上。在输出轴 5 上通过花键安装着Ⅰ、Ⅱ、Ⅲ档被动齿轮 6、7(7 为Ⅱ、Ⅲ档双联齿轮),它们可以沿花

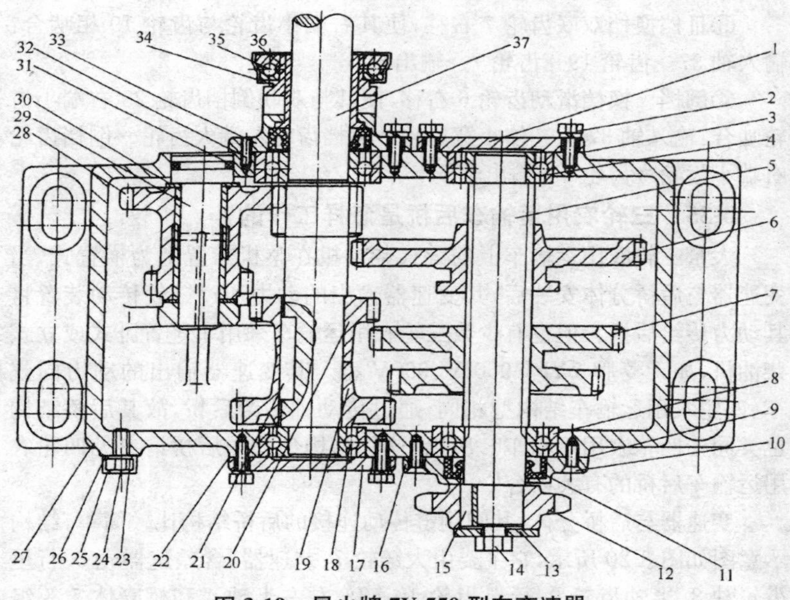

图 3-19　星火牌 7Y-550 型车变速器

1. 轴承盖　2. 螺栓　3、9、22. 纸垫　4、8、18. 轴承　5. 输出轴　6. Ⅰ档、倒档被动齿轮　7. Ⅱ、Ⅲ档被动齿轮　10. 螺钉　11. 骨架油封　12. 小链轮　13. 压板　14. 螺栓　15. 键　16. 轴承盖　17. 轴承盖　19. Ⅲ档主动齿轮　20. Ⅱ档主动齿轮　21. 键　23. 铝垫圈　24. 限油螺栓　25. 放油螺塞　26. 铝垫圈　27. 变速器壳　28. 倒档齿轮　29. 倒档轴　30. 垫片　31. O形密封圈　32. 定位销　33. 分离爪座　34. 分离爪　35. 分离轴承　36. 分离爪套　37. 输入轴

键移动(换档)。在倒档轴29上空套着倒档双联齿轮28,其中大齿轮与输入轴上宽小齿轮处于常啮合状态,所以只要输入轴转动,倒档齿轮就旋转。

(2)传动路线

①I档换档滑动齿轮6左移与输入轴37上连体小宽齿轮啮合:输入轴37→齿轮6→输出轴5;

②Ⅱ档换档双联齿轮7左移,使齿轮7与齿轮20啮合:输入轴37→齿轮20→齿轮7→输出轴5;

③Ⅲ档换档双联齿轮7右移,使其右端小齿轮与齿轮19相啮合:输入轴37→齿轮19→齿轮7→输出轴5;

④倒档。换档滑动齿轮6右移,使其与双联倒档齿轮28右端小齿轮啮合:输入轴37上连体小宽齿轮→倒档齿轮左端大齿轮→倒档齿轮右端小齿轮→齿轮6→输出轴5。

3-35　三轮农用运输车后桥是怎样工作的?

大量三轮农用运输车上的卧式柴油机在整机布置上为横置式,当变速器与后桥分体安装后,其变速器输出的动力通过链轮传动装置将其动力传给后桥。但也有少数三轮农用运输车采用了竖置卧式或立式柴油机,如天菱牌7YPJ-950IV、950V型。其变速器输出的动力同汽车、四轮农用运输车结构型相同,通过传动轴传给后桥,故其后桥结构也类同于四轮农用运输车。所以,这种结构型式的后桥请参见四轮农用运输车后桥的有关内容。

变速器与后桥分体,其间用链传动连接的后桥结构比较简单,结构示意图如图3-20所示,它主要由大链轮7、差速器(含差速器壳6、行星齿轮轴8、半轴齿轮9、行星齿轮10等)、左右半轴4和桥壳体5等组成。半轴多为半浮式,桥壳为卧式。

由变速器输出轴上的小链轮传递过来的动力,传给用螺栓固定在差速器壳6上的大链轮7降速增扭后,分配给左右半轴4,再由半轴经驱动车轮轮毂2传给驱动车轮1。由桥壳5和半轴套管3等固结为一体的驱动桥体起支承与保护作用。整个后桥由具有弹性元件的后悬架同车架连接在一起。

链传动后桥中的差速器结构如图3-21所示。差速器壳体分左右

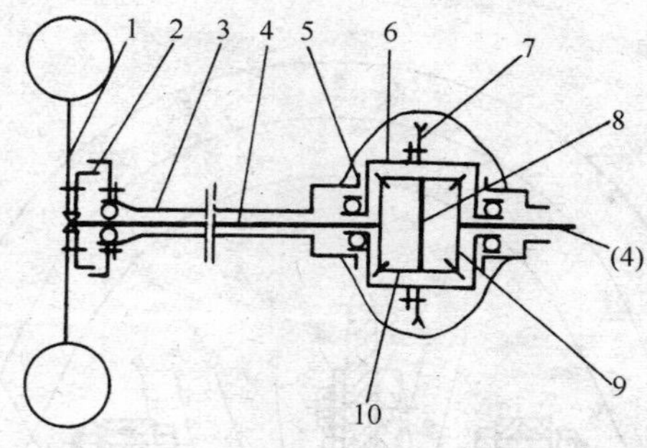

图 3-20　分体式后桥结构示意图

1. 驱动车轮　2. 轮毂　3. 半轴套管　4. 半轴　5. 桥壳　6. 差速器壳
7. 大链轮　8. 行星齿轮轴　9. 半轴齿轮　10. 行星齿轮

两半,用连接螺栓 2 连成一体。差速器壳内装有行星齿轮轴 13,并用键 16 同差速器壳连在一起。两个行星齿轮 5 套在行星齿轮轴 13 上,与轴一起随壳体旋转(公转);当在差速时,它又可绕轴自转。左右半轴齿轮 12 在差速器壳内与左右半轴 1、9 用花键连接。半轴齿轮与行星齿轮之间的啮合间隙可用半轴齿轮底面的垫片 11 调整,一般为 0.1～0.2mm(通常凭感觉,调好后的差速器在用手转动时只要感到有很小的阻力即可)。大链轮 15 用固定螺栓 14 固定在差速器壳上,来自变速器输出轴上小链轮的动力通过链条传至大链轮并与差速器总成一起旋转。

3-36　连体式变速器与后桥是怎样工作的?

所谓连体式变速器与后桥就是变速器与后桥共置在一个壳体内。变速器的最后输出齿轮即为主减速器的主动齿轮(对于横置式柴油机,其主减速器为一对圆柱齿轮传动),从动齿轮固定在差速器壳上,相当于分置式后桥的大链轮。差速器与半轴的结构类同于分置式的后桥。

图 3-22 为山东省巨力集团股份公司生产的巨力 7Y-650、750 型车边体式变速器与后桥的结构图,在输入轴 10 上用花键同换档齿轮 28 连接,带有内齿轮的Ⅲ档主动齿轮 8 用铜套空套在输入轴上,并与Ⅱ、Ⅲ档被动双联齿轮 13 常啮合。倒档轴 25 上有倒档齿轮 22,其间有铜套。中间轴 14 通过花键固定有Ⅱ、Ⅲ档被动双联齿轮 13、Ⅰ档被动齿

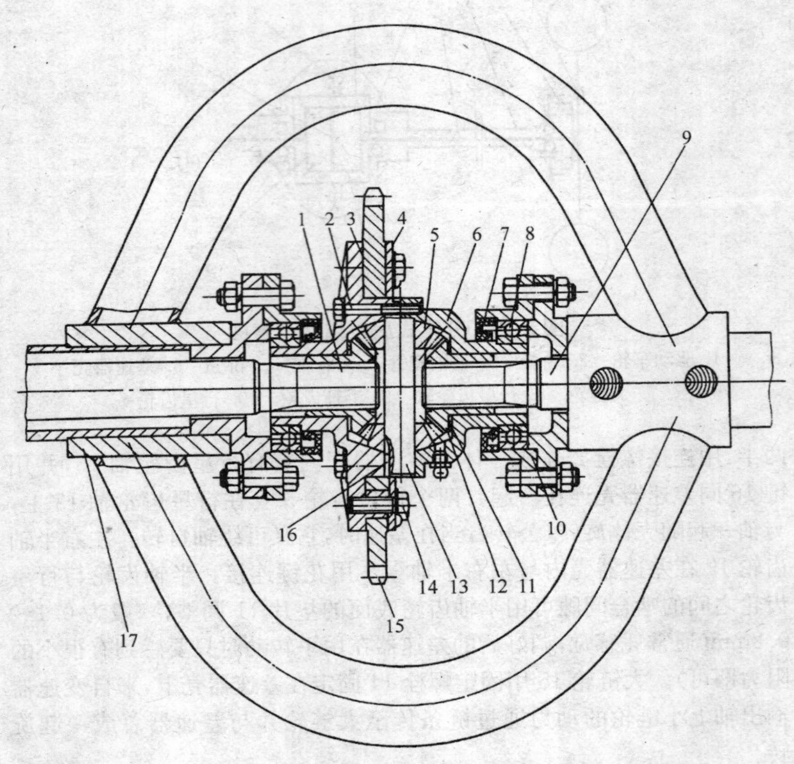

图 3-21　星火 7Y-505 型车差速器结构图

1. 左半轴　2. 连接螺栓　3. 差速器左半壳　4. 挡片　5. 行星齿轮　6. 差速器半壳　7. 骨架油封　8. 轴承　9. 右半轴　10. 轴承座　11. 半轴齿轮垫片　12. 半轴齿轮　13. 行星齿轮轴　14. 固定螺栓　15. 大链轮　16. 键　17. 后桥壳合轮

轮和主减速主动齿轮的双联齿轮 20 及倒档被动齿轮 21。换档时用一个拨叉。

当驾驶员操纵换档手柄时，通过传递机构，可以推拉换档摇臂 1，换档杆 6 将拨动换档滑动齿轮 28 与相应的齿轮啮合，从而获得不同的档位。

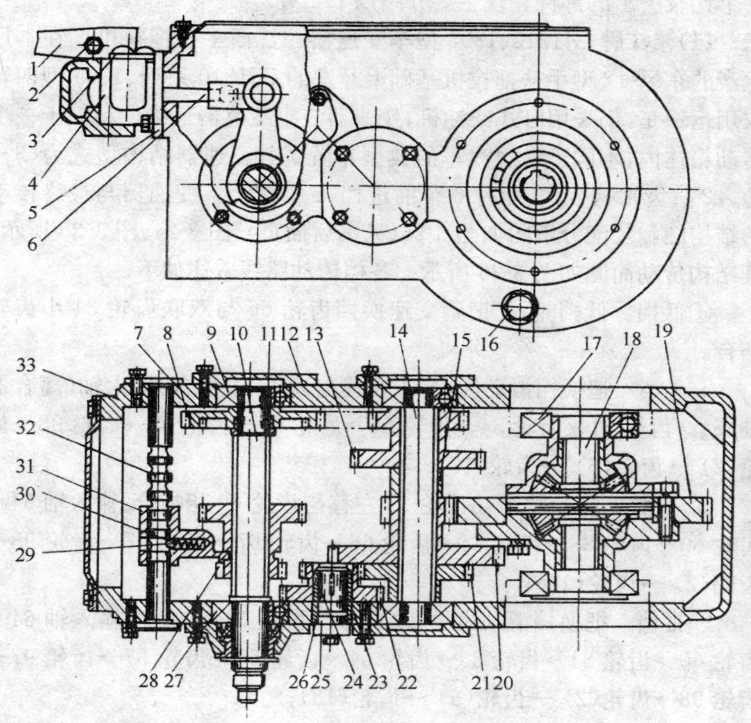

图 3-22　巨力牌 7Y-650、750 型车变速器传动结构简图

1. 换档摇臂　2. 固定销　3. 注油螺塞　4. 换档摇臂轴　5. 垫片　6. 换档杆　7. 垫片　8. 三档主动齿轮　9. 轴承　10. 输入轴　11. 铜套　12. 垫片　13. 二、三档被动齿轮　14. 中间轴　15. 隔套　16. 放油螺塞　17. 轴承　18. 差速器　19. 主减速被动齿轮　20. 一档被动齿轮　21、倒档被动齿轮　22. 倒档齿轮　23. 挡圈　24. 铜套　25. 倒档轴　26. O形密封圈　27. 轴承　28. 换档滑动齿轮　29. 定位弹簧　30. 定位钢球　31. 拔叉　32. 拔叉定位轴　33. 变速器体

3-37　四轮农用运输车变速器构造及工作原理是怎样的?

由于20世纪80年代初的特定历史条件,生产企业为了缩短研制周期,降低成本,适应个体农民购买与使用维修水平,以拖拉机变型形式或采用轻型汽车成熟的零部件生产四轮农用运输车,变速器是其中一个比较突出的部件。现主要介绍以下二种。

(1)赣江牌GJ1210、1305型车变速器 江西手扶拖拉机厂在本厂生产的东风-12型手扶拖拉机基础上开发的GJ1210系列、1305型四轮农用运输车,仍采用卧式柴油机,变速器与主减速器最终传动汇于一个传动箱体内,不同于常规汽车的典型布置。其变速器结构型式为(3+1)×2直齿常啮合式,即有6个前进档、2个倒档。变速器与最终传动的结构图和装配分解图如图3-23(见书后插页)、图3-24、图3-25所示。其结构传动简图如图3-26所示。各档传动路线叙述如下。

①低档。低档时,先把副变速换档齿轮66与双联齿轮34小齿轮啮合。

a. Ⅰ档 把换档滑动齿轮61右移与齿轮34啮合:输入轴(离合器轴)64→齿轮61→齿轮34→齿轮66→齿轮67→齿轮97→齿轮98→齿轮(2)→齿轮(6)→齿轮(18);

b. Ⅱ档 把换档滑动齿轮33左移与齿轮60相啮合:输入轴64→齿轮60→齿轮33→齿轮34→齿轮66→齿轮67→齿轮97→齿轮98→齿轮(2)→齿轮(18);

c. Ⅲ档 把换档滑动齿轮33右移与齿轮31相啮合:输入轴64→齿轮60→齿轮31→齿轮33→齿轮34→齿轮66→齿轮67→齿轮97→齿轮98→齿轮(2)→齿轮(6)→齿轮(18);

d. 倒档 把换档滑动齿轮61左移与齿轮56相啮合:输入轴64→齿轮61→齿轮56→齿轮34→齿轮66→齿轮67→齿轮98→齿轮(2)→齿轮(6)→齿轮(18)。

d. 倒挡 把换档滑动齿轮61左移与齿轮56相啮合:输入轴64→齿轮61→齿轮56→齿轮34→齿轮66→齿轮67→齿轮97→齿轮98→齿轮(2)→齿轮(6)→齿轮(18)。

②高档。高档时,把副变速换档齿轮66右移与双联齿轮34大齿轮啮合。

a. Ⅰ档 把换档滑动齿轮61右移与齿轮34啮合:输入轴64→齿轮61→齿轮34→齿轮66→齿轮67→齿轮97→齿轮98→齿轮(2)→齿轮(6)→齿轮(18);

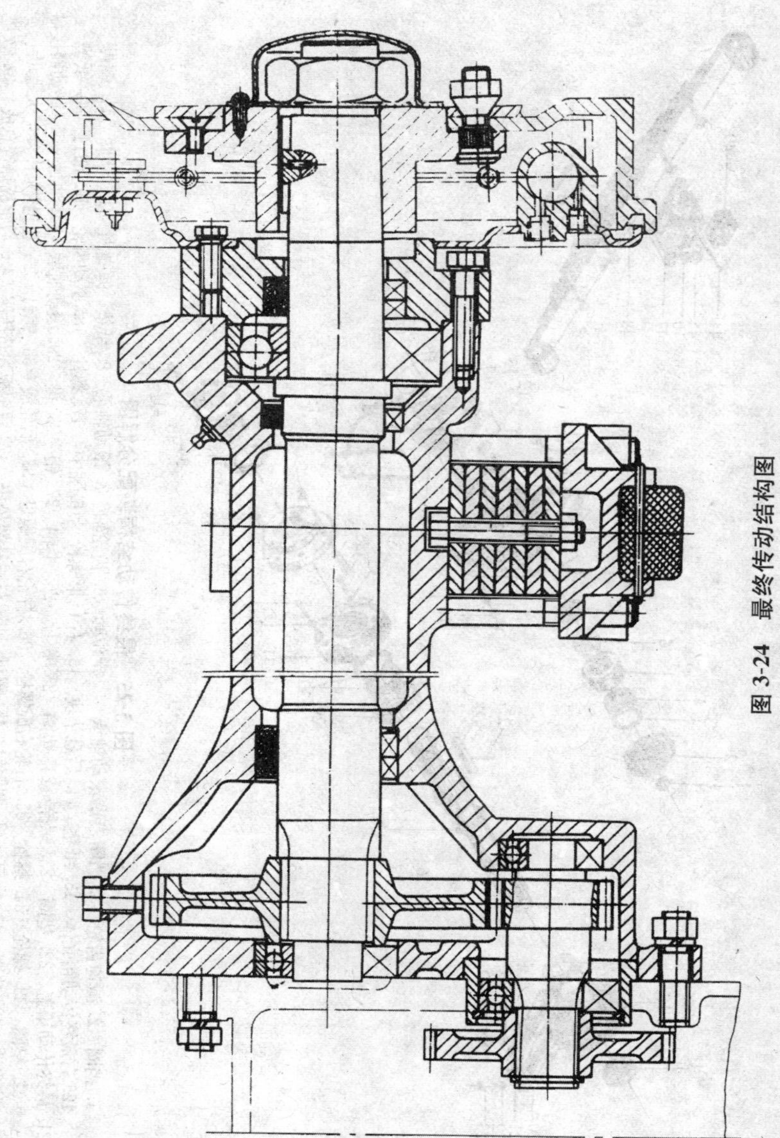

图 3-24　最终传动结构图

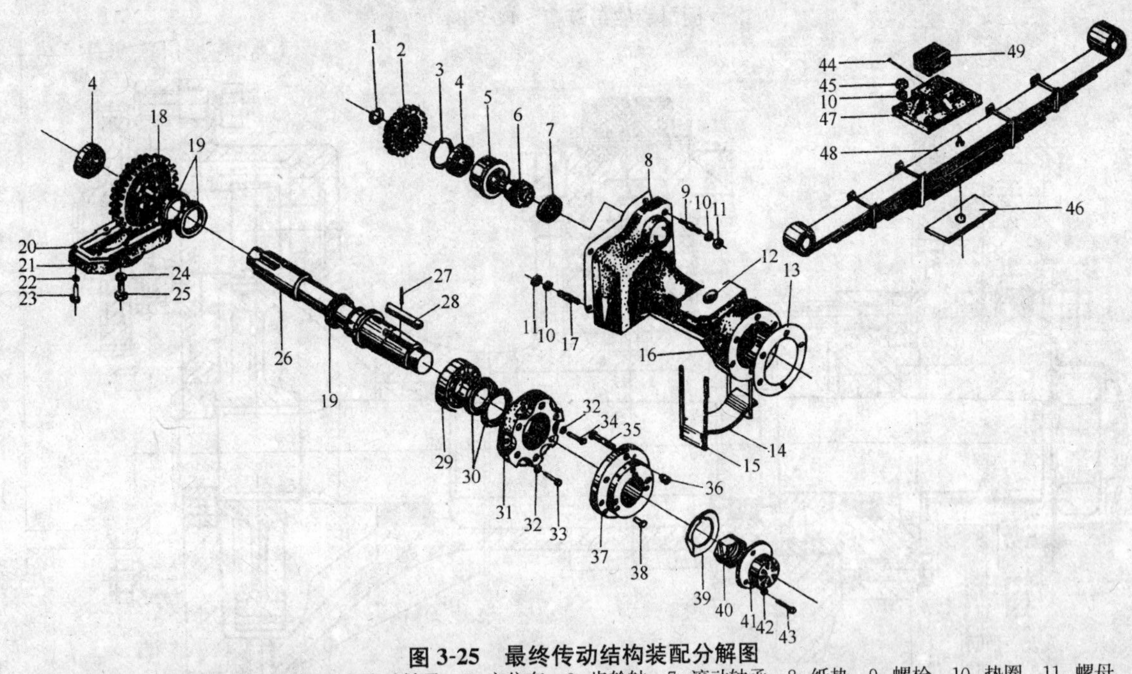

图 3-25 最终传动结构装配分解图

1. 挡圈 2. 减速齿轮 3. 挡圈 4. 滚动轴承 5. 定位套 6. 齿轮轴 7. 滚动轴承 8. 纸垫 9. 螺栓 10. 垫圈 11. 螺母 12. 右最终传动箱壳体 13. 纸垫 14. 后悬垫块 15. 右U形螺栓 16. 油杯 17. 螺柱 18. 驱动齿轮 19. 油封 20. 纸垫 21. 最终传动箱盖 22. 垫圈 23. 螺栓 24. 垫圈 25. 螺栓 26. 半轴 27. 销 28. 键 29. 滚动轴承 30. 油封 31. 制动器接盘 32. 垫圈 33. 螺栓 34. 螺栓 35. 右轮右旋螺栓 36. 右轮右旋螺母 37. 后轮毂 38. 螺钉 39. 止退垫圈 40. 大螺母 41. 防尘罩 42. 垫圈 43. 螺钉 44. 圆钢钉 45. 螺母 46. 左后悬架垫块 47. 后钢板弹簧压座 48. 后钢板弹簧总成 49. 软垫

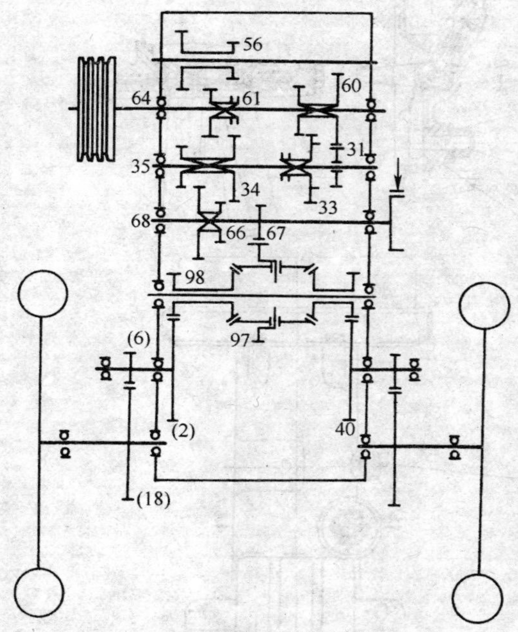

图 3-26　最终传动结构传动简图

b. 档　把换档滑动齿轮 33 左移与齿轮 60 相啮合：输入轴 64→齿轮 60→齿轮 33→齿轮 34→齿轮 66→齿轮 67→齿轮 97→齿轮 98→齿轮(2)→齿轮(6)→齿轮(18)；

c. Ⅲ档　换档滑动齿轮 61 右移与齿轮 56 相啮合：输入轴 64→齿轮 61→齿轮 56→齿轮 34→齿轮 66→齿轮 67→齿办轮 97→齿轮 98→齿轮(2)→齿轮(6)→齿轮(18)。

(2)BJ130 型车变速器　BJ130 型车变速器也是我国大吨位农用运输车中被广泛采用的一种变速器结构形式，如三星 SXZ2815、桂花 SY2010、2515、2815、龙马 LM2010、2310、天山 TSQ2815、华川 DZ2815(标准型)、五叶 HFC1608、2310、2815 等车型。在有些农用运输车产品中，既可选装 BJ130 型车变速器，也可换装 NJ130 型变速器。

BJ130 型车变速器的结构如图 3-27、图 3-28、图 3-29、图 3-30 所示。

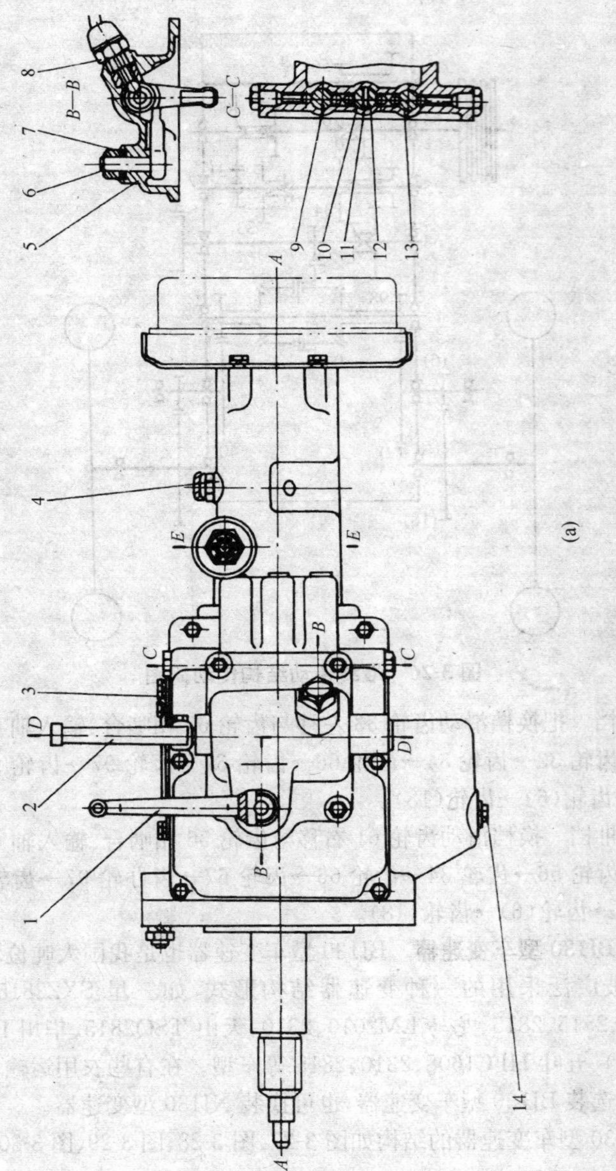

(a)

图 3-27 BJ130 型车变速器结构图

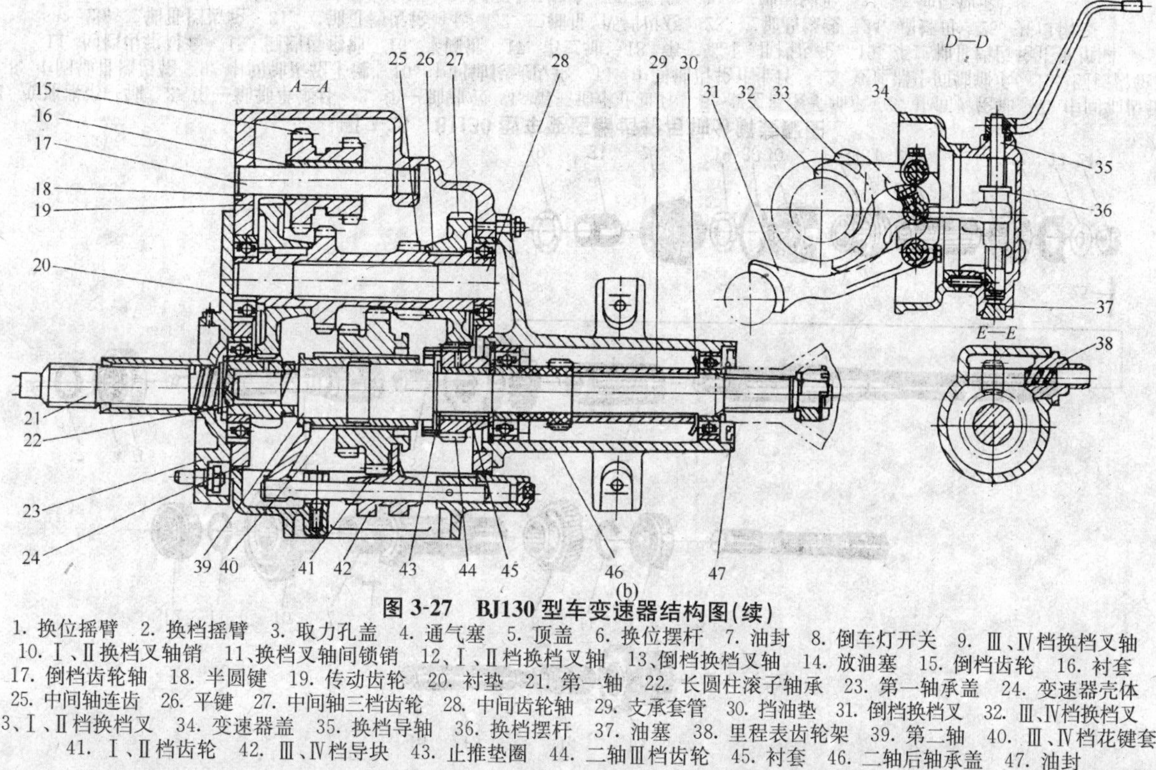

(b)

图 3-27　BJ130 型车变速器结构图(续)

1. 换位摇臂　2. 换档摇臂　3. 取力孔盖　4. 通气塞　5. 顶盖　6. 换位摆杆　7. 油封　8. 倒车灯开关　9. Ⅲ、Ⅳ档换档叉轴　10. Ⅰ、Ⅱ换档叉轴销　11、换档叉轴间锁销　12、Ⅰ、Ⅱ档换档叉轴　13、倒档换档叉轴　14. 放油塞　15. 倒档齿轮　16. 衬套　17. 倒档齿轮轴　18. 半圆键　19. 传动齿轮　20. 衬垫　21. 第一轴　22. 长圆柱滚子轴承　23. 第一轴承盖　24. 变速器壳体　25. 中间轴连齿　26. 平键　27. 中间轴三档齿轮　28. 中间齿轮轴　29. 支承套管　30. 挡油垫　31. 倒档换档叉　32. Ⅲ、Ⅳ档换档叉　33、Ⅰ、Ⅱ档换档叉　34. 变速器盖　35. 换档导轴　36. 换档摆杆　37. 油塞　38. 里程表齿轮架　39. 第二轴　40. Ⅲ、Ⅳ档花键套　41. Ⅰ、Ⅱ档齿轮　42. Ⅲ、Ⅳ档导块　43. 止推垫圈　44. 二轴Ⅲ档齿轮　45. 衬套　46. 二轴后轴承盖　47. 油封

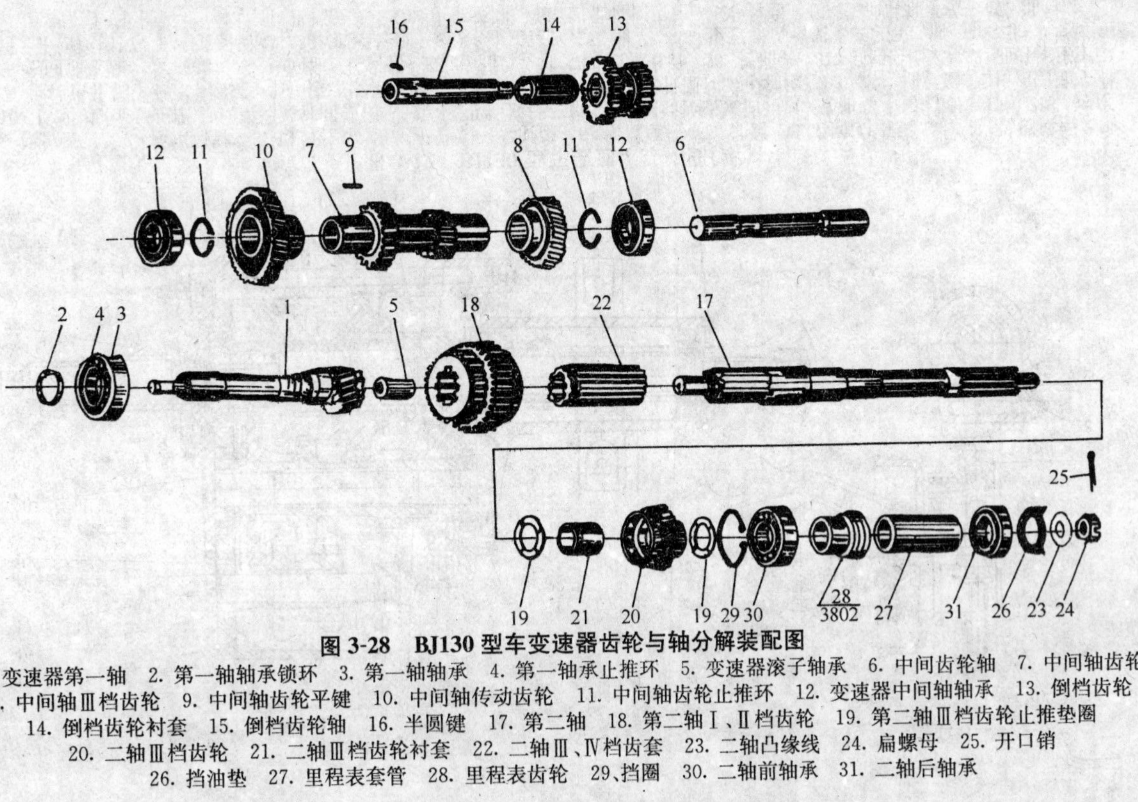

图 3-28 BJ130 型车变速器齿轮与轴分解装配图

1. 变速器第一轴 2. 第一轴轴承锁环 3. 第一轴轴承 4. 第一轴承止推环 5. 变速器滚子轴承 6. 中间齿轮轴 7. 中间轴齿轮 8. 中间轴Ⅲ档齿轮 9. 中间轴齿轮平键 10. 中间轴传动齿轮 11. 中间轴齿轮止推环 12. 变速器中间轴轴承 13. 倒档齿轮 14. 倒档齿轮衬套 15. 倒档齿轮轴 16. 半圆键 17. 第二轴 18. 第二轴Ⅰ、Ⅱ档齿轮 19. 第二轴Ⅲ档齿轮止推垫圈 20. 二轴Ⅲ档齿轮 21. 二轴Ⅲ档齿轮衬套 22. 二轴Ⅲ、Ⅳ档齿套 23. 二轴凸缘线 24. 扁螺母 25. 开口销 26. 挡油垫 27. 里程表套管 28. 里程表齿轮 29、挡圈 30. 二轴前轴承 31. 二轴后轴承

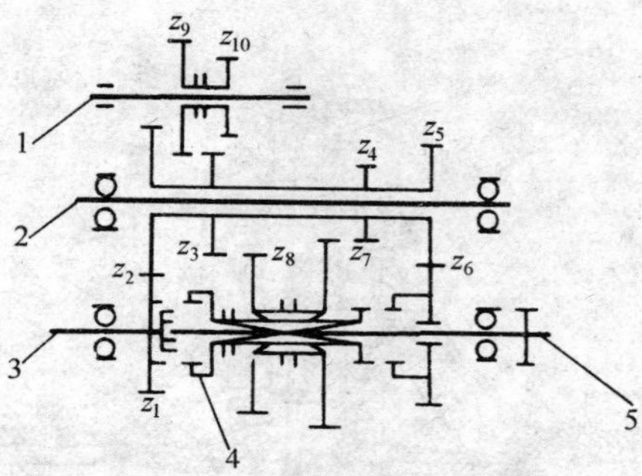

图 3-29　BJ130 型车变速器结构传动简图

1. 倒档轴　2. 中间轴　3. 第一轴　4. Ⅲ、Ⅳ档换档花键套　5. 第二轴

Z_1. 常啮合主动齿轮　Z_2. 常啮合被动齿轮　Z_3. Ⅱ档主动齿轮

Z_4. Ⅰ档主动齿轮　Z_5. Ⅲ档主动齿轮　Z_6. Ⅲ档被动齿轮

Z_7. Ⅰ档被动齿轮　Z_8. Ⅱ档被动齿轮　Z_9、Z_{10}. 倒档双联齿轮

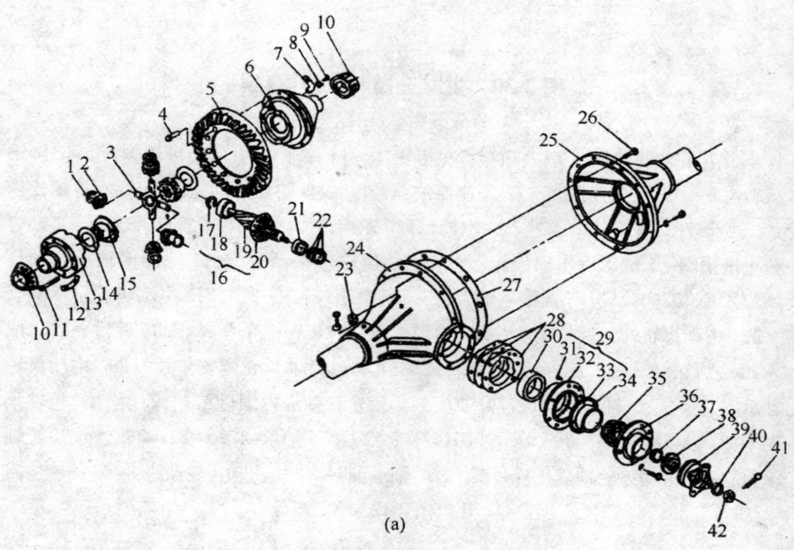

(a)

图 3-30　主减速器和差速器

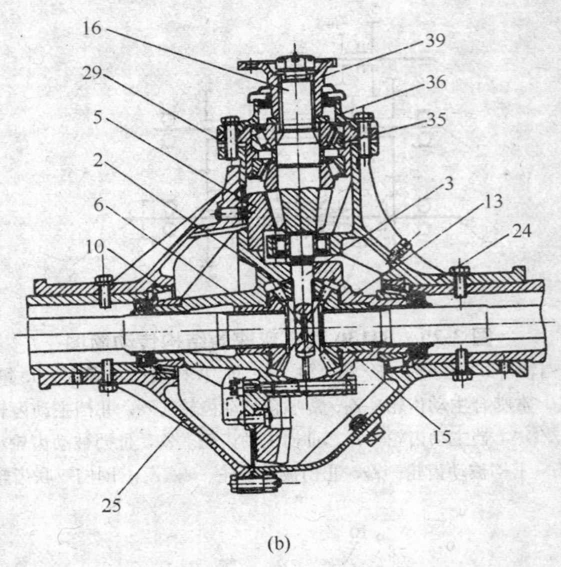

(b)

图3-30　主减速器和差速器(续)

(a)分解图　(b)结构图

1. 行星齿轮止推垫圈　2. 差速器行星齿轮　3. 十字轴　4. 从动齿轮铆钉　5. 圆锥从动齿轮　6. 左差速器壳　7. 差速器油盘　8. 油盘螺栓止动垫圈　9. 六角螺栓　10. 轴承(7813-2)　11. 差速器壳螺栓　12. 螺栓锁片　13. 右差速器壳　14. 半轴齿轮止推垫圈　15. 后桥半轴齿轮　16. 主动齿轮带轴承总成　17. 导向轴承止动环　18. 轴承(102605)　19. 圆锥主动齿轮　20. 轴承(27709-2)　21. 主动齿轮轴承隔套　22. 主动齿轮轴承调整垫片　23. 槽形螺母　24. 后桥壳总成　25. 后桥壳盖总成　26. 六角螺栓　27. 后桥壳盖衬垫　28. 主动齿轮轴承壳调整垫片　29. 主动齿轮轴承壳总成　30、轴承外圈(27709-1)　31. 后轮毂轴承内螺母销　32. 主动齿轮轴承壳　33. 轴承壳衬垫　34. 轴承外圈(27709-1)　35. 轴承(27709-2)　36. 主动齿轮轴承盖　37. 主动齿轮轴承止推垫圈　38. 轴承油封　39. 主动齿轮凸缘　40. 凸缘垫圈　41. 开口销　42. 槽形螺母

它有4根轴,第一轴21为离合器轴(输入轴),前端支承在柴油机飞轮内孔轴承上,后端支承在变速器壳体上,通过前端花键与离合器从动盘相连,并传递柴油机动力。

3-38　怎样调整后桥主从动锥齿间隙？

后桥中主、从动锥齿轮副啮合位置不好，往往是造成后桥噪声大、磨损快、齿面剥落、轮齿断裂等现象的重要原因。但后桥在车辆出厂时，已经过严格的选配与调试，因此，一般情况下不必拆卸和调整。使用中，由于齿面的磨损而使齿侧间隙增大是正常现象，也不必进行调整。只有当主、从动锥齿轮严重磨损引起齿侧间隙过大，并已超过报废值时（一般为 0.5～0.6mm），或零件已损坏无法工作，必须更换时才拆卸更换并进行调整。齿轮副更换必须成对更换。

国内大部分四轮农用运输车后桥中的主从动圆锥齿轮为双曲线圆锥齿轮，同原 BJ130、现 BJ1040（1041）类同。下面介绍 BJ1040（1041）型车后桥的调整，其他车型可以以此为参考。

（1）锥齿轮支承轴承预紧度的调整　轴承的预紧度的正确调整可提高轴向刚度，对主从动锥齿轮的啮合有良好的作用，可延长其使用寿命；但过紧会使轴承工作时发热，反而降低轴承的使用寿命。预紧力不易测量，有些车型规定了拧转轴时所需克服的摩擦阻力矩来间接表示预紧力。对广大驾驶员来讲，更实用的方法是通常用手指力，以能拨动其轴上传动法兰盘（不装油封）即为合适。过紧或过松时，BJ1040 型车后桥可用增减主动锥齿轮内轴承内座圈之后、隔套之前的调整垫片来调整。对于 NJ1061 型后桥，可以用主动锥齿轮轴承隔套 21（如图 3-30）后面的轴承调整垫片 22 来调整。

（2）主、从动锥齿轮的齿侧间隙的检查与调整　各车辆的主、从动齿轮的侧间隙都有一个规定值（见表 3-9），一般小吨位农用运输车为 0.1～0.2mm，大吨位农用运输车为 0.15～0.30mm。

主从动齿轮的齿侧间隙一般用轧入铅片的方法测量。把铅片或熔丝弯成∽形。置于两齿轮的非工作面之间，转动齿轮副，取出被挤压的铅片或熔丝，量得最薄的厚度，即为齿侧间隙。

对于如 BJ1040（1041）型这类车辆的后桥结构型式，齿侧间隙调整方法是：首先取下差速器壳上两个锥轴承调整螺母的锁片，然后以相等圈数拧紧一端的调整螺母，拧松另一端的调整螺母，即可使大锥齿轮沿轴向移动，达到调整主、从动齿轮齿侧间隙的目的，且不改变差速器壳上

表 3-9　部分农用运输车后桥主从动锥齿轮的啮合间隙

(mm)

机　　型	主从动锥齿轮啮合间隙	机　　型	主从动、锥齿轮啮合间隙
金狮牌 TY1608 型	0.10～0.20		
龙马牌小型系列	0.17～0.24	巨力牌 WJ1608、1205	0.10～0.20
LM2815 系列	0.17～0.24	双马牌 SM2815	0.17～0.24
丰收牌 2815	0.15～0.30	方圆牌 CL1305、1608、2010	0.17～0.24
飞彩牌 2310、2815	0.15～0.30	神龙牌 HSL2815、2310	0.15～0.30
方圆牌 2815	0.17～0.24		
天山牌 TSQ2815	0.15～0.30	北京牌 BJ1305	0.10～0.20
四方牌TH905-Ⅱ	0.16～0.36	康达牌WF1608	0.10～0.20
SF2815、2310	0.17～0.24	2815	0.17～0.24
华山牌	0.17～0.24	宇康牌YK2815	0.10～0.30
桔州牌JZ-FD2815、2415	0.15～0.30	2010、1508	0.10～0.20
2010、1605	0.15～0.30		
王牌CDW2815 系列	0.1～0.2	兰驼牌 LT2815、2810	0.15～0.30
CDW2010	0.17～0.24	铁武林牌FL2815	0.15～0.30
		2310、1508	0.17～0.24
神宇牌DSK2815	0.17～0.24	铁牛牌 TN2815	0.15～0.30
1608、1305	0.15～0.30	烟台牌YTQ2815、2310	0.15～0.30
SEN1608、2010	0.10～0.20	1608、1205	0.10～0.20
		华山牌1608、1205	
中原牌ZY2815、	0.17～0.24	2815	0.10～0.20
2010、1608			
		金猴牌JS 2815	0.15～0.30
		2015	
中峰牌 ZF2310	0.2～0.6	东方牌 YT1608 系列	0.10～0.20
津驰牌TC2310、1608、1205、	0.10～0.20		
DT1608	0.10～0.20		

两个圆锥轴承的预紧度，直到齿侧间隙达到车辆要求值时为止。对于BJ1040(1041)型车，该齿侧间隙的测量也可将主动齿轮固定不动，轻微转动从动齿轮，在其大端测量其位移值应为0.20～0.50mm，并在从动锥齿轮圆周上不少于3个等距离分齿的齿牙上检查测量。

对于如 NJ1061 型车辆的后桥，主、从动锥齿轮齿侧间隙的调整是由主动锥齿轮的轴承壳 32 和后桥壳 24 之间的调整垫片 28 的增减使主动锥齿轮轴向移动来完成的（见图 3-30 所示），其规定值为 0.10～0.40mm。

(3)啮合印痕的检查与调整　为了检查啮合印痕，可在小齿轮或大齿轮的工作齿面上涂一层红铅油，然后正反方向转动齿轮，便可在齿面上呈现出啮合印痕。正确的印痕应分布在工作齿高的中部并靠近小端 2～4mm 处。印痕允许呈斑点状，印痕的长度和高度一般不小于齿长和齿高的 50%。

BJ1040(1041)型车后桥双曲线主、从动锥齿轮啮合印痕的调整是靠它们各自的轴向移动来实现的。主动锥齿轮的轴向位移可通过增减垫片来进行；从动锥齿轮则通过旋转差速器轴承的调整螺母来实现。

主从动锥齿轮的接触斑点检查以从动轮为主。啮合印痕的不同位置与齿轮应调整移动的方向如图 3-31 所示。

由于啮合间隙与啮合印痕的调整方法相同，均是以移动主从动锥齿轮的轴向位移来实现的，所以两者调整时，应以啮合印痕为主，以保证传动过程中的受力要求。在满足印痕的条件下，可将间隙适当放大，直到两者均符合要求。

3-39　链传动有什么特点？使用时应注意什么事项？

(1)特点　链传动较 V 带传动结构紧凑，承载能力大，传动效率高，安装轴上受力小。但若安装、使用不当，会加速磨损，影响正常使用和寿命。

(2)使用注意事项

①链传动安装后，主、从动轮的安装轴应相互平行，且两链轮应在同一平面内，这样可以保证链传动过程中两者的正确啮合，否则易脱链或加速链条与链轮的不正常磨损。新车出厂时已精确安装。

②安装链条时，接头处弹簧卡子的开口端的方向应与链条的运动方向相反，以免传动时脱落。

③链轮与链条应保持清洁，并经常加注点机油，特别是在风沙、泥灰较多的条件下使用时，应及时将链条上的尘土、泥沙清除干净。每行驶 4000km 时，应拆下彻底清洗一次，并在加热熔化的石墨润滑脂中浸

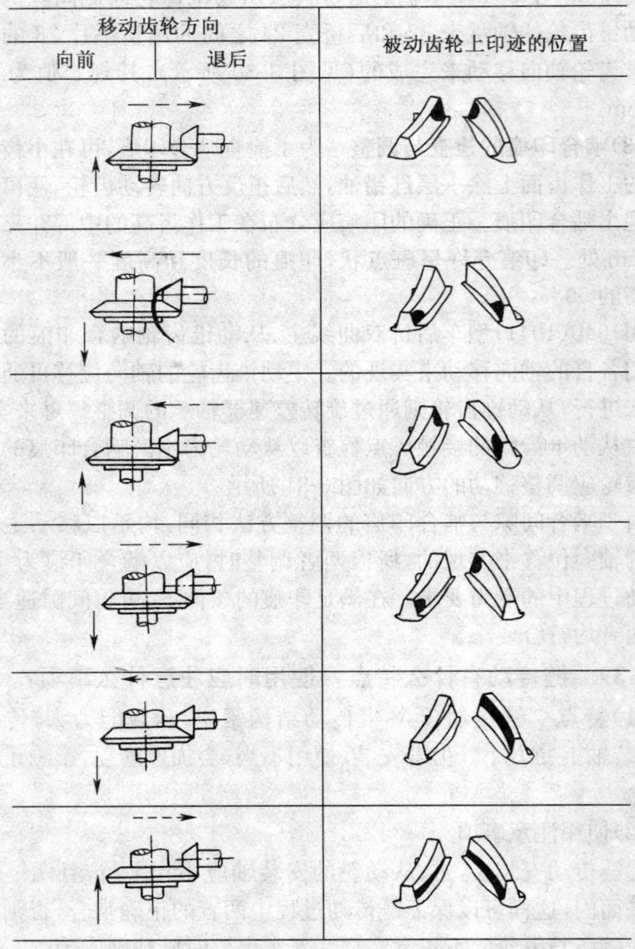

图 3-31 BJ1040 双曲线圆锥齿轮啮合印痕的调整

5～10min，以延长其使用寿命。

④链条的松垂度要适宜，一般控制在 5～15mm 内，过松易脱链，过紧不仅对链轮轴的负荷加大，且会加速链条、链轮的磨损。

⑤链轮链条因磨损会变松，如链条磨损后，销轴变细，滚子内孔磨

大，其节距加长，这时就易脱链，应进行调整。调整装置为固定在车架左、右侧与后桥左、右半轴套管上的两套斜推力拉杆装置。

需要调整时，先松开推力杆上两端的锁紧螺母，然后用一圆棒插到斜推力杆中部的圆孔内，分别旋转车辆左右两个斜推力杆，改变其长度，直到链条松垂度合适时为止。调整时应特别注意两个斜推力杆的旋转量应相等，否则会影响已调整好的后桥与车架对称面的垂直度，从而影响三轮运输车的直线行驶性。调好后，再拧紧推力杆两端的锁紧螺母。

⑥当链轮齿磨损过大，链条松垂度太松时，应修复或更换链轮与链条。

3-40　怎样截断链条？

当链条使用后磨损伸长的太多，调整已不起作用时，可以截去一节，截去的链条必须是双数，否则链条不易接上。截断链条的方法：

①拆掉链条接头。

②将要截的那节链条的轴销下面垫上一个 M6 的螺母。

③先用锤头将轴销的上端打下去(与外片相平)。

④再用冲头抵住轴销往下冲，冲到轴的上端与下面外片的里端相平(不必将轴销全部冲出来)。

⑤取出冲头，将链条拉开，然后用以上的方法，再冲一次，将过长的一节链条取下，也可用专用工具拆装。

3-41　行驶中链条发出“咔、咔”响声怎么办？

农用运输车在行驶中，链条与链轮咬合部发出“咔、咔”响声，表明链条已严重磨损，应更换链条或进行翻新修理，翻新链条的方法是将轴销和套筒旋转 180°，把磨损变形的一面转到不受力的一面，这样可使伸长的链条恢复到正常的长度。链条翻新的步骤是：

①将每节链条的销轴全部冲出。

②将每一个销轴用钳子夹住旋转 180°。

③将内链板组合下面垫空，用平头铳子将套筒冲出，使套筒的上端与下边内链板相齐。

④用手钳将套筒夹住旋转 180°。

⑤装配时，应按拆卸时的相反顺序进行。装配后的链条如有转动

过紧的现象,可将链条放在铁钻上,用手锤轻轻锤击各个销轴,链条就会转动灵活,加注润滑油后,使用与新链条的使用寿命相似。

3-42 行驶中为什么链条掉链?

农用运输车在行驶中掉链有以下几种原因:

①链条太松。

②前后链轮没在同一平面上。

③链轮磨损过甚。

④后平叉轴与套磨损过甚。

⑤后平叉螺杆松动。

⑥后轴链轮及缓冲壳体轴承损坏或磨损过甚。

⑦后传动固定螺母、后轮轴等均有松动。

3-43 怎样延长链条的使用寿命?

为了延长链条的使用寿命,应注意做到以下几点:

①农用运输车起步操作要平稳,避免起步过猛。

②农用运输车行驶不能超载、超速。

③离合器、变速器应完好,不得有故障。

④减少在凸凹不平的路面上行驶。

⑤要经常向链条上注润滑油,避免链条与链轮干摩擦。

⑥链节上的润滑油粘有过多的灰尘,也会使链条加速磨损。

⑦经常注意调整链条的松紧度。

⑧大链轮、小链轮轴向摆动,行驶中经常掉链,会影响链轮的磨损,应及时排除。

⑨链轮的缓冲橡胶损坏,也会使链条早期磨损,应及时更换。

⑩车架变形,使链条加速磨损,应及时修复。

3-44 传动轴有什么结构特点?

传动轴是农用运输车前置的变速器与后置的后桥之间的传动装置。运输车的变速器输出轴和后桥的输入轴一般不在同一水平面内,它们的轴线与传动轴的轴线均互成一个角度,同时,由于变速器固定在车架上,而后桥则是通过后悬架装置的钢板弹簧悬挂在车架上,这样,在运输车行驶过程中,由于负荷和道路条件的不断变化,钢板弹簧的变形产生的跳跃必然使变速器与后桥的相对位置不断改变,不仅轴线间互成的角度发生变化，而且引起变速器与后桥之间距离的变化。传动轴的作用正是在相连两轴之间的夹角不断变化的情况下，能可靠而稳定地传递动力，并补偿由于两者之间的相对运动和装配误差所产生的传动轴长度的变化（即传动轴应能轴向伸缩）。

农用运输车同汽车一样，普遍采用开式、管状结构的传动轴，其结构与装配分解如图 3-32 所示。

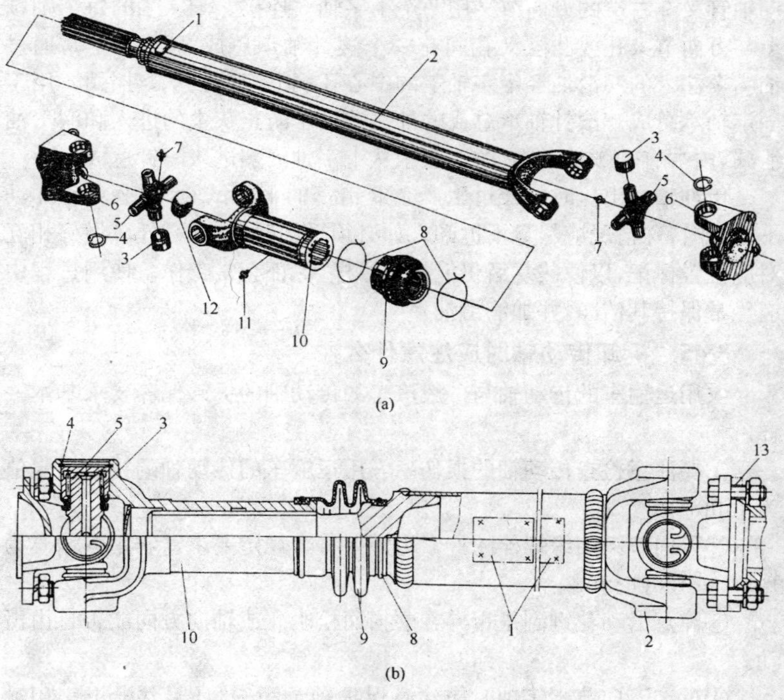

图 3-32　LM2310、FS1608D 型车传动轴

(a)分解图　(b)结构图

1. 传动轴平衡块　2. 传动轴管叉　3. 十字轴轴承总成　4. 挡圈　5. 十字轴　6. 万向节凸缘叉　7. 油嘴　8. 花键护套紧固圈　9. 传动轴花键护套　10. 万向节花键轴叉　11. 油嘴　12. 套管叉堵盖　13. 后桥圆锥齿轮凸缘

传动轴管叉 2 是一根空心管，右端焊有万向节叉，左端有外花键，此外花键与传动轴花键轴叉10的内花键相连。由于两者可以伸缩，所以能适应传动轴长度沿轴向可能的变化，保证变速器与后桥之间的相对位置在允许的一定范围内变化，使两者之间既不断开，又不顶死。黄油嘴11用于注油以润滑两者花键的连接部分。花键护套9可防止泥沙、灰尘等污染花键。

左右两个万向节凸缘叉6分别与万向节花键轴叉10的左端和传动轴管叉2右端的万向节叉用两个十字轴5连接。十字轴的每个轴颈上与万向节叉孔或凸缘叉孔间有一个滚针轴承总成3(共8个)，通过油嘴7注入的润滑油经十字轴上的中心孔润滑滚针轴承。挡圈4用于固定轴承总成。滚针轴承总成的外端盖用于防止灰尘的进入和润滑油泄漏，内端有轴颈护油圈，防止灰尘从十字轴内端进入滚针总成。

传动轴在出厂时已经过生产企业精密的平衡试验，为避免破坏动平衡，非特殊情况应尽量不拆卸。如必须拆卸时，全部零件应做好相互对应位置标记，以便装复后仍能维持原样，保证正常工作。使用过程中应经常保持其洁净，并加润滑油。

3-45 拆卸传动轴时应注意什么？

农用运输车的传动轴与一般汽车的传动轴的拆卸保养要求基本一样。

①要注意检查传动轴的损伤。农用运输车的传动轴的挠曲极限值为1.0mm。

②万向节叉凸缘螺栓的拧紧力矩要符合规定要求。农用运输车为14.7～24.5N·m。

③注意滑动花键副是否异常磨损而松旷。或轴向方向能否自由滑动。

④拆装万向节十字轴时应注意保护轴承和密封圈，并涂上多用途润滑脂。

⑤要特别注意的是，在拆装传动轴之前，在凸缘叉和传动轴壁上做出对应标记，以便正确安装。否则，装错位置或颠倒方向，会破坏传动轴原来的动平衡，降低传动轴的使用寿命。

⑥检查十字轴与轴承配合的松紧程序，应既无晃动，又无卡滞现象。传动轴的十字轴与轴承调整和检查方法是，选择安装适当厚度的

开口环，并使其符合以下要求：

a. 将弹簧测量器挂在万向节叉和套筒叉末端的螺栓孔内。

b. 慢慢地拉动弹簧测力器测量其沿十字轴的两个轴向方向的起动力。凸缘臂规定值为 0.78～40.8N，套筒臂规定值为 0.29～12.2N。

3-46　怎样装配传动轴？

①装配传动轴应符合有关技术要求。

②伸缩套管叉和传动轴管应在同一平面；传动轴管和伸缩套管叉如有箭头记号，装配时应按照箭头对准内齿键装上。

③十字轴、针形滚柱和万向节轴承套，装配时应进行选配，针形滚柱用外径百分尺测量，按 0.005mm 进行分级分类，同一轴承的针形滚柱直径相差不得大于 0.005mm；十字轴与滚柱的配合间隙为 0.02～0.09mm。

④传动轴的装配顺序：清洗揩干全部零件，用压缩空气吹干油孔和气孔→装中间传动轴支承轴承于轴承盖中，装好两端油封，然后装在前传动轴上→将万向节轴承涂以齿轮油，配上油封，分别压入前传动轴端的万向节叉和凸缘孔中以及后传动轴伸缩套叉和凸缘叉孔中，并套在十字轴上→装上盖板或锁环→在伸缩套管叉内涂润滑脂，并套上传动轴的花键轴，旋紧油封盖→连接前传动轴凸缘叉与变速器二轴凸缘→将前传动轴安装在中间传动轴支架上→将方向节轴承涂油，配油封装在后传动轴万向十字轴上→用螺栓将后传动轴凸缘和后桥主动齿轮凸缘连接紧固。

3-47　怎样检修传动轴？

(1)传动轴的检查

①传动轴管、花键轴、万向节叉、套管叉和凸缘叉均不得有裂纹。传动轴管表面不得有明显凹痕。

②传动轴管弯曲检查：以专用支架安装传动轴万向节叉的两轴承孔，并以万向节两端面及花键轴中心孔定位，用百分表测量轴管中部的径向全跳动量应不超过 1.00mm；中间支承轴承接合轴颈、花键末端油封轴颈的径向圆跳动量应不大于 0.15mm。

③传动轴花键与滑动叉键齿磨损，宽度减小应不大于 0.20mm。

④万向节叉、套管叉两轴承承孔公共轴线对传动轴轴线的垂直公

差为 0.3mm。

⑤传动轴中间支承轴颈与轴承为过渡配合，当轴颈磨损量超过 0.02mm 时，应予修理。

(2)传动轴的修理

①传动轴弯曲超限时，一般用冷压矫正。压头的形状应与轴管的外径相吻合，否则将会压扁轴管。

②当花键宽度磨损逾限时，可以堆焊修复，也可用局部更换法修复。先将旧花键轴头与轴管的焊缝切去，然后将新花键轴头压入轴管，注意保持两端万向节叉在同一平面内及花键轴与传动轴的同轴度和传动轴的长度。焊接时，先在焊口圆周上均匀点焊数点，冷却后矫正再用对称法焊牢。焊修的传动轴其长度不得短于基本尺寸 10mm。

③传动轴万向节承孔、中间轴承轴颈磨损不大时，用刷镀修复至原厂尺寸。

④传动轴修理后应进行动平衡检查，其允许不平衡量一般为 30～100g·cm；所加的平衡块每端不得多于 3 块。

(3)传动轴管弯曲和凹陷的检修　传动轴轴管表面不得有明显的凹陷和任何性质的断裂。当以专用支架安装传动轴万向节叉的两轴承孔，并以万向节叉两端及花键轴中心孔定位时，用百分表检查，传动轴上的花键轴及支承轴承接合面的径向圆跳动应不大于 0.15mm，在轴管全长上的径向全跳动，全长小于 1m 的传动轴应不大于 0.80mm，全长大于 1m 的传动轴应不大于 1mm。或用 V 形铁把传动轴轴管两端支起来用百分表测量轴管外圆的径向跳动。

当弯曲超过规定，若弯曲变形在 5mm 以内时，应在压床上进行冷压矫正。具体方法是：将需矫直的传动轴放到压床上的夹持位置，把两端夹持牢固，开始用压头向传动轴中间施加压力。注意，压时压头与传动轴的接触面积尽可能大些，以防局部变形。同时根据变形的程度，应有一定量的超变形和持续施压时间。

传动轴轴管上有明显凹陷或弯曲形超过 5mm 时，可采用加热矫直法矫正。如轴管上有明显凹陷，热矫时，可先将花键轴头和万向节叉在车床上切下来，在轴管内穿一根较轴管内径略细而长的心轴，架起心轴两端，沿轴管弯曲或凹陷处加热至 600～850℃，垫上型锤敲击矫正修复，矫正后，把切下来的花键轴头及万向节叉按原记号对正焊好。

(4)传动轴花键套与花键头的检修　传动轴花键套与花键轴头的主要损伤是：花键磨损，花键轴头键齿磨损或有横向裂纹。花键套与花键轴头的磨损主要表现在其扭转侧隙增大。

检查时，将花键套夹在虎钳上，把花键轴插入并使部分花键露在外面，用百分表的触头抵在花键轴的键齿上，然后来回转动花键轴，表针上摆动值即为其配合侧隙，一般不应大于 0.30mm。磨损超过规定者，可采用局部更换、压力加工收缩法、堆焊修复法或换用新件。

①堆焊修复：把磨损或有横向裂纹的键齿部位堆焊后，按技术标准要求从新加工出键齿，此方法在旧件修复中被广泛用来修复花键轴。

②压力加工修复法：将伸缩套加热至 850℃，用一标准花键轴插入花键套，在轴套的外面加缩小的压模，压模的内径较轴套的外径每次缩小为 0.50～1mm，按需要缩小量决定其缩小次数。缩小后还需进行机械加工和热处理，并检查其啮合侧隙。

③局部更换法：当花键轴磨损严重或键齿有横向裂纹而无堆焊修复能力时，可采用局部更换法修复。利用局部更换法修复花键轴或万向节叉时，首先在车床上车去焊缝，并同时车出花键轴、万向节叉以及轴管上的焊接坡口侧角，并作好原配合位置的记号，然后冲出花键轴或万向节叉，对准旧件记号压入新件，新的万向节叉端或花键端其镶入轴管部分与轴管为过盈配合，一般过盈量为 0.25～0.50mm。

当向轴管里压入新花键或万向节叉时，应当注意安装伸缩套后，保证同一传动轴两端的万向节叉轴承孔轴心线位于同一平面内，其位置公差应符合原厂规定，测量传动轴的全长应符合规定，不得大于原设计尺寸，缩短最大不得超过 10mm。

焊接一般是在专用架上进行。首先在坡口周围均匀点焊 4～6 点，然后再沿坡口填焊，焊缝要求均匀一致，清理焊渣后，在车床或其他专用设备上检查轴的直线度公差，不得大于 7mm，然后经动平衡试验。

(5)传动轴万向节叉、凸缘叉的检修　万向节叉、凸缘叉的主要损伤是：平面磨损，螺纹孔损伤，装轴承壳座孔磨损等。

万向节叉平面磨损，用锉削的方法将其修平，装轴承盖板螺纹损伤可采用镶螺套或加大螺孔等方法修复(因此处位置较小，修复时应考虑其强度、位置的许可)。万向节叉主要是修复装轴承壳座的磨损，装轴承壳座孔与轴承壳外径的配合为过渡配合，轴承座孔磨损使其配合间隙超过规定，可用反极电弧焊或铜焊堆焊轴承座孔，如无修复条件者可换用新件。

3-48 怎样保养传动轴？

农用运输车的传动轴处于经常的运转之中，因此应经常检查、保养传动轴。

首先检查传动轴螺栓是否松动，传动轴螺栓是受力很大的部件，用久了易松动损坏，必须经常检查和紧固。

此外，还应检查万向节，定时向万向节注油。长时间使用易出现十字轴承卡簧磨损，使得轴承和传动轴承叉孔松旷并发出杂声，检查时应沿十字轴的轴向方向做横纵搬动，如有松动，即应更换万向节。

3-49 怎样判断与排除传动轴故障？

①当农用运输车由停止或低速状态加速时产生抖动，则万向节出现凸缘紧固螺栓松动，会导致轴承损坏的故障。应重新扭紧紧固螺钉或更换万向节。

②换档时传动轴发出很响的金属声。其原因是万向节磨损，必须更新。

③在任何转速下，出现噪声或异常振动的故障，是因为传动轴失去平衡、弯曲或凹陷，要进行检修并重新矫正平衡。万向节螺栓松动，应重新拧紧。

④低速时产生短刺耳声，是因为万向节缺油。润滑万向节后如仍有响声，就需换新。

3-50 拆装传动轴时应注意哪些事项？

①要注意检查传动轴的损伤和挠曲现象。

②万向节叉凸缘螺栓的拧紧力矩要符合要求，一般在14～30N·m。

③滑动花键副是否异常磨损而松旷，轴向方向应能自由滑动。

④拆装万向节十字轴时应保护轴承盖和密封圈，并涂上润滑脂。

⑤注意拆装传动轴之前在凸缘叉和传动轴壁上做出对应标记，以

便正确安装。否则,装错位置或颠倒方向,会破坏传动轴原有的动平衡,降低传动的使用寿命。

⑥检查十字轴与轴承配合的松紧度,应既无晃动又无卡滞现象。

3-51　安装万向节传动轴时应注意什么?

万向传动装置装配质量的好坏,直接影响传动轴的正常工作,造成装置中零件的过早磨损和损坏,降低传动效率。因此在装配时,需注意下列几点:

①保证变速器第二轴与减速器主动轴的等速。因此在安装传动轴滑动叉时,应使两端万向节位于同一平面上,在农用运输车总安装时,应保持钢板弹簧的原来规格,发动机支架的垫块厚度不得任意改变。

②保证传动轴的平衡。传动轴的平衡破坏,将导致弯曲振动的产生,加速了零件的损坏。因此在装配时,必须严格注意平衡问题。

a. 传动轴轴管两端焊有的平衡片,不得任意变动。

b. 在十字轴轴承盖板下装有的平衡片,在拆卸时应注意平衡片的数量和安装位置,装配时应如数装回原来位置。

c. 防尘套上两只卡箍的锁扣,应装在传动轴径向相对(相差 180°)的位置。

③中间支承前后轴承盖的三个紧固螺栓在紧固时应按规定力矩(25N·m)均匀拧紧。过紧过松都会加速轴承的磨损,造成轴承发响。

④安装十字轴时,有加油嘴的一面应朝向传动轴;传动轴上的各加油嘴,均应位于同一平面上。为保养传动轴提供方便条件。

⑤中间轴承支架,应正直的固定在车架上,中间传动轴与轴承装配后,应能转动自如。

3-52　怎样延长传动轴万向节的使用寿命?

十字轴轴颈严重磨损,致使轴颈槽、传动中发响。在维修中,无新品更换时,可继续使用旧品。把万向节相对于连接关系转移 90°,可以排除传动中的响声,延长万向节的使用寿命。因为在农用运输车前进时,传递转矩方向是一定的,因此十字轴轴颈的受力面也是一定的,造成十字轴轴颈严重单边磨损,转移 90°使单边磨损面换位,改善了受力面的状况,响声可以消失。

3-53　怎样检查保养后桥？

农用运输车在行驶3万km后，应及时更换后桥润滑油，尤其是拉货用的运输车更要注意保养后桥。

在检查后桥润滑油平面时，先拧下加油塞，用手指或弯曲的铁丝进行检查。在规定油平面界限以上时可不必补加油，否则应补充齿轮油。更换齿轮油时应将加油塞周围污物擦净，先接好机油盆，拧开放油塞，打开加油孔，在后桥走热时将旧油排放干净。还应检查后桥通气孔是否畅通，后桥差速器油封及差速器壳体与后桥壳的接合垫是否漏油。要及时疏通气孔。加油完毕时，油面正好到达加油孔下边缘或低于下油孔10mm以内，然后拧紧加油孔塞，并擦净加油孔塞和放油孔塞周围的油迹。

3-54　后桥漏油是什么原因？

当停车后，如果在主动器或制动鼓周围看到油迹，则表明运输车后桥漏油。

后桥漏油主要由于油封装置不当或损坏、轴颈磨损、衬垫损坏或螺母松动等。

处理方法为：油封、衬垫的漏油，可用石棉线、厚纸、橡胶代替急救使用。漏油造成缺油可用机油临时代替，但得更换标准齿轮油。如半轴油封漏油，齿轮油会漏进轮毂或制动鼓中，造成制动不良。如油封装置不当或损坏而漏油，则甩出的油迹从外面就可以看得很清楚。这两种情况的漏油都应及时调整和重新装配。

3-55　后桥发热怎么办？

后桥发热是行驶一段路程后，后桥轮毂发热烫手，转动困难，应做如下检查调整或保养：首先抽出半轴，架起车轮，进行试转。若车轮转动吃力，则表明轴承装配过紧，应做相应调整。若转动不吃力，一般是润滑方面出了问题，引发了后桥发热，此时应进行润滑保养。

3-56　检修后桥时应注意什么？

农用运输车的驱动桥均采用半浮式支承形式，半浮式支承结构简单，主要应用在反力弯矩较小的车型上。这种结构只能使半轴内端免受弯矩，而外端却承受全部弯矩。半轴外端由一个径向滚珠轴承支承，并由外端花键与制动鼓上的内花键相配合联接，通过平垫圈、弹簧垫圈、槽形螺母使之相互锁紧，拧紧力矩为 12.7～17.6N·m，然后用开口销锁死。

如果由于安装调整不当，零部件质量存在问题，以及经常在恶劣路面行驶颠簸，都会引起半轴外端与制动鼓配合的花键副、径向滚珠轴承产生早期磨损。这点应引起使用和保养维修者的注意。

农用运输车多数采用前置发动机横置前驱动的结构形式，故驱动轴是断开式，分为左、右驱动轴，每个驱动轴两端采用等速万向节分别与差速器和轮毂相联接。优点是结构简单、重量轻，散热好，承载能力大，工作可靠，便于布置。缺点是加工精度要求较高，工艺复杂。

在维修保养中应特别注意以下几点：

①驱动轴是否变形。

②等速万向节是否有异常磨损和损伤。

③花键部位和轴承是否有异常磨损和损坏。

3-57　怎样检修差速器？

(1)差速器壳

①差速器壳不允许有任何性质的裂缝。

②差速器壳两端装柱(锥)轴承的颈部磨损，不得超过 0.05mm。超过时可将轴承内圈镀铬，或将颈部焊补或镶套修复。

③差速器壳与行星齿轮的接触面有轻微的磨损时，可修磨使用。

④差速器壳十字轴孔的磨损不得超过 0.10mm，超过时应堆焊修复。差速器壳与半轴齿轮的接触端面应光滑，如有轻微沟槽磨损，可修磨使用。

⑤差速器与行星齿接触球面磨损可焊补修复或修磨至修理尺寸。

(2)差速器十字轴

①差速器十字轴装行星齿轮的轴颈，允许有不大于工作表面 25% 的剥落腐蚀和不超过 0.08mm 的磨损，超过时可镀铬或振动堆焊修复。

②差速器十字轴有任何性质的裂缝时，应予更换。

(3)差速器半轴齿轮和行星齿轮

①齿轮牙齿剥落部分不超过齿长的1/10和齿高的1/3，齿数不多于2个且不相邻者，在修整磨光后允许继续使用。

②半轴齿轮轴颈外部磨损超过0.15mm时，可镀铬修复；键齿磨损，厚度减少0.30mm以上时，应予更换。

③行星齿轮轴孔磨损不得超过0.12mm。

(4)球形垫圈　行星齿轮端面磨损修磨后或差速器壳加工至修理尺寸后，可用青铜球形垫圈（或塑料耐磨垫圈）补偿。

3-58　为什么差速器行星齿轮十字轴会烧坏？

①缺少润滑油。规定每次一级保养，加润滑油1次，如不按时加油，缺乏润滑，就要烧坏。

②后轴壳漏油。虽然按时加油，也会因漏油而润滑不良。

③油质不纯。含有磨下来的金属粉末等，它们夹入摩擦面之间，引起过分磨损和发热，故应定期换油，并按季节加注适当的齿轮油。

④十字轴装配过紧、位置不当或十字轴磨损过多。这种情况也会引起过分摩擦而至发热烧坏。

⑤轴上油槽积炭过甚，这会引起行星齿轮与十字摩擦面润滑不良（有的车在行星齿轮上钻有油眼，靠齿轮啮合时压力把润滑油挤进摩擦面，比较可靠）。

3-59　为什么差速器行星齿轮打坏？

①由于车辆使用年限较长，差速器行星齿轮材料本身的耐疲劳强度已达到极限状态，因而断裂损坏。

②差速器的润滑情况不正常：一是差速器中缺少润滑油，或未按规定时期更换添加，致使差速器处于缺油状态，使差速器齿轮与其十字轴发热咬住，从而打坏；二是所用润滑油的品质不合规定或油质不纯，如油中含有金属屑末等机械杂质等，这样在齿轮和轴承的摩擦面摩擦加甚，引起表面损伤，并逐步扩大，使强度减弱而损坏。

③由于装配不当，例如齿轮间的啮合不正确、十字轴装配过紧或定位不当，也能引起损坏。

④农用运输车当后桥轴套松旷，如果还经常超载，或行驶道路情况较差，更促使轴套松动和后桥变形，以致差速器中齿轮机构定位失常，

造成过大的局部应力(特别是在转弯过程中),结果使齿轮打坏。

3-60　怎样判断后桥响声?

判断时,值得注意的特点是:车辆在行驶时底盘后面发响,车速加快响声增大,脱档滑行时响声明显减弱或消失,或在直线行驶良好,在转弯时出现异响,这就是后桥发生异响的依据。根据这一依据,再结合下列几个现象就容易判断后桥异响发生的部位。

(1)减速器的异响

①农用运输车在低速行驶时有“嗷嗷”的响声,加速或降速时有“嗞嗞”的响声,即是齿轮啮合间隙过小。

②农用运输车起步短时间内或换档时有金属撞击声,在车速稳定后撞击声变为连续噪声,在缓速或急剧改变车速时有“咯啦、咯啦”的响声,即是齿轮啮合间隙过大。

③车辆在行驶中有“哽哽哽”或“嗯嗯嗯”的响声,或类似传动轴共振时的响声,中间又有金属摩擦声,加快车速,响声增大,脱档滑行,响声明显减弱或消失,即是齿轮啮合面损伤。

④车辆在行驶中突然出现强烈而有节奏的“当当”的金属敲击声,脱档滑行便消失,即是齿轮个别齿损伤或折断。

⑤减速器壳烫手,继续行驶起步困难,脱档后传动轴有撞击声,噪声尖锐,即是轴承安装不合理或损坏。

(2)差速器的异响

①农用运输车直线行驶良好,转弯时有异响,即是差速器齿轮有故障。

②农用运输车低速尤其是脱档滑行接近停车时,后桥出现断续而低沉的“嗯嗯”声,车身略有颤抖,但高速行驶噪声不明显,即是差速器轴承损坏。

③农用运输车起步或车速急促变化均有金属撞击声,且转弯时车身后裙部略有抖动,即是差速器壳固定铆钉或螺栓松动。

(3)半轴异响　车辆在行驶中突然出现异响,车辆不能前进,这时重新起动发动机挂上档,如果传动轴转车辆不能前进,即是半轴折断。

如果在路试中不够明显,也可将后桥架起就车检查。

3-61　后桥齿轮早期磨损的原因有哪些？

①润滑不良。这主要是由于润滑油不足，油料变质和用油不当三方面原因引起的。润滑油不足的原因往往是忽视后桥上通气孔的作用，未清洗而堵塞，引起后桥内压力过高，使后桥的前后垫渗油。而驾驶员在保养时又不注意检查和补充，久而久之，后桥内缺油而烧蚀。油料变质是指在保养中，添加的双曲线齿轮油没有保证质量。如盛装普通黑油的容器盛装双曲线齿轮油；泥沙进入润滑油中；换油周期过长，甚至只添不换。这样就使润滑油发生质的变化，加速了双曲线齿轮的磨损。用油不当是指保修时加添普通齿轮油，弄不清润滑油的型号，冬季不注意换油等。

②调整不当。对双曲线齿轮的啮合印痕和啮合间隙必须按规定调整，不得马马虎虎。

③主动锥齿轮轴承的预紧度降低，后轴承损坏，以及差速器、从动锥齿轮的连接螺栓松动或折断，都破坏了齿轮的啮合间隙和正常工作面，从而加速了齿轮的磨损和损坏。

④使用不当。指严重超载，操作不当，而使齿轮早期损坏。

3-62　怎样检修后桥各机件？

①主、从动齿轮的齿面磨损、疲劳剥落如超过规定，一般应成套更换。

②主动齿轮轴轴颈与轴承是过盈配合，如有松动现象，可用喷镀焊修。

③差速器壳如有裂纹，行星齿轮、半轴齿轮、十字轴磨损间隙过大时，应更换。

④后桥壳如有变形、裂纹或损伤时，可进行矫正或焊修。

⑤半轴套管如有裂纹、变形时，可进行冷压和焊修。

3-63　怎样诊断起步和停车时驱动桥响声？

①圆锥主、从动齿轮啮合间隙超过使用限度，均会出现这种不正常的响声。可调整齿轮的啮合间隙，消除响声。

②行星齿轮和半轴齿轮啮合间隙超过使用限度。用更换止推垫圈的方法来调整啮合间隙。从而消除这种响声。

③半轴齿轮和半轴花键啮合间隙超过使用限度。用更换磨损件

(如半轴齿轮的内花键或半轴的外花键)的方法来消除响声。

④圆锥从动齿轮在差速器壳上的安装螺栓松动,可重新紧固该螺栓。

⑤半轴凸缘的锁紧螺母松动,使半轴端部自由间隙过大。拆散后,如发现部件磨损严重,应予更换,或拧紧锁紧螺母消除不正常的间隙。

3-64　怎样排除转弯时后桥响声?

农用运输车转弯时后桥有响声,直线行驶时响声消失。对此故障可按下列步骤进行诊断:

①顶起后桥,将变速器置空档,转动任一侧后轮。若两后轮旋转方向不同,但有异响,说明行星齿轮牙齿损伤。若两后轮转向一致,是行星齿轮与十字轴卡滞或行星齿轮止推垫过厚,使其转动困难。

②做上述试验时,若两个后轮转向不同且无噪声,但行驶转弯时仍有异响,则表明行星齿轮与半轴齿轮不配套。

③农用运输车低速滑行转弯时虽无异响,但感到车身略有抖动,则应检查差速器壳固定螺栓或铆钉是否松动,行星齿轮是否转动困难。

④若农用运输车起步或车速急促变化时,均有金属撞击声,且转弯时车身后部略有抖动,则说明差速器壳固定铆钉或螺栓已严重松动,应立即停车修理。

3-65　怎样分解主减速器总成?

①将主减速器总成放在工作台上。

②拆下差速器左、右调整螺母的锁片。

③拆下差速器轴承盖的紧固螺栓,即可拆下轴承盖和差速器左、右调整螺母。

拆下前,应在轴承盖上做好装配对合标记,拆下后,应分别将左右调整螺母和轴承外圈等零件挂上识别标记。

④采用下述方法将差速器总成取下并分解。

a. 用专用拉具拆下差速器总成两端的轴承。

b. 将从动齿轮固定螺栓的锁片拉开,拆下各固定螺栓,用铜锤轻轻敲击从动齿轮外缘即可拆下从动齿轮。在取下从动齿轮之前,做好装配对合标记。

当需要更换从动齿轮总成时,应同时将从动齿轮和主动齿轮一起更换。

c. 在差速器壳上做好装配对合标记，再将壳体分开。

d. 拆下十字轴、行星齿轮和半轴齿轮、止推垫圈等。

e. 拆卸主动齿轮总成。用专用工具固定凸缘，拆下紧固凸缘的螺母，并拆下凸缘。用专用工具拆下油封。用压具将主动齿轮从前轴承中推出，同时拆下轴承内圈、调整垫圈等。

3-66　怎样检查主减速器总成？

①检查主动齿轮和从动齿轮，看其是否有损坏和不正常的磨耗等。如必须更换齿轮时应成对更换。

②检查轴承座圈是否磨损、损坏和烧损、合格凹痕等。旋转轴承，观察是否转动灵活和有不正常的响声。

③将百分表放在平台上，装上差速器壳，检查差速器壳体与从动齿轮的装配面是否有翘曲变形。如因翘曲变形使所检查的端面摆差达到0.04～0.05mm时，则应精车修平。

④检查十字轴座孔和十字轴是否有不均匀的磨耗或损坏，检查十字轴轴径的磨耗量以及它和行星齿轮的装配间隙。标准的工作间隙应为0.03～0.07mm，使用限度为0.75mm。

⑤检查行星齿轮与止推垫圈的接触面，看其是否有不正常的磨耗。

第4节　转向前桥与悬架装置的故障诊断与检修

3-67　前桥的作用是什么？其结构特点是什么？

前桥的作用是：①当驾驶员操纵转向盘时，通过转向器及其传递机构控制前桥上的转向节偏转，从而使前轮随之也偏转相同的一定角度，以实现车辆转向的目的；②同后桥一起承受车辆载荷和有关侧向力及其产生的弯矩。

四轮农用运输车的前桥同汽车一样，主要有三部分组成：前桥（前轴）、转向节、前轮毂。图3-33为希望SJZ-SY2815型车前桥（前轴）结构图，它也是四轮农用运输车上广泛采用的结构型式。

农用运输车的前轴结构型式采用工字形整体结构的较少，绝大多数

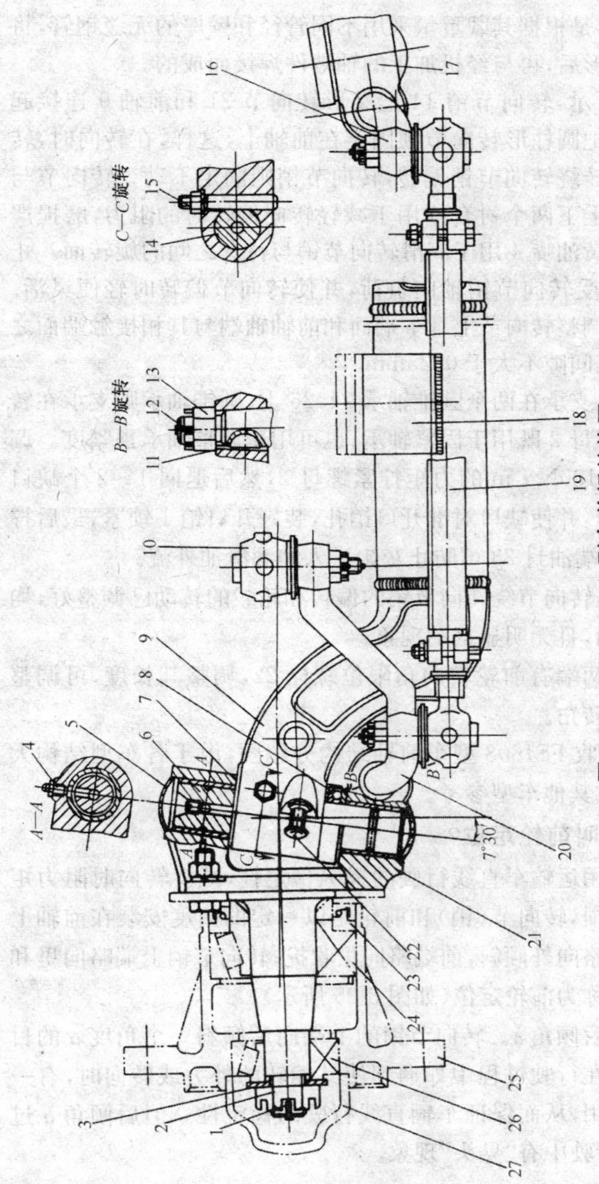

图 3-33　SJZ-SY2815 型车前桥结构图

1. 开口销　2. 转向节螺母　3. 垫圈　4. 黄油嘴　5. 转向节销堵盖　6. 衬套　7. 调整垫圈　8. 止推轴承　9. 前轴　10. 拉杆接头　11. 半圆键　12. 开口销　13. 螺母　14. 转向节销　15. 锁栓　16. 右转向节臂　17. 右转向节　18. 钢板托　19. 转向横拉杆　20. 左转向节臂　21. 左转向节　22. 转向角限位螺栓　23. 油封　24. 圆锥轴承　25. 圆锥轴承　26. 轮毂　27. 轮毂盖

的前轴结构型式，是根据其载重量采用不同管径和壁厚的无缝钢管，将左右两段锻造成形后，再与经机加工的轴端件焊接而成的。

如图3-33所示，转向节销14把叉形转向节21和前轴9连接起来，并用锁栓15把圆柱形转向节锁固定在前轴上，这样，在转向时，转向节及前轮的偏转绕转向节销偏转，转向节销则固定不动。转向节与转向节销之间的上下两个衬套6用于减轻转向偏转时的阻力，磨损严重时可以更换。黄油嘴4用于润滑转向节销与衬套之间的旋转面。止推轴承8用于承受转向节销轴向负荷，并使转向节偏转时轻便灵活。调整垫圈7用于调整转向节上耳下端面和前轴轴端与其相接触端面之间的间隙，一般其间隙不大于0.25mm。

前轮轮毂25支承在两个圆锥轴承24、26上，圆锥轴承则支承在转向节的轴颈上，螺母2既用于固紧轴承，也可用于调整轴承预紧度。调整时，先用100～130N·m的力矩拧紧螺母2，然后退回1～2个缺口(约1/6～1/3圈)，并使缺口对准开口销孔，装好开口销1锁紧，最后拧紧轮毂盖27。内端油封23可防止灰尘进入和润滑油外流。

车辆出厂时，转向节绕转向节销的偏转和轮毂的转动已调整好，均应轻松、自由转动，且无明显摆动现象。

前轴上左右两端有前轮转向角限位螺栓22，调整其长度，可调整车辆转向的最大转角。

图3-34为丰收FS1608型车前轴结构分解图，由于各车型结构大同小异，故也可供其他车型参考。

3-68　什么叫前轮定位？

为了提高农用运输车直线行驶的操纵稳定性，减少转向时阻力矩并减轻轮胎的磨损，转向节(销)和前轮是以一定的角度安装在前轴上的。前轮的上端略向外倾斜，前端略向里收拢；转向节销上端略向里和后倾斜。此四项称为前轮定位(如图3-35所示)。

①转向节销后倾角α。转向节销的上端向后倾斜一个角度α的目的是为了使前轮在行驶过程中如遇到使其偏转的外力或转向时，有一个自动回正的作用，从而保证车辆直线行驶的稳定性。但后倾角α过大，会使车辆在行驶中有“晃头”现象。

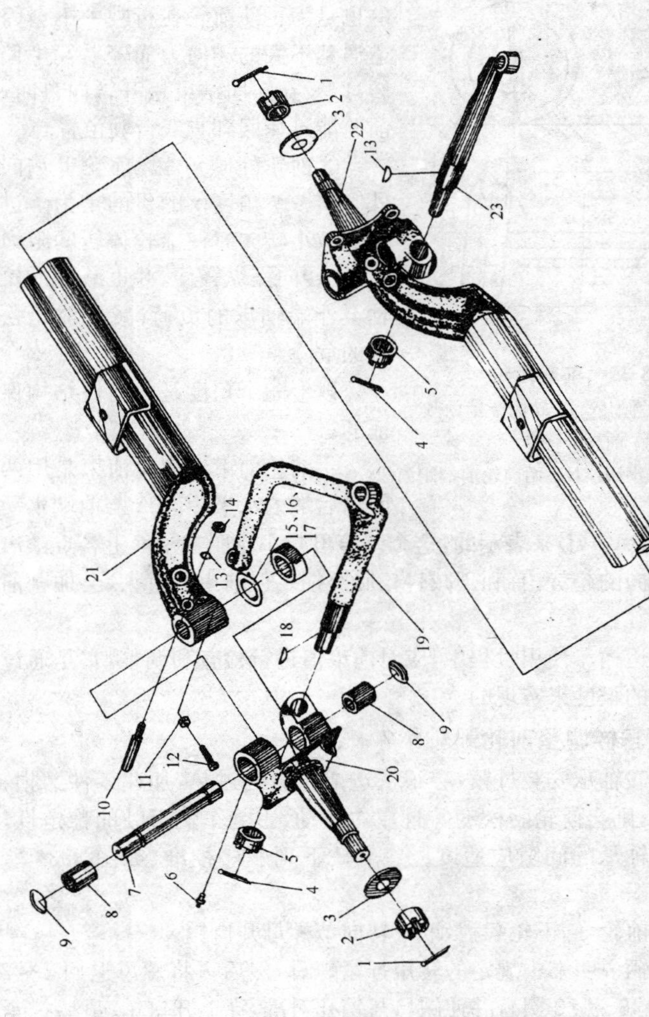

图 3-34　丰收 FS1608 型车前轴结构分解图

1. 开口销　2. 转向节螺母　3. 垫圈　4. 开口销　5. 转向节臂螺母　6. 黄油嘴　7. 转向节销　8. 转向节销衬套　9. 转向节销堵盖　10. 转向节销锁栓　11. 螺母　12. 螺栓　13. 锁栓垫圈　14. 螺母　15,16. 转向节调整垫圈(厚薄两种)　17. 止推轴承　18. 半圆键　19. 左转向节臂　20. 左转向节　21. 前轴　22. 右转向节　23. 右转向节臂

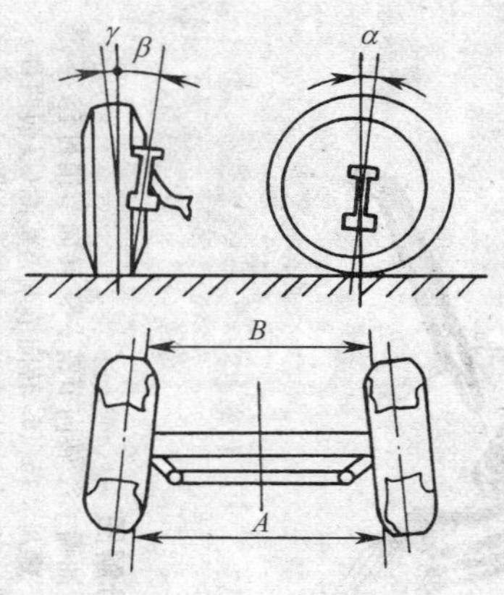

图 3-35 前轮定位

α. 转向节销后倾角 β. 转向节销内倾角
γ. 前轮外倾角
A. 两前轮后端距离 B. 两前轮前端距离

②转向节销内倾角β。转向节销的上端向里倾斜一个角度β的目的也是为了使前轮在行驶中不会因遭遇到不大的侧向力而轻易发生偏转，以及在转向结束松开转向盘时，前轮能迅速回到直线行驶位置。

③前轮外倾角γ。前轮上端向外倾斜一个角度γ的目的是为了进一步减小转向时使前轮偏转的阻力矩，使转向操纵轻便，并可减轻前轮轴上外端轴承的负荷，减少前轮松脱的危险。

以上三个角度是由前桥结构保证的。

④前轮前束。前轮前束是用两前轮后端的水平距离A与前端水平距离B差值(A－B)来表示的，这个差值可减小轮胎支承面上各点滚离直线行驶方向的趋势，有利于减轻轮胎磨损。但前束值过大，会加剧前轮摆头。

在农用运输车使用过程中，应对前束值进行检查和调整，它是通过调整横拉杆的长度来实现的。

3-69 怎样调整前轮毂轴承？

若前轮毂轴承安装过紧，会很快造成轮毂处过热，加速零件磨损；但如果过松，则会使轮胎松动并且左右摆动，影响车辆行驶的稳定性，所以前轮毂轴承的间隙应适度。一般按下列顺序校准(如图3-36所示)。

①支起前轮，卸下轮毂盖，取下转向节螺母开口销。

②用车辆说明书中规定的转矩拧紧螺母，然后再将螺母退回1～2个缺口(约1/6～1/3圈)，并使缺口与销孔对准，穿上开口销，最后拧紧轮毂盖。

若检查新车或校准后的前轮毂轴承预紧度是否合适时，可行驶

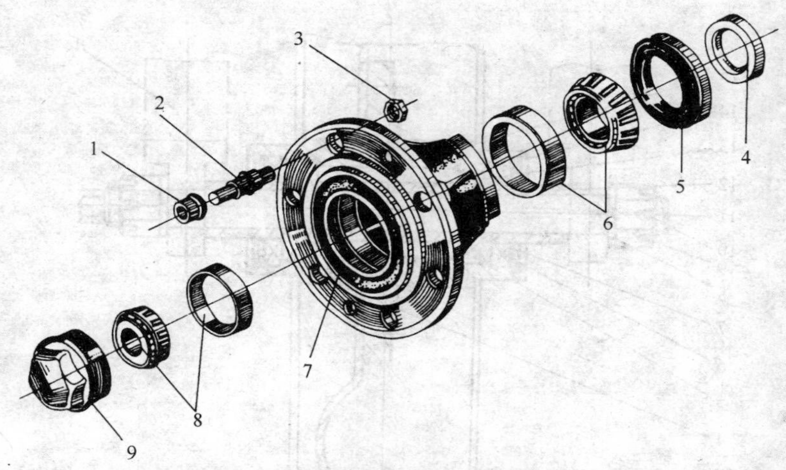

图 3-36　丰收 FS1608 型农用运输车轮毂总成分解图

1. 螺母　2. 螺栓　3. 螺母　4. 油封圈　5. 油封
6. 圆锥滚动轴承　7. 前轮毂　8. 圆锥滚动轴承　9. 前轮毂盖

10km 左右，用手触摸轮毂处温度，如有发热现象，则表明过紧，按上述程序把螺母再退回一个缺口。

只有在装上未经走合的新轴承和换用新油封时，才允许轮毂处有轻微发热现象。

另外，在使用中应按各车辆说明书的要求，加注和更换轴承润滑脂。

对于三轮农用运输车的前轮毂总成，通常在使用中要经常注意检查前轮轴上的螺母是否松动，如果松动应随时紧固好。否则，前轮在行驶中会摇摆大，使操纵不稳。

图 3-37 为巨力牌 7YPJ-975 型三轮农用运输车前轮毂总成结构图，图 3-38 为飞彩 7Y-975 型三轮农用运输车前轮毂结构分解图。由于各车型结构类似，所以，这些图均可供其他车型参考。

3-70　四轮农用运输车转向机构由哪些主要部件组成？是怎样工作的？

四轮农用运输车的转向机构包括转向盘、转向器和一系列传动杆

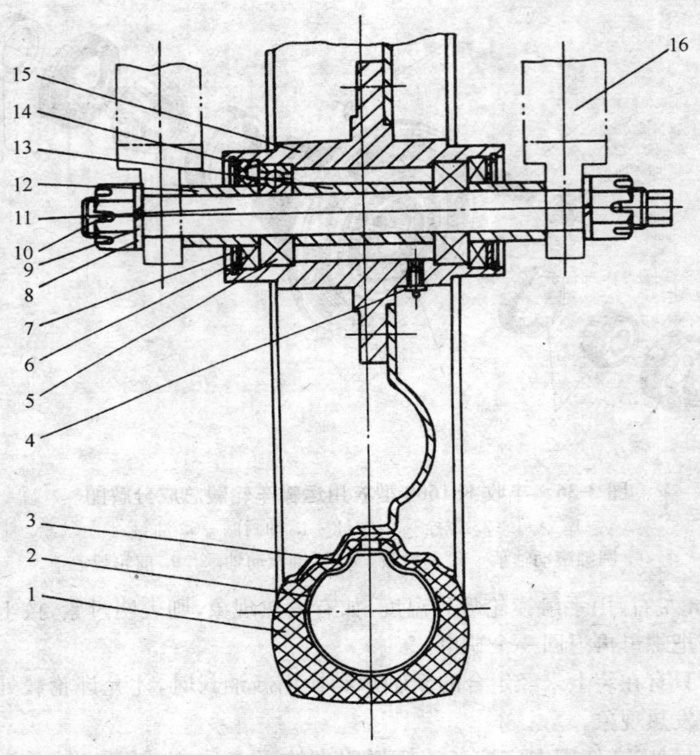

图3-37　巨力牌7YPJ-975前轮毂总成结构图

1. 外胎　2. 内胎　3. 前轮钢圈　4. 油嘴　5. 轴承　6. 油封　7. 挡油圈　8. 螺母　9. 弹簧垫圈　10. 开口销　11. 前轮轴　12. 隔套Ⅰ　13. 隔套Ⅱ　14. 挡圈　15. 前轮毂　16、减振器(前叉)

件等组成(如图3-39所示)。传动杆件主要有转向垂臂、纵拉杆、转向节臂、梯形臂和横拉杆。其中左右梯形臂9和12、横拉杆10和前轴11组成了转向梯形机构。

在我国四轮农业运输车中,广泛使用的转向器有三种,即球面蜗杆滚轮式转向器和循环球齿轮齿扇式转向器以及蜗杆曲柄指销式转向器。

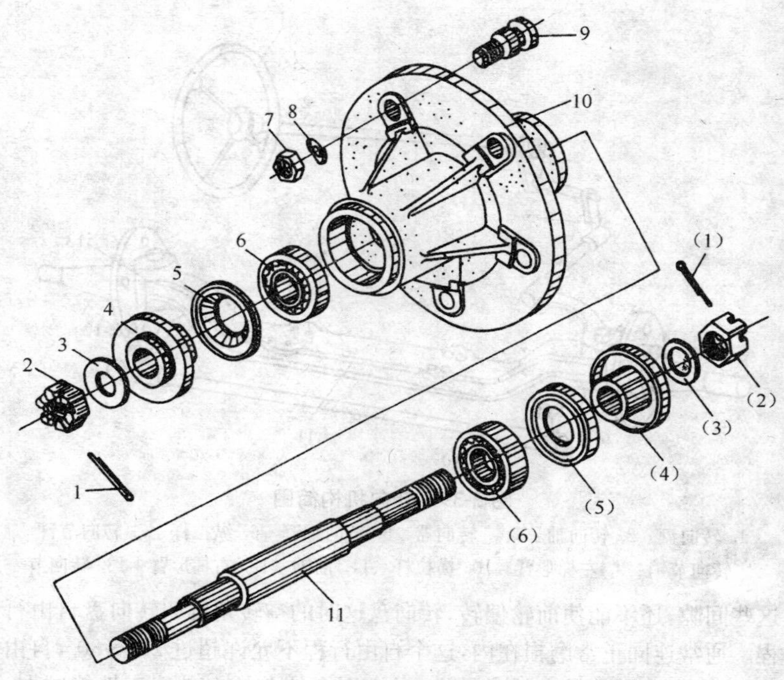

图 3-38　飞彩 7Y-975 前轮毂总成结构分解图

1. 开口销　2. 螺母　3. 垫圈　4. 隔套罩盖焊合件　5. 油封　6. 球轴承　7. 车轮螺母　8. 垫圈　9. 车轮螺栓　10. 前轮毂　11. 前轮轴

球面蜗杆滚轮式转向器(如图 3-40 所示)转向轴 4 的下端通过花键固定在球面蜗杆 2 上,上端用花键或其他键固定转向盘,并用螺母锁定。球面蜗杆用两个无内环的锥轴承支承在转向器壳体上,另一端通过衬套 12 支承在另一侧侧盖上(或壳体上),垂臂 10 与垂壁轴用带锥面的三角花键连接在一起,并用螺母在端面固定。滚轮 3 用滚针轴承安装在滚轮上,滚轮与球面蜗杆相啮合。当转动转向盘带动蜗杆转动时,滚轮便沿蜗杆的螺旋槽滚动,从而带动垂臂轴转动,使垂臂 10 发生摆动,再进一步通过纵拉杆、转向梯形等促使前轮偏转,实现转向。

在转向操纵机构中,转向器各啮合副之间和各传动杆件的连接处不可避免地存在间隙,所以,刚开始在一定范围内转动转向盘只是消除

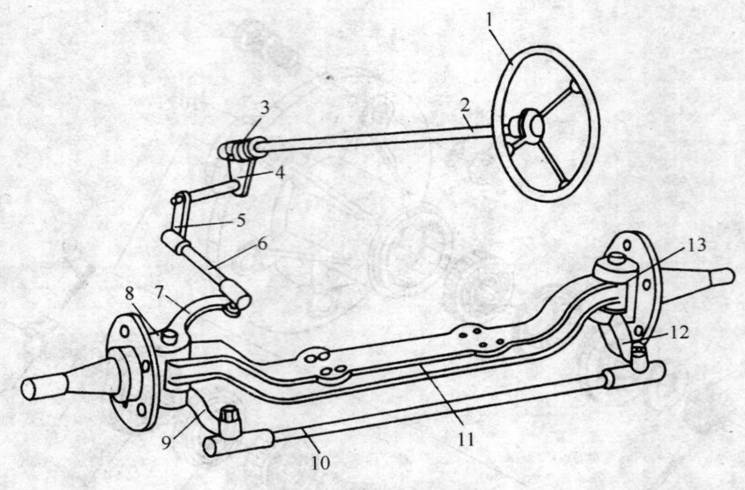

图 3-39　转向机构简图

1. 转向盘　2. 转向轴　3、4. 转向器　5. 转向垂臂　6. 纵拉杆　7. 转向节臂　8. 转向节销　9. 左梯形臂　10. 横拉杆　11. 前轴　12. 右梯形臂　13. 转向节

这些间隙，还不能使前轮偏转，转向盘这时的空转角度叫转向盘自由行程。通常连同正常磨损在内，这个自由行程不允许超过 25°～30°，自由行程过大，会影响转向的灵敏性；过小则会使前轮自动回正性能减弱，高速行驶稳定性变坏，这时就需要调整间隙。调整蜗杆与滚轮之间啮合间隙的方法是先松开锁紧螺母 9，再用旋具拧转调整螺钉 8，推进则间隙减小，退出则间隙增大，不断调整直至转向盘的自由行程达到该车辆所要求的角度为止。

转向球面蜗杆上两个锥轴承间隙的调整是借助下盖 1 与壳体之间的调整垫片来实现的。增加垫片，间隙增大；减少垫片，间隙减小。

3-71　四轮农用运输车转向纵拉杆结构特点是什么？

纵拉杆是连接垂臂与转向节臂的一根空心管。由于纵拉杆在使用过程中做空间运动，所以它与垂臂和转向节臂之间采用球头连接。被压缩的补偿弹簧用于消除球头磨损后产生的间隙，保持转向操纵机构的灵敏性。两个补偿弹簧布置在两侧球头的同一侧，可以缓冲使用中可能来自纵拉杆两端两个方向的冲击。

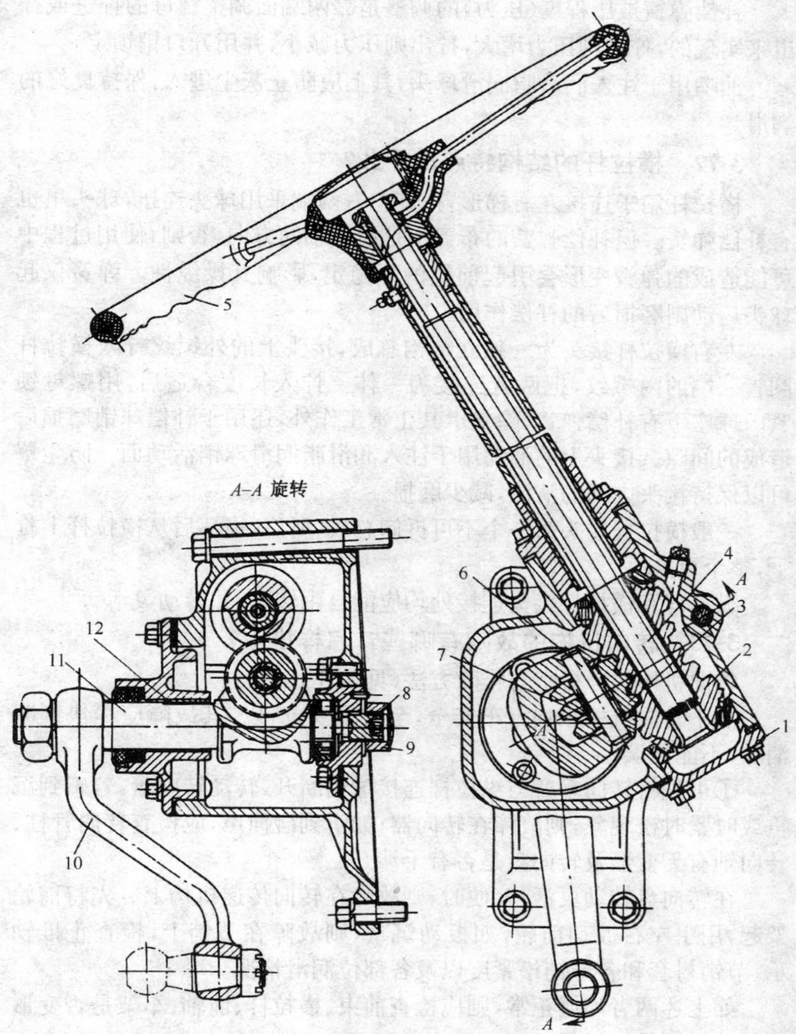

图 3-40　球面蜗杆滚轮式转向器

1. 下盖　2. 球面蜗杆　3. 滚轮　4. 转向轴　5. 转向盘　6. 滚轮轴
7. 滚针　8. 调整螺钉　9. 锁紧螺母　10. 垂臂　11. 垂臂轴　12. 铜套

补偿弹簧被压程度(压力)的调整是靠两端面调整螺母的拧进或拧出来实现的,拧进则压力增大,拧出则压力减小,并用开口销锁定。

油嘴用于注入润滑脂润滑球头,其上应防止灰尘进入,保持良好的润滑。

3-72　横拉杆的结构特点是什么?

横拉杆用于连接左右梯形臂,其左右两端采用球头连接,球头里也有补偿弹簧。但补偿弹簧的布置不是沿其轴向方向,否则,使用过程中可能造成的弹簧变形会引起前轮的不稳定,影响其操纵性。弹簧仅起球头运动副磨损后的补偿作用。

左右横拉杆接头为一独立结构总成,接头上的外螺纹拧入横拉杆圆管一端的内螺纹,把两者连接为一体。拧入长度合适后,用螺母锁紧。球座下有补偿弹簧,除支承其正常工作外,还用于补偿球销磨损后造成的间隙。接头上的油嘴用于注入润滑脂润滑球销活动面。防尘罩可以保持接头内部的清洁,减少磨损。

一般横拉杆接头为一个不可拆卸总成,所以,损坏后从横拉杆上拧下,整个更换。

纵拉杆和横拉杆接头连接处均应能自由转动,并转动灵活。

3-73　转向机构的故障有哪些?怎样排除?

转向机构故障分析与排除方法(见表3-10)。

由于转向机构影响行车安全,至关重要,所以,其故障应尽快判断消除,不能延误。

①可先将转向垂臂与纵拉杆连接球销断开,转动转向盘,若感到沉重或时紧时松现象,则故障在转向器;如听到碰撞声,应检查转向管柱、转向轴有无变形及转向盘是否有干涉。

在转向盘转动灵活、轻便时,则故障在转向传递机构上。先将前轮架起,用手左右扳动前轮,如扳动沉重,则故障在节销上,检查止推轴承、节销衬套和各球销松紧度以及各部位润滑情况。

如上述两者均属正常,则应检查前束、横拉杆、前轴、车架是否变形或轮胎气压是否过低。

②前轮摇摆过大时,先检查转向盘的自由行程是否过大,如转向盘转了许多,而垂臂轴并不转动,则说明转向器啮合间隙过大,可按上述方法调整。

表 3-10　转向机构故障分析与排除方法

故障现象	故障可能原因	排除方法
转向沉重	①前轮气压不足	①充足气
	②各球形关节和节销太紧或润滑不良	②调整并按要求保养
	③轴承调整过紧或损坏	③调整有关轴承预紧度，如损坏，则更换
	④前轴弯曲变形	④矫正修复
	⑤转向器啮合过紧	⑤调整转向器啮合间隙
	⑥转向节销上止推轴承失效	⑥保养或更换止推轴承
	⑦前束调整不当	⑦重新调整
	⑧左右轮胎气压不一致	⑧调整轮胎气压
	⑨垂臂轴与其衬套配合过紧	⑨调整至转动灵活
前轮摆动	①前束值过大	①调整至规定值
	②转向节销松动	②检查其磨损情况，必要时更换
	③转向传动机构球头连接件、配合件松动或磨损	③调整连接件的松紧度和转向盘的自由转动量
	④前桥或车架变形	④矫正前桥或车架
	⑤轮辋径向或端面跳动大	⑤矫正或更换轮辋
	⑥转向器啮合间隙过大	⑥调整啮合间隙
	⑦蜗杆上下轴承间隙太大	⑦调整轴承松紧度
	⑧前轮毂轴承过松或轮胎螺母松动	⑧检查并调整
跑偏或单边转向	①左右轮胎气压不一致	①调整轮胎气压
	②某一侧前轮制动卡滞	②架起前轴，检查两边前轮制动状况
	③前轴变形	③将车辆停放在平地上，用直尺检查与地面高度判断变形大小，根据情况矫正
	④前轮定位失准或两边轴距不等	④调整
	⑤一侧前轮毂轴承过紧	⑤检查并调整

如转向盘自由行程合适，转动转向盘后，垂臂轴也相应转动，但前轮并不偏转，则是各杆件球销连接处间隙过大，过于松旷，应调整或更换有关零件及总成。

如上述正常，应架起前轮，扳动车轮，检查节销与衬套之间间隙或前轮毂轴承是否太松旷。

③制动卡滞的判断方法是使车辆行驶一段路程后，触摸制动鼓处是否烫手，并扳动车辆前轮注意制动器内制动蹄片与制动鼓之间有无刮磨声。如不正常，则说明制动鼓与制动蹄之间间隙太小，应调整。如正常，但车轮转动仍沉重，则检查前轮轮毂处是否过度发热、烫手；如过热，则说明前轮轮毂上两轴承预紧度过紧，应调整。

另外，在轮胎气压正常情况下，如驾驶室一侧高、一侧低，则可能由于低一侧前悬架钢板弹断裂或刚度不足所致，应检查。

3-74 三轮农用运输车转向盘式转向机构有什么结构特点？它是怎样工作的？

转向盘式转向机构是在转向把式转向机构的基础上，改为转向盘操纵转向轴转动实现前轮偏转转向。它比转向把方便、省力，可提高驾驶员的操作舒适性。图3-41所示的转向器为很多三轮农用运输车上采用的一种转向器，当转动转向盘17时，转向盘带动转向齿轮轴14转动，转向齿轮轴使与其啮合的转向齿条27左右移动，带动转向轴20转动，实现转向。

调整螺栓1用于调整转向齿轮轴与转向齿条之间的啮合间隙大小。

3-75 前悬架装置有什么结构特点？

(1)三轮农用运输车的前悬架 三轮农用运输车的前悬架是两个完全相同的减振器，并安装在前轮的两侧，其布置类同于摩托车。

减振器根据其缓冲原理主要有两种，即弹簧型和弹簧液压型，均在三轮农用运输车上被广泛采用。

当前轮行驶在不平路面和遇到障碍物时，前轮与减振筒一起向上移动，压缩主弹簧和副弹簧，达到缓和冲击和吸收振动的目的(有的车型只有一个弹簧)。

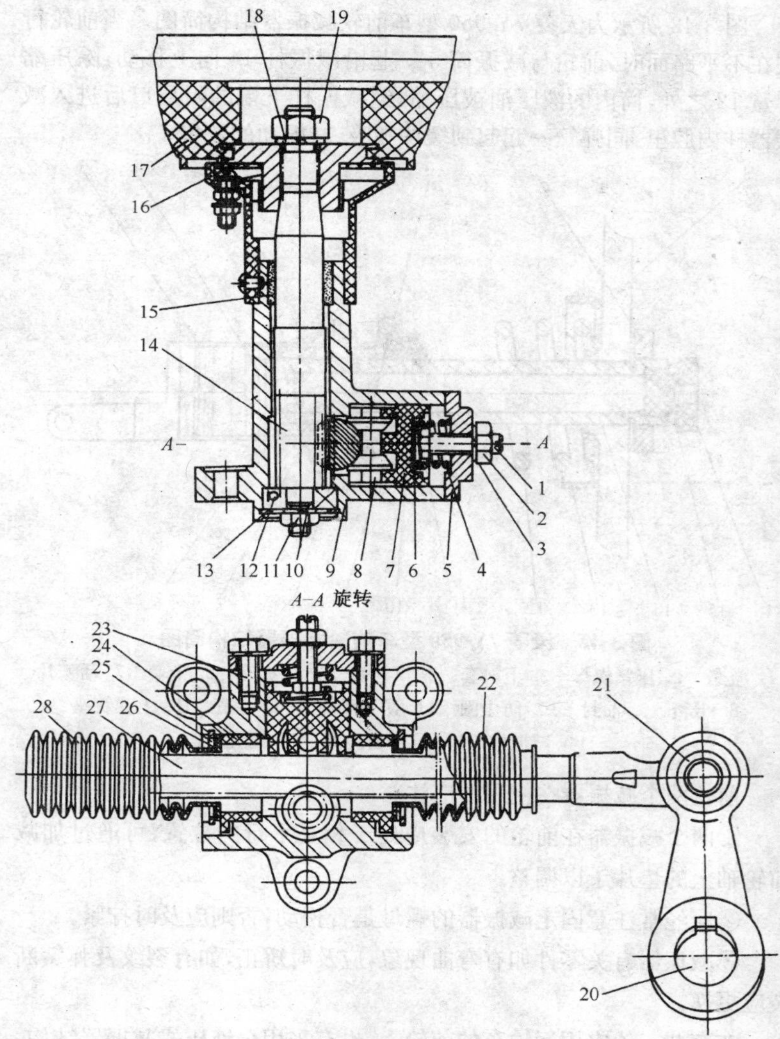

图 3-41　转向器

1. 调整螺栓　2. 锁紧螺母　3. 弹簧垫圈　4. 弹簧　5. 弹簧盖　6. 弹簧座　7. 滚轮座　8. 滚轮　9. 壳体　10. 弹簧垫圈　11. 螺母　12. 轴承　13. 挡圈　14. 转向齿轮轮轴　15. 转向齿轮轴套　16. 外套总成　17. 转向把总成　18. 弹簧垫圈　19. 螺母　20. 转向轴　21. 转向臂总成　22. 防尘波纹管　23. 螺栓　24. 固定挡套　25. 挡圈　26. 防尘波纹管挡圈　27. 转向齿条总成　28. 防尘波纹管

图3-42所示为天菱7Y-950型车前轮减振器结构简图。当前轮行驶在不平路面时，前轮与减振筒5一起沿减振柱14向上移动，除压缩弹簧12之外，筒内的液压油被压缩，经减振柱下端的阻尼口后进入减振器柱内腔里，同弹簧一起起到缓冲和吸、减振动的效果。

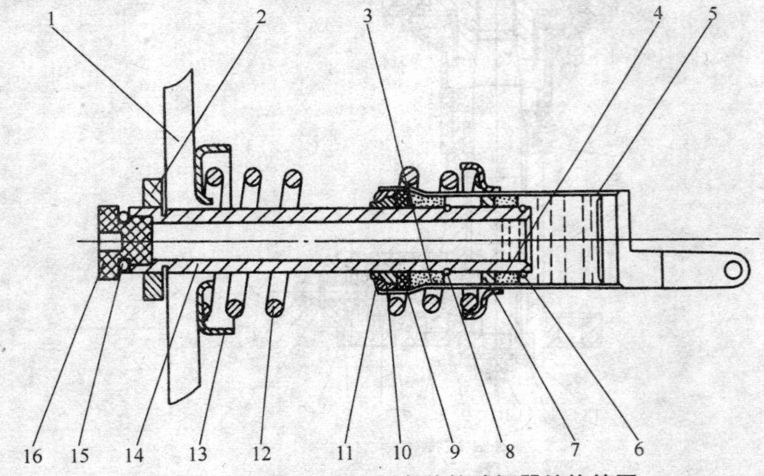

图3-42　天菱7Y-950型车前轮减振器结构简图

L. 连板　2. 压紧螺母　3. 上衬套　4. 下衬套　5. 减振筒　6. 卡簧　7. 活塞片　8. 卡簧　9. 油封　10. 防尘圈　11. 防尘油封　12. 弹簧　13. 上弹簧座　14. 减振柱　15. O形密封圈　16. 螺塞

前轮两个减振器在使用中应注意：

①两个减振器在前轮的安装应处于相互平行的位置，可通过加减前轮轴上的垫片予以调整。

②应经常注意固定减振器的螺母是否松动，否则应及时拧紧。

③减振器有关零件如有弯曲现象，应及时矫正，如有裂纹及弹簧断裂应更换。

在有些三轮农用运输车的前轮上，也有采用全液压式减振器结构。这种减振器通常为专用件，失效后一般整体更换(参见四轮农用运输车前悬架的减振器)。

(2)四轮农用运输车的前悬架　四轮农用运输车的前悬架一般由

两个纵置半椭圆钢板总成组成，有的还有液压减振器，它们均安装在前轴与车架之间，钢板弹簧总成除作为弹性元件起缓冲作用外，由于它在车辆上是纵向布置，且一端与车架作固定铰链连接，所以，前悬架除传递所有力和力矩外，还可决定车轮的运动轨迹，即起导向作用。又由于钢板弹簧总成是由不等长和不等弧度的若干片钢板弹簧组成，具有一定的减振能力。所以，有些农用运输车的前悬架仅有两个纵置的钢板弹簧总成。

三星 SXZ2815 系列农用运输车的前悬架即为如此，其结构简图如图 3-43 所示。在第 1 片钢板弹簧的两端有卷耳，前端卷耳由弹簧销 3 固定在支架 1 上，其间有衬套 2。后端卷耳同样用弹簧销连接在吊耳 10、11 上，两个吊耳则用销铰接在吊耳支架 9 上，使后端可以绕铰接处有一定的前后摆动量，使钢板弹簧可以自由地上下跳动而不易折断。两个骑马螺栓 7 将钢板弹簧盖板 6、钢板弹簧 4、前轴及位于前轴下方的钢板弹簧紧固板 8 连接在一起，缓冲块 5 用于防止前轮过大跳动时，钢板弹簧与车架相撞，也防止钢板弹簧的过大变形。

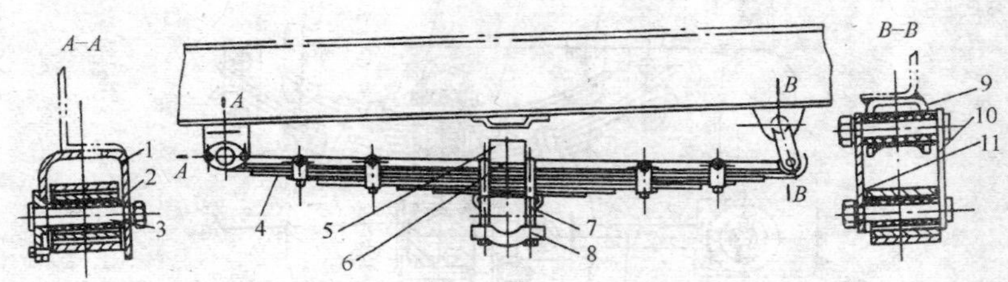

图 3-43　SXZ2815 型车前悬架结构图

1. 支架　2. 衬套　3. 钢板弹簧销　4. 钢板弹簧　5. 缓冲块　6. 盖板　7. 骑马螺栓　8. 紧固板　9. 吊耳支架　10、11. 吊耳

液压减振器为双向作用筒式结构，属专用性，一般为不可拆卸结构，损坏或失效时通常整体更换，其下端（缸筒）通过减振器轴把减振器与前轴连在一起，上端（活塞杆）采用类似结构同车架连在一起，这样，当车架与前轴在不平路面行驶造成的车架与前轴的往复相对运动，促

使活塞杆(活塞)在缸筒内往复移动,从而使壳体内的液压油反复从一个内腔通过一些窄小的孔隙流入另一内腔。在此过程中,由于孔壁与油液间的摩擦及油液分子内摩擦造成对振动的阻尼,从而达到减振、吸振的目的。即车架和车身的振动能量转化为热能并被油液和壳体所吸收,然后散发到大气中。

3-76 后悬架装置有什么结构特点?

(1)三轮农用运输车的后悬架装置 三轮农用运输车的后悬架装置一般由与后轮相连的两组钢板弹簧和两组推力杆组成。图3-44所示为吉鹿牌7Y-975A3型车后悬架装置结构图,其中钢板弹簧的结构与作用和四轮农用运输车前、后悬架采用的钢板弹簧类同,它是利用各弹簧片间的弹力和片间摩擦作用减振和缓冲,并起支承和传力作用的。该车型和很多其他车型一样,采用了主钢板弹簧和副钢板弹簧叠合而成的结构型式。当车辆空载或少载时,副簧不承受载荷,而由主簧单独工作。但当重载或满载时,车架相对后轴(后桥)的下移量增大,到一定下移量时促使副簧也开始变形,参与承受载荷。

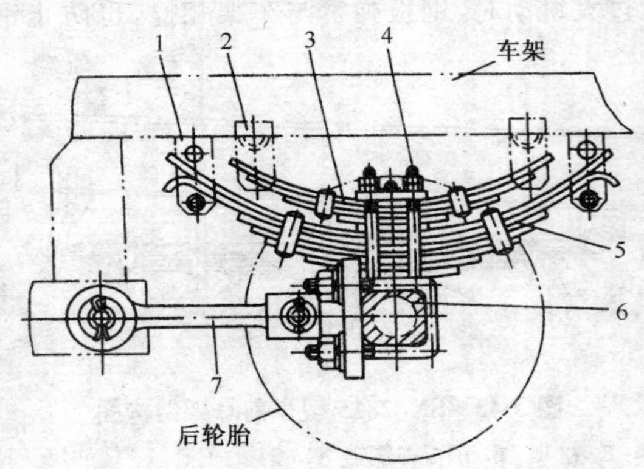

图3-44 吉鹿7Y-950A3型车后悬架结构简图

1. 主钢板弹簧吊耳 2. 副钢板弹簧吊耳 3. 副钢板弹簧 4. 骑马螺栓 5. 主钢板弹簧 6. 后桥 7. 斜推力拉杆总成

两组斜推力拉杆用于保持后桥与车架之间的正确位置,并使后桥相对车架具有一定的自由摆动。调节推力杆的长度,可以调整后桥相对车架的位置，主要是保证后桥轴线对车身轴线的垂直度，否则会影响车辆行驶的直线稳定性。另外，它也用于调整链条的松紧度。

缓冲块的作用与前述前悬架装置中的缓冲块相同。

在很多三轮农用运输车后悬架的钢板弹簧中，只有主钢板弹簧，无副钢板弹簧。有些企业生产的三轮农用运输车的后悬架既有前者，也有后者，供用户购车时选择。

(2)四轮农用运输车的后悬架装置　四轮农用运输车的后悬架装置多为左右两套由主、副钢板弹簧组成的后悬架装置，其安装与工作原理与前述相同，但也有的四轮农用运输车的后悬架由主钢板弹簧和减振器组成。

悬架装置在使用中应该特别注意经常检查各连接处紧固螺栓、螺母是否松动，特别是骑马螺栓处螺母。如钢板弹簧两端孔以及耳支架孔内的衬套是橡胶型，则使用中不需润滑，必须防止油类侵入，以延长橡胶衬套的使用寿命。

3-77　怎样检查和矫正车架?

车架是整车的支承部件，主要由车架本身和减振装置、车轮等附件组成。如果车架及附件变形或损坏，会对整车性能产生较大影响。因此，对其强度、刚性及耐磨性要求较高。

对于车辆事故造成的车架变形，往往比较容易看到。但对有些因素导致的车架变形，用观察法是很难发现的，其需要借助仪器或工具才能检测出来。车架变形主要有以下几方面：一是车架平面度超差，二是车架垂直度超差，三是车架弯曲。

(1)车架上平面度检查　车架上平面度可用拉线方法进行检验。车架平面度在车架全长最大值应不超过 5mm，如图 3-45 所示。

(2)车架垂直度检查　车架垂直度的检查可用角尺进行。其误差值最大不应超过 0.5mm，否则应进行矫正。

(3)车架纵梁直线度检查　车架纵梁直线度可用直尺检查。其直线度误差应不大于 5mm。

(4)车架弯曲度检查　可采用拉线法检查。各拉线交点与中心线距离应不大于 3mm，相应对角线长度差也不大于 3mm。否则，应予以矫正。

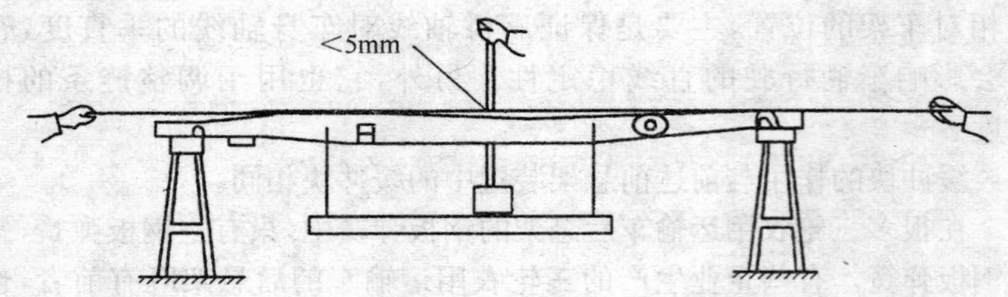

图 3-45　车架上平面度检查

车架纵横梁局部产生有大的弯曲变形时，可在车架装合的情况下用专用工具矫正，专用工具如图 3-46 示。车架矫正通常采用冷矫正法，矫正时，要根据变形的部位和程度，采用不同的工具和方法。

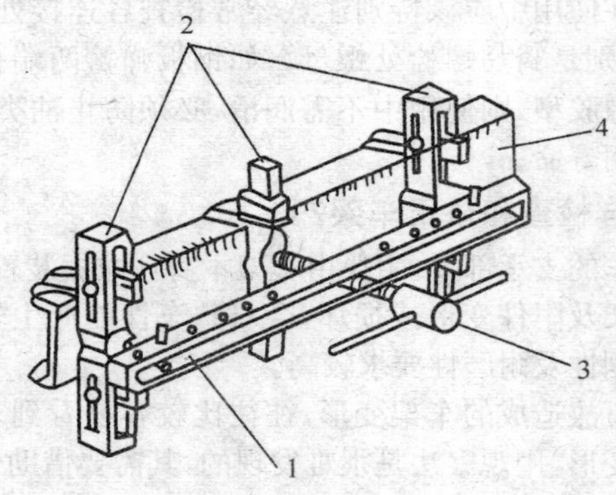

图 3-46　矫正车架弯曲的专用工具

1. 横挡　2. 夹持点　3. 螺杆　4. 纵梁

3-78　怎样更换、修复钢板弹簧？

钢板弹簧更换或修复后装配钢板弹簧总成时，要先将 U 形螺栓均匀地拧紧，然后再将螺母拧紧到规定力矩。钢板销与衬套管间隙大于 1mm 时应更换新衬套管。钢板夹两侧与钢板应有 0.7～1.0mm 间隙，套管与钢板顶面应有 1.0～1.5mm 间隙。

3-79　减振器的结构是怎样的？是怎样工作的？

①基本结构。常用的减振器为液压双向筒式减振器，其结构如图

3-47 所示。

②工作过程。双向筒式减振器有四个阀(压缩阀、伸张阀、流通阀与补偿阀),当减振器受压缩时,减振器活塞下移,油液经流通阀一部分流入活塞上腔,另一部分经压缩阀流回储油缸。当减振器受到拉伸时,减振器活塞上移,流通阀关闭,活塞上腔内的油液压开伸张阀流入活塞下腔,储油缸中的油液打开补偿阀流入活塞下腔进行补充。由于各个阀门对油液的节流作用,形成了对整个悬架压缩和伸张的阻尼力,从而减轻了整车的振动。

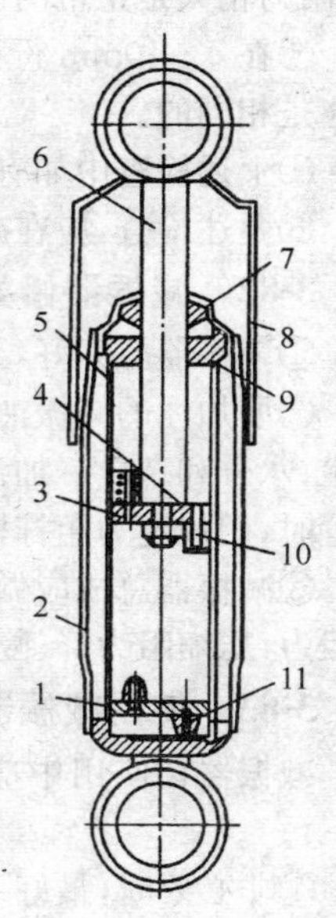

图 3-47　双向筒式减振器

1. 压缩阀　2. 储油缸筒　3. 伸张阀　4. 活塞　5. 工作缸筒　6. 活塞杆　7. 油封　8. 防尘罩　9. 导向座　10. 流通阀　11. 补偿阀

3-80　减振器常见故障有哪些?怎样排除?

减振器在长期使用过程中会出现渗、漏油,效能降低等常见故障。这些故障的出现,使农用运输车在行驶过程中会振动很大,颠簸起伏大;车身会连续振抖,并伴随“咕咚、咕咚”的响声,乘坐人员有所谓“到地”的感觉。

减振器渗、漏油,主要是油封式垫圈严重磨损或密封垫圈损坏,油会由筒壁处渗漏出。若油封垫圈和毛毡油封损坏,油会从活塞杆端处渗漏出。

减振器效能降低,主要是由于活塞与缸筒磨损过大而造成。出现以上故障时,应更换减振器。

3-81　怎样检查减振器的工作情况?

在没有专用工具和量具时,可采用如下方法检查:

①观察减振器外部是否有渗、漏油的现象。

②用手匀速地拉或推减振器活塞杆时,在全行程中移动活塞杆所需的拉力应不变,但是,在用力拉活塞杆时,在距行程终端 30mm 范围

内，阻力稍大是正常的。

③在5～10mm行程范围内快速上、下移动活塞杆时，所需要的力也应是相同的。

④上述检查中如有任何异常感觉或响声，均应更换减振器。

⑤上述检查，应在减振器活塞杆沿上、下方向移动3～4次后进行。

3-82 减振器修好后怎样检查？

①减振器应完好，无渗、漏油现象。

②所加注的减振油应符合规定要求，油液应经过仔细滤清，不得有灰尘、水分和杂质。加油量符合规定要求。最后，应在活塞杆拉到最高位置时，用规定力矩拧紧顶盖。

③减振器总成应做台架试验。试验内容为：工作行程；示功图；压缩阻力，压缩阻力降；复原阻力，复原阻力降。

3-83 使用减振器时应注意什么？

减振器在使用中应及时注意其技术状况的变化，主要注意事项如下：

①非必要时，最好不要随便拆换阀门零件。

②及时检修。一般情况下，需视情况更换油封，个别零件应换用新油，否则将会导致减振器零件严重磨损而报废。

③如需更换减振器中心杆时，必须同时更换油封。

④切不可只补充新油而忽略了拆洗。减振器应加注专用减振液，也可用50%（按体积计）20号汽轮机油和50%变压器油混合而成。加入前应用1200～1300孔/cm^2的金属网过滤。过滤时，需特别注意不得有金属屑和棉纱混入。

3-84 怎样检修与保养减振器？

减振器失效或损坏，将直接影响行驶平稳性和机件寿命，所以应加强检查保养，如有损坏或失效，应及时更换或修理。检查保养内容有：

①当农用运输车在较坏的道路上行驶一段路程（一般以10km以上为宜）之后停车，用手触摸减振器，如不热（不高于气温）则表明没有阻力，说明已经不起减振作用。若两个温度一高一低，相差比较多，则表明温度低的阻力小。减振器没有阻力，一般可能是缺油，或其中重要机件已经损坏，需拆下检查。

②农用运输车行驶中，如发现不正常的连续振动，应仔细检查减振器是否有漏油的痕迹，发现漏油现象应及时消除，以确保减振作用。

③结合农用运输车保养，应检查减振器工作情况，检查方法是将减振器直立，并把下端连接环卡在台虎钳上，用力拉压减振器杆数次，此时，应具有稳定的阻力，往上拉（复原时）的阻力应大于向下压缩时的阻力。如阻力不稳定或无阻力，可能是缺油或阀门零件损坏，则需要进行修复或更换零件。

④减振器拆检修理装复后，有条件时，应在专门试验台上进行工作性能试验。

3-85　怎样正确地拆装钢板弹簧总成？

(1)拆卸　从车上拆下钢板弹簧总成时，先拆下钢板弹簧销，然后将钢板弹簧总成连同车轴一起移出车外，最后拆下钢板弹簧骑马螺栓进行解体。拆散钢板弹簧应使用专用工具。将钢板弹簧各片都压紧，才能拆下钢板夹或中心螺栓。钢板弹簧总成拆散后，钢板叶片不得有断裂现象，检查断裂的最简单方法是敲击听声法，钢板销与衬套磨损，配合间隙超过规定时应更换。钢板夹铆钉松动应重铆。支架、吊耳与骑马螺栓等都需检查，大修时，还应检查钢板叶片的拱度。

(2)装配　钢板弹簧总成装配过程与拆散过程相反。装配时应注意以下事项：

①将各片锈蚀清除干净，并涂上石墨润滑脂。

②不用中心螺栓的钢板，各片定位凹坑和凸点应对正。

③左右钢板弹簧总成片数应相等，总厚度差应不大于 5mm，拱度差不大于 10mm。

④每片钢板侧移不超过 2.5mm。

⑤钢板夹子与钢板两侧应有 0.7～1mm 间隙，钢板夹螺栓套管与钢板与顶面的距离应为 1～3mm。钢板夹螺栓应从里向外穿，以免螺栓窜出将轮胎划伤。

⑥骑马螺栓应均匀交叉地拧紧，拧紧力矩要按技术要求，应在装车并检查轴距后进行。

⑦大修时，装合后各片间隙应不大于 1.5mm，间隙长度应不大于

短片总长的1/4。

钢板弹簧总成大修后，应进行无负荷和有负荷试验，或进行预压缩加载，使钢板弹簧产生塑性变形（永久变形），存有残余压缩应力，以提高钢板弹簧的使用寿命。

⑧钢板弹簧总成装车时，可用撬棒将钢板衬套孔与支架销孔对准，装入钢板销，然后锁止，注入润滑油脂。

3-86 钢板弹簧折断有哪些原因？

(1)疲劳折断 钢板弹簧在工作时受力很复杂，有弯曲力、拉力、压缩力、扭曲力和力矩等。它们经常共同作用或交替作用。钢板弹簧在长期反复应力作用下，材料产生疲劳损坏。

(2)修理不当折断

①换新片的弧度不符合技术要求，或旧钢板弹簧失去弹性。而个别地换用新片，使钢板预应力分配不均匀，造成折断。

②骑马螺栓紧固未达到技术要求，使预应力降低。此时折断常发生在长片的中部。

③钢板夹与钢板的侧间隙太小，使钢板弹簧成为一个整体，失去弹性，造成主片应力集中而折断。

(3)使用不当 如农用运输车在不平的路面上高速行驶；超载和装载偏重；经常进行紧急制动等。

3-87 钢板弹簧弹性减弱怎样修理？

钢板弹簧弹性减弱，反映为钢板片自由状态弧高减小。对弧高不符合技术要求的钢板，应进行热处理修复。在热处理淬火后，要求钢板弧高有一定高度，热处理后使钢板具有一定弹性和硬度。有条件时，应对钢板进行喷丸处理，用高速的钢丸打击钢板凹表面，可显著提高钢板弹簧的使用寿命。

检查钢板弧高或在热处理淬火时，注意钢板弹簧各片的曲率半径应不同。钢板弹簧主片曲率半径最大，往下各片，曲率半径逐渐减小。这样，装配后，主片预先受到向下弯曲力，使曲率半径减小，也就是主片有了预应力，上表面受压，下表面受拉。而钢板弹簧工作时，是上表面受拉，下表面受压，预应力就可抵消部分工作应力，使主片使用寿命增加。钢板弹簧进行表面喷丸处理也是这个道理。

将钢板在冷状态下进行整形来恢复弧高，是暂时性的，因为钢板不经过热处理，弹性没有真正恢复，所以使用不久，弧高将会减小。

3-88　怎样提高钢板弹簧的使用寿命？

钢板弹簧由于在轧压扁钢带、弯卷耳、热处理以及搬运过程中，在其表面上留有裂纹、折叠、凹痕及锈斑等缺陷，促使钢板弹簧表面在受负荷时应力集中，耐疲劳极限大大降低，引起早期损坏。为了提高钢板弹簧的使用寿命，在制造上和使用维护上应采取如下措施。

(1)钢板弹簧表面要有残余压应力　钢板弹簧由于农用运输车行驶不平道路上跳动和材料表面上的缺陷，因而表面上受拉应力的作用，应力集中时产生疲劳损坏。为了提高其耐疲劳极限，必须使钢板弹簧表面上有残余压应力，这样可以降低表面所产生的拉应力。农用运输车上常用的钢板弹簧是椭圆形的，它的凹面受拉应力，下凸面受压应力。一般钢材在压缩时的耐疲劳极限要比拉伸时的耐疲劳极限大 2 倍以上，所以钢板弹簧的耐疲劳强度应由受拉应力的凹面的耐疲劳强度来决定。在制造钢板弹簧时，经热处理后，其凹面要进行喷丸处理，这样可以消除钢板弹簧表面上留有的裂痕、折叠、凹痕和锈斑等缺陷，并使它的表面形成一层挤压应力的表皮，具有较高的交变强度。这种钢板弹簧的使用寿命比不经喷丸处理的可以提高 3～7 倍。

喷丸处理是用 0.5～1mm 直径的小铸铁球，以 60～80m/s 的速度从喷丸机的涡轮内由离心力作用喷射到钢板弹簧的凹面上，使喷射的表面得到弹性极限的力，从而在钢板弹簧表面层上引起塑性变形。

喷丸处理的具体工艺在操作上又分为一般喷丸与应力喷丸两种方式。一般喷丸处理时，钢板弹簧是自由状态下，用喷丸打击钢板的凹面，使表面产生预压应力。而应力喷丸处理时，是使钢板在一定的作用力下预先弯曲，然后再对凹面进行喷丸。

(2)防止钢板弹簧表面腐蚀　钢板弹簧由于农用运输车行驶在不平、泥泞、灰沙道路上，经常在交变应力下工作和受到腐蚀性物质的侵袭，表面上的氧化膜受了交变应力作用而破裂成很细小的裂痕，于是，腐蚀的物质在裂痕中加剧扩展，从而引起钢板弹簧表面的锈斑等缺陷，促使应力集中，这样，又加剧了循环应力的作用。所以，在交变应力和腐蚀作用的影响下，使钢板弹簧因疲劳极限大大降低而产生早期损坏。因此，在使用维护上应注意防止钢板弹簧表面的腐蚀。其方法为在钢板弹簧的叶片间需经常留有不溶于水而黏性大的润滑剂。润滑剂一般采用车用机油与10%的肥皂配成，或以车用机油与50%的沥青配成。这种润滑剂比用石墨油膏好得多，它不容易被水冲洗去。农用运输车在每行驶3000～10000km后，应将钢板弹簧拆下，在叶片间涂抹润滑剂，这样不但可以防止腐蚀，又可以使钢板弹簧在工作过程中，各叶片间不产生干摩擦，因此，钢板弹簧的使用寿命可以延长很多。

3-89 怎样测定车轮前束?

为了消除车轮外倾角的不良影响，在安装车轮时，使车两轮的中心面不平行，两轮前边缘距离小于后边缘距离，这称为车轮前束。两距离的差值为前束值(参见图3-35中$A-B$值)。

车轮前束值的测定应按如下步骤进行:

①首先要保证转向系统无松旷现象，被测车轮轮毂轴承无松旷和间隙过大现象，车轮轮胎气压正常。

②将车停放在平整的平地上，调正转向盘，使车轮处于直线行驶位置，然后推动车向前移动5～10m。

③将车轮前束值测量仪指针的高度和车轮中心的高度对准。

④在每个被测车轮后部中心高度的轮胎胎面中心处(胎面上)作一标记，测量两标记的距离。

⑤慢慢地向前推动农用运输车，直到车轮转动180°为止。

⑥测定在步骤4中所作标记间的距离。

⑦步骤4和6中所测定的两距离之差值即为前束值。注意其值是否符合该车规定值的要求。

⑧前束的检查和调整应在无负载的状态下进行。

3-90 转向盘自由行程过大应怎么检查与调整?

农用运输车转向盘自由转动量超过技术要求的规定值时，可拆下转向拉杆接头分总成，检测转向盘自由行程，如没有超过规定值(15°)，说明转向盘自由转动量过大是由于转向机构的故障引起。如检测结果超过规定值(15°)，则说明是转向器本身的故障所引起。

①转向器的检查和调整。转向器本身引起转向盘自由行程过大的

原因，主要有以下两方面：一是转向器啮合间隙过大。对于采用齿轮齿条式转向器的传动间隙，是通过调整压簧导向螺母、压簧、齿条导向块对齿条的预紧力即预加载荷，来调整齿条和齿轮的啮合间隙的。对于采用循环球齿条齿扇式转向器的传动间隙，是通过转向器侧盖上的调整螺钉调整的(按其嵌入齿扇轴侧端部切槽内的长短来调整)。二是转向器总成安装不牢产生松动，应予紧固。

②转向传动机构的检查和调整。转向机构引起转向盘自由行程过大的原因，主要有以下两方面：①转向横拉杆球头销磨损松旷，应更换。②转向节主销，即减振器活塞与缸筒磨损，配合间隙过大。应更换。

③在上述部位经检查和调整正常后，如转向盘自由行程仍超过规定值，可顶起车轮，检查其轮毂轴承间隙是否正常，如有松旷，应予重新调整。

3-91　转向器出了故障怎么排除?

农用运输车所用的转向器基本上都是球面蜗杆滚轮式转向器，这种转向器相对故障少、寿命长一些，但使用中也会出故障。一般表现为转动转向盘时，间隙过大或行驶中方向回不过来，在不好的路面上行驶时，路面冲击性的反作用力还会传给转向盘，驾驶员双手有明显感觉，方向会左右摆动。

若发生上述故障，可先做一些简单检查。先用双手握住转向盘，感觉间隙是否过小或过大，若有异常，则作相应调整。若无异常，但转向盘回力弱，就是转向盘发卡或缺钢球。

转向器的故障原因及处理方法如下：

①转向蜗杆圆锥轴承磨损，处理方法为更换轴承。

②钢球与滚道磨损过大，处理方法为更换钢球或蜗杆螺母总成。

③钢球破裂，处理方法为更换。

④密封垫损坏，处理方法为更换。

⑤锁止半圆卡片的螺钉松动，处理方法为紧固。

⑥在修理时钢球数量未装够，处理方法为补足钢球。否则农用运输车跑偏，方向回不过来。

⑦壳体裂纹，处理方法为焊修或粘补。

⑧蜗杆螺母总成间隙磨损过大，处理方法为检查间隙，超过0.08mm应更换总成。

⑨转向器漏油，处理方法为：检查转向器的油面高度，应为12mm，若油面过高，可以放出一些油，以免泄漏。转向器侧盖调整螺塞拧紧，消除漏油的问题。若是油封损坏，则应及时更换。

3-92　行驶时转向盘冲击力大怎么处理？

由于设计的原因，农用运输车的转向盘轻便灵活，但是在不太平坦的道路上行驶时有一定的冲击力。如果冲击力太大，则应考虑下述几个问题：

①轮胎充气压力太高是最常见的原因。如果轮胎充气压力太高，在比较坏的路面上行驶，轮胎遇到障碍就会发生撞击，这个撞击力通过传动机构传到转向盘上。轮胎充气压力太高，则应放气，使充气压力符合规定。

②前轮滚球轴承损坏也是最容易出此故障。要是前轮滚球轴承损坏，驾驶杆下轴上下橡胶垫就会变硬，吸收冲击能力下降，此时操作转向盘就会更明显地受到冲击力的影响。若前轮滚球轴承损坏，则应及时更换。

③四个车轮安装的轮胎直径有差距，如各个轮胎直径不一样，有差距，农用运输车行驶时，左右车轮行驶的直线距离不同，往往迫使转向盘发生偏转冲击。这时应对各个车轮轮胎进行相互调整，及时排除故障。

④转向连接机构的各球头销磨损，传动机构松脱，前车轮安装变松，都会产生转向盘受冲击的故障，使振动更加具有冲击力。处理方法为松脱部件按规定力矩拧紧。若球头销磨损严重，则只能更换。

⑤转向拉杆下轴上下橡胶垫吸收冲击的性能差，若转向拉杆下轴上下橡胶垫变硬，只要没裂缝、破损，能保证安全的传动，可以继续使用，如已毫无弹性，需更换。

3-93　转向盘自动回正力弱怎么办？

农用运输车转向盘在转弯后，有自动回正能力，转向盘自动回正力弱是指在驾驶中转动转向盘后，转向盘不能自动回正，必须用力才能拨正转向盘若转向盘的自动回正力弱，必然增加驾驶员的工作强度。该故障的原因及处理方法如下：

①左右两边车轮充气不均匀，轮胎充气压不一致是回力弱的主要原因之一。判断此故障必须用轮胎压力表。用脚踢胎面，只能大致判定胎压的状况。左右两轮胎压不一致引起不能回正的原因是，胎压低的一方接触地面印迹增宽，自然承受较大的路面阻力，因此农用运输车向胎压低的一方偏转。这时应重新调整左右车轮胎压，保持左右两侧的轮胎充气压一致。

②左右两边车轮轮胎磨损不均匀，相差较大。如果左右两边车轮轮胎磨损相差较大，使转向盘被拉向一边，通常可以采用轮胎换位的方式来处理。为了解决转向盘被拉向一边及延长轮胎使用寿命，农用运输车在行驶 1 万 km 后，即应对轮胎换位。通常把左前轮换给左后轮，左后轮换给右前轮，右后轮换给左前轮，右后轮使用备轮。

③前轮定位失准也会引起自动回正力弱，特别是前轮外倾角超过设计规定值时，农用运输车会朝外倾角大的一方偏驶。应说明的是，前轮定位(前轮校准)是一门专业性较强的转向几何学，即指前轮相互间的位置及前轮与车辆之间的相对位置。为了行车安全，转向盘的自动回正、转向精确、行驶稳定及减少轮胎的磨损都十分重要。判明前轮是否失准，有一种简便易行的前轮外倾角检查方法：将车辆停稳在平坦路面上，用一根端部系有数码的细绳紧贴车轮上沿外侧，铅直坠下，然后测量细绳上车轮下沿外侧(接地部)间的距离。若左右轮所测出的尺寸相同，符合规定值，则说明前轮定位正常，否则，即为前轮定位失准。此时应到专业厂家进行定位调整。

④左右车轮中有制动拖滞也是自动回正力弱故障的原因之一。制动拖滞是左右车轮中的某一车轮制动器不正常引起的。一个前轮制动器有阻力，以致转向盘被拉向一边，这样转向盘当然就不能回到正中的位置，农用运输车将绕着产生制动拖滞的一侧车轮打转，这对正常行驶和安全都会造成不利的影响。某制动器有阻力，原因是该车轮制动间隙太小，应重新进行间隙调整。将制动拖滞一方的制动器调松一点即可。

此外，车身或车架扭曲变形，造成后桥装配位置移动，导致轮距失准,或悬架元件损坏等也会引起方向回正力弱。这些故障不是自己可以处理的,应送专业厂家修理。

3-94 转向费力是什么原因?怎样排除?

农用运输车转向应是特别轻盈的,如出现转向沉重,一定是有某种故障。

①轮胎气压太低,压力不均匀。可按轮胎充气标准补充充气。

②前轮定位不准。重新进行前轮定位。如具有两截横拉杆的车辆在校准前轮定位时,先将转向器打到中心位置,使主转向臂与两侧止动螺栓的距离相等(前后轮的直线分布均匀),然后校准前束。但也因有稳定拉杆和转向主壁的胶套(也有的是轴承)松旷、减振器失效、轮毂轴承松旷损坏、球销松旷等原因,使前轮定位不准,应找准原因后排除。

③前端部件弯曲,如前桥悬臂稳定拉杆变形等。可进行矫正或更换。

④转向器太紧,无间隙。松开调节螺栓锁紧螺母,拧出半圈螺栓,然后锁紧。

⑤球销咬死。更换新球销。

⑥润滑不良。应向转向装置各润滑点加注润滑油。

3-95 转向时为什么有"吱、吱"噪声?

农用运输车转向时出现"吱吱"的噪声,肯定是农用运输车转向系统有故障。造成这种噪声的原因通常为:后钢板弹簧座松动,前轮轴承严重磨损或滚球碎裂,横摆臂球头销及转向横拉杆球头销润滑不良,严重磨损等等。

针对以上原因,排除其转向时的"吱吱"噪声很简单:若后钢板弹簧座松动,则重新拧紧即可;若出现前轮滚球轴承损坏,横摆臂球头销及转向横拉杆球头销润滑不良,严重磨损,则及时更换。

3-96 怎样向转向节主销加注润滑脂?

通常检验转向节主销加注的润滑脂是否到位,是以润滑脂能否从主销上下压板的缝隙处挤出作为判断的依据。但在实践中,往往会出现黄油枪从黄油嘴"打不进"润滑脂的情况。这里介绍一种简单的加注方法。

具体做法是:用千斤顶将"打不进"润滑脂的那边前桥顶起,使前轮胎离地悬空；一人在驾驶室内缓慢地、大幅度地来回打方向，另一人用黄油枪对准黄油嘴，注入润滑脂。用此方法，在绝大多数情况下，均能使润滑脂注入主销与衬套的间隙内。

若出现润滑脂实在“打不进”的情况，就得更换黄油嘴。若更换黄油嘴后，仍“打不进”，肯定是主销孔套与主销抱死，且主销衬套在转向节的承孔内走外圆，从而导致润滑油道被堵塞。遇此情况，应更换主销衬套。

3-97　转向盘抖动是什么原因？怎样排除？

①车轮气压不一致。可按标准重新调整气压。

②车轮摆动。修理矫正轮辋或更换轮辋。

③左右轮胎摆差大。更换轮胎。

④轮辋螺栓松动。按要求拧紧螺母。

⑤车轮轴承磨损或损坏。更换轴承。

⑥大小球销松旷。更换球销。

⑦转向器松旷。松开转向器调整螺栓锁紧螺母，将螺栓拧进到能转动转向盘但没空旷，转向盘的自由摆动量为 10°～15°，再锁紧螺母。

⑧转向器固定螺栓松动。重新拧紧即可。

3-98　行驶中摆头怎么办？

农用运输车行驶在某一低速范围内或某高速范围内，有时会出现两前轮各自围绕主销进行角振动的现象，这就是前轮摆头故障。驾驶中的感觉是握转向盘的手有较大的振动，严重时有麻木感。

如果农用运输车在不平道路上行驶时前轮摆头，简便的紧急处理为：立即降低车速，大幅度左右转转向盘，可使前轮摆头现象暂时减弱或消失，待返回后再进行修理。

如果在高速行驶时，两前轮左右摆振严重，握转向盘的手有强烈的麻木感，这表明摆头的故障非常严重，必须及时排除。

前轮摆头的原因较多，可按下面方法查找故障：先查看前轮是否装用翻新胎，由于翻新胎几何尺寸和旋转质量方面偏差都比较大，转动起来易产生偏摆和不平衡。目前农用运输车一般都不使用翻新胎，所以应重点检查前桥与转向系统各连接部位是否松旷，连接部位松旷会减少对振动能量的阻力作用，也会导致前轮摆头。如无松旷之处，再检查前悬架连接螺栓或衬套处是否松旷、左右两侧悬架状况是否相等，这些也是导致前轮摆头的因素。另外，还可支起并转动前轮，用大型划针检查前轮径向跳动量和端面跳动量，以及车轮的不平衡度、前轮前束值。如果前束值在规定范围内，则故障可能在前轮外倾、主销后倾角的变化上。另外，转向系统的刚度不足也可能造成前轮摆头。

3-99　怎样检查、装配转向机构？

①转向摇臂、直拉杆、横拉杆、转向节臂及球头销需探伤检查，不得有裂纹。

②转向摇臂的花键应无明显扭曲，转向摇臂装入摇臂轴后，其端面应高出遥臂轴花键端面2～5mm。否则需堆焊修复或更换。

③直拉杆应无明显变形。球销孔磨损扩大2mm时应堆焊修复，横拉杆直线度误差超过2mm时应予以矫直。

④球头销圆弧面及销颈应无明显磨损。磨损超过0.50mm时，应焊修或更换。

⑤装合横、直拉杆，各球头销轴颈小端应低于锥孔上端面1～2mm。装后各球头销应转动灵活，不卡滞，不松旷。调整方法：将调整螺塞拧到底，使弹簧抵紧球座，再把螺塞退回1/2～1/3圈即可。

⑥转向摇臂的安装，应先将滚轮置于中间位置，然后将摇臂装于轴上。使农用运输车直线行驶时，转向器滚轮处于蜗杆中间位置。

3-100　怎样排除农用运输车方向跑偏？

农用运输车在行驶中，不易保持直线行驶，自动偏向一边，使操纵困难。农用运输车跑偏的主要原因及排除方法是：

①前轮左右轮胎气压不均。气压低的轮胎滚动半径小，车会自动偏向轮胎气压低的一侧。平时应注意检查轮胎气压，及时按标准补气。

②前钢板弹簧折断，左右弹性不一致。在左右轮胎气压相等时，从车前向右看，应检查低的一侧钢板弹簧，如有折断应予更换；如无折断则是弹簧过软或拱度不够，应更换整副钢板弹簧。

③一侧制动器发卡，使制动器拖滞。在农用运输车行驶一段路程

后，用手触摸制动鼓和轮毂轴承处，如感到烫手，则说明该制动器发卡或轮毂轴承装配过紧，应进行调整。

④前轴、车架变形或两侧轴距不等。如发现车架、前轴变形，前轮定位失准，两侧轴距不等时，应即进行矫正，不能带故障行车。

3-101　转向打空是什么原因？

转向打空就会失去操纵，是极其危险的。转向打空多为装配不当而逐步产生的。有的转向器在拆检装复中，摇臂轴指销与蜗杆的啮合间隙调好后，侧盖上的调整螺钉未紧固。这样，农用运输车经长期走合振动，调整螺钉逐步向外退出，使摇臂轴指销与蜗杆螺纹部分离，方向自然打空。驾驶员必须注意，在指销向外分离过程中，转向盘游动间隙逐渐加大，会使操纵困难，这时，必须检查排除，不能马虎。

排除故障的方法：按前述方法重新进行啮合间隙的调整，调好后，拧紧锁紧螺母。

转向打空有时也出现在转向系统机件断裂，转向垂臂和转向臂固定螺母松脱，横直拉杆球头脱等情况下。

3-102　转向器在使用中应注意什么？

在使用中必须重视转向系统工作的安全性、可靠性和平稳性。

①转向系统直接关系到行车安全可靠。在平时，必须随时保证转向系统的良好工作状态，操纵轻便灵活，转向灵敏，最小转弯半径应符合要求；行驶时，应有较好的直线行驶稳定性和自动回正能力；行驶不跑偏、不摆振、转向不发卡等。除定期进行保养外，应经常对各螺栓的紧固部位进行检查，特别是当农用运输车受到激烈冲击以后，应着重检查摇臂轴、蜗杆、花键等部位，是否有裂缝或其他隐患。

②重新组装转向系统时，应注意转向节叉、传动轴、滑动叉上的标记在同一条线上。在分解时，首先察看有无标记，如无标记或看不清时，应重新打上标记。转向摇臂轴装入转向器壳体内时，要注意转向摇臂轴锥端花键不要碰伤油封刃口，防止漏油。

③使用中，传动轴的滑动叉、十字轴应及时注油，分解后应更换润滑油，注意内腔及各零件的清洁。

第 5 节 制动系统故障诊断与检修

3-103 三轮农用运输车制动系统结构与工作原理是怎样的?

三轮农用运输车上广泛采用的为机械操纵蹄式制动器,且没有前轮制动装置。它主要由踏板、拉杆系、回位弹簧、蹄式制动器(含制动鼓、制动蹄、凸轮、回位弹簧等)组成。图 3-48 为吉鹿型车制动装置简图,当踩下制动踏板 1 后,通过一系列拉杆传动,制动凸轮摇臂 10 使制动器上的制动凸轮 9 转动,推开制动蹄总成 6,使其压向与车轮一体的制动鼓 7 上。制动蹄上的摩擦片与制动鼓之间产生的摩擦力矩,即迫车轮制动。

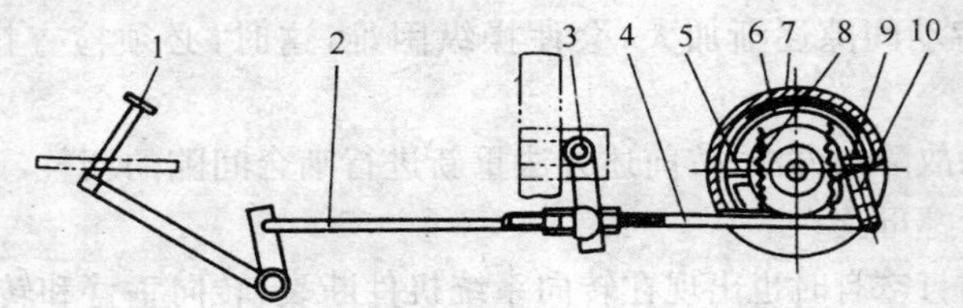

图 3-48 吉鹿 7Y-950A3 型车制动装置

1. 制动踏板总成 2. 制动转臂拉杆 3. 制动后转臂 4. 制动后拉杆 5. 制动蹄销轴 6. 制动蹄总成 7. 制动鼓 8. 回位弹簧 9. 制动凸轮 10. 制动凸轮摇臂

图 3-49 为巨力农用运输车上广泛采用的一种制动器的结构图。两侧的一对制动蹄 3 外表面铆有铜丝石棉摩擦片,它们的一端铰接在制动蹄销轴 5 上,销轴则压装在固定于后桥上的制动底板 2 上。制动蹄的另一端紧靠在安装在底板 2 上的制动凸轮 1 上。不制动时,两个制动蹄依靠两个回位弹簧 4 相互拉紧,并紧靠在制动凸轮上。此时,两个制动蹄与固定在车轮轮毂上的制动鼓保持一定的间隙。

制动时,操纵系统使制动凸轮转动一定角度,迫使两个制动蹄销轴向外张开压在转动着的制动鼓上,形成的摩擦力矩,使与车轮一起的制动鼓停转,达到制动目的。

制动解除后,凸轮恢复原位,两个制动蹄在回位弹簧的作用下离开制动鼓,维持正常间隙。

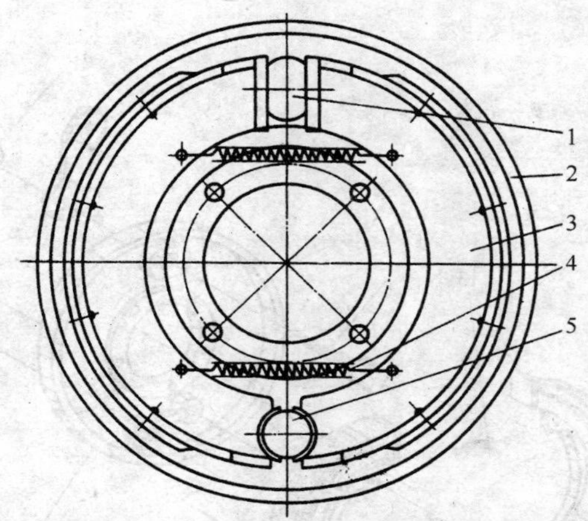

图 3-49　巨力 7Y 系列农用运输车制动器结构图

1. 制动凸轮轴　2. 制动底板　3. 制动蹄　4. 回位弹簧　5. 制动蹄销轴

图 3-50 为制动器结构分解图，该结构是两个制动蹄 4 分别安装在各自的偏心轴 3 上，并用连接板 2 连为一体。

三轮农用运输车上没有专用驻车制动器，行车制动器代替了驻车制动器的功能，即一套装置，两个功能。

在很多三轮农用运输车上，采用踩下制动踏板，用定位爪卡住定位板，锁住制动踏板以达到在坡道上停车和长时间停车的目的。

图 3-51 为巨力 7Y 系列某些农用运输车上制动操纵系统结构简图。当踩下制动踏板 10 时，其带动制动摇臂 9、前制动摇臂 8 转动，使前拉杆 4 前移，带动中间转臂 3 转动，再拉动后拉杆 2 前移。后拉杆 2 与制动器上的凸轮轴摇臂连接，后拉杆前移，使固定在凸轮轴上的摇臂转动，从而使凸轮轴转动，制动蹄外张，达到制动的目的。脚踏力解除后，在回位弹簧 1 的作用下，制动操纵系统自动复位，制动消除。

当驻车制动时，拉起驻车制动手柄 7，驻车制动拉杆 6 拉动制动摇臂 9 向上转动(即踏板端向下转动)，从而实现制动。此时，将手柄上的定位爪 12 卡入相近的定位板 11 齿槽中，即可实现长时间驻车。当放下驻车制动手柄时，同样在回位弹簧 1 的作用下，驻车制动操纵机构自动复位，制动解除。

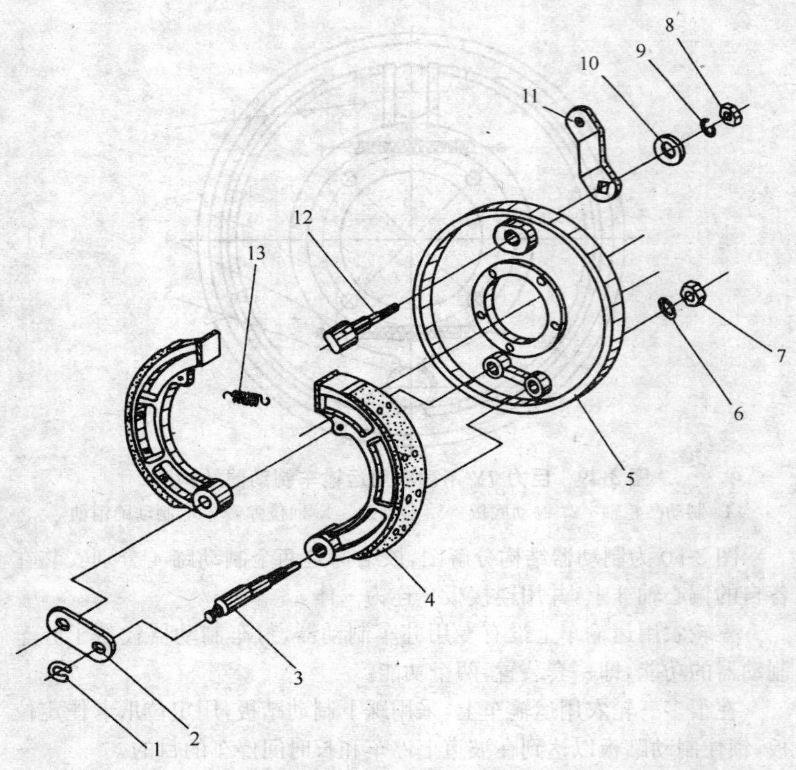

图 3-50　飞彩 7Y-950 型车制动器分解图

1. 偏心轴用挡圈　2. 偏心轴连接板　3. 制动蹄偏心轴　4. 制动蹄总成　5. 制动底板　6. 弹簧垫圈　7. 锁紧螺母　8. 螺母　9. 弹簧垫圈　10. 垫圈　11. 制动凸轮轮摇臂　12. 制动凸轮轴　13. 回位弹簧

3-104　怎样调整三轮农用运输车制动器?

制动器的调整主要是制动蹄与制动鼓之间的间隙调整。制动蹄上的摩擦片由于长时间工作出现磨损,使制动蹄与制动鼓之间的间隙增大,从而工作时产生的制动力矩相应减小,不能保证制动器正常、可靠地工作,所以,此时应对制动蹄与制动鼓之间的间隙进行调整。

如图 3-50 所示制动器上两个制动蹄 4 是通过偏心轴连接板 2 安装在两个偏心轴 3 上的,故在调整制动蹄与制动鼓之间的间隙时,先松

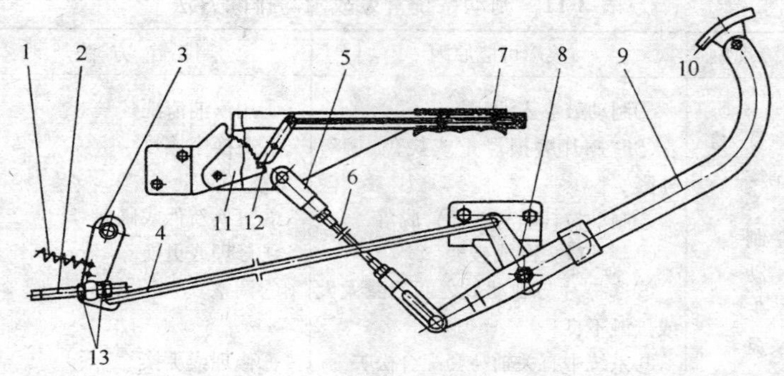

图 3-51　制动操纵系统

1. 回位弹簧　2. 后拉杆　3. 中间转臂　4. 前拉杆　5. 驻车制动拉杆接头　6. 驻车制动拉杆　7. 驻车制动手柄　8. 前制动摇臂　9. 制动摇臂　10. 踏板　11. 定位板　12. 定位爪　13. 螺母

开两个偏心轴的螺母 7,然后转动两个偏心轴,直到两侧间隙合适时为止,最后再拧紧螺母 7,对驾驶员实用的判断调整合适程度的方法是垫起后轮,松开螺母,转动偏心轴,先使制动蹄与制动鼓压紧,直到后轮制动不动为止,然后再将两个偏心轴向相反方法旋转,边旋转边转动后轮,直到能自由转动为止,最后再拧紧偏心轴的紧固螺母。但当制动蹄磨损严重、单靠转动偏心轴使其间隙不能调整到至规定间隙、且间隙仍较大时,可采用先把制动凸轮轴转动一个角度,使其间隙缩小一些,然后再通过转动偏心轴的方法使其间隙达到规定值。

3-105　怎么排除三轮农用运输车制动系统故障?

制动装置对于行车安全至关重要,与人的生命安全息息相关。除正确使用和正常维护外,应经常检查其完好状况,如发现故障,即使是小故障,也要将其消灭在萌芽状态,切勿掉以轻心。三轮农用运输车制动系统常见故障及其排除方法见表 3-11。

3-106　四轮农用运输车制动系统结构特点和工作情况是怎样的?

四轮农用运输车上普遍采用的行车制动装置为液压驱动、单(双)管路系统、蹄片式四轮制动型。其液压制动示意图如图 3-52 所示。

表 3-11　制动系统常见故障与排除方法

故障现象	故障可能原因	排除方法
制动失灵	①制动鼓渗入油污 ②摩擦片磨损严重或烧焦、铆钉外露 ③制动拉杆断裂或摇臂脱落 ④制动鼓失圆或破裂 ⑤摩擦片与制动鼓之间间隙太大或接触不良 ⑥系统中有关轴与套配合松旷 ⑦制动凸轮严重磨损 ⑧制动踏板臂(摇臂)变形或断裂 ⑨踏板自由行程过大	①用汽油清洗 ②更换摩擦片 ③更换新件或修理 ④修理或更换 ⑤调整 ⑥修理或更换 ⑦修理或更换 ⑧修理或更换 ⑨进行调整
制动鼓发热	①制动蹄与制动鼓之间间隙大小 ②回位弹簧太弱或失效	①调整 ②更换

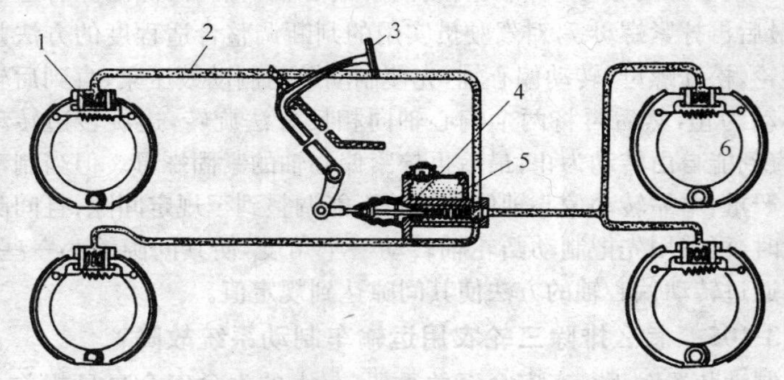

图 3-52　液压制动示意图(单管路系统)

1. 制动分泵　2. 油液导管　3. 制动踏板　4. 制动总泵　5. 制动液　6. 制动蹄

这种类型的液压行车制动装置一般由制动踏板 3 及传动杆件、制动总泵 4、制动分泵 1、油液导管 2 和前后轮 4 个蹄式制动器等组成。当踩下踏板 3 时，通过传动杆件、总泵 4 的活塞推杆使活塞右移，并使油液产生一定的压力通过导管 2 送至前后轮 4 个制动器里的制动分泵 1，制动分泵里的活塞在压力油液的推动下，使其向两侧移动，进而推动制动蹄 6 并推靠到制动鼓上，达到制动的效果。当松开制动踏板后，制动总泵活塞在回位弹簧的作用下左移，液压管路系统中容积的增大并与油液杯相通，使导管中油压降低，制动器内各分泵活塞在回位弹簧的作用下回位，并将液压制动液压回总泵内，使制动消除。

图 3-53 所示的液压制动管路系统为双管路系统，其中两前轮为一回路，两后轮为一回路。它的优点是即使其中一个回路失效，还可以利用另一回路进行制动，只不过此时的制动效果由于制动力矩比两回路正常时小，从而较差。

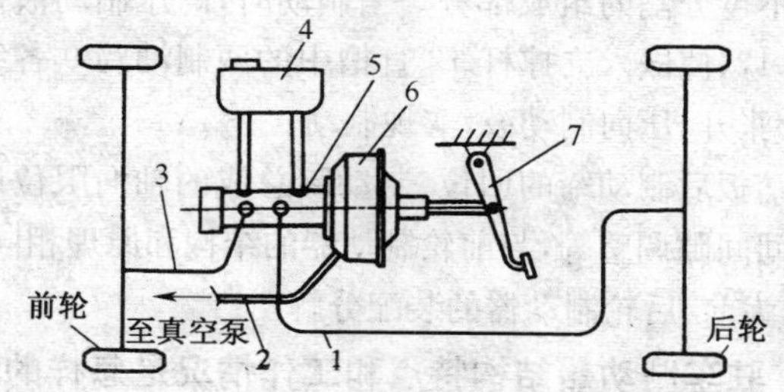

图 3-53　龙马 LM2815 带真空助力器制动装置示意图

1. 后制动油管　2. 真空管路　3. 前制动油管　4. 油杯
5. 制动总泵　6. 真空助力器　7. 踏板

液压系统中进入空气后会影响油压升高，甚至使制动装置失效，所以在结构上均已采取了措施，并便于将已进入的空气排除掉。

在少数大吨位四轮农用运输车的制动装置上，也有采用现代汽车技术的真空助力技术，以减轻驾驶员的劳动强度，并提高制动的可靠性和安全性。图 3-53 为龙马 LM2815 等部分农用运输车上带真空助力器的制动装置示意图。

真空助力器 6 安装在制动总泵 5 推杆的前端，内部分左室和右室，其间用橡胶膜片隔开，左室用胶管与真空泵相连，右室与大气相通。当踩下制动踏板时，左室在真空泵的抽动下形成真空，右室与大气相通，形成左右室压力差，使得与真空助力器左室相连接的总泵推杆得到一个额外的推力，从而达到省力效果。

真空助力器由于对密封要求较高，故在设备手段不齐备的情况下，不允许随意拆卸，如发现故障，最好送修复部门修理。

赣江GJ1210、丰收FS2310型系列等农用运输车上广泛采用的前后轮制动器结构。它与原BJ212的制动器结构类同，因此部分主要零件可以互换。

如图3-54所示，为赣江GJ1210系列农用运输车的后轮制动器结构图，其制动底板2用螺栓固定在后驱动桥壳半轴套管上的凸缘。它与前轮制动器的结构有很多相同之处，所不同的是作为液压传动装置的制动分泵4是双向双活塞，也用螺钉安装在制动底板上，从结构上成为制动器的不可分割的组成部分。当制动时，高压制动液推动两活塞11和支撑杆12，使嵌入支撑杆12直槽中的两制动蹄9各绕自己的支承销15向外张开，压向制动鼓，实现制动。

松开脚踏板后制动蹄的回位、制动蹄总成的轴向限位以及制动蹄与制动鼓之间间隙调整等，与前轮制动器的结构和原理相同。

图3-55为前、后轮制动器的装配分解图。

3-107 驻车制动器结构特点和工作情况是怎样的？

农用运输车上普遍采用的驻车制动器（手制动器），有专用中央制动器和同行车制动器共用的车轮制动器（轮边驻车制动器）。

图3-56为四轮农用运输车上采用最广泛的中央制动器结构图。与变速器输出轴连接的接盘13和传动轴用螺栓14固定在制动鼓12上。左右制动蹄的上端靠两个拉紧弹簧3压靠在制动蹄销11上，下端靠拉簧18靠在调整棘轮总成20上。通过压簧7、压簧座8、压簧拉杆9使制动蹄轴向定位，防止其轴向窜动。

驻车制动器的主要传动零件为钢丝绳16、回位弹簧17、摇臂6和摇臂销轴5、推板4。摇臂6装在右制动蹄和底板1之间，其上端与右制动蹄用销轴5铰接（如虚线所示），下端则与钢丝绳右端连接。

当驾驶员在驾驶室内把手制动操纵拉杆拉到制动位置时，通过中间一系列传动杆系和钢丝绳16，拉动摇臂6即可实现制动。

如将手制动操纵拉杆推回到不制动位置，制动摇臂在钢丝绳16上的回位弹簧17的作用下回位，两制动蹄在两个回位拉紧弹簧3的作用下拉拢回位。

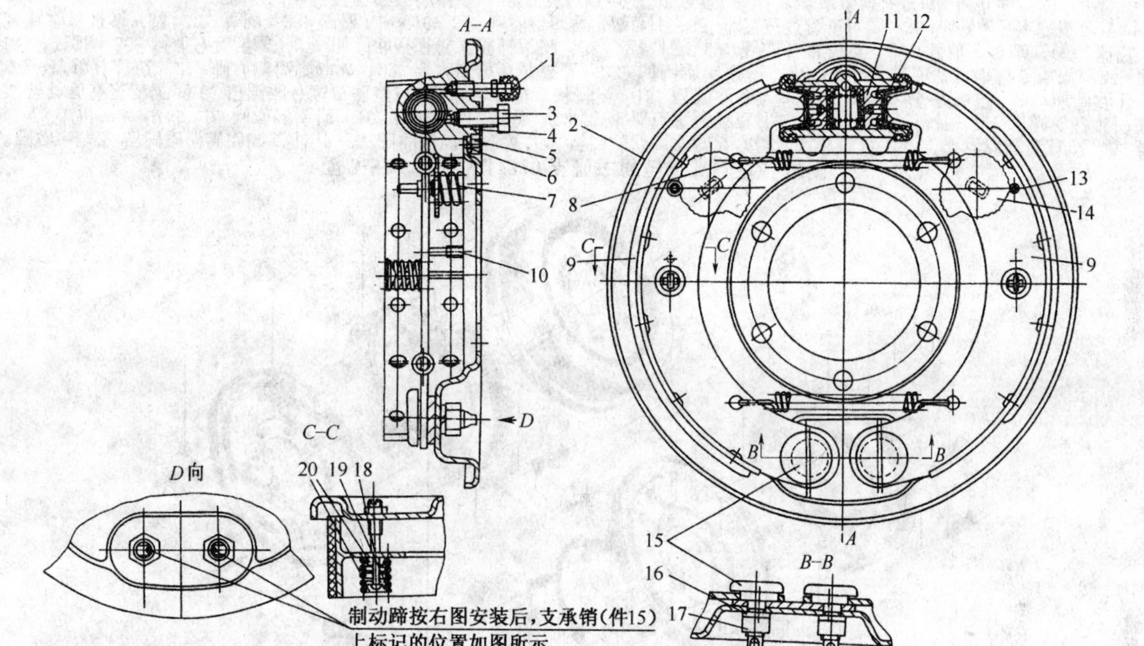

图 3-54　赣江 GJ1210 系列农用运输车后轮制动器结构

1. 制动分泵放气阀　2. 制动底板　3. 制动分泵连接套管螺柱　4. 双活塞制动分泵　5. 螺栓　6. 弹簧垫圈　7. 调整偏心轮压紧弹簧　8. 制动蹄回位弹簧　9. 制动蹄总成　10. 制动蹄支柱　11. 制动分泵活塞　12. 制动分泵支撑杆　13. 挡销　14. 调整偏心轮　15. 制动蹄支承销　16. 弹簧垫圈　17. 螺母　18. 制动蹄拉紧弹簧盘杆　19. 制动蹄拉紧弹簧　20. 制动蹄拉紧弹簧盘

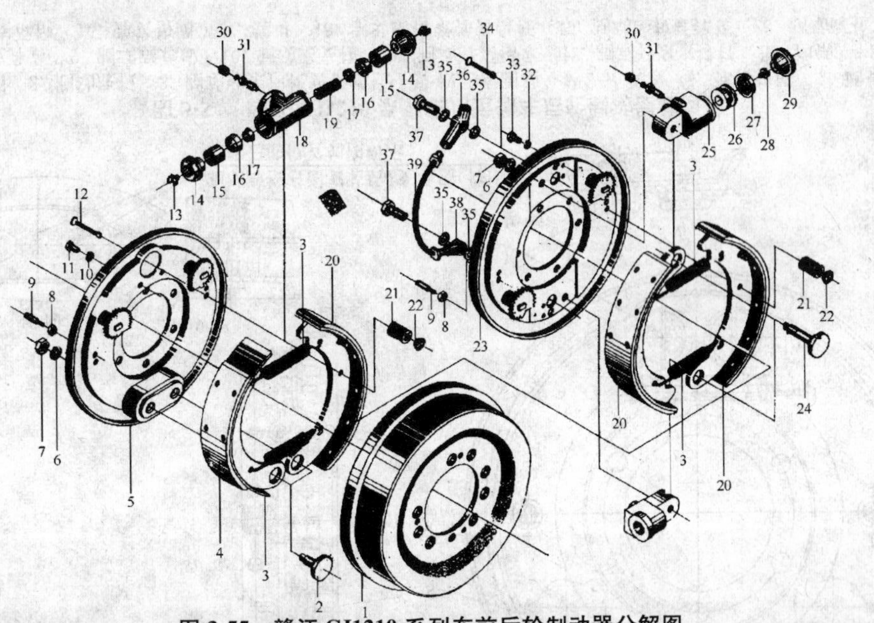

图 3-55　赣江 GJ1210 系列车前后轮制动器分解图

1. 制动鼓　2. 后制动器制动蹄支承销　3. 制动蹄回位弹簧　4. 后制动器制动蹄及摩擦片总成(后)　5. 后制动器底板总成　6. 垫圈　7. 螺母　8. 螺母　9. 制动蹄支柱　10. 垫圈　11. 螺栓　12. 制动器拉紧弹簧盘杆　13. 后分泵支撑杆　14. 后制动分泵护罩　15. 后制动分泵活塞　16. 后制动分泵皮碗　17. 后制动分泵皮碗衬板　18. 后制动分泵缸　19. 后制动分泵弹簧　20. 前制动器制动蹄及摩擦片总成　21. 制动蹄拉紧弹簧　22. 制动蹄拉紧弹簧盘　23. 前制动器底板总成　24. 前制动器制动蹄支承销　25. 前制动分泵缸　26. 制动分泵活塞　27. 前制动分泵活塞橡胶皮碗　28. 支撑杆　29. 制动分泵护罩　30. 制动分泵放气阀保护罩　31. 制动分泵放气阀　32. 垫圈　33. 螺栓 M6×16　34. 制动蹄拉紧弹簧盘杆　35. 制动分泵接头衬垫　36. 前制动分泵联接套管(上)　37. 前制动分泵联接套管螺栓　38. 前制动分泵联接套管(下)　39. 连接油管总成

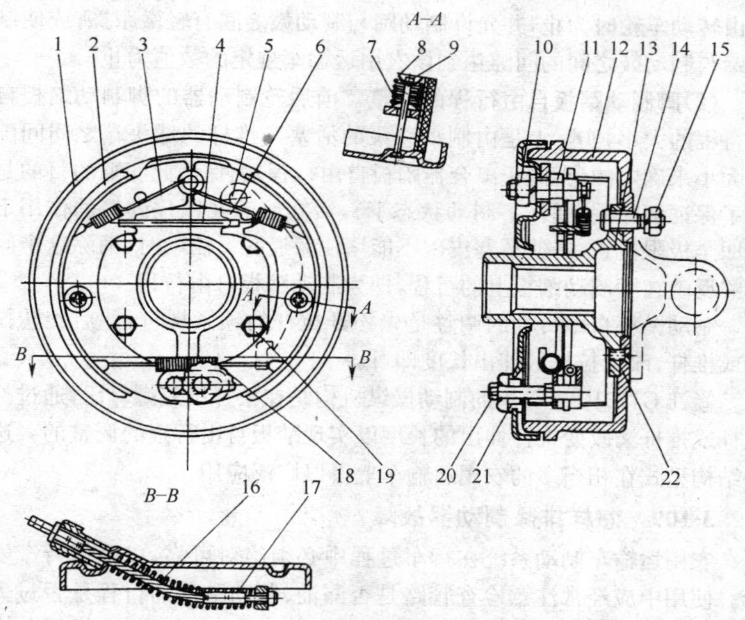

图 3-56　FS2310 型中央驻车制动器结构图(BJ130 型)

1. 制动器底板　2. 制动蹄　3. 拉紧弹簧　4. 推板　5. 销轴　6. 制动摇臂　7. 压簧　8. 压簧座　9. 压簧拉杆　10. 螺母　11. 制动蹄销　12. 制动鼓　13. 接盘　14. 螺栓　15. 螺母　16. 钢丝绳　17. 回位弹簧　18. 拉簧　19. 螺栓　20. 调整棘轮　21. 防尘套　22. 螺钉

3-108　怎样调整制动器?

农用运输车在行驶一定路程后,由于零件的磨损或松动,会使制动蹄与制动鼓之间间隙增大,使踏板自由行程增加,影响车辆制动的灵敏性与可靠性。所以,驾驶员应注意经常检查,必要时予以调整。

(1)前后轮制动器制动鼓与制动蹄之间间隙的调整

①支起需要调整的车轮。

②调节前述制动器各自的调整机构,使制动蹄张开,同时用手转动车轮直至不能转动为止。

③通过调整机构使制动蹄与制动鼓之间距离脱开,直到用手刚能

自由转动车轮时为止，并允许制动蹄与制动鼓之间有轻微摩擦；或使制动蹄与制动鼓之间的间隙达到该农用运输车规定的数值为止。

(2)脚制动踏板自由行程的调整　前后轮制动器的脚制动踏板自由行程的大小，实际上是由制动总泵的活塞与推杆的球头端之间间隙的大小来确定的(类同于离合器踏板自由行程)。保证此间隙的目的是为了保证解除制动时(不制动状态下)，活塞能够在回位弹簧的作用下退回至极限位置，并使活塞皮碗不能堵住旁通孔。制动时，消除这个间隙并反映在脚制动踏板上的行程，即为制动踏板自由行程。

制动踏板自由行程的调整是先松开拉杆的锁紧螺母，然后旋转拉杆或推杆，改变拉杆的伸出长度即可。

赣江GJ1210型等车的制动操纵机构是在松开锁紧螺母后，通过拧推杆或推杆叉改变推杆伸出的长度以实现踏板自由行程的调整的。这种结构型式在相当多的农用运输车上得以广泛应用。

3-109　怎样排除制动器故障?

农用运输车制动系统在行车过程中必须绝对可靠，以确保行车安全。使用中应经常注意检查管路是否漏油、制动踏板的行程是否过大及管路中是否有空气。管路中进入空气后，会影响制动的灵敏性与可靠性，应及时排除。在有必要拆卸液压管路、更换零部件及制动液时，也必须进行液压系统的排气作业。该作业通常由两个人协同进行，一个人负责反复踩下制动踏板，另一个人进行排气作业，方法如下：

①检查储油杯内的制动液的多少，以排气作业完成后杯内仍有制动液为准，否则应适量加足。

②从离总泵最远的车轮制动分泵开始，由远到近，按顺序进行检查。

③将分泵上放气阀橡胶罩盖拆下，套上放气用透明软管，并将另一端放入到容器内。

④反复踩下制动踏板数次，并保持在制动状态。

⑤松开放气阀，带气泡的制动液就会通过软管排入到容器内。

⑥拧紧放气阀，然后慢慢松开制动踏板。

⑦如此反复数次，直到放气阀内排出的制动液中不再有气泡为止。排气后，重新装好放气阀盖。应检查杯内制动液的高度，否则应进行补

充(一般制动液面距杯顶 15～20mm)。注意:排气过程中放出的油不能再次加入;不能混用其他牌号的制动液压油。

更换摩擦片时,要注意摩擦片的曲率半径和制动鼓的曲率半径相同,并不要把一个车轮上的两个制动蹄片位置装反(有的车型有要求)。

3-110　怎么样检修制动器?

(1)车轮制动器

①制动蹄片。制动蹄片磨损至铆钉头埋入深度小于 0.55mm 时,应更换制动蹄片。

②制动蹄与制动鼓接触状况。可采用以下方法检查:在制动蹄与制动鼓之间涂以白粉,互相摩擦后,查看其接触面积。要求接触面积应达到 50%以上,且以两端先接触为好。

③制动鼓。用游标卡尺测量制动鼓内径,当圆度误差大于 0.125mm,圆柱度误差大于 0.3mm,或工作面磨损沟槽深度达 0.6mm 以上时,应修理或更换。

(2)液压制动传动机构

①零件磨损。主要是总泵和分泵的皮碗破损、胀大。出现这种情况时,应更换皮碗;活塞弹簧歪斜量大于 2mm 时,应更换;各阀门、弹簧和垫圈破损后,应更换。

②制动踏板自由行程。液压制动系统在不制动状态,双管路制动总泵推杆与活塞接触面之间应有 1.5～2.5mm 的间隙,以保证活塞能在回位弹簧的作用下退回到极限位置,使皮圈不致堵住与储油罐相通的旁通孔,这一间隙反映到制动踏板上即为踏板的自由行程(为 8～14mm)。制动时,踩下制动踏板,先消除这一间隙后,推杆才能推动活塞移动。检查时,踩下制动踏板,到感觉踏板有明显阻力时的行程应为 8～14mm。

如图 3-57 所示,调整时,先将制动总泵活塞推杆上的螺母松开,转动推杆使之加长,踏板自由行程随之减小;反之,推杆缩短,踏板自由行程加大。调整后,再重新检查自由行程,方法是:用脚慢慢踩下踏板,感觉到踏板阻力瞬时增大时,表明活塞杆开始移动,此时踏板臂移动距离即为踏板自由行程。重复检查几次,自由行程无变化后,即可将推杆上的螺母拧紧。

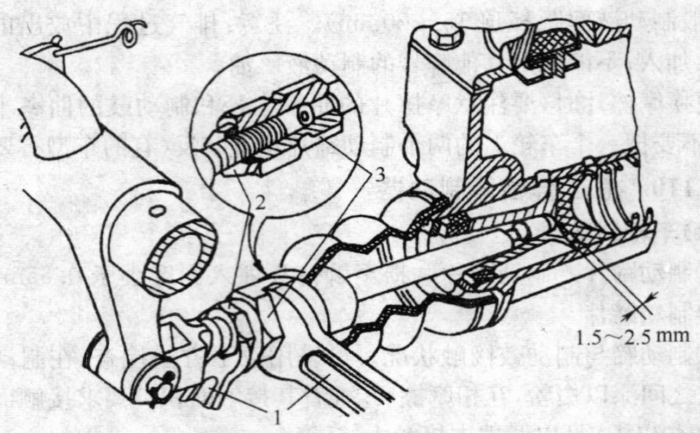

图 3-57　制动踏板自由行程调整

1. 开口扳手　2. 锁紧螺母　3. 推杆六角头

(3)排除液压制动系统内空气与加注制动液方法

①打开储油罐的油塞，加入制动液，如图 3-58 所示。将左右制动

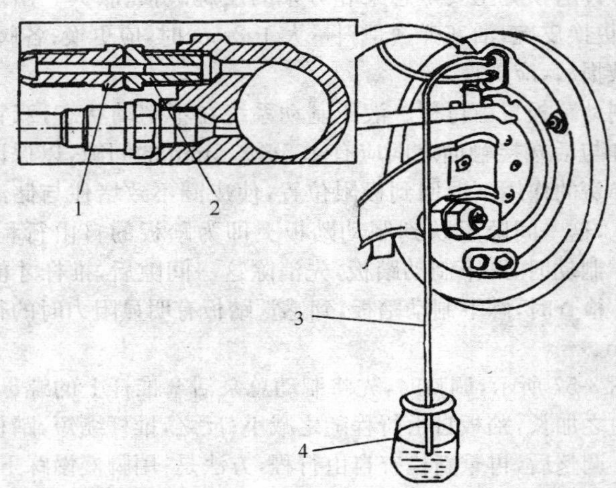

图 3-58　液压制动系统空气排除

1. 放气螺钉　2. 管接头　3. 塑料管　4. 制动液

器上的放气螺钉松开，装上塑料软管，管的另一端放入盛有少量制动液的容器内将放气阀松开1/2～3/4圈，迅速踩下制动踏板后慢慢放松，重复多次，直至踩下踏板时盛有制动液的容器中的软管不再冒气泡为止。放气顺序为：右后轮→左后轮→右前轮→左前轮。

②放气完毕，应向制动泵中添加制动液，其液面高度应低于储油罐口15～20mm。

3-111 对轮胎的使用性能要求是什么？

农用运输车对轮胎使用性能的要求，因车类型、运行条件、使用性质的不同而有所不同，共同的基本要求有以下几方面：

①负荷性能：在车辆静止和行驶时能承受车辆额定的负荷（静负荷和动负荷）。

②耐磨性能：胎面花纹能够经受长行驶的磨蚀。

③强固性能：胎体结构在承受刺扎、曲挠以及冲撞负荷情况下，而较少发生胎体损伤。

④舒适性和平顺性：较好地缓和行驶中产生的振动和冲击。

⑤经济性能：较小的滚动阻力，从而减少燃料消耗量。

⑥牵引性和通过性：在复杂和不良的行驶条件下，能保持农用运输车的牵引力和运行能力。

⑦稳定性和制动性能：有利于农用运输车行驶时的稳定和制动。

⑧抗老化性能：制造轮胎的原材料在苛刻的使用条件下应有抗变质的能力。

3-112 怎样延长轮胎的使用寿命？

轮胎的寿命，除轮胎及轮辋的构造外，基本上取决于轮胎所受负荷、气压、路面状况、行驶条件、外界温度等因素。其他如车轮定位参数的调整、制动次数（特别是紧急制动的次数）也与使用寿命有关，还取决于驾驶员是否正确使用和保养轮胎。

为提高轮胎的使用寿命，应注意如下几方面：

①行车中应严格控制轮胎温度，要保证轮胎温度不超过90℃。

②认真执行轮胎的充气标准，保证轮胎气压在其规定范围内。

③严格控制轮胎所受负荷，禁止超载。

④经常检查各车轮的定位参数，保持转向、行驶、制动系统技术状

况良好。

⑤合理选用搭配轮胎，按期实现轮胎换位。

⑥严格遵守驾驶员操作规程。起步不可猛，尽量避免频繁使用制动和紧急制动，在转弯和坏路上行驶时要适当减速，超越障碍物时要防止轮胎局部严重变形或刮伤胎面，不要将车停在有油污或金属渣集聚的地方，尽量不要在停车后转动转向盘。

⑦认真做好轮胎封存工作，不要让轮胎受到日晒和雨淋。

3-113 怎样修补内胎？

内胎在使用中常见的损坏有：穿孔、破裂以及气嘴损坏等。常用的修理方法有下列几种：

(1)冷补法 将被刺破漏气的内胎拆下来，充入一定量的空气，找出被刺穿的位置。用木工锉将穿孔部位周围20～30mm范围内锉粗糙，呈圆形或椭圆形，除去屑末。

取一内胎胶片作修补片，剪成与操作部位锉糙面相同的形状，但其边缘应较内胎锉糙面周边略小2～3mm。同时还应将修补片的四周剪成斜坡。斜坡的作用是使修补片的边缘形成平缓的过渡，分散应力，避免内胎在使用中因反复屈挠造成修补片脱落。

用木工锉或砂轮机将修补片的接合面磨锉成粗糙面，除去屑末，使其露出新鲜的表面，以提高粘合强度。

将冷补胶浆均匀地涂刷在伤口和修补片的粗糙面上，待冷补胶浆中的溶剂挥发后，将修补片对准伤口中心贴平压实即可。

(2)用火补胶修补 内胎如有穿孔或破裂，长度不超过20mm，可用火补胶修补。火补胶是利用优质生胶，掺硫制成的胶片。胶片贴于盒底，盒内装有用来硫化加热的燃烧剂。其工艺如下：用木工锉将内胎漏损创面锉糙，除去屑末，把锐角修圆，平铺在夹具的平板上，位置要摆正，注意不要使内胎折皱。揭下火补胶表面的一层漆布，将火补胶粘在损坏处，使破洞小孔刚好在火补胶的中心，然后将补胎夹对正火补胶装上，并拧紧压紧螺杆将它们夹紧。点燃铁皮盒内的燃烧材料，燃烧后，火补胶片就开始硫化，待10～15min后，即可卸下夹具，除去铁皮盒。当降至室温时，检查修补质量，如粘结严密，即可装用。

(3)用生胶修补 若内胎破口较大，或无火补胶时，可用生胶修补。

其修补工艺是:将破口锉毛。若破口面积较大,应将其修圆,然后剪一块面积与破口相应的内胎皮锉毛后填上。在锉毛的破口处涂上生胶水,如破口较大,应多涂2～3次。但每次涂时,需在上一次胶水风干后方可进行。待胶水风干后,剪一块面积比破口略大的生胶,用汽油将其表面擦拭干净后,贴附在破口上。生胶的厚度以2～3mm为宜,过厚时可在火上烘烤拉薄。加温至140℃,保温10～20min,使生胶硫化。加温的方法很多,最简便的是用钢板或旧活塞。用旧活塞加温的方法,将沙口袋垫在内胎的下面,上面放一只旧活塞,并用千斤顶压紧,但压力不可过大,否则会使补片过薄。然后在活塞内加入50～60ml汽油(可加到低于活塞环槽的回油孔2～4mm处),并将其点燃。用钢板加温时,即用一块20～30mm厚的钢板,将其加热至140℃后放在生胶上,同样也用千斤顶压紧。判断铁板温度时,可用滴水试验,若温度适当,滴在铁板上的水珠只发响而不滚动。待钢板或活塞冷却后,取下内胎打气,检查修补质量。

生胶水的配制方法如下:将生胶(即补胎用的生胶)剪成小块放入容器中,加入8倍的汽油浸泡,放置2～4天后即可。为加强生胶的溶解,在放置过程中应经常搅拌。配制好黏度适宜的胶水,用毛刷蘸起时,能有较长的拉线。在使用中,如发现黏度变大,可加入汽油调稀。因为胶水是用生胶和汽油配制而成的,所以,若无胶水时,可在生胶上多涂些汽油,直至生胶表面发黏即可。

(4)气嘴根部漏气的修补 气嘴根部漏气,有时是由气嘴的紧固螺母松动造成的,所以在检修时,应先将该螺母确实拧紧。如仍漏气,可用下述方法修补。

旋下气嘴的固定螺母,将气嘴顶入胎内。将气嘴口处锉糙。此处原有帘线层,应将帘线层锉去,直到露出底胶。剪三块直径约20mm、30mm、50mm的帆布和直径约60mm的生胶,在帆布的中央锉一与气嘴直径相同的小洞。在帆布的两面及气嘴口的锉糙处涂以生胶水。在帆布上需涂3～4次,使其具有足够的生胶;而在气嘴口只涂2次即可。待胶水风干后,将帆布以先小后大的顺序铺在气嘴口上,使帆布上的洞口对正气嘴口,然后在帆布的洞口处塞一小纸团,最后铺上生胶。

加温硫化。由于补丁较厚,需要加温硫化的时间较长。若用尖塞加温，可在汽油烧干后，停留一会儿，再加1～2次汽油点燃加温。补好后，用剪刀在中间开一小洞，取出小纸团，将气嘴装回原处，拧紧螺母。若气嘴破口过大，或胶底开裂较长时，可把原气口补死，另开气嘴口，并用上述方法处理。

(5)气嘴损坏的更换 气嘴如歪斜变形、丝扣损坏或折断等，应予更换。更换时，松开固定螺母后将气嘴顶入内胎，在气嘴口附近另开一小洞将气嘴取出，再从此洞放入新气嘴。把新气嘴装好后，再将新开的小洞用生胶或火补胶补好。

(6)内胎的报废 内胎有下列情况之一者应予以报废：有折叠、破裂，不能再修复的；裂口过大或发黏变质者；老化、或变形过甚者；由合成橡胶制成的内胎被油料或有害溶液浸蚀者。

3-114 怎样修补外胎？

(1)用冷补法修补外胎 此法仅用于修补外胎的小裂口、扎伤等。胎面胶的破损裂口，绝大多数是胎面花纹沟底嵌入石子所致。为了不让这种小裂口扩大，日常检查轮胎，应及时挖除胎面花纹中的夹石。当发现裂口，应用锥子或其他工具将里面的砂土灰渣等杂物清除干净，用木锉锉糙裂口内面，并用压缩空气吹尽胶末，涂上胶浆，塞上生胶条填补，填塞要到洞伤深处。最好再用小型补胎夹具或电烫夹具在标准大气压下夹烘10min以上。

(2)外胎出现裂口、穿洞、起泡、脱层等损伤的修补 通常送修理厂用切割法、热硫化修补法等进行修补，但修补成本高，周期长，耽误使用。若仅为运行中被利物刺穿，可采用轮胎蘑菇塞修补法进行修理。

轮胎蘑菇塞简称蘑菇钉，是简易、方便、经济、快速的一种修补轮胎丁洞新工艺，用于修补丁洞及小穿洞效果良好，可行驶3万km以上无移位、爆裂等异常现象。但为了安全起见，前轮还是不宜提倡使用。

使用蘑菇钉操作简便，成效快，并可减少烘补次数，缩短周转期，增加轮胎翻新率，延长轮胎使用寿命，具有一定的经济效益。各类型农用运输车轮胎在冠部或肩部若遇有小石块、铁片等利物刺伤穿洞（洞口在$20mm^2$以下）者，均可使用本方法修补。

使用蘑菇钉修补的要求及方法如下：先清除洞内淤泥、砂石、杂物等，并测定洞口大小，选用相应规格的蘑菇钉。用木工锉刀将钉部菇面略为锉毛，用修补胎胶水涂于钉部及锉毛菇面、洞口及洞口胎里周围（与菇面相似大小）。用手电钻装上与待补蘑菇钉相同规格的引具，引具锥头对准洞口，旋转推进直至穿透，锥头即会自动脱落。把已涂好胶浆的蘑菇钉插进引具洞口，并用力将蘑菇面与台内面压紧，然后旋转退出引具。检查蘑菇面与胎内面是否紧靠，若不紧时可用鲤鱼钳夹住钉头上下提拉数次，同时配合蘑菇面，钉头伸出胎面部分可用利刃切平，即可装车使用。

(3)外胎早期损坏的修补　外胎具有下列情况之一者，即属早期损坏，应根据具体情况分别予以修补。

外胎内侧起黑圈、碾线、跳线；外胎表层脱空（夹空）、起瘤；胎面、胎侧损伤；胎圈子口腐蚀、破损；胎面偏蘑菇、花纹崩裂（开裂、缺块）。

(4)无修补价值报废　外胎有下列情况之一者应予以报废：胎体周转有连续不断的裂纹，不堪使用者；胎面胶已磨光，并有大洞口，失去翻新条件，无法利用者；胎体帘线层有环形破裂及整圈分离者；胎缘钢丝断裂或开口爆裂，无法修理者等。

3-115　使用轮胎时要注意什么？

新轮胎磨合前不具有最大的附着力，因此在第一个 1000km 内必须中速行驶，这对延长轮胎寿命有好处。轮胎的充气压力过高过低都会缩短轮胎寿命，并对车的行驶操纵性能产生不良的影响。装有无内胎的农用运输车在路上行驶被钉子或其他东西刺穿漏气，使轮胎气压不足时，暂不要将钉子拔出，只要气打足，还可继续行驶。经过几次充气到达目的地后再行修理，这也是无内胎车轮的优点之一。切忌在无内胎车轮上装内胎，一旦装了内胎之后，内胎偶然被刺破，则必须将内胎修补好才能行驶，否则寸步难行。而且装上内胎，行驶中产生内外胎之间摩擦，将使内胎温度上升，特别是高速行驶有隐患。轮胎最小花纹高度磨损至 1.0mm 时，应更换新胎，基于安全的原因，轮胎应成对地调换，不可单个调换，花纹深的轮胎装前轮。只有同型号、同花纹的轮胎才可以在同一辆车上使用。

3-116　怎样检修鼓式驻车制动器？

(1)驻车制动鼓的磨损的修理　驻车制动鼓的工作表面如磨损起槽超过 0.50mm 时，可对鼓进行镗磨或车削，其内径加大不得超过

2.00mm，径向圆跳动应不大于 0.15mm。后端面的端面圆跳动应不大于 0.40mm。驻车制动鼓如有裂纹，应予更换。

(2)驻车制动蹄片及衬片的修理

①驻车制动蹄摩擦片，如磨损至距铆钉头 0.50mm 时应更换，新片的铆接方法与车轮制动器蹄片相似。

②制动蹄片不得有裂纹，弧度应正确。

③驻车制动蹄铆钉孔如磨损过大，应堆焊后重钻标准孔(可按铆钉杆直径尺寸)。

④驻车制动蹄销孔，如磨损过大，应堆焊重新钻标准孔。

⑤更换衬片工艺与车轮制动蹄片相似，摩擦片铆紧在制动蹄上，铆钉头距摩擦片表面厚度约 3mm 相当于总厚度的 1/3。

(3)其他零件的修理

①驻车制动蹄支承销磨损过大超过 0.15mm 以上应镀铬或堆焊修复，支承销与底板正常间隙为 0.025～0.120mm，最大不得超过 0.15mm，支承销偏心与制动蹄偏心孔的配合间隙为 0.03～0.11mm，最大不得超过 0.14mm，若两处均超过上述标准值，应更换支承销。

②驻车制动蹄回位弹簧弯曲、断裂、拉力达不到标准，应予更换。

③驻车制动盘与凸轮衬套磨损松动应配新衬套。座孔与衬套应有过盈 0.01～0.09mm。凸轮轴与凸轮轴衬套互相磨损不得超过 0.20mm，凸轮轴可镀铬或堆焊后磨圆，标准轴颈为 $\phi 28.50_{-0.20}^{0}$ mm，衬套孔径为 $\phi 28.5_{+0.11}^{+0.13}$ mm。

3-117 怎样装配与调整驻车制动器?

(1)鼓式驻车制动器的装配

①在变速器修理装配后，将驻车制动底板与驻车制动底板支架装在变速器第二轴后轴承盖上。

②将驻车制动器凸轮轴和限位片装入支架拧紧固定螺栓。

③制动盘下端装上两个驻车制动蹄偏心调整轴，使偏心向内，拧上紧固螺母。

④驻车制动蹄上端装入滚轮与滚轮轴，下端蹄孔套入偏心调整轴内，并将回位弹簧扣在弹簧孔内，使两驻车制动蹄片与滚轮夹在凸轮轴凸轮上(此时蹄片外圆的最小位置)。

⑤将驻车制动鼓凸缘与甩油环装在变速器第二轴花键槽上，垫上碟形弹簧拧紧锁紧螺母，将制动鼓按定位螺钉放置，同时将传动轴前缘叉一并拧紧。变速器在空档时，转动制动鼓应无阻力，转动自如。

⑥固定住套在驻车制动凸轮轴上的摇臂及弹簧挡圈，拧紧夹紧螺栓。

(2)鼓式驻车制动器的调整

①调整驻车制动蹄片与驻车制动鼓间隙，应将驻车制动鼓检视孔转到靠近驻车制动蹄支承位置，能将规定尺寸的塞尺插入蹄片与驻车制动鼓之间，用扳手向外转动驻车制动蹄片承销，直至塞尺拉动时稍感有阻力为止，拧紧锁止螺母。

②再将驻车制动鼓检视孔转到上端，用塞尺插入蹄片与驻车制动鼓之间，扳动凸轮摇臂（向下扳），直到塞尺拉动时稍有阻力。上端与下端反复检查一二次即可。再检查蹄片与驻车制鼓的间隙，应为0.20～0.40mm。

③把驻车制动杆推到最前位置，转动调整叉，改变拉杆长度，使拉杆上叉形销孔与拐臂下端销孔相重合，装上销子。

④应使摇臂小端微向上倾，套在拉杆上，同上装弹簧、球面调整垫片、调整螺母，锁紧螺母。直到拉动驻车制动操纵杆的行程 1/2～2/3 时，棘爪与扇形齿板有 3～5 响操纵杆感觉有力，而且农用运输车能按规定停车即可。在操纵杆放松时，驻车制动蹄片与制动鼓之间保持适当间隙为止。调整后的制动效果要求与盘式制动器相同。

3-118　怎样检查车轮制动器？

直观检查和量具测量相结合。检查步骤：

①仔细检查制动蹄摩擦衬片有无损坏或因过热而变质。在更换摩擦片时，应注意左右车轮制动摩擦片同时更换，材质一样，选择合适的铆钉。无合适铆钉时，可用埋头螺栓代用。选择制动摩擦片代用时，摩擦片的弧度、长度、宽度和厚度必须与原规格相同。

摩擦片与制动蹄的弧度应一样（可根据制动鼓的内径来确定制动片的弧度）。要求制动摩擦片与制动蹄二者贴合紧密，缝隙小。如果备件缺乏，可适当选用弧度接近的蹄片或把摩擦片分割成适当小块（不要切割得太多）分段铆接，以应急需。必须保证宽度，过宽的可在铆好后，刨削或插削。过窄的不能使用。长度必须和原标准一样，不能过长，也不能过短。厚度可根据各类型的要求和制动鼓磨损程度选用，过厚的要采取镗削或插削的办法加工。

②检查制动蹄支承销和制动蹄衬套的间隙，超过标准极限的应更换衬套或支承销。

③检查制动鼓有无不均匀的磨损、伤痕、沟槽或裂纹。需镗削制动鼓时，镗削尺寸根据不同车型有不同要求。

④检查制动分泵，观察缸筒内部和活塞有无磨损和擦伤。对制动分泵的要求是，缸筒内工作表面不应有毛刺、斑痕和锈蚀；各阀件和缸内弹簧不得有断裂和弹性衰退现象；各阀件应密封良好，作用灵活可靠。

对气压制动系凸轮的要求是，制动蹄与凸轮接触表面磨损深度不得超过1.5mm。

⑤检查制动蹄回位弹簧的张力。两个回位弹簧的张力应相等。

3-119　怎样修理车轮制动器？

(1)制动鼓的修理　制动鼓不得有裂纹和变形。镗削后的制动鼓，其内径不得大于基本尺寸6mm，圆度误差不应大于0.5mm，对轴承孔轴线的径向圆跳动不应大于0.1mm。

将百分表、支架固定在中心杆上，再将中心杆与轴承卡板一起装在滚动轴承内圈上，转动中心杆，百分表指针的摆差即是径向圆误差。同一车上两轮制动鼓的直径尺寸相差不得超过1mm。制动鼓表面允许有0.01～0.02mm的环形沟槽。

制动鼓磨损严重起沟槽的，可在车床或制动鼓镗削机上进行镗削。经多次镗削，内孔扩大到极限尺寸一般应换用新件，必要时可进行镶套修复。所镶的套使用与制动鼓宽度相同的灰铸铁环或钢环，厚度为5～6mm，环与制动鼓的内径配合过盈为0.075mm。用热套法或冷压法镶入后，应在配合的骑缝处用铸铁焊牢，再从制动鼓外缘处等距离钻4个ϕ10mm的孔，孔深为套厚的1/2，然后用电焊焊牢，车削到标准尺寸。

(2)制动蹄摩擦片的修理　制动蹄支承销与车轮旋转轴线的平行度误差应不大于0.2mm；支承销与制动销孔的配合间隙应符合有关规

定。制动踏板不得有变形和裂纹，弧度应正确。制动蹄与制动凸轮的接触面磨损一般不得大于 0.5mm，超过时应修理至基本尺寸；制动蹄摩擦片铆钉承孔锪孔后的剩余厚度应为摩擦片厚度的 1/3，摩擦片光磨后与制动鼓的接触面积应达 50%以上，并保证两端首先接触；摩擦片与制动鼓的间隙在装车后应按原厂规定调整。

摩擦片磨损到距铆钉头 0.5mm 时，应拆除旧片重新铆新片。其铆接工艺如下：

①拆除旧摩擦片，检验蹄片铆钉孔有无凸起现象，不圆度如超过 0.4mm 时，将孔填焊，另钻标准孔。

②制动蹄弧面变形时，应进行矫正。制动蹄装交点销处出现扭曲的，应进行敲击矫正。摩擦片的弧度应与制动鼓接触紧密。

③铆接摩擦片时，将摩擦片、衬垫和制动蹄放正，用夹具夹紧，用钻头钻出铆钉孔，用锪钻在摩擦片钻孔处锪出 2/3 的盲孔。

④用铆钉铆接摩擦片，铆好的摩擦片应紧密贴合，用 0.12mm 厚的塞尺检查间隙时，不应通过。铆钉头应低于摩擦片工作面 0.8～2mm，铆好的摩擦片不应有裂纹、缺口及铆接不紧密等现象，摩擦片两端应用木工锉锉成斜角。

⑤检查摩擦片制动鼓的接合面。将制动鼓涂上白粉笔，把蹄片贴在制动鼓上来回移动，正常接合时，接合面积应不少于摩擦片总面积的 50%，并且两端重，中间轻。否则，应用光磨机光磨。

(3)制动器底板的修理

①制动器底板平面扭曲超过 0.6mm 时，应进行矫正。

②底板出现裂纹，应堆焊修复。

③支承销孔磨损超过 0.15mm 时，可进行焊补或镶套修复。

④螺栓孔磨损超过标准 0.8mm 时，应进行焊补或镶套修复。

⑤调整轴销螺纹磨损松旷时，应换用新件或焊修。轴颈磨损若超过 0.15mm 时，可镀铬或堆焊加工修复。

(4)制动蹄回位的一致性　制动蹄回位弹簧应符合原厂的有关规定。同一车的弹簧拉力尽量选配一致。否则，制动时车会出现跑偏。

(5)车轮制动间隙的调整　调整蹄片与制动鼓的间隙，应在轮毂轴承调整正常后进行，其方法如下：将车桥架起，车轮处于自由转动状态。

先调整上端，即将车轮视孔转到制动凸轮一端，距摩擦片上边缘 40～50mm 处，用规定尺寸的塞尺插入摩擦片与制动鼓之间，同时用扳手按顺时针方向(后轮按逆时针)转动凸轮轴调整臂蜗杆，使塞尺拉动稍有阻力即可；然后调整蹄片下端，将车轮检视孔转到靠制动蹄片轴一端，距摩擦片下边缘 40～50mm 处，用规定尺寸的塞尺插入摩擦片与制动鼓之间，用扳手拧松蹄片销的锁紧螺母至能转动蹄片轴，再用扳手拧转蹄片轴使塞尺拉动稍有阻力即可，然后将锁紧螺母拧紧固定。

最后应进行复查。调整好的间隙在未制动时，制动鼓应转动自如，摩擦片与制动鼓接触均匀，制动效果良好。

3-120 制动鼓为什么会发烫？怎样防止？

制动鼓发烫是由于制动蹄片和制动鼓接触的次数过于频繁，接触时间过长引起的，原因如下：

①道路的影响。如连续下坡、转弯，经常利用制动来控制车速，增加了蹄片和制动鼓的滑磨时间，使制动鼓很快升温，热衰退现象加重，摩擦系数明显下降，制动效能降低。在这样的道路上行车，必须严格控制车速，适当休息降温。

②驾驶操作不当，不恰当地或过多地利用制动。

③制动器间隙过小或制动鼓变形，使蹄片经常接触制动鼓而发烫。要及时检查调整，制动鼓严重变形应予修理。

④蹄片回位弹簧松软或折断，使制动后解除制动困难。此时应更换蹄片回位弹簧。另外，制动系统技术状况不良，也有可能使制动鼓发烫。如液压制动分泵皮碗发胀卡住；液压总泵回位弹簧过软，回油困难。

3-121 制动失灵怎么办？

①连续踩下制动踏板时逐渐升高，升高后不抬脚继续下踩感到有弹力，松开踏板稍停一会儿再踩，如无变化，即为制动系统内有空气。

②一脚制动不灵，连续踩下制动踏板位置逐渐升高并且效果良好，说明踏板自由行程过大或摩擦片与制动鼓间隙过大。应先检查调整踏板自由行程，再调整摩擦片与制动鼓的间隙。

③若连续踩下制动踏板，踏板位置能逐渐升高，当升高后，不抬脚继续往下踩不感到有弹力而有下沉的感觉。这说明制动系统中有漏油

之处，或总泵出油阀关闭不严，应检查油管接头，油管和总、分泵有无漏油之处，如有应修复。

④当踩下踏板时，踏板位置很低，再连续踩踏板，位置还不能升高。一般为总泵通气孔或补偿孔堵塞，应检查疏通。

⑤当踩下踏板时，踏板高度合乎要求，也不软弱下沉，但制动效果不好，则为车轮制动器的故障，如摩擦片硬化，铆钉头露出，摩擦片油污，制动鼓失圆或鼓臂过薄等。另外制动液质量不佳，易受热蒸发，以及油管凹陷堵塞等，也会引起制动不灵。

3-122　制动不解除怎么办？

①车辆行驶一段里程后，用手抚摸车轮制动鼓，若全部制动鼓都发热，说明故障发生在制动总泵；若个别车轮发热，则说明故障在车轮制动器。

②如故障在总泵，应首先检查踏板自由行程。若自由行程合乎要求，可将总泵储油室盖打开，并连续踩下和放松制动踏板（放松踏板不要猛抬，以免回油冲出储油室外），看其回油情况。如不能回油，则为回油孔堵塞；如回油缓慢，则是皮碗、皮圈发胀或回位弹簧无力，应拆下制动总泵分解检修。同时还应观察踏板回位情况，如踏板不能迅速回位或没有回到原位，说明踏板回位弹簧过软或折断，应更换。

③如故障在车轮制动器，应先拧松放气螺钉，若制动液急速喷出，制动蹄回位，则为油管堵塞，分泵不能回油所致，应疏通油管。如果制动蹄仍不能回位，则应调整摩擦片与制动鼓之间的间隙。

④如经上述检查调整均无效时，应拆下制动鼓检查分泵活塞皮碗与回位弹簧的状况以及制动蹄片销的活动情况，必要时，进行修理或更换。

3-123　制动发咬怎么办？

农用运输车起步时，若感到阻力较大，起步困难，或在行驶中，采用制动放松踏板后，再加速时，感到加速困难或有明显阻力，则为制动发咬。另外，在平坦路面上检查农用运输车的滑行性能是否良好；行驶中途停车，检查制动鼓是否有发热现象；放松制动踏板时，观察制动凸轮轴能否迅速回位等方法，判明制动是否发咬。

造成制动发咬的原因有：制动蹄片与鼓间隙过小，制动踏板没有自由行程，制动凸轮轴、蹄片回位弹簧过软等。

此外，车辆在行驶一段距离停驶后，应立即的摸驱动桥、轮毂，转动轴中间支架等有无过热现象，以便进一步判明是否制动发咬。产生发咬后，应查明原因，及时排除。

3-124 为什么制动时有时偏左、有时偏右？

(1)制动时跑偏和回油慢的原因

①油道中有空气，空气在管中流动；

②蹄片拉簧弹力不足；

③总泵没有洗干净，总泵活塞推杆位置没调整好；

④制动鼓与摩擦片的间隙不一。

(2)原因分析 踩下制动踏板时，推杆向右移，活塞皮碗将补偿孔遮住，这时开始压油到油管中。放松制动踏板时，分泵中油液要经过较长的制动油管回到总泵，油的流动受到较大阻力，一时不能回到总泵，这时活塞后面的油，穿过活塞头上小孔，流入工作室，目的在于避免工作室产生局部真空而被空气侵入。如小孔堵塞踏板放松时，活塞后面的油不能补充进去，就呈回油慢的现象；且这时最易为空气侵入，在下次制动时，空气被挤入油管，形成制动无力，或偏左偏右。

推杆与活塞有1.5～2.5mm间隙，推杆与踏板杠杆有同样间隙，未制动时活塞头应保证停留在补偿孔与进液孔之间。

每次制动之后，活塞后面的油要补充到工作室，待制动蹄片拉簧收缩后，由分泵回到总泵的油，工作室已不能容纳，多余的油经补偿孔回到储油室。如推杆校准不当，活塞头将补偿孔堵死，则后来从分泵回来的油无处容纳，留在油管中，保持较高压力，即使蹄片拉簧是合格的，也不能(或者不容易)把蹄片拉回。

3-125 使用液压制动应注意什么？

(1)使用制动液注意事项

①不同规格的制动液严禁混装、混用。如需要更换制动系统制动液种类时，必须将原制动系统中的制动液放净，然后可用酒精进行清洗，再加注新的制动液。

②矿物油制动液对天然橡胶有严重溶胀，只能用在耐油橡胶密封元件及软管的制动系统。如需在一般制动系统中换用矿物油型制动液，必须将原橡胶元件换成耐油橡胶元件。

③醇型制动液沸点大多低于100℃，易挥发。使用醇型制动液时

应注意防火和产生气阻。

④制动液是制动系统的专用油液，只能在液压制动系统和操纵系统中使用，不能当作液压油使用。同时，因制动液（特别是合成制动液）成本较高，检修或更换制动液时，应按规定程序进行，并注意节约。

(2)制动液的更换

①换液原则。由于检修损失、漏失或制动液变质，需要换用国产制动液。此时，首先要搞清原车所用制动液的种类和牌号，然后确定待换用的国产制动液品种和规格。换用前，先要排净制动系统原车制动液，然后拆除并清洗主要制动元件（包括制动主泵、分泵、各种制动阀、储液罐、制动管路等）。清洗液多用酒精。清洗完毕的元件要擦干或吹干后装复，加注国产相应制动液。然后逐级排放空气。在排放空气的同时不断向储液罐中补充制动液，直到制动系统空气全部排放完毕为止。

②排放制动系统空气注意事项：排放空气的顺序应先从总泵开始，再到各制动分泵。各分泵排放空气的顺序也应从离制动总泵最近的一个分泵开始，直至全部排放完毕。

在排放制动系统空气时，应由一名操作人员在驾驶室负责踩制动踏板，另一名操作人员逐一分泵放气。当驾驶员完全踩下踏板后，再将放空气螺钉打开，待混有空气的制动液喷出，压力下降后，立即拧紧放空气螺钉，此后才允许放松制动踏板。待制动踏板完全回位后，再一次踩制动踏板，继而通知车下操作人员继续放气。这样反复几次，即可将空气完全排出。拧紧此分泵放气螺钉，再进行下一个制动分泵的放气。操作时，放松踏板要快，踩踏板时要猛。如果在放空气时，车上车下配合不好，不仅空气放不净，而且还会浪费大量制动液。

③排制动系统空气时，最好使用专用工具。

④换液时机。制动液没有固定的换液期，平时应随时添加并注意观察，发现变色乳化时，即可更换。

3-126　怎样排除制动不良故障？

①连续踩下制动踏板时能逐渐升高，升高后不抬脚继续往下踩感到有弹力，松开踏板稍停一会儿再踏，如无变化，即为制动系统内有空气。应予排气。

②一脚制动不灵，踩下制动踏板时踏板位置逐渐升高并且效果好，

说明踏板自由行程过大,摩擦片与制动鼓间隙过大,应先检查调整踏板自由行程,再调整摩擦片与制动鼓间隙。

③若连续踩下制动踏板踏板位置能逐渐升高,当升高后,不抬脚继续往下踏感到有弹力而有下沉的感觉。这说明制动系统中有漏油之处,或总泵出油阀关闭不严。应检查油管接头、油管总、分泵有无漏油之处。如有漏油,则应修复。

④当踩下踏板时,踏板位置很低,再连续踩踏板,位置还不能升高。一般为总泵通气孔或补偿孔堵塞,应检查疏通。

⑤当踩下踏板时,踏板高度合乎要求,也不软弱下沉,但制动效果不好,则为车轮制动器的故障,如摩擦片硬化,铆钉头露出,摩擦片油污,制动鼓失圆或鼓壁过薄等。应检查修理,予以排除。

另外,有时制动液质量不好,受热后蒸发而影响制动,以及制动油管堵塞或凹瘪等,也会引起制动不灵。

3-127 为什么制动踏板高度降低?

(1)故障原因

①制动器自动调整不灵,使蹄片和制动鼓之间的间隙过大。

②后制动蹄片磨损严重。

③制动蹄弯曲变形。

④液压系统中有空气。

⑤液压系统泄漏。

⑥使用不合格的制动液,在温度变化时,制动液汽化。

⑦制动总泵活塞密封圈磨损或总泵缸内孔刮伤、泵缸磨损或锈蚀。

⑧制动钳与其固定支板的接合面形成油污、铁锈或腐蚀,制动衬块结在支板结合面上。

(2)排除方法

①试车,向前和向后使用制动停车,制动器即自动调整。如果制动踏板行程仍过大,按需要进行调整制动蹄片和制动鼓的间隙。

②检查制动蹄片磨损程度,如果磨损超过规定要求,应予以更换。

③检查制动蹄是否变形,必要时应换用新品。

④排除液压系统中的空气。

⑤往制动总泵储液罐中加注制动液至规定的液面。踩下制动踏板

检查制动钳、制动分泵、压差阀、油管、软管及接头处是否漏液。如漏液，应修理或换件。

⑥用清洁的制动液冲洗液压系统，按原厂规定使用合格的制动液。

⑦更换制动总泵活塞密封圈或制动总泵。

⑧清除制动钳和导轨接合面上的污垢。

第 6 节　液压自卸装置故障诊断与检修

3-128　液压自卸装置由哪些主要部件组成？作用是什么？

液压自卸装置是实现货厢倾斜和卸货后复位的一种装置，它主要由操纵手柄、油箱、管路、齿轮油泵、分配器、油缸等组成。图 3-59 为液压自卸装置在农用运输车上的安装总布置图。

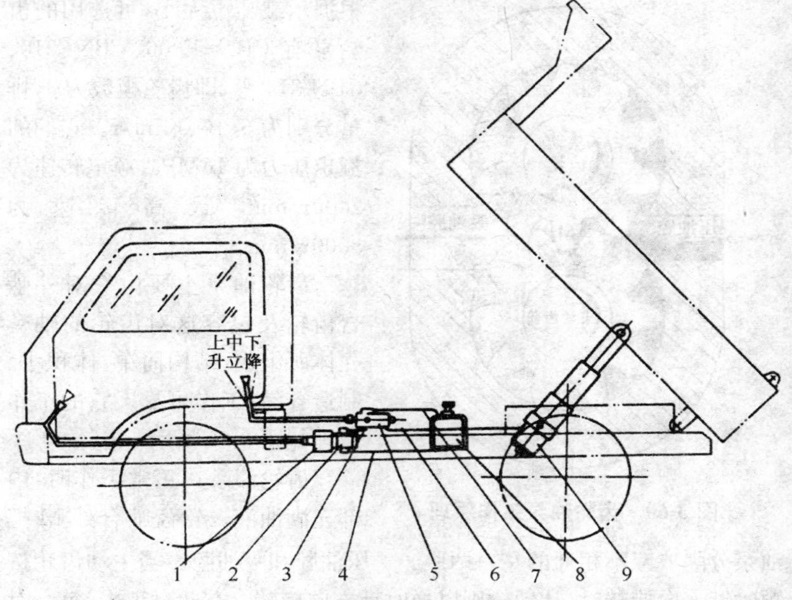

图 3-59　液压自卸车

1. 取力器　2. 齿轮油泵　3. 油泵出油管　4. 油泵进油管　5. 分配器　6. 高压油管　7. 回油管　8. 油箱　9. 液压油缸

图3-59中齿轮油泵2的驱动是通过取力器1。取力器1安装在农运运输车的变速器上，并由变速器内的齿轮带动取力器内的齿轮转动，然后由取力器的输出轴带动与其连接的齿轮油泵旋转。

液压齿轮油泵安装在运输车柴油机上，由柴油机的油泵齿轮驱动液压齿轮油泵旋转，产生高压油。但不是所有配套的柴油机上都具有油泵齿轮输出口，只在柴油机上具有油泵齿轮输出口情况下采用。

油泵从油箱吸入液压油，并将压力油经过分配器压入油缸，使车厢实现自动倾卸。车厢的回位是借助本身的重量实现的。

3-129 液压齿轮油泵的结构和工作情况是怎样的?

齿轮油泵在液压自卸装置中起着供应液压能的作用，由它输出具有一定压力和流量的油液，作为液压自卸装置的动力。

三轮或四轮农用运输车上广泛采用的是CBN-E"3"系列齿轮泵。根据承载吨位大小，可选用的齿轮泵有CBN-E306、CBN-310、CBN-314等，即齿轮模数为3，排量分别为6、10、14ml/r。它们的额定压力为16MPa，额定转速为2000r/min，最高转速为3000r/min。

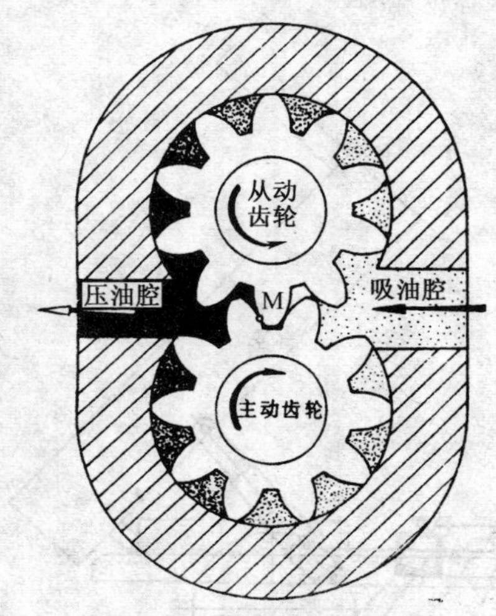

图3-60 齿轮油泵工作原理

齿轮油泵主要由一对外啮合齿轮及包容这对齿轮的轴套壳体所组成，结构简单、体积小、制造容易、工作可靠。它的工作原理如图3-60所示。

齿轮油泵在正常工作时，内部充满油液。轮齿啮合处M把油泵分隔成互不相通的左右两腔——压油腔和吸油腔。当主动齿轮按顺时针方向旋转时，从动轮则以逆时针方向旋转。在此过程中，每一对轮齿在进入啮合和退出啮合时，左右两腔的容积都要发生变化。在右腔，每一对退出啮合的轮齿使齿间容积(吸油腔)增大，形成局部真空，使油箱内的液压油在大气压力下通过管路进入该腔，并充满两齿轮的齿谷，这些油套被轴套、壳体以及两齿轮相邻两齿的啮合处 M 三者形成的空间所封闭。但到了左腔，由于轮齿进入啮合后要相互嵌入对方齿间，使齿间容积减小，齿谷中(齿间)的油液受挤压而被挤出，所以该腔成为输出高压油液的压油腔。随着齿轮的旋转，进入吸油腔的油液将不断地通过轮齿的齿间(齿谷)被带到压油腔，并不断地被挤出，形成源源不断的高压油流从压油腔的出油口输出。

3-130　液压分配器结构和工作情况是怎样的?

液压分配器安装在驾驶室内驾驶员旁，用来控制液压油缸的升降位置(即货厢的升降位置)。三轮或四轮农用运输车上广泛使用的液压分配器是一个三位三通手动换向液压阀。它的主要结构是手动换向阀和安全阀。换向阀用来控制液压油泵的油流方向，实现液压油缸的中位、上升、下降三个位置。安全阀则用于限定液压系统的最高压力，保护整个液压系统不因液压超压而损坏零件。安全阀的开起压力出厂时已调好，用户不得随意调整。

液压分配器的工作原理如图 3-61 所示。

当驾驶员操纵液压换向阀处于中立位置时(如图 3-61a)，来自液压油泵的高压油经进油口流入分配器后，再经分配器壳体内右侧通道(如图 3-61 中箭头所示)，从回油箱口流回油箱，至油缸的通道被阀杆堵死，整个液压系统处于不工作状态。

当操纵换向阀左移至举升位置时(如图 3-61b)，来自油泵的高压油经进油口进入分配器后，再经分配器内左侧通道流入油缸，使油缸伸出举起货厢卸货。此时，液压油流向油箱的通道和液压油缸通向油箱的油路均被阀杆堵死。

当操纵换向阀右移至下降位置(如图 3-61c)，油缸通向油箱的通道和来自油泵的液压油至油箱的通道均被打开，而油泵来油至液压油缸的通道被阀杆堵死。所以，整个液压系统处于卸压状态，货厢即可在自重下把油缸伸出部分压回，货厢复位。

当液压系统承载超额定压力工作时，来自油泵的超高压油克服安全阀弹簧 1 的压力，推开安全阀 2，使液压油与油箱接口相通，液压油

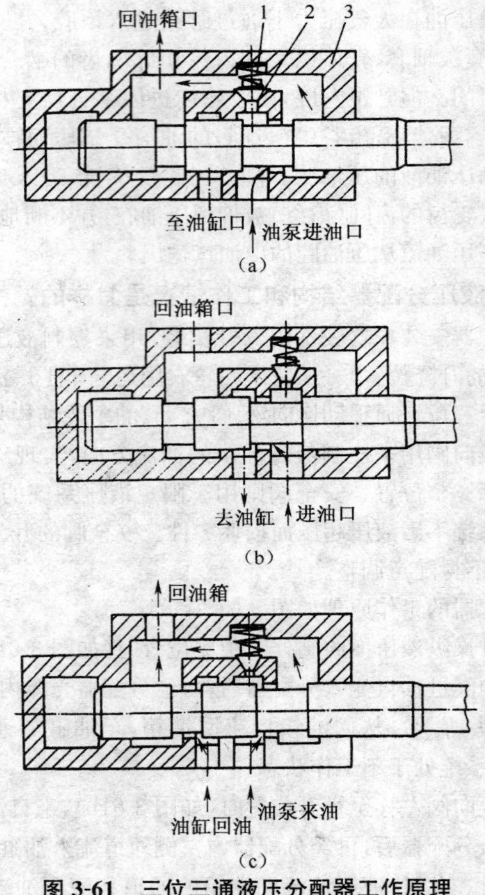

图3-61　三位三通液压分配器工作原理

(a)中立位置　(b)举升位置　(c)下降位置

1. 安全阀弹簧　2. 安全阀　3. 壳体

流回油箱，使整个液压系统卸压。当液压系统压力卸至低于安全阀弹簧压力时，安全阀又在弹簧力的作用下，把油道堵死，使液压系统又恢复到正常工作状态。所以，安全阀在液压系统出现超高压时，可以起到保护液压系统零件的作用。

三位三通换向阀(分配器)的结构如图3-62所示。图中所示为换向阀杆总成处中立位置。两个回位弹簧座 14 之间的距离即为换向阀杆总成由中立位置向举升位置或至下降位置阀杆所能移动的最大距离。

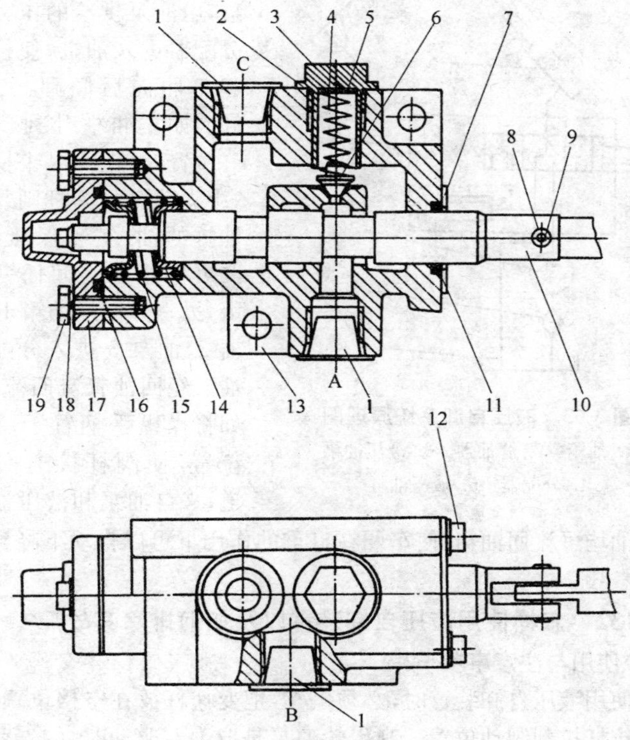

图 3-62　液压分配器结构

A. 油泵进油口　B. 接油缸油口　C. 回油箱油口

1. 油口堵盖　2. O形密封圈　3. 安全阀弹簧座　4. 安全阀弹簧　5. 安全阀弹簧压力调整垫片　6. 安全阀　7. 挡片　8. 销　9. 锁片　10. 换向阀杆总成　11. O形密封圈　12. 螺栓　13. 分配器壳体　14. 回位弹簧座　15. 回位弹簧　16. O形密封圈　17. 压盖　18. 弹簧垫圈　19. 螺栓

3-131　农用运输车液压自卸装置是怎样工作的？

农用运输车液压自卸装置系统的工作原理如图 3-63 所示。当将

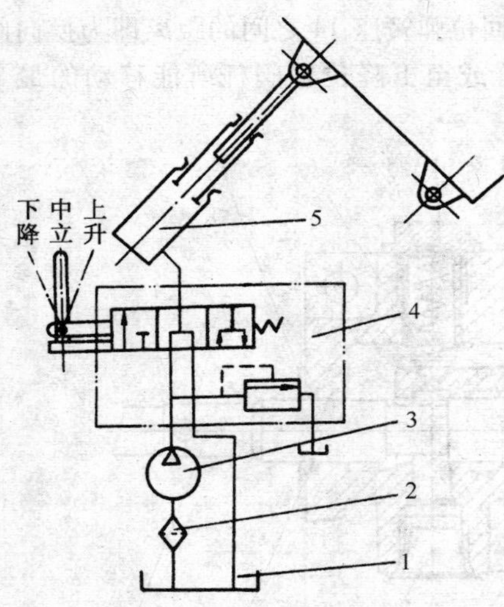

图 3-63 液压自卸系统原理图

1. 油箱 2. 滤油器 3. 液压油泵 4. 分配器 5. 液压油缸

分配器 4 操纵手柄置于“上升”位置时，分配器中的阀杆关闭回油通道，接通油缸，由油泵供给的压力没经分配器进入油缸，使柱塞顶起车厢向后倾翻，实现自卸。如车厢举升到顶或任一位置时，把操纵手柄置于“中立”位置，阀杆则封闭了油缸的油，实现保压，使车厢可停止在空间任一位置上，另一方面经油箱 1、滤油器 2、油泵 3 进入分配器的油又经回油管流回流油箱。如将操纵手柄置于“下降”位置，使阀杆接通回油通道，来自油泵和液压油缸里的液压油均可流回油箱，使车厢在自重的作用下可以自动下降到原始位置。

3-132 怎样使用液压自卸装置以及如何排除其故障?

(1)使用与注意事项

①使用液压自卸装置时，必须停车，把变速杆放在空档位置，并将手制动拉杆拉到制动位置。当齿轮油泵是取力器驱动时，应先踩下离合器踏板，使离合器分离，再向下推动取力器操纵杆，使取力器处于啮合状态，然后再放松离合器踏板。

②按需要倾卸的方向相应地拔出车厢与车架的保险插销。

③加大油门，将操纵手柄置于“提升”位置，车厢被顶起自卸。当车厢倾斜到最大角度又需要保持车厢在倾斜位置时，可将手柄置于“中立”位置。但在一般情况下，车厢不应长时间停留在倾斜位置。操纵手柄应轻拉快推，不准停留在任何过渡位置上，否则会使液压增高太大，损坏液压元件。

④卸完料后，将操纵手柄置于下降位置，待车厢下降至原始运输位置时，再将操纵手柄置于“中立”位置。注意控制操纵手柄让车缓缓下降，以免车厢冲出车架(对于具有助力器的系统，此时应通过操纵杆，使其处于分离状态)。

⑤插上车厢保险销。

⑥因维修需升举车厢时，必须用木块把车厢顶牢，以防发生意外，一定注意安全。

⑦分配器内的安全阀的限压值，出厂时已调好，不得随意调整。如有故障，应送修理厂调整后方可使用。

⑧液压系统一般不得随便拆卸，需要换密封圈或排除渗油故障时，零部件拆下后，应将各管接头用干净的布包好，管口堵住，防止铁屑或脏物进入管路。

⑨注意保持油箱内液压油的清洁，否则应及时更换，并按规定清洗滤网。

⑩各铰链处应经常注入润滑油。

(2)故障及其排除方法(见表3-12)

表3-12　液压自卸装置故障及其排除方法

故障现象	故障原因	排除方法
油泵不泵油	①油箱内油面过低	①加油至规定的油面高度
	②油液的黏度过大	②使用推荐黏度的油液
	③滤网及吸油管堵塞	③清洗滤网并除去堵塞物
	④吸油管漏气	④查出漏气处并加以修理
	⑤吸油管过细、太长，弯管处有死角，弯头过多	⑤加粗吸油管、缩短吸油管，弯管时防止产生死角，减少弯头
	⑥漏装吸油管口法兰的密封圈，或密封圈损坏	⑥装入新的密封圈
	⑦吸油口法兰密封面密封不良	⑦检查密封面有无变形、毛刺、刮伤、脏物，并作适当修正
	⑧从齿轮油泵主动轴颈骨架油封处吸入空气	⑧拆下齿轮油泵，检查骨架油封是否损坏，必要时更换
	⑨齿轮泵齿轮磨损	⑨更换齿轮泵

续表 3-12

故障现象	故障原因	排除方法
车厢举升不起来	①分配阀杆磨损过大，液压油从阀杆处渗漏	①更换阀杆、重新研配
	②安全阀开启压力过小，或安全阀弹簧失效或折断，使油形成回路	②更换弹簧，并按规定压力重新调试安全阀
	③齿轮泵不泵油	③按上述方法检修
	④液压油不清洁，杂质卡死分配杆	④更换液压油，清除杂质
	⑤油缸漏油	⑤更换损坏的密封圈
	⑥齿轮泵不旋转	⑥取力器不旋转或驱动的输出轴折断，更换输出轴

第 4 章　电气系统故障诊断与检修

第 1 节　发电机与调节器的故障诊断与检修

4-1　永磁转子交流发电机的结构与原理是怎样的？

三轮农用运输车上广泛采用了永磁转子交流发电机，它的优点是结构简单，运行可靠，易于维修，且在负载状态下能自动调节电流，使用时负载电压基本保持恒定。缺点是永磁体会退磁及低转速时输出特性较差。

永磁交流发电机分为带轮驱动和飞轮驱动两种形式。带轮驱动式永磁交流发电机结构如图 4-1 所示。

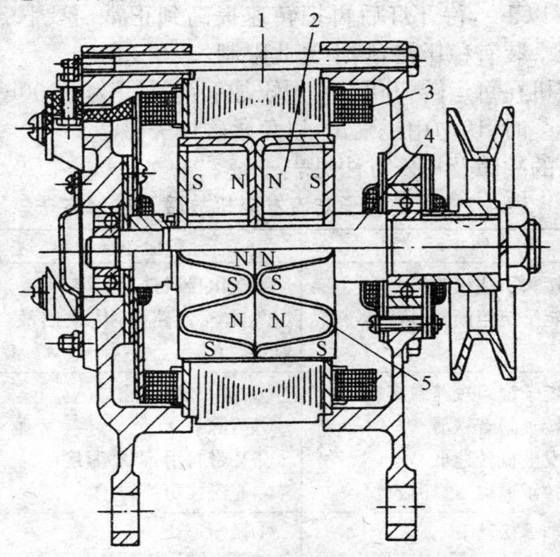

图 4-1　带轮驱动式水磁交流发电机

1. 电枢(定子)　2. 磁钢　3. 线圈　4. 转子　5. 导磁片

永磁交流发电机是利用永磁磁场的旋转使固定的电枢(定子)中产生交变感应电动势而发电的。永久磁钢 2(图 4-1)产生磁场,当转子 4 由 V 带轮带动旋转时,形成变化着的磁场。电枢 1 由铁心和线圈 3 组成。铁心由环形内侧并有凸齿的硅钢片叠成,固定在前后端盖之间。六个定子绕组分别绕在定子的六个凸齿上,相邻两绕组按电动势相加原理串联成一组,各组的尾端连在一起,接在与壳体绝缘的搭铁接线柱上。各组的首端分别经火线接线柱与照明灯具相连。所以,它是一种单相三路交流发电机。因此,在使用时可将三路并联为一路输出。

4-2　怎样使用与维护永磁转子交流发电机?

①发电机的各单路输出所配用负荷,应按所购车配置功率使用,不能任意增减灯泡或换用不同功率的灯泡,否则会发生灯泡不亮或烧坏灯泡的现象。

②在检查发电机是否发电时,如果没有万用表或试灯,可将发电机正极引线瞬时搭铁刮火检查,如无火花说明是发电机内部的故障;如有火花说明线路松脱或断开。

③当发动机高速运转需要开灯照明时,应先将发动机转速降低(1000r/min 以下),待开灯后再把转速提高到正常需要状态。如果车辆电器系统中装有稳压器,则不受此限制。

④发电机在每运转 200h 后,须添加润滑油一次,1000h 后,应拆卸检修。在拆装时,切勿用锤猛击,以免永磁体失磁。

发电机的故障及检修方法见表 4-1。

表 4-1　永磁转子交流发电机故障及检修方法

故障	可能原因	检修方法
不发电	①接头引线松脱 ②定子绕组断路、短路或搭铁	①找出松脱处并接牢 ②比较各路电阻、找出故障部分,加以消除
电压低	①定子绕组短路或搭铁 ②转子附有铁屑 ③发电机转速低 ④转子退磁、磁环破裂	①找出故障排除 ②清除 ③V 带打滑,调整紧度 ④充磁或更换转子
噪声	①轴承松动 ②轴承缺油 ③转子与定子碰擦	①换新 ②清洗后加油 ③检查气隙大小及轴承是否松动

4-3　硅整流发电机的构造和工作原理是怎样的?

四轮农用运输车上普遍采用的硅整流交流发电机,其定子绕组产生的交流电经过硅二极管构成的整流器转变为直流电。因这种发电机是用硅二极管整流的,所以称之为硅整流交流发电机,简称交流发电机。

交流发电机包括三相同步发电机和整流器两部分,主要由转子、定子、整流器、前后端盖等组成。

①转子。转子是电机的磁场部分,主要由两块爪极、磁场绕组和集电环等组成。磁场绕组的两根引出线分别焊在与轴绝缘的两个集电环上。集电环与装在后端盖上的两个电刷相接触。当两电刷与外部直流电源(蓄电池)接通时,磁场绕组就有电流通过,并产生轴向磁通,使得一块爪极被磁化为N极,另一块爪极成为S极(如图4-2所示),从而形成了六对相互交错的磁极。

②定子。定子由定子铁心和绕组组成。铁心由相互绝缘的内圆带槽的形状硅钢片叠成。定子槽内有三相对称绕组。三相绕组为星形联结,每相绕组的末端连在一起,首端分别与散热板和端盖上安装的硅二极管相连接。

③整流器。整流器是由六只硅二极管组成的三相桥式全波整流器,所选用的二极管功率大小是根据发电机的功率而定的。其连接方式如图4-3所示。

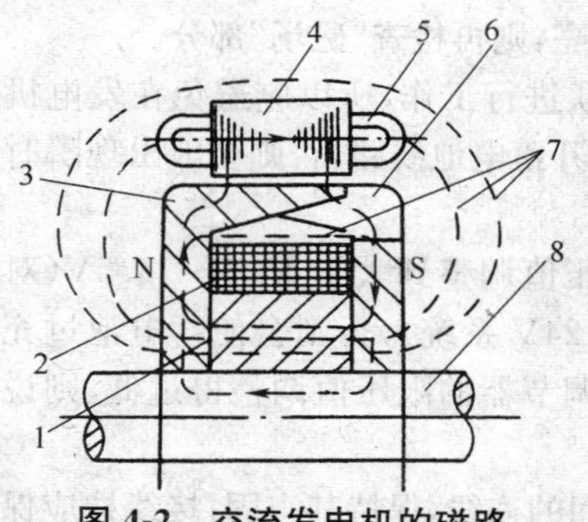

图4-2　交流发电机的磁路

1. 磁轭　2. 磁场绕组　3. 爪极　4. 定子铁心　5. 三相绕组　6. 爪极　7. 漏磁　8. 转子轴

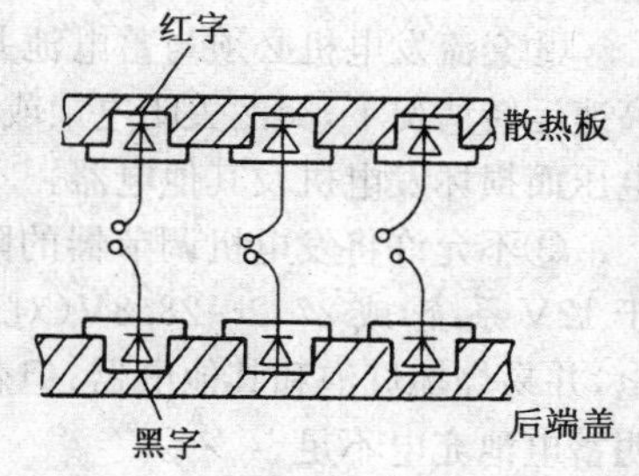

图4-3　六只硅二极管的安装示意图

在负极搭铁的交流发电机中，压装在后端盖上的三只二极管的引出线为负极，外壳为正极，且外壳顶平面印有黑字标记；压装在散热板上的三只二极管的引出线为正极，外壳为负极，且外壳顶平面印有红字标记。

④前、后端盖。为减少发电机的磁路漏磁，其前、后端盖采用非导磁性材料铝合金压铸或铸造而成。同时，也具有重量轻、散热快等优点。

在后盖上装有电刷架。常见的电刷架有两种结构：一种是可直接进行拆装式，另一种则需将发电机拆开后才能进行拆装。

4-4　怎样使用与维护硅整流交流发电机？

①由于交流发电机是通过硅二极管输出电流的，所以在检查发电机是否发电时，严禁使用将发电机“电枢”接线柱(B或A)与外壳短接看有无火花的方法。因为短接时，若发电机发电则会产生很大的瞬间电流导致烧坏硅二极管。正确方法应该是，先用万用表测量蓄电池电压，待起动发动机后现测量发电机的“电枢”电压，若此电压高于蓄电池电压则说明发电机工作正常；但如果测量的发电机“电枢”电压仍为蓄电池电压，则说明发电机不发电。此时再测量发电机“磁场”接线柱电压，若有电压，则说明发电机内部有故障，若无电压，则可能是调节器或线路有故障。如果用通灯测量，应先拆去“电枢”接线柱外接导线，然后把通灯的一端接到“电枢”接线柱上，另一端搭铁；在发动机中速运转情况下，通灯亮，说明发电机发电；若不亮，则再检查“磁场”部分。

②交流发电机必须与蓄电池并联进行工作，所以应避免在发电机高速运转情况下，突然关闭电锁或断开蓄电池线路，否则会因出现瞬时电压而损坏发电机及其他电器。

③不允许将发电机调节器的限压值调整到大于13.5～14.5V(对于12V系统)或27.2～28.8V(对于24V系统)，否则会使蓄电池过充电，并易烧坏灯泡和其他电器；但若调节器的限压值调整得过低，则说明蓄电池充电不足。

④经常检查发电机与调节器之间的连线，保持其牢固；接线柱应保持清洁并使其接触良好。

⑤由于发电机与蓄电池是并联工作的，当发电机低速工作时，蓄电池电压高于发电机电压，此时蓄电池向发电机磁场绕组供电，使发电机

建立电压，且发电机处于他励状态；当发电机转速升高后，达到电压转速时（一般在 1000r/mim 左右），发电机电压达到或超过蓄电池电压，则由发电机向磁场绕组供电，此时为自励状态。所以，在使用中，如果因蓄电池损坏而无法使发电机励磁时，可外接直流电源（注意：电压不能高于发电机电压）或串联 6 节以上干电池，将正极连到发电机的磁场接线柱（F）上，并负极搭铁，对运转的发电机磁场进行短时间励磁，使其建立电压发电作临时应急使用。但当发电机发电后，应及时拆去外接直流电源（或干电池）和连线。

⑥当整车行驶 2 万 km 时，应对发电机进行一次拆检：清洗轴承，重新上润滑脂；检查电刷，如果其磨损已超过 1/3 高度时，应更换（常用电刷牌号有两种，一种为 T_1，另一种为 DS52，临时应急时，也可用一般的电石墨电刷自制）。

⑦硅整流二极管损坏必须及时更换，在更换过程中应注意在安装二极管时应有一定的过盈量，以保证散热充分，一般取过盈量为 0.15mm 左右。

整流管的压装工具如图 4-4、图 4-5 所示。一种是压套，用于把整流管压到安装孔内；另一种是顶套，用于把整流管从安装孔内退下。图中所注尺寸仅供参考。

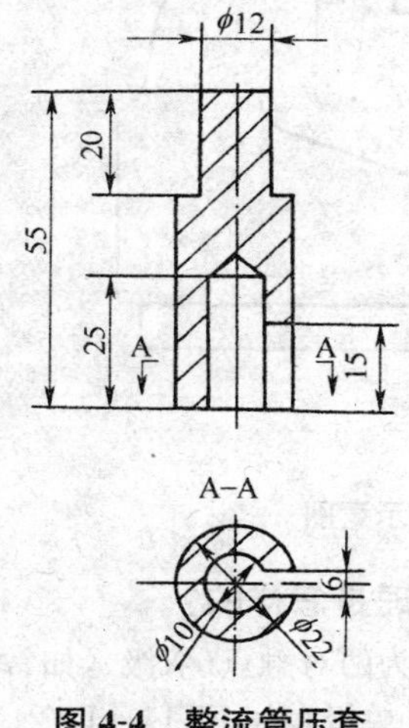

图 4-4　整流管压套

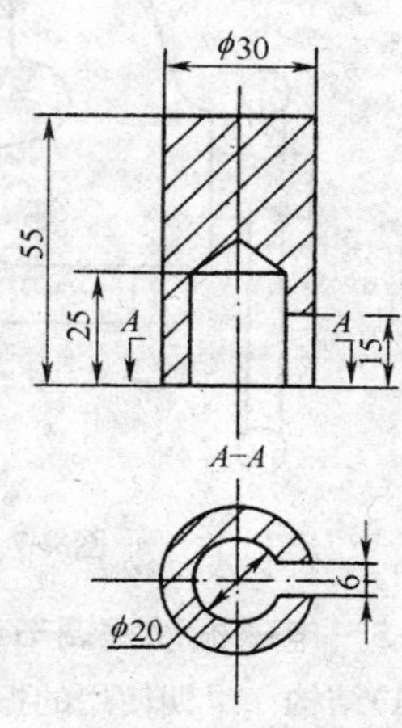

图 4-5　整流管顶套

拆装整流管的方法如图 4-6、图 4-7 所示。压装时不可偏斜。

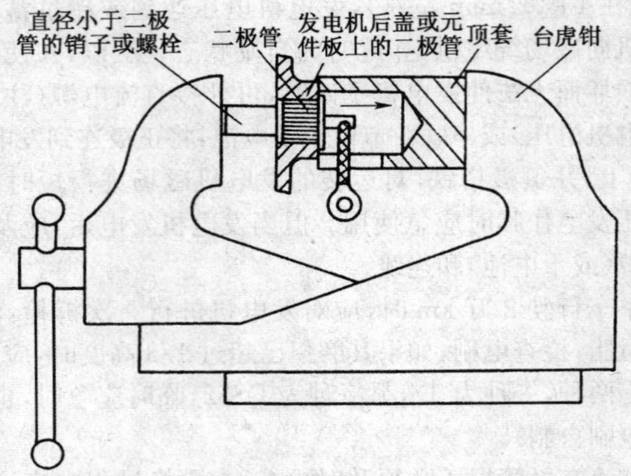

图 4-6　退出整流管示意图

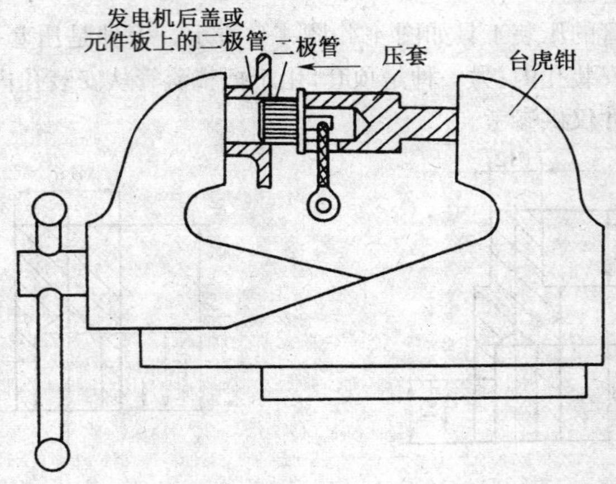

图 4-7　压装整流管示意图

4-5　电磁振动式调节器结构及原理是怎样的？

(1)结构　早期使用的振动式调节器为两对触点(双级)，如常见的 FT61、FT70 等。现在多数使用一对触点(单级)，如 FT111、FT211 等。

另外，按功能分还有防止蓄电池向发电机磁场绕组放电的防倒流型调节器，如 FT61、FT121 等；还有能控制充电指示灯的调节器 FT126 等。

图 4-8 所示为 FT70 双级电磁振动式调节器构造。

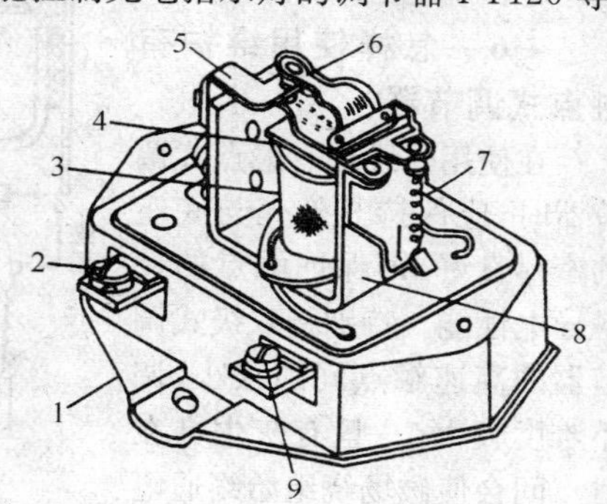

图 4-8　FT70 调节器构造

1. 底座　2. 磁场接线柱　3. 线圈　4. 磁分路片　5. 定触点支架　6. 动触点臂(衔铁)　7. 弹簧　8. 磁轭　9. 点火(输入)接线柱

(2)工作原理　由图 4-9 可知，当电源开关接通时，调节器的"电枢"(点火)端与发电机正极"+"端联通。在发电机刚开始运转时，端电压低于蓄电池电压，这时蓄电池供给发电机励磁电流。第一级触点 K_1 在弹簧拉力作用下，保持闭合状态。此刻的励磁电流通路为：蓄电池正极→调节器"电枢"接线柱→磁轭→触点 K_1→定触点臂→调节器磁场接线柱→电机磁场线圈→搭铁→蓄电池负极；随着发电机磁场增强，输出电压很快升高，在发电机端电压高于蓄电池电压但低于规定限值时，触点 K_1 仍闭合，励磁电流由发电机自己供给，其励磁电流通路与上述相近，仅差别在励磁电流由发电机"电枢"回到发电机机体(搭铁)。

当发电机输出电压达到工作值时，调节器调压线圈中产生的电磁力克服弹簧拉力，将触点臂"4"吸下，使触点 K_1 打开，二级触点 K_2 仍处在打开状态。此刻的发电机励磁电流通路为：发电机正极"+"→加速电阻 R_1→附加电阻 R_2→调节器磁场接线柱→发电机磁场接线柱→发电机磁场线圈→发电机机体→发电机负极。

触点 K_1 打开后，由于发电机磁场电路内串入了附加电阻而使励磁电流减小，磁场减弱，发电机电压降低，调压线圈的电流减小使其电磁吸力减弱，K_1 在弹簧拉力作用下重新闭合。此时，电阻 R_1、R_2 又被短路，磁场电流又增加，发电机电压再度升高。其电压升高到一定数值后，K_1 又被打开。如果发电机转速稳定在额定转速内，则 K_1 保持高频率开、合振动状态,使发电机电压稳定在规定值。

4-6 怎样使用维护有触点式调节器?

在使用与维护有触点式调节器时,应保持其外壳与底座的密封良好,即保证触点的接触导电性能。特别是双级式调节器的高速触点间隙很小,调整难度较大,一旦有灰尘夹在触点间会使磁场绕组始终通电不能被短路,发电机电压将随转速升高而不受限制,直至电压升高而烧坏用电器和发电机。所以要经常检查发电机清洁度、密封性。

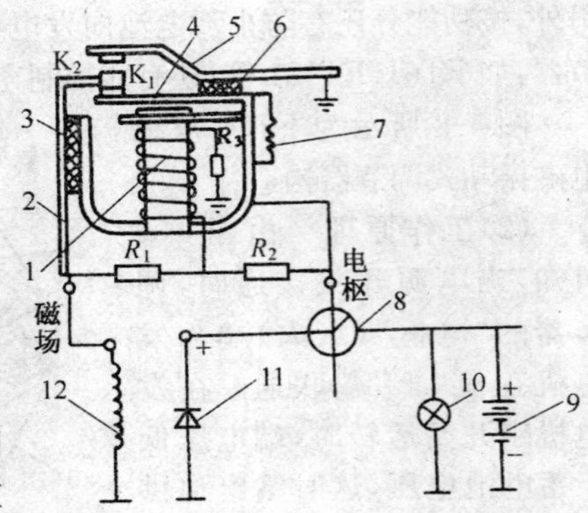

图 4-9 FI70 调节器原理图

1. 调压线圈 2. 定触点支架 3、6. 绝缘垫 4. 下动触点臂 5. 上动触点臂 7. 弹簧 8. 电源开关 9. 蓄电池 10. 用电设备 11. 发电机 12. 磁场绕组

4-7 硅整流发电机和调节器有哪些故障?怎样排除?

(1)不充电

①故障现象;柴油机在怠速以上运转时,电流表指示不充电。

②故障原因:

a. 发电机电枢和磁场接线柱绝缘损坏或接触不良。

b. 滑环绝缘损坏。

c. 电刷在其架内卡滞造成与滑环接触不良。

d. 硅二极管击穿、短路或断路。

e. 定子或转子线圈断路、短路或搭铁。

f. 转子爪极松动。

g. 电压调节器调节过低,或第一对触点烧蚀,第二对触点烧结。

③故障检查与排除:

a. 首先检查发电机皮带是否打滑,蓄电池和发电机之间连线有无断路,连接是否良好,以及发电机接线是否正确等。

b. 检查激磁线圈是否断路和短路。方法是停转发电机,接通电源开关，若电流表有 2～3A 的放电电流，说明激磁电路无故障；若放电电流过大，则激磁绕组有短路之处；若无放电电流或放电电流很小，说明激磁电路断路或接触不良，多因激磁绕组与滑环脱焊，电刷与滑环接触不良。用旋具短接“电枢”“磁场”接线柱，若放电电流变为 2～3A，说明故障在调节器，如触点 K_1 烧蚀或 K_2 烧结等。

c. 调节器调节电压过低。用手捏住触点 K_1，使其常闭（时间要短），若出现了充电电流，说明调压值过低。

d. 发电机不发电。可用万用表电阻挡测量，红笔“＋”接电枢接线柱，黑笔“－”接搭铁接线柱，一般应为 40～50Ω。如小于规定值过多，说明二极管击穿或定子绕组搭铁；如大于规定值很多，说明二极管及定子线圈某处断路或二极管引线折断。

(2)充电电流小

①故障现象；在蓄电池亏电时，柴油机各转速下的充电电流均很小。

②故障原因：

a. 充电线路接触不良。

b. 发电机皮带过松或打滑。

c. 个别二极管烧坏。

d. 滑环脏污，电刷和滑环接触不良。

e. 定子绕组某处接触不良、断路或短路。

f. 电压调节器电压调节过低或触点脏污。

③故障检查与排除：

a. 首先检查发电机皮带是否打滑、充电电路接触是否良好。

b. 在停车情况下，打开电源开关，若放电电流很小（小于 2～3A），说明激磁电路接触不良。用旋具短接“电枢”“磁场”接线柱，若放电电流增加，说明调节器触点接触不良，否则，说明故障在发电机内部，如电刷接触不良，滑环脏污等。

c. 若调节器压值调得过低，则应重新调至规定范围。

d. 发电机内部故障。常见的有一只二极管击穿，一相绕组断路等。

(3)充电电流过大

①故障现象：在蓄电池不亏电的情况下，充电电流在 10A 以上。

②故障原因：

a. 电压调节器电压调整过高。

b. 电压调节器 K_1 触点粘结或 K_2 触点脏污导致接触不良，使激磁线圈不能随之短路。

c. 调节器磁力线圈和补偿电阻断路。

③故障检查与排除：

a. 用万用表直流电压挡测试，即红笔触及发电机电枢接线柱，黑笔接搭铁，逐渐提高发电机转速，检查电压是否过高。

b. 若电压过高，拆下电压调节器盖，用手压开 K_1 使 K_2 闭合，此时电压下降，则说明调整不当或磁化线圈温度补偿电阻断路。

c. 若 K_2 闭合后电压仍不下降，应检查 K_2 是否氧化、脏污导致接触不良、不能使激磁电路短路。

(4)充电电流不稳定

①故障现象：柴油机在怠速以上运转时，时而充电，时而不充电，电流表指针不断摆动。

②故障原因：

a. 柴油机皮带过松或打滑。

b. 蓄电池与发电机电枢接线柱导线接触不良。

c. 转子和定子线圈某处将断路或短路。

d. 滑环脏污或电刷与其接触不良，电刷弹簧过软。

e. 电压调节器触点烧蚀或脏污，触点臂弹簧过松。

③故障检查与排除：

a. 首先排除发电机皮带传动不良，导线接触不良。

b. 充电指针在各种转速范围内均摆动，这说明电压控制不稳。可在柴油机稍高于怠速运转时，用手捏住 K_1 触点，电流表指针稳定，说明 K_1 触点接触不良或气隙、弹簧张力调整不当。

c. 电流表指针仅在高速范围内摆动，则说明电压调节器 K_2 触点在工作，但接触不良。可检查该触点是否烧蚀、脏污。

d. 若某一转速范围充电不稳，则常因电压调节器气隙调整不当所致。

e. 经调节器检查以后仍无效，则说明故障在发电机内部，一般是由滑环脏污或滑环与电刷接触不良引起的。

4-8　怎样检修交流发电机？

(1)转子检查　主要进行滑环绝缘性能、转子线圈有无断路、短路和搭铁等情况检查。检查滑环时应先检查其表面是否光滑或烧蚀，如良好，可用万用表电阻挡检查滑环的绝缘性。如图 4-10 所示，当一支表笔触及滑环，另一支表笔触及转子轴时，不应出现读数。反之则为绝缘不良，说明激磁线圈有搭铁之处，依次检查另一滑环。

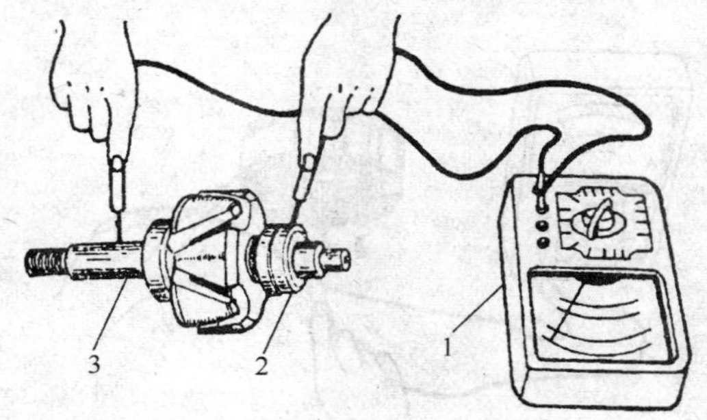

图 4-10　用万用表检查转子滑环绝缘

1. 万用表　2. 滑环　3. 转子轴

检查转子线圈的技术状况时，可将万用表两表笔分别触在两滑环上（如图 4-11 所示），并用 R×1 电阻挡试验，其读数应符合原厂规定，如 JF11、JF21 发电机为 5～6Ω，若读数小于规定值过多，说明转子线圈有短路，若大于规定值过多，则应检查线圈线头与滑环焊接处有无脱落或接触不良，否则即为线圈断路。

(2)定子检查　主要是检查定子线圈绝缘性、断路和短路。检查时仍用万用表，如图 4-12 所示，线圈相邻各线头与铁心之间不应出现读数，如出现读数，说明有搭铁之处。再用 1×R 挡分别测量相邻导线头，三相读数应相同。若某相无读数，则说明某一相断路，很可能是引线处脱焊或中性线头连接处脱焊。如某相读数小于其他相读数，说明该相线圈有短路。

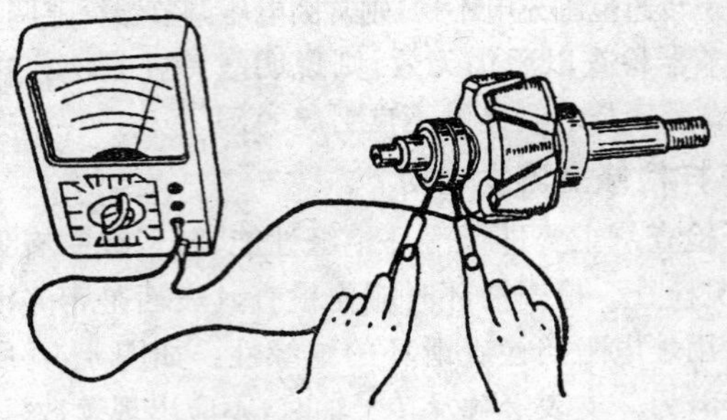

图 4-11　用万用表测量转子线圈电阻

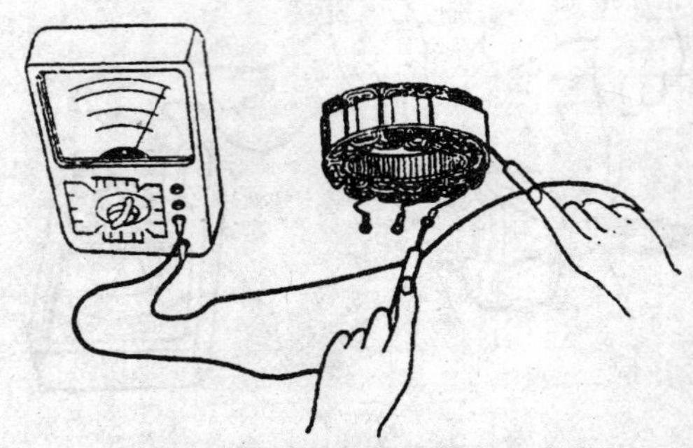

图 4-12　用万用表检查定子线圈

(3)二极管检查　用万用表检查二极管，如图 4-13 所示，正向电阻

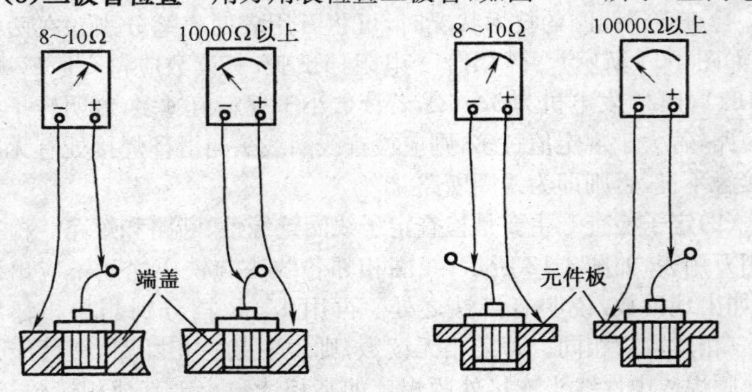

图 4-13　用万用表电阻挡检查二极管

应在 10Ω 左右，反向电阻应大于几十 kΩ。若二次交替检查，电阻值均很小，说明二极管已经短路即击穿，反之，电阻值大于几十 kΩ，则说明二极管断路。

4-9　怎样检查调整调节器？

当农用运输车行驶 1 万 km 左右时，应对调节器进行较详细的检查与调整。

首先应检查调节器的连接电路有无接触不良、锈蚀、断线等故障。然后，卸下调节器并取下外壳，详细观察调节器的各触点有无烧蚀，中心是否偏斜等现象。然后用万用表 R×1 挡分别测量各调节器各脚之间的电阻值，正常情况见表 4-2。

表 4-2　调节器各脚之间的电阻值

检查的接线柱	继电器的状态	调节器的状态	正常电阻值(Ω)	故障部位
IG-F		停止	0	如果不为 0Ω，便是低速触点接触不良
		动作	11	如果是无穷大，便是附加电阻开路
L-E	停止		0	如果不是 0Ω，便是继电器触点接触不良
	停止		100	如果是 0Ω，便是继电器触点熔合在一起。如果是无穷大，是线圈开路
N-E			24	如果是 0Ω，便是电压继电器线圈短路。如果是无穷大，便是电压继电器线圈断路
B-E	停止		∞	如果不是无穷大，便是电压继电器触点熔合在一起
	停止		100	如果是 0Ω，便是线圈短路。如果是无穷大，便是线圈或触点接触不良
B-E	停止		∞	如果不是无穷大，便是电压继电器触点 A 熔合在一起
	停止		0	如果是 0Ω，便是电压继电器触点接触不良

(1)电压继电器触点间隙和铁心间隙的检查调整　电压继电器的触点间隙正常时约为 0.4mm，铁心间隙约为 0.6mm。检查触点或铁心间隙必须用塞尺来进行。

当电压继电器的触点间隙不符合要求时，应进行调整，使其与规定值相同。当铁心间隙过大或过小时，用尖嘴钳扳动调整臂使其与规定值相同。

(2)电压调节器触点间隙和铁心间隙的检查调整　电压调节器触点间隙正常值约为0.5mm，铁心间隙约为1.1mm。同样测量电压调节器的触点间隙或铁心间隙也必须用塞尺来进行。

(3)调节器限额电压的检查与调整　检查调节器的限额电压时，用一只电压表或万用表置于50V直流电压挡，接在发电机B接柱与车体(发电机外壳)之间，如图4-14所示。使发电机的转速为2000～3000r/min，看电压表的指示即可。

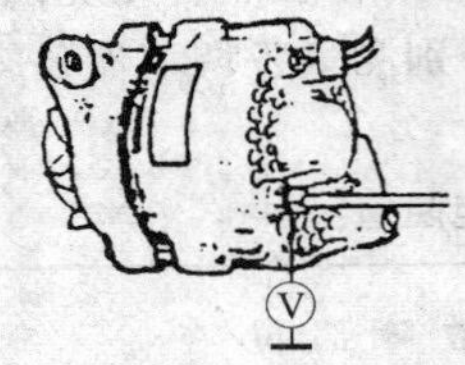

图4-14　接发电机B柱检查

当限额电压太高或太低时(一般应调为14.5V)，用尖嘴钳弯曲电压调节器的调整臂，使其调为规定值，当调整臂向下扳动时，限额电压变低。反之当调整臂向上扳动时，限额电压升高(如图4-15所示)。

当发电机没有向蓄电池充电，充电指示灯仍然亮，说明电压继电器调整得不符合要求。此时用尖嘴钳调节电压继电器的调整臂(如图4-16所示)，使电压继电器的工作符合要求(通常为5.5V)。

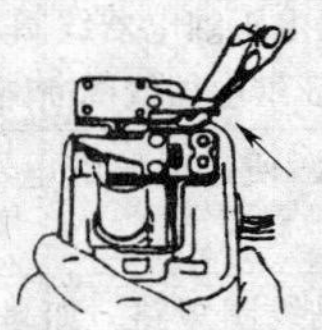

图4-15　调整限额电压高低

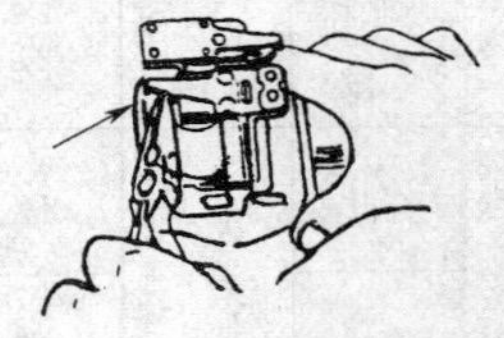

图4-16　继电器的调整

4-10　充电指示灯是怎样工作的?

大部分车的仪表盘上只装有一个充电指示灯或叫充电报警灯，它的作用是在发电机发电不良时(即对蓄电池充电不良时)提醒司机注意。

指示灯(报警灯)也用来反映当起动发动机时电流由蓄电池流向发电机转子激磁的情况，直到发电机电压上升，能够自己产生磁场开始充电为止(因指示灯是接在蓄电池与发电机之间的,它们之间一旦有电流通过,充电指示灯就亮)。当发电机开始向蓄电池充电,并且充电电压与蓄电池电压已经相等时(因发电机与蓄电池之间的电位差为零)即没有电压,它们之间的电流消失,充电指示灯也就熄灭(如图4-17所示)。所以当农用运输车在运行中,发电机或蓄电池有一个发生问题,它们之间就会产生电位差。这个电位差(即电压)将使电流流过而点亮报警灯,警告驾驶员情况恶化,必须及时进行维修。

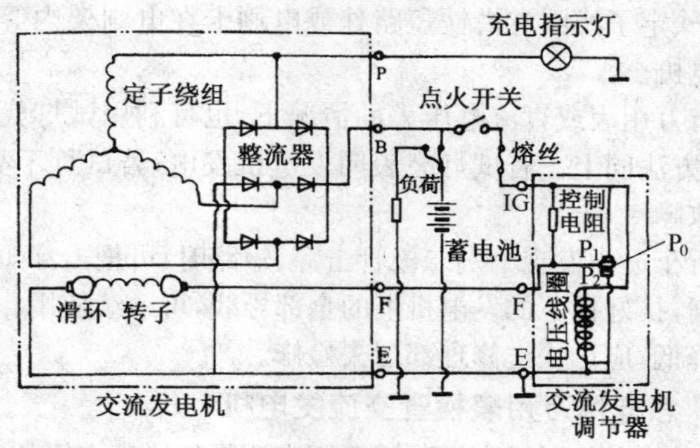

图4-17　充电系统

4-11　发电机有异响是什么原因?

①发电机支架螺栓松动。

②皮带轮松动或打滑。

③轴承间隙过大或缺油。

④轴承损坏使发电机扫膛。

⑤电刷有噪声。

⑥发电机内部有短路。

4-12　怎样在农用运输车上检查交流发电机是否发电?

行驶途中如果怀疑发电机可能发生故障时,可用下述方法检查:首先调整好发电机皮带的松紧,然后拆下发电机上的所有导线,用另一根导线将发电机的"电枢"(＋)与"磁场"(F或B)两接线柱连在一起。再把万用表拨至直流电压0～50V挡(或用直流电压表也可),将万用表的正表笔接"电枢"接线柱,负表笔接发电机外壳。起动发动机,并用从发电机“电枢”接线柱拆下的那根来自蓄电池的火线碰一下发电机的“电枢”(或“磁场”)接线柱,对发电机进行激磁。然后撤去火线,并缓慢提高发动机的转速,观察万用表或直流电压表。若电压表或万用表所指示的电压随发动机转速升高而增大,则说明发电机良好;若万用表或直流电压表无指示,则说明发电机不发电。

故障原因:

①二极管击穿损坏。

②转子、定子线圈有搭铁短路处或电刷卡在电刷架内等。应进一步检修发电机。

在没有万用表或直流电压表的情况下,也可利用试灯代替万用表进行检查,方法同上。若试灯亮表明发电机发电;若试灯不亮,则说明发电机有故障。

如果行车途中发现个别二极管击穿、短路时,可把击穿短路的二极管引线剪断,接好拆下的发电机上的全部导线,可继续使用。如发电机的发电量降低,应尽快送修理部门去检修。

4-13　怎样用万用表检查交流发电机?

在发电机不拆开的情况下,用万用表测量接线柱之间的电阻值,就可以初步判断发电机是否有故障。其方法是:用万用表的 R×1 挡测量发电机“F”(磁场)与“－”(搭铁)之间的电阻值,及发电机“＋”(电枢)与“－”(搭铁)之间的正、反向电阻值。

若“F”与“－”之间的电阻(即激磁线圈电阻)超过规定值时,则说明电刷与滑环接触不良;如小于规定值时,表明激磁线圈有匝间短路;电阻为零则说明两个滑环之间有短路或是“F”接线柱搭铁。

用万用表的“－”表笔搭发电机外壳,“＋”表笔搭发电机的“电枢”(或“＋”)接线柱。如果万用表指示值在 10Ω 左右,说明有个别二极管击穿、短路。如果万用表指示的电阻值接近于零或者等于零时,说明装在后端盖上的二极管和装在元件板上的二极管均有击穿、短路的管子。

若二极管内部断路、必须拆开发电机逐个检查。否则,是不能直接查出的。

4-14　检查农用运输车电路故障有哪些方法?

农用运输车电气系统中的某些元件烧毁,线路出现断路、短路、接触不良，就会引起故障。行车中要迅速查找诊断电路故障原因并不简单，一般常用以下几种方法来查找电路系统的故障：

①现象观察法：电路产生故障时，可以通过各种异响、导线和元件产生的高温、导线冒烟及产生放电火花、焦臭气味等异常现象进行观察。

②试灯检查法：将试灯的一根灯线与用电设备火线相接，另一根灯线接在车体上。若试灯亮，则该处到电源间线路没问题；若灯不亮，则是测试中的某段线有断路的故障。

③短路试验法：如低压电路断路，怀疑点火开关有问题，用导线将点火开关行车时位置的两接线柱短接，通过充电指示灯亮或不亮来证明点火开关的好坏与否。

④通路试验法：判断点火系低压电路是否畅通时，可拆下点火线圈上"一"接线柱导线头，在接线柱上划火。通过火花的有无，来判断电路的通畅与短路与否。

⑤互换材料的判断法：将怀疑有问题的电器材料更换上新的配件，确定故障部位。

⑥搭铁试火法：将一根导线的一端与用电设备的火线相接，另一端与车体划火。如无火，则说明有火与无火之间的线路存在断路故障，如有火则说明与用电设备相接处到电源间线路良好。

4-15　发电机故障有哪些？怎样排除？

①如果皮带轮松动或打滑，应拧紧皮带固定螺钉，松开发电机皮带调整螺钉，调整风扇带的松紧、用拇指或食指以近 100N 的力(10kgf)在皮带绕过皮带轮的长边压下 5～10mm 即为合适。最后再拧紧发电机调整螺钉，并重新紧固发电机挂脚螺钉，如发现皮带松弛和破损时应更换。

②如是发电机支架螺钉松动，紧固发电机支架螺钉即可。

③如轴承松旷，可以动手拆下发电机，拧下发电机皮带轮锁紧螺母，取下皮带轮、风扇及垫圈，牢记各个配件原来的位置，以免装错。再拧下发电机前端盖的紧固螺钉，取下前端盖，抽出转子，松开前端盖的承压板螺钉，取下轴承，同时取下转子后轴承，检查轴承运转是否灵活自如，有无卡滞松旷，如有问题应及时更换。

④如发电机内部短路或断路，最好送有经验的专业人员和厂站进

行检修。

⑤如果发电机出现烧焦气味,表明线圈已烧坏。调节电压过高,长期过载工作,二极管击穿损坏不起整流作用,使一相或二相烧坏,以及定子绕组短路烧坏,转子运转时刮碰定子,都会引起这种烧焦气味。对于这种情况,驾驶员要细心辨查,如调节电压过高、长期过载工作引起发电机过热出现烧焦气味,需检查调整调节器,如是转子刮碰定子出现响声,需分解发电机检查。

第2节 起动机的故障诊断与检修

4-16 起动电路由哪几部分组成?

如图4-18所示,农用运输车的起动电路由蓄电池、电流表、电源开关、起动开关、预热器和起动机组成。

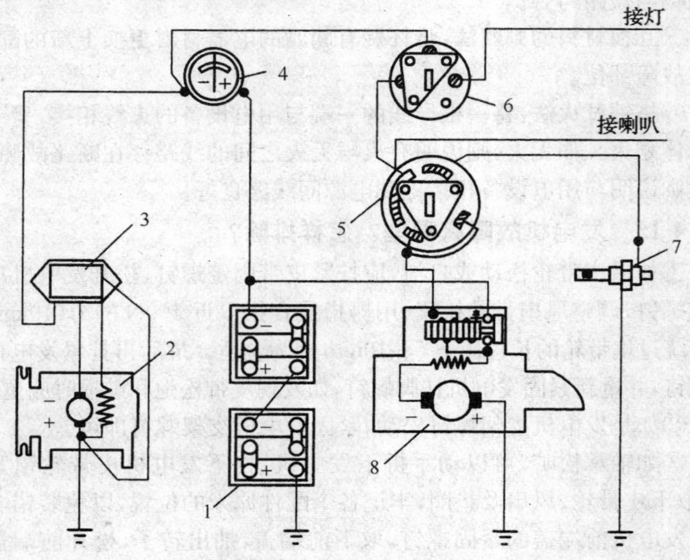

图4-18 起动电路

1. 蓄电池 2. 发电机 3. 调节器 4. 电流表 5. 起动开关 6. 电源开关 7. 电火焰预热器 8. 起动机

起动机工作时,所需电流很大(约600A),所以起动机的主电路不通过电流表,而与蓄电池直接相接,主电路的通断由电磁开关控制,要接通电磁开关,需要闭合电源开关和起动开关。预热器的电路由起动开关控制。

4-17　预热器构造及工作原理是怎样的?

为了使柴油机起动迅速,有的农用运输车在进气管道上装有电火焰预热器,目前以201型电火焰预热器应用最广。其构造如图4-19所示,它主要由空心杆、球阀杆、球阀和电阻丝组成。球阀杆的一端顶在球阀上,另一端通过螺栓与空心杆连接,转动它可以调整球阀的压缩力,当电路接通后,空心杆在电阻丝的烘烤下,受热伸长带动球阀杆移动,球阀打开油道,柴油流入空心杆,流在电阻丝上,被点燃形成火焰,使进入气管的空气受到加热后进入气缸,柴油机易起动。切断电路后,空心杆因温度下降而收缩,带动球阀杆半球阀顶回阀座,堵住油道。这种预热器每次使用时间不应超过40s。

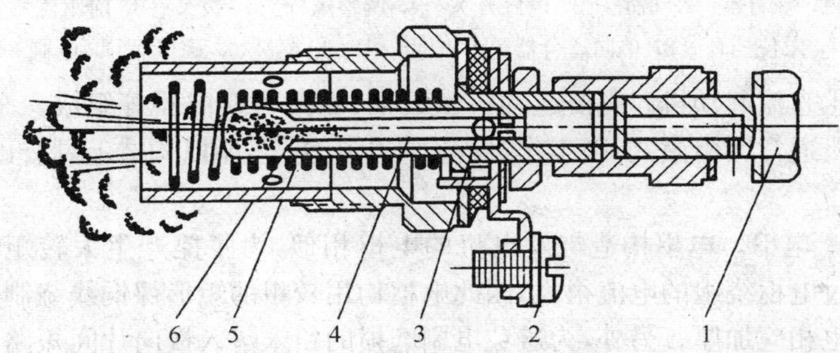

图4-19　201型电火焰预热器

1. 进油管接头　2. 接线柱　3. 球阀　4. 球阀杆
5. 空心杆　6. 电阻丝

4-18　起动机结构特点是怎样的?由哪些部件组成?

起动机一般由三部分组成:一是直流电动机部分,其作用是产生转矩;二是传动机构,其作用是使起动机齿轮与发动机飞轮齿环啮合,传递转矩;三是电磁开关,用来控制主电路的通、断。起动机的结构如图4-20所示。

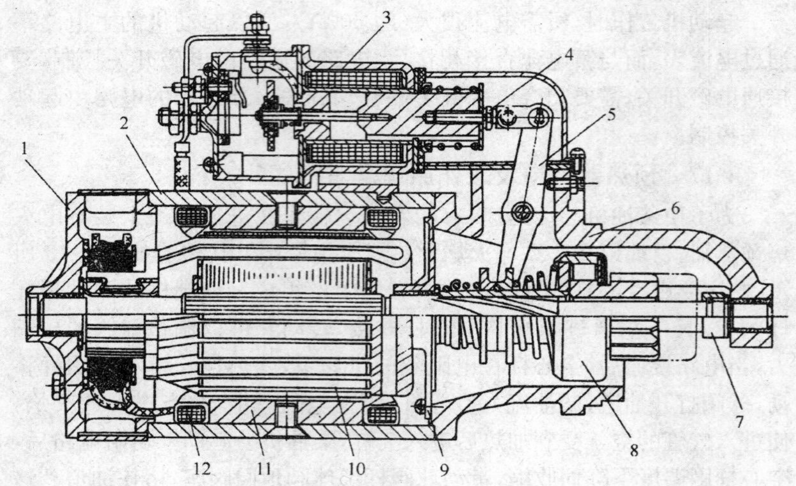

图 4-20 起动机结构图

1. 后端盖 2. 机壳 3. 电磁开关 4. 调整螺杆 5. 拨叉 6. 前驱盖 7. 限位挡环 8. 单向离合器 9. 中盖 10. 电枢 11. 磁极 12. 电刷

①直流起动机。直流起动机由电枢、磁极和换向器等组成。车用起动机通常为串激式,因工作过程中产生大转矩,所以构造上具有以下特点:

a. 电枢。电枢构造与发电机的电枢相似,为了能产生大转矩,则需通过电枢绕组的电流很大,因此电枢均用较粗的矩形裸铜线绕制,换向片也相应加厚。另外,为避免电刷磨损的粉末落入换向片间短路,所以换向片的绝缘片(云母)一般不下刻。

b. 磁极。为能够产生较大转矩,一般起动机采用4个磁极,也有采用6磁极的。磁场绕组与电枢绕组串联,同样采用矩形裸铜线绕制。4个磁场绕组有两种连接方式:一种是相互串联,如图4-21a所示;另一种是先两个并联再串联,如图4-21b所示

c. 电刷。铜与石墨压制而成。

d. 轴承。采用青铜石墨轴承或铁基含油轴承。

②电磁开关。电磁开关由开关壳体、移动铁心、挡铁构成回路。壳体内为激磁线圈,由两组组成;一组是维持线圈,触点接触后用以维持;

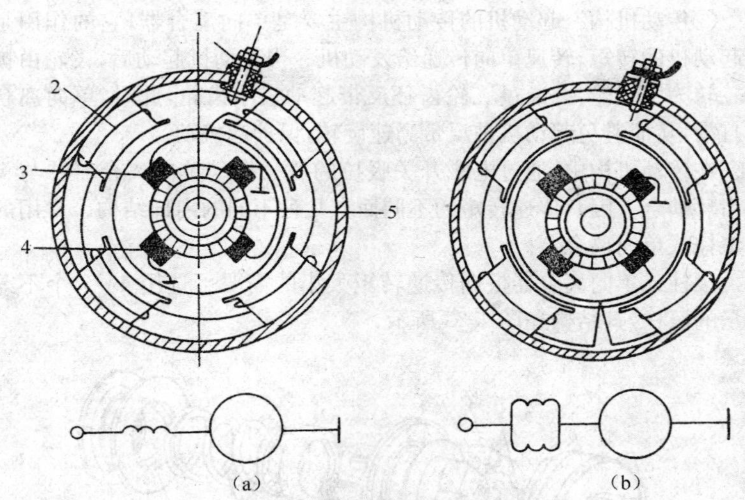

图 4-21　起动机磁场绕组的联接

1. 绝缘接线柱　2. 磁场绕组　3. 正电刷　4. 负电刷　5. 换向器

另一组是吸合线圈，在起动中用以快速吸拉使触点接合。电磁开关有两种不同结构：一种是整体式，动触片组件与移动铁心固定联接在一起；另一种是不联在一起的，称为分体式。其结构如图 4-22 所示。

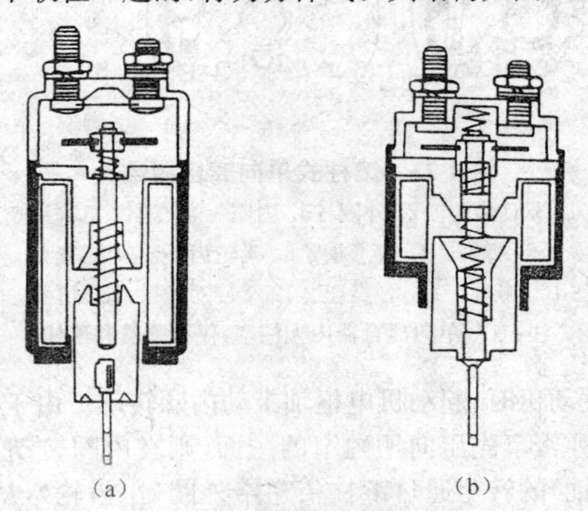

图 4-22　电磁开关简图

(a)整体式　(b)分体式

③传动机构。起动机的传动机构主要是单向离合器，它的作用是将起动机的转矩、转速单向传递给发动机。当发动机起动后，飞轮由被动轮转为主动轮，并通过飞轮齿环反带起动机小齿轮，此时，单向离合器打滑，从而避免起动机被反带高速旋转，保护起机动。

在传动机构中，通过电磁开关吸拉的拨叉推动单向离合器并与飞轮齿环啮合。因其传递转矩的不同而有几种不同的内部结构。常用的为滚柱式单向离合器。

滚柱式单向离合器根据传递转矩大小的需要可选用 4～7 个不等数量的滚柱，其结构如图 4-23 所示。

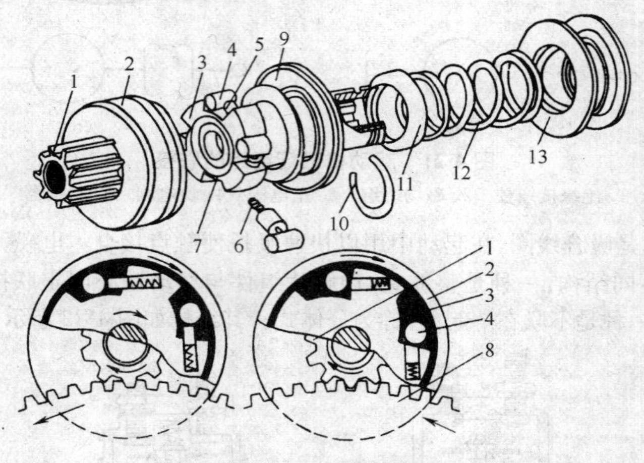

图 4-23　滚柱式单向离合器结构

1. 驱动齿轮　2. 外圈　3. 内圈　4. 滚柱　5. 柱塞
6. 弹簧　7. 楔形槽　8. 飞轮齿环　9. 衬套
10. 卡环　11. 弹簧座　12. 缓冲弹簧　13. 滑套

注：有些单向离合器内无柱塞，仅有弹簧和滚柱

在起动发动机时，起动机电枢轴带动内圈转动。由于滚柱卡在内、外圈之间，由弹簧事先压向槽内窄的一面，则在内圈转动下越卡越紧，使内圈（电枢轴）的转矩通过滚柱传递给外圈（小齿轮），从而使离合器小齿轮带动发动机转动。

当发动机起动后，发动机飞轮相对起动机成为主动轮，起动机小齿轮成为被动轮。这时与驱动齿轮相连的外圈转速大于内圈，因此外圈带动滚柱（摩擦力作用下）克服弹簧力移向楔形槽内宽的一面，使滚柱处于自由状态，内、外圈分离（打滑），即电枢轴与发动机飞轮之间不再传递反向转矩，从而使起动机停止工作。

4-19　怎样使用与维护起动机？

(1)起动机使用注意事项

①为了能使发动机顺利、可靠地起动，应经常保持蓄电池处于充足电状态。起动机与蓄电池之间的连线及蓄电池的搭铁线连接应固定牢靠，且接触应良好。

②起动发动机前，应确认发动机状况良好后再使用起动机。

③由于起动机工作电流大，因此每次起动发动机时，起动机接通时间不应超过 5s，两次起动的间隔应在 2min 以上，以防起动机过热。

④发动机起动后，应及时关断起动开关，以免单向离合器被瞬间反带而早期损坏。

⑤严禁使用起动机时对发动机排除故障及挂档移动车辆。

(2)起动机常见故障及排除

①起动机拆检时，应注意以下几点：

a. 用压缩空气吹净或擦净起动机内部灰尘，用汽油或煤油擦洗机械零件，不允许用汽油、煤油清洗含油轴衬。

b. 换向器表面烧蚀轻者可用“00”号非金属砂纸打磨，重者或表面凹凸不平，则必须重新用车床车光。

c. 检查电刷磨损情况并用弹簧秤检查电刷弹簧压力。如果磨损变形过大或电刷弹簧压力低于 12N 时，应及时更换。

②常见故障及排除方法见表 4-3。

表 4-3　起动机常见故障及排除方法

现象	发生部位	原　因	采用方法
起动机不工作	线路	起动系统各点间连接有松动、中断等；蓄电池接地搭铁线腐蚀或氧化而不导通；导线间插接间松脱	找出故障点；清理、打磨导电表面，除去污物；固定牢靠
	点火开关 起动继电器	触点氧化、烧蚀或触点不能闭合；损坏导致电路不通	清理、打磨或调整触点臂；更换

续表 4-3

现象	发生部位	原　因	采用方法
起动机不工作	起动机	驱动齿轮行程小造成顶齿；电动机内部断路、短路或搭铁；电刷与整流子间因电刷架发卡而接触不良	增加调整垫片使小齿轮与齿环端面间隙为3～5mm；修整或更换
	电磁开关	铁心移动不灵活；内部短路、断路使主触点不接合；触点烧蚀、氧化导致不通电	调整、修配；更换开关；打磨清理
	蓄电池	电量不足；断格损坏	充电；修理或更换
起动机起动无力	蓄电池	容量下降；内部有硫化	充电
	线路	线路联接点导电不良；蓄电池接地线处导电不良	清理接点污物或打磨掉氧化物
	起动机	①电刷磨损过度导致与整流子表面接触力小或电刷弹簧失效不能压紧电刷产生较大电阻 ②整流子烧蚀或油污使电刷接触不良 ③内部局部短路	①更换电刷或弹簧 ②清理、打磨 ③更换或修理
起动机空转	起动机	单向离合器打滑 单向器小齿轮与齿环端间隙大于5mm造成撞击	更换 调整端面间隙到3～5mm之间
起动机不停止	点火开关	开关触点不分离	修理、更换
	起动机	电磁开关主触点烧结不分离	打磨或更换

4-20　怎样拆卸、分解起动机?

①从蓄电池负极接柱上拆下负极搭铁线。

②拆下接在起动机上的正极连接线和黑/黄接线。

③从变速器壳体上，拧下固定起动机的两个螺栓，卸下起动机。

④卸下固定电磁开关的两个螺钉，拆下电磁开关。

⑤拆下轴承罩，并一同卸下锁闭板制动器弹簧和胶圈。

⑥拆下电刷支架。具体操作过程是：首先拆下两个连接螺栓，然后拆下换向器端架，最后从电刷支架上拆下电刷。

⑦取出电枢线圈、起动离合器和拨叉。

⑧卸下外壳固定磁场绕组的螺栓，卸下磁场线圈（当直观检查磁场线圈无损伤时可不拆卸磁场线圈）。

⑨整个起动机的分解顺序如图 4-24 所示，按图中的数字（1、2、3…13）顺序分解。

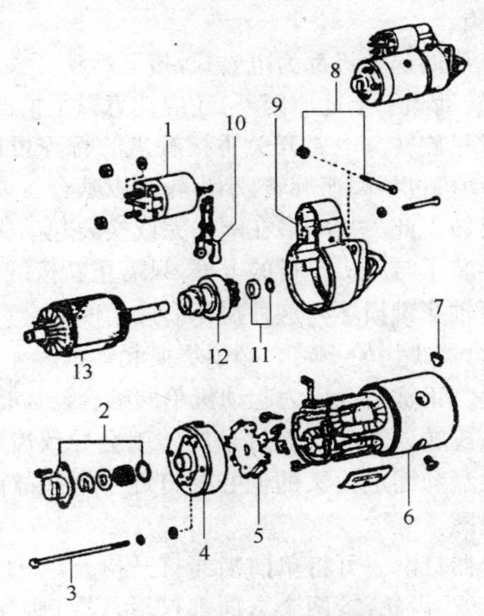

图 4-24　起动机构造

1. 电磁开关　2. 前轴承套、锁止垫圈　3. 螺栓　4. 前端盖　5. 电刷支架　6. 起动机外壳　7. 橡胶垫　8. 螺栓　9. 驱动端盖　10. 驱动杠杆　11. 止推垫圈及锁环　12. 单向离合器　13. 电枢

4-21　起动机空转是什么原因？怎样排除？

起动机空转主要原因是单向活轮打滑。若有时空转，有时能驱动发动机，则有可能是起动机驱动齿轮和止推垫圈的间隙调整不当，或开关接触过早，只要加以调整，故障即可排除。还有可能是飞轮齿环有部分损坏，当发动机驱动齿轮正好与损坏了的环齿相遇时，就不能驱动曲轴旋转。后两种故障在接通起动开关时，均伴有碰撞声。损坏了的飞轮齿环应更换或将旧齿环压出，换一面使用。因单向活轮打滑导致起动机空转，一般是没有碰击声的。检查单向活轮是否打滑，应拆开起动机，将电枢压紧固定，然后用力反时针方向转动单向活轮，如转不动，而向顺时针方向转动，即为良好。如果正、反两个方向都能转动，就不能使用，应换用新件。采用惯性式传动装置的起动机，发生空转故障的原因，多为齿轮移动的轨槽不清洁，阻碍驱动齿轮的滑行，拆开检查，清洗，即可排除故障。

农用运输车用的起动机都为电磁式，接通起动开关后，起动机只空转，而发动机不转动除了上述原因外，还应注意以下情况：

①起动机过早旋转。电磁开关主接触盘的行程可能太小，使主电路过早接通，起动机过早高速旋转，小齿轮难以啮合。调整即可。

②起动机反转。此类故障多在刚修完或换装起动机后发生。可能是接线错误或换装了与原机不符的电枢，只需重新接线即可。

③起动机枢轴花键损坏。这种损坏形式会使啮合后仅起动机电枢轴转，而单向啮合器小齿轮不转。必须更换起动机。

④给电过早。正常情况应为起动机单向啮合器齿把与飞轮接触一半时起动机通电旋转。未啮合而过早旋转就会导致齿轮碰齿，起动机空转。调整接触盘和固定拨叉的偏心螺钉即可解决故障，也可在单向啮和器背后加垫圈。

⑤单向啮合器打滑。可将单向啮器打开检查，一手抓紧啮合器的套筒，另一手转动小齿轮，若两个方向都打滑，说明啮合器上的滚柱和斜形槽磨损严重或弹簧已经折断。如是弹簧折断，可更换或用细钢丝绕制临时代用。如弹簧失去弹力，可拉伸或加垫恢复弹力。如因内部油污过多将滚柱卡住，应使用汽油清洗装复。如因滚柱磨损，可用相当直径的滚珠更换。

⑥正轮齿环个别齿损坏。部分飞轮牙齿严重损坏，应关闭点火开关，用手或脚转动风扇叶片。转动飞轮时也可用大旋具或撬杆直接撬动飞轮齿环，使它带动曲轴、飞轮转过数牙。

4-22　起动机转动无力是什么原因？

当接通起动机开关后，起动机虽能转动，但转速很慢，转速不匀，转动无力，不能驱动发动机时，首先要考虑到，蓄电池的存电是否充足，导线的连接是否良好。尤其是寒冷地区的冬季，发动机转动的阻力增大，蓄电池的容量下降,是起动机转动无力的主要因素。在这种情况下,继续用起动机起动往往是不行的。如果蓄电池充电较足,各部件线路连接紧固,可用粗导线将起动机开关接线柱接通,若起动转动有力,应检查开关触点是否已严重烧蚀或接触不紧而引起导电不良;倘若还不正常,则故障在起动机本身,应进一步检查电刷的磨损是否过多,电刷的弹力是否不足。换向器是否太脏等。经清洗,更换电刷后,故障仍不能排除时,再检查磁场线圈和电枢线圈有无短路,起动机电枢轴承是否过于松旷,电枢轴是否弯曲,电枢是否与磁场极铁擦碰。

4-23　起动机不转是什么原因?

通常是电路上的故障。一般检查方法是,先按一下喇叭,判断蓄电池和供电线路有无故障。若喇叭不响,应检查蓄电池极柱是否太脏,卡子和极柱的连接是否松动。若喇叭响,且响声正常,表明蓄电池及供电线路良好。再用导线将起动机开关上的接线柱接通,如果起动机转动,说明触点和触盘导电不良。如果起动机还不转,说明故障在起动机内部,判断方法是当用导线连接起动机开关接线柱时,无火花表明起动机内部断路;火花强烈表明起动机内部有搭铁或短路的地方。应将起动机卸下,分解检修。对于电磁开关式的起动机,检查开关有无故障,可用一根导线将起动机和蓄电池来的火线相连接,此时,若起动机转动,说明起动机良好,那么就是断电器故障。应检查继电器触点是否烧蚀,线圈是否短路、断路等。

4-24　怎样装配起动机?

用机油润滑轴承衬套及齿轮传动导管,将止推垫圈及齿轮总成套在传动端壳后,再把传动叉放入传动槽内,然后装上轴承盖;将电枢带键槽的一端插入中间轴承孔,并穿过齿轮孔,插入传动端壳衬套内,将电枢连同传动壳装于起动机壳上,盖上整流子端壳,拧紧螺栓;安装好电刷、接好电刷线,并安装起动开关。

起动机装配后,各处的配合间隙应符合有关技术要求。

4-25　怎样调整与试验起动机?

(1)调整

①驱动齿轮与止推垫圈间隙的调整(间隙为 0.5～1.5mm)。

②起动机开关接通时机调整:接通时应在驱动齿轮与飞轮齿环即

将完全啮合的时刻为适宜。

③热变电阻短路开关接通时机的调整：开关接通时，应在起动机开关触盘与触点开始接通的同时或稍早些。

(2)电磁式操纵装置起动机的调整

①驱动齿轮与限位螺母间隙的调整：将引铁推到底，用塞尺测量驱动齿轮与限位螺母之间的间隙，其值为4～5mm。

②起动机驱动齿轮与端盖凸缘距离的调整：要求距离应在32.5～34mm之间。

③JQ-1型继电器闭合电压及张开电压的检查与调整，可改变触点臂与铁心间的间隙来进行调整（此间隙应为0.8～1mm），使触点间隙为0.6～0.8mm。

(3)装复后的试验 将蓄电池负极与起动机开关接柱相连，使蓄电池正极在外壳上搭铁。开关接通后，电枢应转动轻快均匀、不抖动、无噪声、无机械碰擦声，电刷没有强烈火花产生，即为良好。

4-26 怎样修理起动机？

拆开起动机，取出电枢及其他零件，清洗干净，分别进行检查。

①机壳出现裂纹、两端面不平行大于0.05mm、机壳内圆与磁极内圆不同轴度大于0.1mm时，应更新或在磁级与机壳间垫铜片，然后用专用工具按标准间隙镗削磁极。

②磁极线圈的修理。在机壳上拆下的磁极，取出线圈，在电枢试验器的磁轭上试验3～5min后，若有发热现象，表示线圈内短路，应重新绕线。若出现断路或绝缘不良，应予焊接或绝缘处理。然后浸以绝缘漆，并进行烘干。

③两端盖及中间轴承衬套磨损严重的，应换衬套。衬套与端盖衬套孔的过盈值为0.08～0.18mm。衬套孔接电枢轴颈铰削后，应保证配合间隙。

④整流子端盖及中间轴承出现裂缝及变形的，应更换。端盖与壳体配合处的圆柱面对轴承内孔的总偏摆度不得大于0.12mm，端面摆度不得大于0.1mm，否则应修复使用。

⑤电枢轴颈磨损超过允许限度时，可采用电镀、喷涂或镶套等方法修复。

⑥整流子的圆度和同轴度误差，超过 0.05mm 时应矫直；表面有划痕、沟纹时，应车光，其钢片厚度不得小于 2mm，否则应更换。

⑦电枢线圈松动的，可用木板条或胶木板条将线压入槽内，轻敲线槽表面边缘部分，将线压紧。若原整流子焊接处松动，应用锡焊焊牢。电枢线圈搭铁或短路现象的，应进行局部修复。不能修复时，应拆下线圈，更换绝缘物。

⑧驱动齿轮的齿面锈蚀，齿厚磨损的，应更换驱动齿轮；滑轮式驱动机构，扳动齿轮，承受力低于 24.5N·m 的转矩时，应选配直径较大的钢球；齿轮衬套与电枢的间隙为 0.030～0.125mm，大于 0.23mm 时，应换用新套。

⑨起动开关接线螺栓触点和导电触点片有污垢或烧蚀现象时，应用细砂纸或砂条磨平；起动继电器线圈及传动继电器的串、并联线圈有断路、短路或搭铁的，应予更换或重绕线圈。

4-27　开关回位，为什么起动机仍继续旋转？

起动发动机后，点火开关转回到行车位置而起动机仍继续旋转的原因是，起动机电磁开关触点烧结在一起，使起动电路不能断开（点火开关被短路），这相当于短接起动接线柱或者是传动拨叉回位弹簧折断，使齿轮不能回位。

发生这种故障时，应立即拆除蓄电池的任一极桩线，否则，短时间内会烧坏起动机。

4-28　怎样查明起动机电路短路？

当农用运输车无法起动，又排除其他机件故障后，要查明起动机电路短路故障时，可以采用如下方法：

串联两只 12V 的蓄电池，两电极间连接 14 号的导线和 12 号熔丝，一个电池一端引出的导线端紧接于电枢轴上，手执另一电池的一端引出的导线端碰触电枢导线。当触及到短路的导线时，因有巨大电流通过，会产生火花。然后在这段作好记号，再进行绝缘处理，就可消除短路的故障了。

第一次接通电路触线时，有短路故障的电枢短路处产生火花，但第二次或第三次时便无火花了，这表明电路处已烧成缺口而断路，对此可不再进行绝缘处理，应清理更换电线。

4-29　怎样试验起动机和电磁开关？

①空载性能试验：用台虎钳固定起动机以防止发生意外事故。

a. 如图 4-25 所示将起动机连接到蓄电池上。

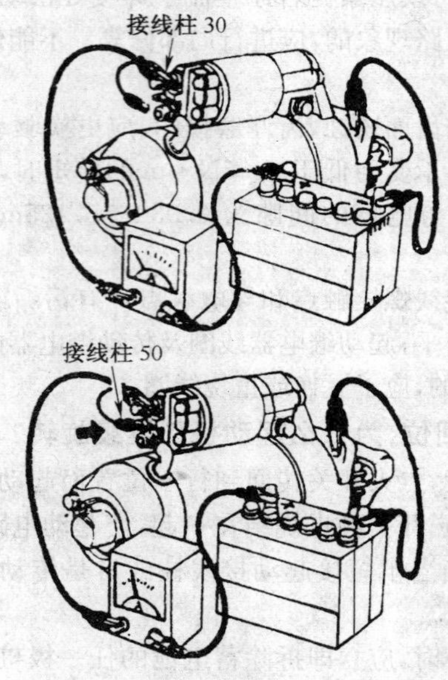

图 4-25　空载性能试验

正极：蓄电池的正极接电流表负极；电流表的负极接接线柱上。

负极：蓄电池负极接起动机壳体上。

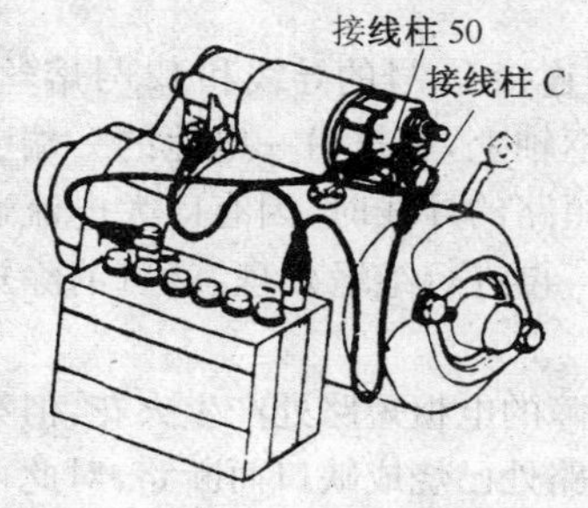

图 4-26　吸引试验

b. 连接接线柱后如果起动机传动的小齿轮跳出，运转稳定，而且电流小于规定的电流值，那么工作是正常的，是符合装配要求的。

②吸引试验：如图 4-26 所示，将磁性开关连接到蓄电池上。

负极：蓄电池的负极接到起动机壳体和接线柱的正极上。

正极：蓄电池的正极接到接线柱上。

如果传动齿轮凸出，那么接通线圈就是正常的，符合要求。

4-30　起动机齿轮与飞轮不能啮合是什么原因？

故障主要是由于起动机开关闭合过早，起动机驱动齿轮在未啮入飞轮环齿之前，起动机电路就已接通所造成的。也有可能是因为起动机驱动齿轮和飞轮环齿的齿牙损坏，或是减振弹簧过软，起动机固定螺栓松动，发动机机体歪斜等。发生上述故障时，应先检查起动机和发动机的安装是否坚固，然后检查起动机开关的闭合时间，若闭合过早，加以调整，故障即排除。如果是减振弹簧过软，齿轮损坏，则应更换或修理。

4-31　起动机小齿轮与飞轮卡住是什么原因？

起动时，起动机小齿轮与飞轮齿环卡住，多是由于蓄电池亏电、机油黏度大、起动机有故障或起动机小齿轮与飞轮齿环磨损严重所致。因为起动机有故障而不能转时，虽然关掉点火开关，但起动机小齿轮与飞轮齿环压得很紧，且两齿面磨损凹凸不平时，起动机小齿轮就会被飞轮齿环卡住或咬死，同时拨叉回位弹簧不能使拨叉回位，不能切断电路，这样时间稍长就会烧坏起动机。

遇到以上情况，应当机立断，首先切断蓄电池任一极接线柱导线，然后拨动飞轮，使飞轮来回转动或挂上高速档前后推动车，使起动机小齿轮与飞轮齿环脱开。也可将起动机固定在飞轮壳上的螺栓松开，然后活动飞轮，使其脱开。查清故障原因，待故障排除后方可使用。

4-32　为什么起动机烧毁？

起动机线圈容易烧毁的原因有：

①停车后拉紧了驻车制动，又挂上了档，没有松开就去踩起动机踏板。由于起动机被飞轮咬死（起动机制动），开关一时退不回来，这样时间长了，起动机线圈就容易烧毁。

②发动机配合太紧，人力摇不转曲轴，硬用起动机带转，时间长了，线圈就会烧毁。

③发动机不好发动，多次使用起动机，间隔很短，每次起动时间又较长，造成起动机内部线圈过热，甚至烧毁。

④靠近绝缘电刷的部分磁场线圈有搭铁，也会造成线圈烧毁。

⑤整流子和电刷接触不良、弹簧折断、电刷卡死不能很好地与整流子接触，电流通过时造成整流子冒火花，促使线圈发热，严重时会将线圈烧毁。

⑥电枢线圈与整流子接触不良，起动运转时大冒火花，不仅会烧毁整流子，有时也会烧毁电枢线圈。

⑦起动机轴上的铜衬套磨损，造成电枢严重碰磨极掌，甚至电枢被卡死，长时间接通大电流，造成起动机的电枢和磁场线圈被烧毁。

起动机的磁场线圈和电枢线圈是串联的，且磁场线圈的支路数比电枢线圈少，而且很多故障出现在绝缘电刷架→绝缘电刷线以前的某部分，所以起动机上磁场线圈比电枢线圈烧坏得多些。

第3节 蓄电池的故障诊断与检修

4-33 蓄电池的结构是怎样的?

铅酸蓄电池的构造如图4-27所示，一般由3个或6个单格电池串联而成。主要由极板、隔板、电解液和容器组成。

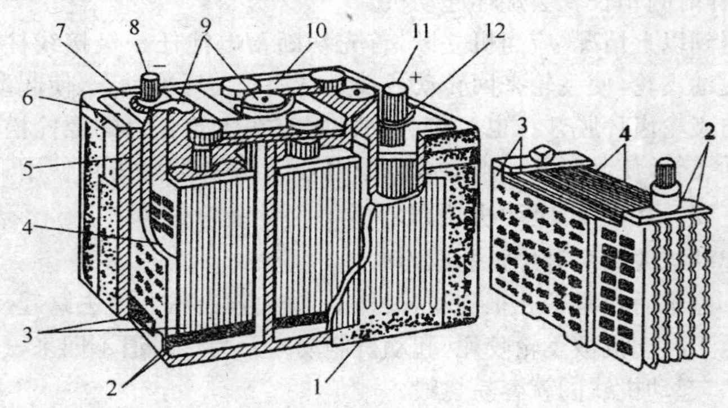

图4-27 铅酸蓄电池

1. 壳体 2. 正极板 3. 负极板 4. 隔板 5. 护板 6. 封料 7. 盖板 8. 负极板 9. 加液孔盖 10. 连接条 11. 正极板 12. 封闭盖

①极板。极板是蓄电池的核心，分为正极板和负极板，由板栅和活

性物质组成。板栅由铅锑合金制成，正极板上的活性物质是二氧化铅（PbO_2），呈深棕色，负极板上的活性物质是海绵状铅（Pb），呈青灰色。

②隔板。主要是防止正负极板短路，具有多孔、细孔及耐酸的木质隔板或玻璃纤维、橡胶隔板等。

③电解液。通常用硫酸水溶液作为电解液。

④容器。一般由耐压塑料制成的密封容器，外部露出正负极接线柱、连接条、电解液孔盖等。

目前使用较多的干荷式蓄电池，也称少维护蓄电池，如图 4-28 所示，其极板采用特殊配方和工艺制成，单格与单格之间不是连接条，而是采用了穿壁式结构连接两个极桩。初次使用时不需进行初充电，只需加注规定密度的电解液，等待 20～30min 后即可使用。

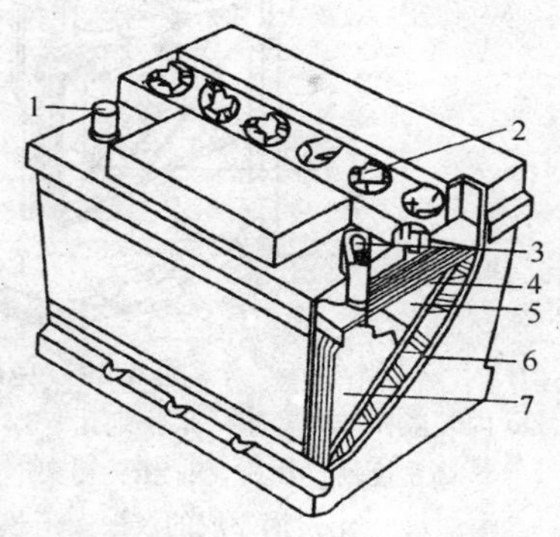

图 4-28　少维护蓄电池

1. 负极柱　2. 加液孔螺塞　3. 正极柱　4. 隔板　5. 负极板　6. 外壳　7. 正极板

免维护蓄电池，如图 4-29 所示。这种蓄电池结构特点主要是极栅架采用铅钙或低锑合金制成，隔板采用袋式聚氯乙烯将极板包住，采用穿壁式连接条，特制的安全通气装置，外壳为聚丙烯塑料制成，且内底无凸筋等。使用过程中不需保养，3.5～4 年不必加蒸馏水，极柱和连接条几乎无腐蚀，蓄电池自放电少，在车上或储存时无需补充充电。

4-34　蓄电池是怎样工作的？

蓄电池充放电过程，是由蓄电池内部正负极板上的活性物质与电解液之间的化学反应来完成的，其放电过程是化学能变为电能的过程，充电过程是由电能转变为化学能的过程。放电过程中，正极板上的活性物质由深棕色的 PbO_2 转变为浅棕色的 $PbSO_4$，负极板上的活性物质由深灰色的 Pb 转变为浅灰色的 $PbSO_4$，电解液中的 H_2SO_4 转变为水，整个过程电解液密度下降。充电过程中物质的变化与放电过程相反。

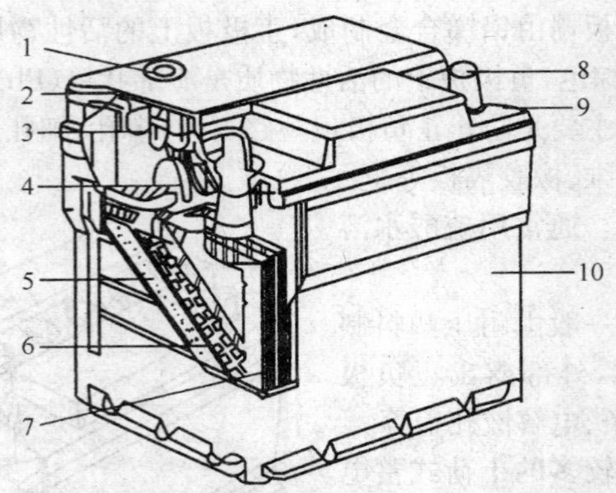

图 4-29　免维护蓄电池

1. 内装温补型密度计　2. 排烟孔　3. 液气隔板　4. 中心极板及单格连接器　5. 高密度活性物质　6. 铅钙栅架上的“窗孔”　7. 密封极板的隔板封皮　8. 冷锻制成的极柱　9. 模压代号　10. 聚丙烯壳体

4-35　怎样保养蓄电池？

①经常检查蓄电池液面高度，冬季每隔 10～15 天检查一次，夏季每隔 5～7 天检查一次。注意适时加水(蒸馏水)，不能让铅板露出电解液液面，但也不能加得过满，这样电解液会通过通气孔溢出来，使蓄电池缓慢放电，液面以高出铅板 10～15mm 为好，如图 4-30 所示。

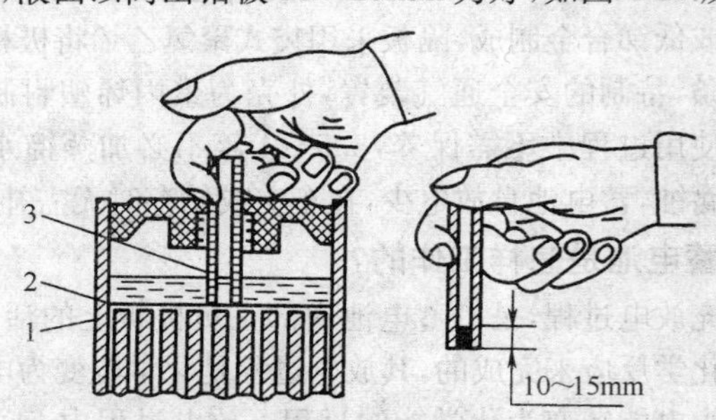

图 4-30　电解液液面高度的检查

1. 护板　2. 电解液　3. 玻璃管

②保持蓄电池盖清洁，清除腐斑，避免漏电。

③清洁和正确地拧紧起动蓄电池卡子。

④更换损坏的起动电缆。

⑤检查蓄电池是否稳固地安装在框架中，防止振裂蓄电池壳。

⑥定期检查蓄电池的充电状态，发现电量不足应及时送出去充电。

4-36　怎样使用电解液密度计来测量蓄电池的充电情况？

将吸好电解液的密度计举到液面与眼平齐时（如图 4-31 所示），读出浮子至液面处的读数：

1.265～1.299　充足了电

1.235～1.265　3/4 充电

1.205～1.235　1/2 充电

1.170～1.205　1/4 充电

1.140～1.170　勉强工作

1.110～1.140　完全放电了

在夏季，同样充电状态的密度要略大一点，在冬季要略低一点，可以从浮子伸出液面的高度作出判断，如图 4-32 所示。

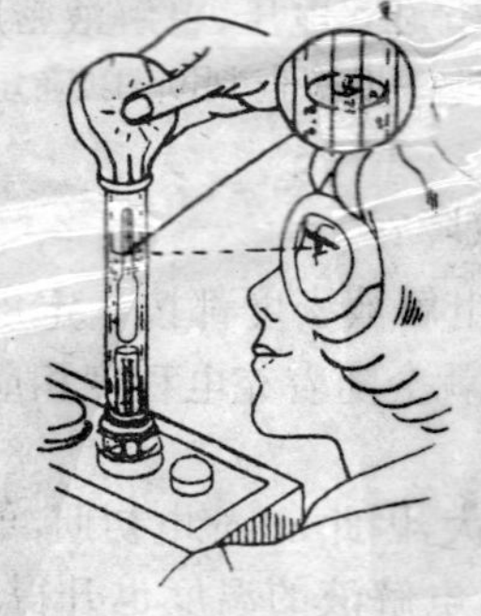

图 4-31　测量电解液密度

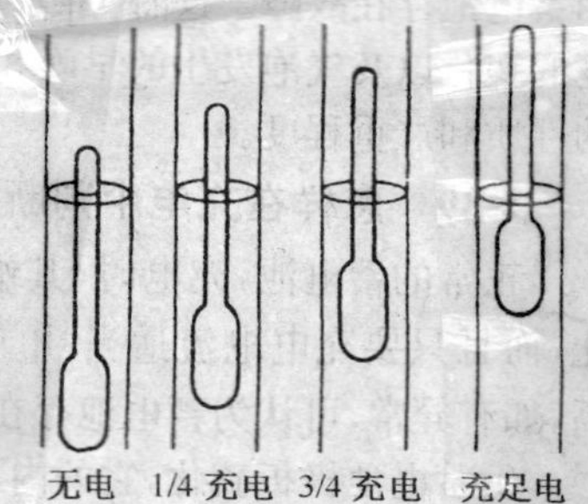

图 4-32　电解液的对比

使用浮球式密度计时，全部球都浮起表示充足了电，全部不浮起表示电放完了。

如果测得的电解液密度小于 1.110 时，则可能是蓄电池壳裂了。蓄电池内的铅板或隔板坏了，此蓄电池已不能用了。

4-37　安装蓄电池时应注意什么？

①蓄电池电解液是硫酸，腐蚀性很强，溅到皮肤上会烧伤皮肤。如果不小心溅到人体，要马上用清水冲洗，若有发酵粉，可将发酵粉敷上，

以中和硫酸。若溅入眼睛，要马上用清水冲洗，至少连续冲洗5min再去找医生，不得耽误。

②不能用压缩空气去吹蓄电池盖上的污物，因为这样可能将硫酸吹溅到身上。

③充电时，蓄电池顶部的气体是爆炸性的，所以不能在正在充电的蓄电池旁点火或吸烟。

④将电缆夹头接到蓄电池电极柱上之前，先要弄清电极柱和电缆卡子的极性，要按车型规定的极性连接线头，接错了会损坏发电机。

4-38　怎样区别蓄电池是存电不足还是有故障?

用密度计测得的电解液密度比充足时的低0.08以上，但各单格相差不大于0.01，用高率放电计测量单格电压，电压下降到1.5V左右，但能在5s内保持稳定，而且各单格相差不大于0.1V，则可粗略地判断此蓄电池无严重故障，只是放电较多，应进行补充充电。在用高频放电计测量单格电压时，电压迅速下降，各单格电解液密度相差悬殊，则表明蓄电池存在故障。这时，可在充电过程中观察电压、电解液密度、温度的变化以及气泡发生的早晚和多少，作进一步检查判断，以确定故障的性质和严重程度。

4-39　怎样在充电中判断蓄电池故障?

正常的蓄电池，充电时，其端电压和电解液密度都按一定规律变化，而且只要充电电流适当，电解液温度就会随着充电程度相应地升高，如有异常，可认为蓄电池存在故障。

①蓄电池极板硫化，它的内阻就会增大，因此，在充电初期，单格电池的充电电压，能升到2.8V左右，同时，电解液的温度也升得较高。倘若极板是较轻的硫化，充电数小时之后，由于极板表面硫酸铅的逐渐消失，内阻会随之减少，充电电压可降到2.2V左右，然后像正常蓄电池一样，电压和电解液密度缓慢上升。倘若是严重硫化的蓄电池，则因极板是粗大硫酸铅结晶难于溶解，内阻很大，单格电池在充电初期充电电压可达5～6V，电解液温度升得很高，而密度却无明显变化，且电解液过早“沸腾”，产生大量气泡。

②存在自放电故障的蓄电池，由于其内部有某些直接导电的分路，使作用于化学反应的电能减少，电解液密度和电压上升较缓慢，如果蓄

电池内部严重短路，充电电流只是从蓄电池内通过，活动物质几乎不产生化学反应，即使充电时间很长，电解液密度和电压都不上升，电解液中也没有明显的气泡发生。

③活性物质严重脱落的蓄电池，在充电过程中能看到电解液里有褐色微粒，同时，由于极板上的活性物质减少，蓄电池容量降低，电解液“沸腾”等充电终了的现象会提前出现，充电时间较正常蓄电池大为缩短。

4-40　什么是蓄电池的自放电？

充足了电的蓄电池，在不使用的情况下，逐渐失去电量的现象叫自放电。轻微的自放电是不可避免的，这是因为制造蓄电池的材料和硫酸不可能绝对纯净，加之正极板上的二氧化铅与栅架中的铅、锑，以及负极板上的铅与栅架上的锑都是不同金属，它们之间存在电位差，形成局部电流。每昼夜的自放电量仅为蓄电池额定容量的 0.5%～1%。这对于在汽车上能够经常得到充电的蓄电池来说，影响并不大。但是，若使用和保养不当，自放电的速度就会加快，甚至充足电后，仅仅几天或几小时内就“完全放光”。这种故障叫严重的自放电。

4-41　蓄电池内部短路有什么现象？怎样排除？

如果单格电池的静止电动势（开路电压）低于 2V，充电时的电压低于其他单格，电解液密度上升得很慢，充电末期产生的气泡很少，用高率放电计检验，单格电池的电压迅速下降，即可判定为内部短路。其原因是隔板破裂、电解液严重不纯、极板拱曲、掉进了金属杂物以及活性物质大量脱落后沉积于底部使正负极连通等。对内部短路的蓄电池必须拆开作进一步检查、找出原因加以排除，如更换隔板及电解液、清洗极板组、清除壳底的沉积物等。

4-42　蓄电池极板活性物质为什么会大量脱落？

涂浆式极板的活性物质，在使用中逐渐少量脱落是不可避免的，若是迅速地大量脱落，则是蓄电池的一种致命的故障，它将使蓄电池容量下降，甚至完全失去工作能力，而且除非更换极板，否则无法修复。造成活性物质大量脱落的原因主要有：

①充电电流过大，尤其是在充电末期，如果保持很大充电电流，则化学反应急促，将引起大量气泡由活性物质的孔隙中窜出，形成较大压

力，使活性物质受到冲击而脱落。

②经常过量充电，使活性物质过分氧化，栅架受到腐蚀，造成活性物质从栅架上剥离和栅架断裂。

③经常过量放电，活性物质大部分生成硫酸铅，体积膨胀松散而易于脱落。

④大电流放电时间过长，引起极板弯曲变形，活性物质在栅架上的附着性能降低。

⑤蓄电池在车上安装得不牢固。

⑥电解液密度过大，硫酸对栅架的腐蚀作用增大，机械强度下降。

⑦在严寒地区的冬季，电解液密度过低，或在大量放电之后未及时充电，使电解液结冰，破坏了活性物质的结构。

4-43 蓄电池电解液消耗太快是什么原因？

蓄电池电解液液面应经常保持高出极板隔板上缘 10～15mm，以免因液面过低而使参与化学反应的活性物质减少，降低蓄电池容量，也可避免极板直接与空气接触而加速硫化。在正常情况下，只需一周或半个月补充一次蒸馏水即可。倘若液面降低得太快，那是不正常的。这很可能是调节器的限额电压调得过高，使蓄电池经常过量充电，电解液中的水大量分解蒸发所致。因此，应认真检查调整限额电压。如果只是个别单格降低过快，则应仔细检查蓄电池壳是否破损，封胶是否开裂。

4-44 蓄电池为什么会爆炸？

蓄电池充放电时，由于内部的化学反应，使电解液中的部分水分子分解为氢气和氧气，特别是当蓄电池过充电或大电流放电时，水分子分解速度更快，会产生大量的氢气和氧气从电解液中溢出。由于氢气可以燃烧，氧气可以助燃，一旦同火接触立即燃烧，而这种燃烧是在密闭的蓄电池内部进行，因此引起爆炸。如果加液孔阻塞，使急剧产生的氢氧气不能迅速溢出蓄电池外，当气压大到一定程度也会发生爆炸。结果外壳爆裂，电解液溅出伤人。

为了防止蓄电池发生爆炸事故，必须做到：蓄电池加液孔螺塞的通气孔经常保持畅通；禁止蓄电池周围有火；蓄电池内部连接处和电极柱上的接线要牢固，以免松动引起火花；用高频放电试验器检查单格电池电压降前，应将蓄电池加液孔用螺塞盖好；防止起动机内部短路。

4-45　电解液密度过大对极板有什么危害？

一般电解液相对密度不应超过1.285g/cm³（30℃时），夏天选用1.220～1.240g/cm³为宜。电解液的相对密度过高，不仅会加速极板和隔板的腐蚀，而且会使蓄电池的容量下降、放电电流减小。实践证明，电解液相对密度为1.22～1.230g/cm³时蓄电池的容量最高。这是因为该相对密度的电解液不仅可提供足够的硫酸，保障大电流放电时的需要，而且电解液的黏度也最小，电阻小，有利于离子的快速运动。电解液的黏度是随着温度的下降而增大，随着相对密度的下降而减小的。所以，绝不是冬季采用的相对密度越高越好，而是偏低些好。一般不可超过1.285g/cm³。但相对密度也不能过低，如在1.220g/cm³以下，容量会显著下降，电阻也会增大。冬季相对密度过低还可能在蓄电池亏电较多的情况下有产生结冰的危险。

4-46　怎样减少蓄电池自行放电？

蓄电池的自放电现象，主要是蓄电池内物质不纯引起的。自放电不仅是电能的浪费，而且加速极板的损坏。

物质不纯是绝对的，所以完全避免自放电也不可能。但是对使用者来说，设法减少自放电程度倒是一项重要的工作，具体注意事项如下：

①配制电解液时必须使用专用硫酸（白色透明）和蒸馏水。发黄的硫酸、井水、河水等都含较多的矿物质，切勿使用。

②配制和储存电解液的容器均应是陶瓷、塑料、玻璃和橡胶等耐酸材料。

③配制好的电解液要妥善保管，以免杂质混入。

④蓄电池的外表面应经常冲洗，保持清洁、干燥。

⑤蓄电池的盖塞要拧紧，以免电解液飞溅出来或将杂质掉进去。

⑥蓄电池用电解液的密度不宜过大。

⑦要经常保持蓄电池处于充足电状态。

4-47　怎样给蓄电池快速充电？

快速充电具有充电速度快、效率高、对空气的污染少和节省电能等优点。但是，快速充电不只是简单地加大充电电流就能取得好的效果。

因为，过大的充电电流在充电中尤其是充电后期引起激烈的物理和化学变化，使电解液中的水迅速分解，产生大量的气泡；电解液的温度随之升高；蓄电池的两极板之间形成“过电压”，即所谓“极化”现象。这些，不仅对充电电流有阻碍作用，还会加剧极板的变形、腐蚀和活性物质脱落，降低蓄电池的使用寿命。因此，对蓄电池的快速充电应注意以下几点：

①快速充电要用“可控硅快速充电机”进行，这种充电机在充电中产生的正负脉冲电流，可以消除或减轻蓄电池的“极化”现象和其他不良反应，使蓄电池始终保持在初始充电状态。

②快速充电多用于补充充电，不宜对未经起用的新蓄电池或有硫化等故障的蓄电池快速充电。

③充电前要认真对蓄电池进行一次检查，了解放电程度，补充电解液，调整电解液密度。

④快速充电用定流充电，充电电流的选择，一般为 0.8～1.0C（C为蓄电池 10 小时放电率的容量数值）。

⑤不同容量或不同技术状况的蓄电池分别编组。

⑥充电时间约为 1～2h。充电过程中电解液温度不得超过 50℃。

⑦快速充电一般可使蓄电池容量恢复到 90%，如有必要，可用小电流再充一段时间，使极板深层的活性物质得到充分利用。

4-48　怎样判断正在充电的蓄电池是否充足？

为防止蓄电池硫化，保持蓄电池的足够容量，在充电时必须使蓄电池真正充足。否则，蓄电池的性能将下降，使用寿命缩短。蓄电池充足电的标志和特征是：

①蓄电池的端电压上升到最大值，且在 3h 内不再增加。

②电解液密度升高到最大值，且在 3h 内不再升高。

③蓄电池内激烈地放出大量气泡，电解液形成“沸腾”现象。还须强调指出，只有当上述三种现象同时出现时，才能确认是充足了电，仅以其中一项为依据不能说明已充足。因为，在使用中任意添加稀硫酸的蓄电池，电解液的密度就会较早达到上次充足电时的数值；有硫化故障的蓄电池，端电压在充电初期就升得很高。

4-49　为什么对蓄电池进行初次充电后还要放电再充电?

蓄电池内部材料如硫酸下沉等原因而不断地自行放电，这将造成在极板上和电解液内产生硫酸铅。如果长时间不再充电，这些硫酸铅就会随着温度的变化而结晶，形成粗大而难溶解的硫酸铅，附在极板上使极板表面硫化。所以，长期不用的蓄电池每隔一月左右就定期补充充电。

也由于上述原因，新的蓄电池初次充电后，应该马上放电后再充电。如果不进行正规的充放电就直接使用，将造成蓄电池容量不够，缩短蓄电池使用寿命。当非得直接使用时必须注意充电机的端电压要调低，减小充电电流，还要经常检查蓄电池的温度是否过热。一般应避免不充放电就直接使用的情况。

4-50　怎样识别蓄电池的正负极?

蓄电池极柱上一般都有正、负符号或标记，极柱上有(+)符号为正极，极柱上有(—)符号的为负极。有标记的蓄电池识别起来自然容易，但有的蓄电池用过一段时间后，正负极标志模糊了，也有少数蓄电池因某种原因无明显的正、负极柱符号或标记。这对使用和维修造成不便。下面介绍一些在无识别标志的情况下识别蓄电池正、负极柱的简单方法:

①厂牌识别。凡国家定点的蓄电池生产厂的产品在外壳上都有标牌。一般靠近标牌的极柱为正极，远离标牌的极柱为负极。

②漆色识别。有少数蓄电池产品极柱上用涂漆来区别正、负极。涂红漆的极柱为正极，涂绿漆的极柱为负极。

③颜色识别。蓄电池极柱的颜色，使用过的蓄电池，正极呈深棕色，负极呈深灰色。若极柱的颜色区别不大，可查看连条的颜色。单格连条正、负格的颜色呈棕色的为正极。呈灰色的为负极。

④直径识别。有的蓄电池极柱上没有符号或标记，但两个极柱的直径却不同。一般来讲，直径稍大的为正极，直径稍小的为负极。

⑤硬度识别法。使用过的蓄电池正极柱上有一层二氧化铅，表面硬度较高，若用旋具在极柱上划痕，表面较硬的极柱为正极，表面较软的极柱为负极。

⑥试验识别法。将蓄电池的两极接上导线，分别插入同一电解液

中，导线周围产生气泡较多的为负极；反之，为正极。也可将蓄电池的两极分别接上铜导线，再将铜线插入含淀粉较多的植物块茎内（如马铃薯），导线周围转变成绿色的为正极；与另一导线相接的为负极。

4-51　怎样判断蓄电池是否正常充电？

发动机起动后一段时间内，充电电流开始时较大，而后逐渐减小，这说明充电系统是正常的。

在使用中，当农用运输车中速行驶时，若电流表一直指示放电，即说明充电电路不充电。引起这种故障的原因通常是：

①蓄电池和发电机之间的连接导线断裂或脱落。一般多发生在发电机电枢接线柱部位或导线转折处。有的导线并没有破裂，而内部铜线已断开。可将蓄电池电源断开后，用万用表分段检查导线断开的部位。发现这种情况后，应更换导线或将其断裂处连接起来，用绝缘胶布包扎或外套绝缘套管。

②交流发电机不发电。判断交流发电机在使用过程中是否正常发电的方法，不能像检查直流发电机那样，以旋具或导线将发电机的电枢接线柱与外壳划擦是否有火花。因为这样做的结果，必使交流发电机内的二极管损坏，使交流发电机更不能工作。

③调节器有故障。如调节电压过低，触点烧蚀，以及调节器内磁场回路线头断开或脱焊，使发电机激磁回路不通。判断是否此故障时，应先拆下车上接到调节器“火线”和“磁场”两个接线柱的导线，再用万用表检查这两个接线柱之间的电阻值，万用表应指示在零。如果不能或电阻值很大，应逐段检查。

4-52　蓄电池桩头有哪些常见故障？怎样处理？

①蓄电池桩头断裂。如遇桩头完全断裂，可用废气缸垫铜皮做一个接头，套在软铜线上，并在套上钻一圆孔，再与桩头的自制夹头固定在一起。若蓄电池桩头一半断裂。这时，应尽快抢修，可用铁、铜、铝板自制夹头或用电容器固定夹头代用，再将桩头未断裂的半环和自制夹头用螺栓紧固在一起。以上两种急救方法采用后，应使用推动、下坡滑行或是推车起动，不得使用起动机。

②蓄电池桩头松动。如遇到蓄电池桩头松动时，可用合适的扳手将螺栓拧紧，但需注意，在拆装时不得用工具撞击桩头，避免极板上的

活性物质脱落及焊点断裂，损坏蓄电池。若螺栓拧紧后，桩头仍然松动，可采取加金属衬片的方法解决。具体的操作步骤是：拆下并清洗桩头螺栓，剪一块适当大小的铜皮或铅皮，将极桩包上半圈，装上桩头，并拧紧螺栓，螺栓的螺纹部位应涂一层润滑脂，装好后在极桩表面再涂一层润滑脂，这样非常稳固了。

③桩头夹断裂。行驶途中蓄电池桩头夹断裂，可采取以下应急修理方法：如桩头夹断裂一半，可和铁、铜、铝板自制夹头，或用电容器固定夹头代用，并用螺栓将桩头夹未断裂的半环和自制夹头紧固在一起。如桩头夹完全断裂，可用铜线与自制夹头捆扎定位。

如桩头齐根折断，可用废气缸铜皮做一个护头，套在软铜线上，并在套上钻一圆孔，然后将它与原桩头固定在一起。

④极桩与桩头夹接触不良。行驶途中，如蓄电池极桩与桩头夹接触不良，会导致起动机起动困难，甚至无法起动。遇到这种情况时可采取如下修理方法：取下桩头夹，并用铁片或钢锯条铲除干净桩头夹连接处的锈斑或污垢，用砂布打光接触表面，用干布擦净砂粒、铁屑，然后在接触表面上涂一层薄薄的润滑脂，最后将螺栓加弹簧垫圈紧固。注意，在拧紧桩头夹上的碟形螺母时，不可施力过猛，以免损坏碟形螺母、桩头夹。

⑤接线桩头夹难拆。拆卸蓄电池极桩上的接线桩头夹螺栓时，如难于拆下，可先用开水淋烫桩头夹几次（夹头就会因膨胀变松），然后立即轻轻地用旋具撬起。用这种方法即省力有效，又不会损坏蓄电池。

4-53　蓄电池没电，怎样用别的车上的蓄电池起动柴油机？

如果车上蓄电池已坏，或在通气孔见不到水，或结了冰，都不能利用别的车的蓄电池起动，否则会引起蓄电池爆炸。

若不属上述情况，驾驶员又备有两根起动电缆的话，严格执行下列程序，是可以安全地起动农用运输车的。

①将两个蓄电池的通气孔盖都取下来，用布盖上通气孔，以免在发生蓄电池爆炸时溅出电解液伤人。

②戴上保护眼镜。

③不使两个蓄电池的车互相接触。

④被起动车的电器装置除点火开关外，全部断开。

⑤将一根起动电缆的一端接到起动车蓄电池的正极柱上，另一端接到被起动车蓄电池的正极柱上。

⑥将另一根起动电缆的一端接到起动蓄电池的负极柱上。

⑦将这根起动电缆的另一端接到被起动车的发动机缸体上（不能将其接在被起动车的蓄电池负极柱上，这会引起电器损坏和蓄电池爆炸），做这些接线工作时不要靠在蓄电池上。

⑧先起动蓄电池好的车，然后起动蓄电池弱的车。待后者发动机起动了，先将连接到发动机缸体的接头拆下，然后将这根起动电缆的另一端从负极柱上拆下，最后将另一根起动电缆从两个正极柱拆下。

⑨将盖在蓄电池通气孔上的布拿开，拧上通气孔盖。

注意，起动过程中，每次开动起动机的时间不得超过5s，若发动机仍没有起动，要停几分钟，待蓄电池冷却后再重新起动。

4-54 怎样补蓄电池外壳？

修补蓄电池外壳裂缝的方法较多，常用的有以下三种：

①生漆修补法。用生漆修补时，应先将生漆和石膏粉调成糊状，然后先在裂缝末端钻一ϕ4mm的止裂孔，局部加热，使裂缝处变软后，用小刀切V形坡口。接着把调匀的生漆石膏粉糊状物在V形坡口中涂平，搁至一段时间，干燥凝固后即可使用。

②松香沥青修补法。首先在蓄电池裂缝末端开ϕ4mm的止裂孔，局部加热裂缝处变软后，用小刀切成V形坡口，取相同体积的松香、沥青、硬胶木粉配成胶料，并慢慢加热使其熔化，再加入适量的石棉纤维搅拌均匀，在V形坡口中涂平，自然干燥，变硬，不粘手即可使用，为加快干燥，稍加温更好。

③环氧树脂胶修补法。用301胶（改性丙烯酸酯）进行直接粘接裂缝，并用玻璃丝布两层加固。干燥时间：60℃时，1h固化。其抗腐性能良好，粘补效果可靠。

4-55 冬天怎样向蓄电池加蒸馏水？

如果在寒冷结冰的天气里向蓄电池内加注蒸馏水，必须在发动机运转并向蓄电池充电时进行，且加注后应使发动机运行1min左右，使蓄电池中的电解液与新加入的蒸馏水相互混合均匀后，才能停放车辆。否则会因水的比重比电解液的比重小，而浮在电解液上面结成冰，冻裂蓄电池。

4-56　为什么蓄电池极板会拱曲？

极板拱曲的主要原因是使用起动机过多，大电流放电时间过长，而不能及时地补充充电所致。

蓄电池在放电过程中，正极板上的二氧化铅和负极板上的铅分别与硫酸作用产生硫酸铅，附着在极板的表面，使正、负极的体积变大。另外，隔板各部分的多孔性不一致，在大电流时，极板表面的电流密度就会有明显的差异，电流密度大，部分生成的硫酸铅多，体积膨胀严重。如果部分放电后蓄电池未得到及时补充充电，仍在继续以大电流放电，极板各部分体积膨胀的差异就会加剧，最后势必导致极板拱曲，加速极板活性物质脱落和极板的损坏。

4-57　怎样正确配制电解液？

配制电解液必须用相对密度为 1.830g/cm^3（25℃）的蓄电池专用硫酸和蒸馏水（或纯净雨水）。因电解液中含有杂质会加速自行放电，减小蓄电池的容量和寿命。

配制电解液，可参照表 4-4 的体积比例或质量比例进行，然后用密度计进行复验。

表 4-4　电解液配制表

25℃时电解液相对密度	体积之比		质量之比	
	浓硫酸	蒸馏水	浓硫酸	蒸馏水
1.23	1	3.6	1	1.97
1.24	1	3.4	1	1.86
1.25	1	3.2	1	1.76
1.26	1	3.1	1	1.60
1.27	1	2.8	1	1.57
1.28	1	2.75	1	1.49
1.29	1	2.6	1	1.41
1.30	1	2.5	1	1.34
1.40	1	1.6	1	1.02

4-58 蓄电池放电后为什么要及时充电？

蓄电池放电后，极板上一部分或大部分二氧化铅变成了硫酸铅。这些硫酸铅是细小的结晶体，如及时充电，很容易转变成二氧化铅和铅。如不及时充电，极板上的硫酸铅晶体会慢慢变大，粗大、坚硬的硫酸铅晶体电阻大、导电性能差、化学反应迟钝，充电过程中不易转化成二氧化铅和铅。时间一长，这些粗大的硫酸铅晶体会渐渐连接成层，将极板表面覆盖，堵塞极板的孔隙，妨碍电解液的渗入。由于极板上有效的活性物质减少，内阻明显增大，便导致蓄电池容量大幅度减小。这就是通常所说的“硫化”现象。因此，蓄电池放电后应及时进行充电，使其经常保持在充足状态，是防止硫化、延长使用寿命的有效措施。

4-59 怎样使用干荷蓄电池？

目前车上配带的蓄电池，按使用要求可分为“干封蓄电池”和“干荷式蓄电池”。干封蓄电池，就是平时所说的铅酸蓄电池，已广泛在汽车、摩托车、农用运输车上应用。出厂时如制造厂已进行初充电，可以直接使用；如未进行初充电，应在加注电解液后进行初充电才能使用。干荷蓄电池，在型号“Q”的后面加“A”（如 3-QA-84）。干荷蓄电池的极板已经充过电，并以干态保存，需用时加注电解液后，经短时间充电或不经充电即可使用。

4-60 冬季怎样使用和维护蓄电池？

为了使蓄电池经常处于完好状态，以延长其使用寿命，冬季使用蓄电池时应该注意下列事项：

①应特别注意经常保持蓄电池在充足电状态，以防电解液相对密度降低而结冰，导致容器破裂、极板弯曲和活性物质脱落等故障。

②冬季应按规定加入相对密度偏高一点的电解液进行调整。

③冬季加水时，只能在发动机运转、发电机向蓄电池充电时进行，以免水和电解液混合不均而结冰。

④由于冬季电池容量降低，因此冷发动机起动时应进行预热，且每次接通起动机的时间不应超过 5s。如需重复起动，则应在休息 15s 以后进行。

⑤冬季在严寒地区，农用运输车停放在室外时，应给蓄电池套上防冻罩，以免冻裂，尽量停靠在向阳背风处。

4-61　为什么蓄电池容量过低?

充足电的蓄电池装上车后使用很短时间，就感到存电不足；起动机运转缓慢、无力、甚至不能带动发动机曲轴；喇叭声音小；灯光暗淡。用高频放电试验器检查单格电池的电压降低于 1.5V。以上现象表示有蓄电池容量降低故障，其原因及排除方法如下。

(1)起动机使用过多　经常长时间使用起动机，使蓄电池耗电过多，容量降低。将蓄电池从车上取下进行补充充电后再用。避免长时间过多使用起动机。

(2)调节电压过低　发电机调节器的节压器活动触点臂弹簧弹力过弱，导致调节电压过低，使蓄电池充电不足，容量降低。重新校准调节电压，然后将蓄电池从车上取下进行补充充电后再用。

(3)极板硫化　极板硫化的主要原因是蓄电池长期处于放电或半放电状态，使极板上生成一种白色的粗晶粒硫酸铅。另一个原因是电解液液面长期低于极板，使极板上部露在空气中，活性物质被氧化，在行车中由于电解液上下波动和氧化部分接触，生成粗晶粒的硫酸铅。正常充电时，这种粗晶粒的硫酸铅不能转化为二氧化铅和海绵状铅，称为硫酸铅硬化，简称硫化。可能是：用电解液代替蒸馏水加入蓄电池，造成电解液过浓；发电机调节电压过低或过高；电解液不纯；初充电或经常充电不足；电解液面低于极板等。

极板硫化不严重时，可用小电流长时间充电，或给予全充又全放的充放电循环，使活性物质复原的方法解决。极板硫化严重时，必须拆开蓄电池，重新更换极板。

4-62　怎样延长蓄电池的使用寿命?

蓄电池的使用寿命取决于它的制造质量和使用的好坏。为了延长其使用寿命，使用中应注意以下事项：

①定期检查和调整电解液的液面高度，不足时，应加蒸馏水，使液面高出极板 10～15mm。

②正确调整电压调节器，使发电机电压保持在规定范围内，12V 系统为 13.8～14.8V；24V 系统为 27～29V。

③每次使用起动机的时间不得超过 5s，连续起动时，中间应隔 15s。

④使蓄电池经常保持充足电状态，每月应补充充电一次。

⑤合理选择电解液相对密度，并根据不同季节，及时调整电解液相对密度。

⑥配制电解液一定要用专用硫酸和蒸馏水。

⑦蓄电池在车上安装要牢固可靠，不得松动。

⑧经常清除盖上的电解液与污物，并确保加液孔盖的通气畅通。

⑨对蓄电池初充电和补充充电时，必须按充电规则进行。

4-63 为什么出车前补加蒸馏水最好？

在出车前向蓄电池补加蒸馏水的好处是，可以在运行后的充电电流作用下使蒸馏水很快地与蓄电池内的电解液均匀混合。如果在收车后补加蒸馏水，则会因蒸馏水的相对密度较小而浮在电解液的上层，使电解液出现上下层相对密度不同，而加剧蓄电池的自放电。在北方的冬季还有可能导致结冰，将蓄电池壳冻裂。

4-64 起动机不转，蓄电池电接柱的搭铁线温度升高是什么原因？

接铁螺钉处发热，是接铁螺钉松动或氧化致使接铁不良的缘故，接铁不良不会出现接触电阻。起动时当较大的起动电流流过时就会产生搭铁卡子热，使温度升高。同时由于接触电阻上产生较大的电压降，会使起动机端电压下降，起动电流和转矩减小，导致起动无力。

第4节 仪表、灯光、喇叭的故障诊断与检修

4-65 农用运输车灯系的类型与结构是怎样的？

灯系是保证农用运输车正常运行和在夜间或雾中行驶安全的重要部分，按用途通常分为外部照明灯、内部照明灯和灯光信号装置。

①前大灯用于夜间道路照明。采用双丝灯泡，远光灯丝装于抛物面反射镜的焦点上，使灯光经反射镜聚合，照亮前方。近光灯丝位于焦点上方或前方，使灯光经反射后倾向路面。前大灯主要由灯泡、反射镜、散光玻璃等组成，如图4-33所示。

②前小灯，由转向信号灯、示宽灯、停车灯等组成。通常转向信号

灯灯泡内设置双丝，功率较大的灯丝作为转向信号用，功率较小的灯丝作示宽用。

③后小灯，包括牌照灯、制动灯、倒车灯、后转向灯等。通常装有不同双丝灯泡，其中功率大的为制动灯，功率小的为牌照灯。

④雾灯光度较大，用来在雾天照明道路和显示位置。为了增强光线的透雾性，其灯面玻璃大多采用黄色、橙色和红色（因黄、橙色光波长较长）。

⑤转向灯及其闪光器，由转向信号灯和转向指示灯组成。闪光器是发出闪光的主要装置，如图 4-34 所示为电热式闪光器电路示意图。工作时，电阻丝间断地伸长或收缩，使触点时开时闭（开闭频率 65～120 次/min），附加电阻交替地被接通或短路，使通过转向灯的电流忽大忽小，从而使转向灯一明一暗地闪烁，指示车辆行驶方向。

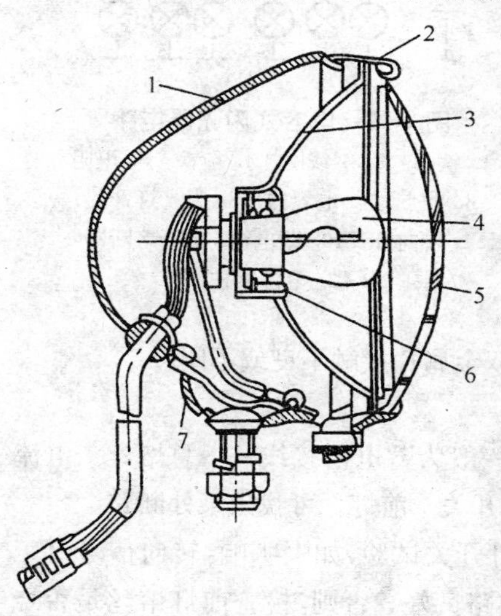

图 4-33　前大灯的基本结构

1. 灯壳　2. 灯圈　3. 反射镜　4. 灯泡　5. 散光玻璃　6. 灯泡座　7. 灯壳座

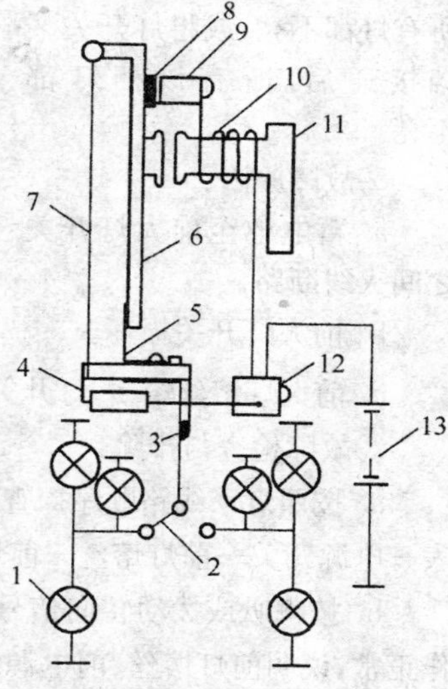

图 4-34　电热式闪光器电路

1. 转向灯　2. 闪光灯开关　3. 继电器接柱　4. 附加电阻　5. 片簧　6. 活动臂　7. 电阻丝　8. 继电器接柱动触点　9. 固定触点　10. 线圈　11. 铁心　12. 电源接柱　13. 蓄电池

⑥电容式闪光器。如图4-35所示，由一个继电器和一个电容组成。它是利用电容器充放电延时特性，使继电器的两个线圈的电磁力时而相加、时而相减，继电器便产生周期性的开关动作，从而使转向信号灯闪烁。

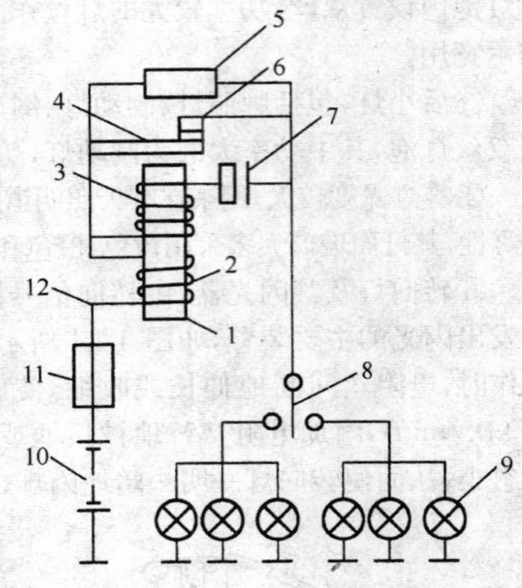

图4-35　电容式闪光器电路

1. 铁心　2、3. 线圈　4. 衔铁　5. 电阻　6. 触点　7. 电容器　8. 闪光灯开关　9. 转向灯　10. 蓄电池　11. 熔断器　12. 电源接柱

4-66　怎样检修前大灯？

(1)所有灯都不亮

①故障现象：接通开关，所有灯都不亮，或将灯开关某挡接通后，所有该挡灯都不亮。

②故障原因：

a. 蓄电池至前大灯开关之间火线断路。

b. 前大灯开关损坏。

c. 前大灯熔丝熔断、灯开关双金属片接触不良或不闭合。

③故障检查与排除：

a. 按照灯系线路顺序探查，一般为蓄电池接线柱—总熔丝—电流表—电源开关—前灯熔丝—前灯开关—前灯。可找出某处断路。

b. 按喇叭或拨动转向信号灯开关试验，如喇叭响，转向信号灯工作正常，说明前灯熔丝、前电源线路良好。否则，检查前灯熔丝是否烧断或双金属片触点有无闭合，再用导线试火法、万用表电阻挡或试灯法，检查前大灯开关及前大灯搭铁情况，如损坏应予更换；若搭铁不良，应使接触良好。

(2)远光灯或近光灯不亮

①故障现象：灯开关在大灯挡位，只有远光亮而近光不亮或与其相反。

②故障原因：

a. 变光开关损坏。

b. 远近光中一导线断路。

c. 双丝灯泡中某灯丝烧断。

③故障诊断与排除：用电源短接法将变光开关电源接线柱与不亮的远光或近光接线柱接通。灯亮，则说明故障在开关；如仍不亮，则说明故障出在变光开关后的线路，可能导线断路或双丝灯泡中某灯丝烧断。查明原因后应予以排除。

(3)两个前大灯亮度不同

①故障现象：前大灯开关接通后，不论是远光还是近光，均只有一个灯亮，另一灯暗淡的现象。

②故障原因：

a. 两前灯使用双丝灯泡时，若其中一灯搭铁不良，当电路接通时，就会出现一个灯亮一个灯暗淡的现象。

b. 左灯搭铁处断路，此时接通远光灯，右灯很亮，而左灯远光灯丝的电流是通过右灯近光灯丝而来的，所以，只有微弱灯光，如变换为近光，仍是右灯亮，道理相同，如右灯搭铁断路，则情况相反。

③故障检查与排除：用一根导线，一端接车架，另一端和亮度暗淡的灯泡搭铁接线柱接触，如恢复正常，即表明该灯搭铁不良，应予排除。

(4)前大灯光束不对

①故障现象：开大灯后，光束的照射位置不当或交叉在一起，影响行车。

②故障原因：光束未调整或前大灯位置不当。

③故障检查与排除：应在夜间进行光束调整，将农用运输车停放在平坦的地面上，面对墙壁或屏幕，运输车中心与墙壁垂直相距约10m。以运输车中心线为准，再在垂直线左右各530mm处画出与A—A相交的垂直线B—B。进行前灯照射位置调整时，可逐一拧松固定螺钉，上下左右移动灯座，直至光束中心调整至如图4-36所示要求。

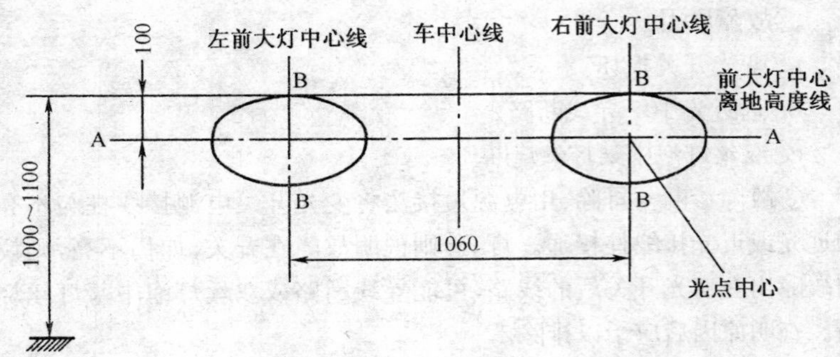

图 4-36 前大灯光束的调整

4-67 大灯反射镜表面上镀的什么金属？反射镜上有灰尘时怎样清洁？

前照灯反射镜表面的镀层有银、铬、铝三种。其中镀银层的反射系数高达 90%～95%，但质软，在清洁反射镜时易被擦伤。并容易受硫化作用而发黑。镀铬层的反射系数较小，只有 60%～65%，但其机械强度较好，不易擦伤和损坏。镀铝层的反射系数达 94%，机械强度较高，因此，车前照灯反射镜多采用真空镀铝。

如反射镜上稍有灰尘，用压缩空气吹净即可。

如反射镜是镀铬的，因硬度较高，可用麂皮沾酒精由反射镜内部向外或螺旋形轻轻地仔细擦拭，以免损坏。

反射镜如需经常清洁，表明散光玻璃和反射镜间的封垫失效，应予更换。若散光玻璃破裂，必须更换，以保护反光镜。

4-68 检修或更换灯开关时，怎样识别各类线接头？

可根据电路图，按照各灯线接头的颜色、号码进行识别。若不易分辨，也可参照下述方法识别。

①先找“电源”线头（即火线头）。灯开关的电源线头一般先经电流表然后从点火开关“电源”线柱引过来。若不易分辨，也可将各线头分别与机壳划擦，有火花者即为“电源”线头。

②按灯光分辨各灯线头。将各灯线接头分别与“电源”线头相触，按其接通的灯光进行分辨、识别。例如，某一线头与“电源”线头相触时

小灯亮，那么该线头即为小灯线接头。

③与开关接线。将识别出的各灯线接头，参照原车电路图接线原则与开关接线。

4-69　怎样检修照明装置？

检查步骤一般分为四步，一保险、二灯泡、三线路、四搭铁。检查熔丝时，若无火，需向开关电路方向检查，有火时需检查灯泡。

分析说明：照明电路包括大灯、小灯、尾灯、牌照灯和仪表灯等。照明设备的数量因农用运输车的型号和用途的不同而各异。有的车装有近百个灯，从耗电量 0.27A 的微型指示灯到耗电超过 5A 的封闭式大灯。照明电路按上述步骤检查都是容易解决的。除此之外，为便于维护，还应掌握新型车灯具的一些结构特点。例如新型车的大灯多为封闭式，闪装双丝灯泡，一根为远光灯丝，其功率较大，位于反射镜焦点上；另一概为近光灯丝，其功率较小，位于反射镜焦点的上方或前方。大灯寿命短经常是由于电压过高所造成，也可能是由于蓄电池电路接点松动或腐蚀及充电过度引起。这时应检查电压调节器。灯暗是由于电压低，低电压可能由车灯电路接头松动或腐蚀所致，也可能是蓄电池充电不足。

4-70　农用运输车灯出现短路搭铁怎样检修？

当接通开关时，熔丝立即熔断，说明开关所接用电设备的电路中有短路搭铁的地方。检查方法如下：

①若开关接通的只有某个用电设备，则说明发生短路搭铁处就在开关到这个用电设备之间的电路中。

确定具体发生短路搭铁的方法，先从蓄电池正极引出一根火线，然后从用电设备一端开始，向开关方向按次序逐段拆开导线接头，每拆下一个线头，即用火线碰一下，出火花，但用电器仍不工作，则短路搭铁处就发生在电路中，重新做好绝缘。

②若开关接通的是多个用电设备，则说明其中某个用电设备的电路中有短路搭铁处。

为确定短路搭铁处，可先拆下烧保险所接通的全部导线接头（每个线头用透明胶布做好记号，以免弄错位置）。然后用火线分别一一地同它们相碰，用电设备工作正常，则说明该线路正常；若与某处相碰时，

"叭"的一声产生火花，但用电器仍不工作，则说明该电路中有短路搭铁处。然后找出电路中具体的短路搭铁处。

4-71 怎样用试灯检查法检修电路？

用牌照灯泡做一个试灯，如图 4-37 所示。

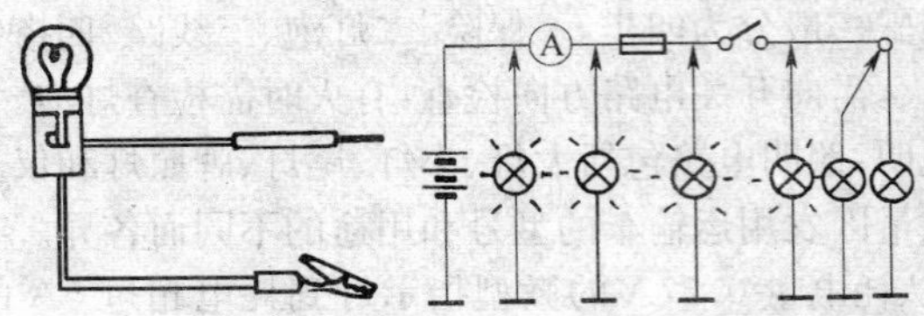

图 4-37 用试灯检查断路

检查时，先用鱼夹夹在发动机或车架上（即搭铁），接通开关后，将测试棒头从蓄电池开始按接线顺序，逐段向用电设备方向检查。若试灯亮，说明电路通路，若试灯不亮，则说明电路断路，断路处在试灯亮与不亮之间的这段电路中。

4-72 怎样用仪表检查法检查电路断路？

用一直流电压表或万用表（利用万用表时必须用电压挡，而且量程必须高于本车用电电压，否则会烧坏万用表。使用仪表检测电路应注意极性，即电压表的正极接电源正极，负极与电源负极相接，仪表的负极应接到发动机或车架上）。使用直流电压表检查时，应把从电压表负极接线柱引出的导线接在发动机或车架上，再从正极引出一条导线。接通开关后，用电压表正极引出的导线头，从蓄电池正极开始，接线顺序逐段向用电设备方向接触检查。若电压表指针摆动指出电压，说明电路正常；如电压表指针无指示，则说明电路断路，其断路在电压指针有指示与无指示之间的这段电路中。

4-73 大灯为什么一侧亮，一侧不亮？

如接通大灯的远光和近光时，左大灯灯光亮，右大灯灯光暗，这种现象是右大灯搭铁不良所致。因我们使用大灯灯泡是双丝的，一根灯丝是远光，另一根灯丝是近光，两根灯丝共用一条回路搭铁线。

如图 4-38 和图 4-39 所示，接通大灯开关时，图中粗箭头表示流经左大灯的电流通路，细箭头表示流经右大灯的电流通路。

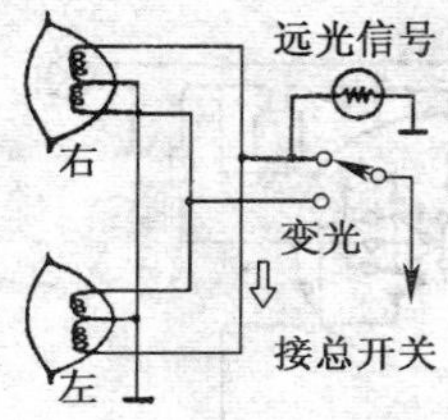

图 4-38　右大灯搭铁不良接通远光的电路

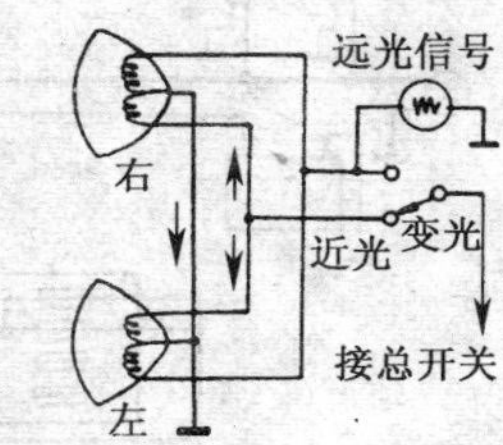

图 4-39　右大灯搭铁不良接通近光的电路

接通远光开关时，如图 4-39 所示，电流经导线通过左大灯远光灯丝后搭铁构成回路。

由于右大灯搭铁不良，因而流经右大灯远光灯丝的电流，只能通过右大灯近光灯丝，再经过左大灯的近光灯丝后搭铁构成回路。因此右大灯的导线回路中电阻增大，电流减小，所以使右大灯远光变暗。

当接通近光开关时，由于右大灯搭铁不良，通过右大灯近光灯丝的电流，只有经过右大灯远光灯丝，再经导线通过左大灯远光灯丝搭铁后构成回路。因此右大灯近光电流只有通过三个灯丝才能构成回路。所以增大了电路中的电阻，减小了通过右大灯的电流、右大灯近光变暗。为解决这个故障，应仔细检查右大灯的搭铁线，并清理干净接触处的锈蚀、污垢并接实，即可排除。

当一侧的大灯灯泡用得过久（应该更换），若继续用，也会出现大灯一侧亮一侧暗的现象。或者两侧灯泡的功率不同或电压不同，属于用错灯泡也会出现大灯一侧亮一侧暗的现象。

4-74　转向灯的作用及电路是怎样的?

转向信号灯用于指示车辆起步、转向、停车等，在遇到险情时，前后左右转向信号灯同闪烁发光，用于危险警告。

转向灯电路如图 4-40 所示。

4-75　怎样排除转向灯不亮?

(1)所有的转向灯不亮

①故障现象：拨动转向灯开关，转向灯全不亮。

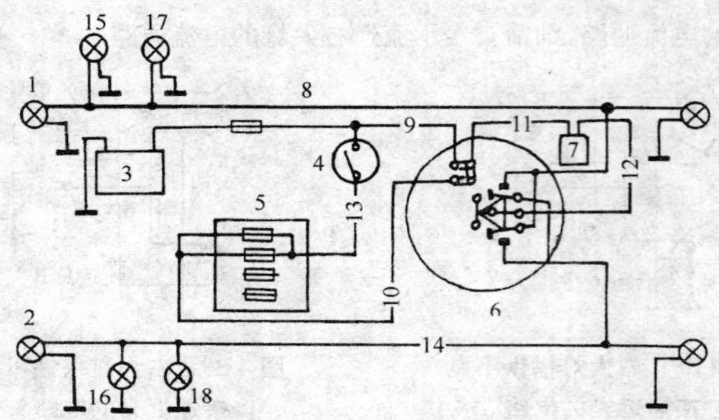

图 4-40 转向灯电路

1、17. 右转向信号灯 2、18. 左转向信号灯 3. 蓄电池
4. 主开关(点火开关) 5. 熔丝盒 6. 转向信号和变光开关
7. 闪光器 15. 仪表指示灯(右) 16. 仪表指示灯(左)

②故障原因:

a. 转向灯电路熔丝烧断或电源线路断路。

b. 闪光器损坏。

c. 转向开关损坏。

d. 转向灯损坏。

③故障检查与排除:

a. 用旋具使闪光器电源线接线柱搭铁试火。如无火,则说明电源线断路或熔丝烧断;如有火,说明电源良好。可用旋具搭接电源接线柱与闪光器引出接线柱,拨动转向开关,如转向灯亮,则说明闪光器有故障,应磨光触点,调整气隙,必要时更换。如仍不亮,可用电源短接法,直接引线到转向灯接线柱;如灯亮,则为闪光器引出接线柱至转向开关间某处断路或转向开关损坏,查明并予排除。

b. 当用旋具搭接闪光器电源接线柱和引出接线柱,拨动转向开关时,出现一边转向信号灯亮,而另一边不亮,且出现强烈火花,这表明不亮的一边转向灯线路某处搭铁,以致烧坏闪光器,必须先排除转向灯搭铁故障,然后换上新闪光器。否则,新闪光器接上后仍会烧毁。

(2)转向灯两边亮度不一致

①故障现象:将转向开关拨向某边时,该边转向灯亮度与闪光均正

常，而拨向另一边时，两边转向灯均发出微弱暗淡的光。

②故障原因：前小灯与转向灯采用双丝灯泡的车辆，其中一灯泡搭铁不良，转向开关左接通，电流自左至右灯搭铁，两灯均出现微弱闪光，转向开关右接通，电流经右灯丝与右灯搭铁，左灯不亮，右灯闪光、亮度均正常。

③故障检查与排除：将转向开关放在空挡，开亮前小灯试验，如出现左小灯灯光暗淡，右小灯亮度正常，即可断定左小灯搭铁不良，需重新安装使搭铁良好；如右小灯搭铁不良，则其故障现象相反。

(3)闪光频率不正常

①故障现象：拨动转向开关，左右灯光不均匀，闪光频率忽快忽慢。

②故障原因：

a. 导线接触不良。

b. 灯泡功率与闪光器配合不当。

c. 闪光器调整不当。

③故障检查与排除：

a. 检查转向开关，闪光器等接线柱是否松动，松动时应紧固。

b. 检查左右灯泡功率是否一致并与规定相同，不同时应更换为规定的相同规格的灯泡。

c. 拆下闪光器盖，调整闪光频率，电热式的可调整电阻丝的张紧度，电容式的可调整触点弹簧片位置。

4-76　为什么灯泡经常烧毁？

①故障现象：大小灯泡在使用过程中，其灯丝经常烧断。

②故障原因：

a. 调节器电压调节过高。

b. 蓄电池搭铁不良或充电线路中有的导线接头接触不良，造成发电机空载电压过高而烧坏灯泡。

c. 发电机电枢和磁场线圈之间某处短路。

③故障检查与排除：

a. 车在行驶过程中电流表指示充电电流很小或指示为“0”情况下，开灯时灯泡即烧毁，则应检查充电线路何处接触不良，并排除。

b. 如灯泡使用寿命短，经常烧毁各型灯泡，则应检查调节器是否电压调整过高，应调至正常范围。

4-77　接通转向开关后闪光器为什么立即烧毁？

闪光器本身不是负载，而是一个间歇性的开关，因此它必须与转向灯串联使用而不能单独与电源构成回路，否则会造成损坏、烧毁。

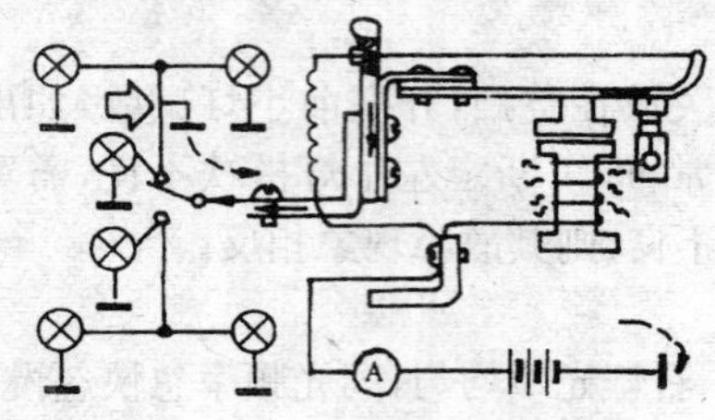

图4-41　线路碰铁引起闪光器烧毁图

当转向开关至某一个转向灯之间的连接导线碰铁短路时，开关接通后，电源便直接与闪光器构成回路，如图4-41所示。同一个侧的三个转向灯均从电路中隔除。这时，因闪光器触点闭合后无负载，所以线圈立即冒烟烧毁。

出现上述故障时，必须先查清短路部位并予排除，然后才能换用新的闪光器。检查时，应拆下转向开关位于烧闪光器挡位所接通的三个灯线接头，先确定短路处发生在哪条灯线，然后再在该线路内确定短路部位。注意，判断闪光器本身是否良好时，应采用隔除法，如图4-42a所示，而不能用短路划火法，如图4-42b所示。

SD56型热线电磁式闪光器，若只烧毁了线圈部分，可用ϕ0.5mm玻璃丝包圆线绕47圈。

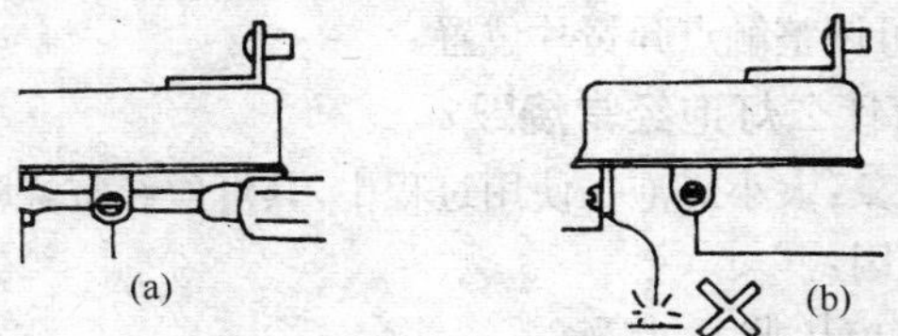

图4-42　判断闪光器好坏的方法

4-78　使用闪光器应注意什么？

①闪光器应按规定的工作位置装在没有剧烈振动的地方。

②装用的灯泡负荷必须符合所选用的闪光器的规定，以保证闪光频率。

③使用电容式和晶体管式闪光器时，应注意搭铁极性。

④应注意防止转向灯回路(特别是灯座部分)发生短路,为此,在电源接线柱的引线中应接入适当的保险装置。

4-79　怎样检查转向信号电路故障?

若拨动转向开关时,左、右灯均不亮,应首先检查熔丝是否烧断,检查从熔丝和闪光器这段电路的连接状态是否良好。若无导电,则可按下列顺序检查。

①检查闪光器是否工作良好。

a. 检查时,先拆下闪光器上的两根导线。

b. 将此两根导线短接。

c. 把转向开关接通,左、右有危险报警开关时可接通,这时若左、右灯全亮,则电路是好的,故障出在闪光器;若不亮,应判断是否开关有问题。

d. 把转向信号灯开关分别置于左、右转向位置。若灯亮,则说明开关电路是好的,否则,应进行下一步检查。

②检查开关各连接处和测试开关的整体导通情况。

③开关扳向左、右方时,灯亮灭次数不一样,应进行下列检查:

a. 检查有无不亮的灯,检查不亮灯的灯座和电线连接情况是否可靠。若灯丝断,则更换灯泡。

b. 检查灯泡的亮度有无差异,若有差异,应把较暗灯的各连接部位搭铁,灯座牢固连接。

c. 检查转向信号灯、停车灯、示宽灯或侧转向信号灯等有无连接错误。

④若左、右灯亮灭次数不准确,则进行下列检查:

a. 比标准亮灭次数多时,可能是灯泡功率大或闪光器损坏引起。

b. 比标准亮灭次数少时,可能是灯泡功率小或闪光器搭铁极性接反,也可能是闪光器或闪光开关损坏。

4-80　为什么转向灯亮而不闪烁?

转向灯开在左挡位时,左转向信号灯和左转向指示灯出现正常亮度而不闪烁;转向灯开关在右挡位时,右转向信号灯和转向指示灯出现正常亮度而不闪烁。以上现象表示,闪光器断续触点烧结或无间隙。

4-81 为什么转向灯闪烁快慢不一致？

打开左转向开关时，左转向信号灯和左转向指示灯灯光闪烁快，而打开右转向开关时，右转向信号灯和右转向指示灯闪烁慢，或右灯闪烁快而左灯闪烁慢。故障原因主要是：闪烁慢的电路各接线柱太脏，氧化物过多，搭铁不良；闪烁快与慢的灯泡功率不同。

4-82 为什么接通转向灯时，左右两侧的转向灯同时闪烁？

转向灯电路，是将两后灯的搭铁线连在一起，然后再与车架的铁体相连接。当这条公用搭铁不良时，若接通右侧的转向灯电路，电源通往右后转向灯丝的电流便不能直接搭铁，而经过公用搭铁流至左转向灯丝、再通过左前小灯的转向灯丝搭铁，因此，四个转向灯同时发亮闪烁，但光度明显差异(右前小灯亮而其余灯暗)。电路连接正常时，装在驾驶室内的转向指示灯亮度清晰，而发生上述故障时，则灯光很弱。

4-83 怎样检修制动灯不亮？

首先将制动灯开关的两接柱用旋具接通，若灯发亮，说明制动灯开关有故障。若灯仍不亮，再用旋具将开关上的火线接柱碰铁，无火花时，表示火线断路；有火花时，表示制动灯开关至制动灯有断路或灯头接铁不良。因此，可先用一段导线将制动灯开关的两接柱接通，再用火线碰铁的方法逐段检查。

4-84 怎样检查报警灯？

①报警灯亮后，如该熄灭时不熄灭，可拆下接线头，如灯熄灭，与电路无关，可再检查与报警灯有关联的结构。若拆掉线头，灯不熄灭，说明线路有问题，一般多为线路搭铁。

②报警灯该亮时不亮，这种情况一般属电路问题，多为断线无火。

③分析说明：报警信号灯的种类较多，有油压、气压等，最常见的是油压信号灯。它由一只指示灯和一只油压控制的灯开关组成，其工作原理如下：油压开关装在发动机油道上，用导线与指示灯连接，导线另一端与电门开关相连。未起动时油道无油压，油压开关内腔无压力，膜片平直，上触点与下触点接通时打开电门开关，电源指示灯发亮。发动机发动后，油压进入油压开关内腔，膜片上凸，顶起上触点弹簧，两触点分开，指示灯熄灭。

大多数车只装低压信号灯，灯的显示值一般都在 0.1MPa 以下。也有少数车装有高压信号灯开关，位置在机油滤清器前，当滤清器堵塞，油压升高至 0.6MPa 以上时，开关接通，指示灯发亮。

油压信号灯有无问题，除按以上方法检查外，对相关的机构油压开关应作如下检查：当接通电源，无油压时如指示灯不亮，开关的毛病可能是弹簧不起作用或膜片破裂，若损坏应重换；另一种可能是烧损或接触不良，这时可用砂纸清理触点或更换触点。当油压正常，指示灯常亮时，应检查：油压开关的油封或膜片是否漏油；膜片是否变形，回不到原来的位置，可用手压膜片使其恢复原位，若无效则需要换用新件，检查弹簧是否过紧或顶死。

4-85　电流表构造和工作原理是怎样的？

电流表用来指示蓄电池充电和放电电流的大小，黄铜板条固定在绝缘底版上，两端与接线柱相连，下面夹有永久磁铁，磁铁内侧有垂直轴，其上安有带指针的软钢转子。

在永久磁铁的作用下，转子被磁化而与永久磁铁互相吸引，使指针保持在中间位置“0”。当电流由一接线柱流向另一接线柱，电流通过黄铜夹板时，在它周围便产生了磁场，在电流磁场的作用下，转子偏转一个角度（电流愈大，偏转愈多），从而指示充电电流大小；若电流反向通过，则指针反向偏转，以指示放电电流大小。

4-86　怎样排除电流表的故障？

(1)电流表数值不准

①故障原因：

a. 接线柱导线松动或脱落。

b. 永久磁铁的磁场过弱。

c. 转子轴和轴承磨损过度。

d. 指针平衡块配重不适当。

②故障检查与排除：

a. 检查电流表的工作是否正常。方法是：接通电源开关，电流表指针若偏向“－”侧，当起动柴油机后，电流表指针慢慢向“＋”侧移动，指针即回“0”位附近，说明电流表工作正常。

b. 检查电流表指针是否弯曲，指针在轴上装配是否过紧或过松，若有不良，应及时进行修理。

c. 检查指针转子轴与轴承是否磨损过度，若磨损过度，应更换电流表。

d. 若电流表长时间示值过高，说明永久磁铁退磁，应重新充磁后使用。

(2)电流表偏摆不灵

①故障原因：

a. 接线柱松动，接触不良或绝缘失效搭铁。

b. 指针轴卡滞。

②故障检查与排除：

a. 接线松动，接触不良，应予排除；接线柱绝缘失效，应排除后紧固。

b. 指针轴卡滞，应排除，使用电流表指针摆灵活，在静止时指针应指向“0”位。

4-87 水温表及传感器构造和工作原理是怎样的？

水温表用来指示柴油机水套中冷却水工作温度，它由装在水套内的传感器和装在仪表板上的水温表组成。

如图4-43所示，水温表内装有双金属片，上绕有加热线圈，其一端

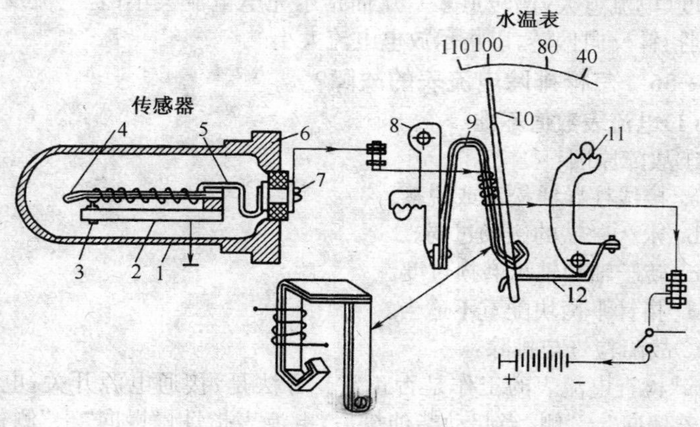

图4-43 电热式水温表

1. 铜壳 2. 底板 3. 固定触点 4、9. 双金属片 5. 接触片 6. 壳 7. 接线柱 8、11. 调整扇齿 10. 指针 12. 弹簧片

与传感器串联，另一端接电源负极，双金属片 9 弯成钩形扣在指针 10 上，当双金属片 9 弯曲，使指针指到最大位置时，是低温，而在双金属片 9 伸直时，指针指示高温。

传感器在铜壳 1 内装有固定触点，双金属片 4 上绕有加热线圈，一端与焊在双金属片上的触点相连，另一端经接触片 5 与接线柱相连，当电源开关接通后，电流经触点与两组双金属片(4、9)上的加热线圈形成回路。

双金属片装置应具有一定的初始压力，当四周的水温升高时，双金属片向离开固定触点的方向弯曲，使触点彼此接触压力减弱，通过加热线圈的电流平均值减小，水温表指针指向高温当水温降低时，触点压力强，平均电流值增大，表的双金属片弯曲增大，指针指向低温。

柴油机正常工作时，水温一般为 80～95℃。

检验水温表时，可将传感器放在热水中，接通电源，将水分别加热到 40℃和 100℃时保持 3min，在 40℃时指针指示的偏差应不大于±10℃，100℃时应不大于±5℃，若不准，可调整两个扇齿，必要时拆开传感器，调整固定触点螺钉。

4-88　怎样排除水温表与传感器故障？

(1)水温表指针不动

①故障现象：接通电源开关后，水温表指针不向 40℃处移动，仍指向 100℃处不动。

②故障原因：

a. 水温表电源线路断路。

b. 水温表加热线圈烧坏。

c. 水温传感器加热线圈烧坏或触点接触不良。

d. 水温表至传感器导线接触不良或断路。

③故障检查与排除：

a. 水温表接线柱试火，无火，则表明电源线路断路，查明后应予排除。

b. 接通电源开关，拆下传感器一端导线直接与缸体等部位搭铁，如水温表指针立即由 100℃外向 40℃移动，说明水温表良好，是传感器加热线圈烧坏或触点接触不良所致，应更换传感器。

c. 在水温表引出接线柱一端搭铁试验，无火，则为水温表内部加热线圈烧坏断路，应更换水温表；如指针移动正常，说明水温表至传感器一段导线断路，查明后应予排除。

(2)水温表指针移向40℃处，温升后不动

①故障现象：接通电源开关后，水温表指针移向40℃处，柴油机温度升高，指针也不动。

②故障原因：

a. 水温表至传感器导线某处搭铁。

b. 传感器内部短路。

③故障检查与排除：

a. 拆下传感器的一端导线试验，如指针由40℃处回到100℃以外，说明传感器内部有短路搭铁之处，查明后应以排除。

b. 如仍不回100℃以外，则应检查水温表至传感器一段导线是否有搭铁处，查明后予以排除。

4-89　油压表及传感器的构造和工作原理是怎样的？

机油压力表用来指示柴油机工作时润滑系统的工作是否正常。它由装在柴油机润滑主油道中的传感器和装在仪表板上的机油压力表组成，如图4-44所示。传感器一般做成盒子形，中间有膜片，膜片下方的油腔，经管接头与润滑系主油道相通，膜片上部顶住弯曲的弹簧片3，弹簧片一端焊有触点，另一端固定搭铁，双金属片4上绕有线圈，它的一端焊在双金属片端的触点上，另一端接在接触片上。

油压表与水温表结构相同，只是刻度与水温表相反。当双金属片11弯曲使指针指到最右位置时，是高压，而在双金属片伸直时，指针指示低压。

当油压表接入时，电流由电源正极经搭铁、传感器弹簧片3、触点（双金属片一电阻、双金属片的加热线圈）接触片7、接线柱8、指示表双金属片11的加热线圈到电源负极。

由于电流通过双金属片上的加热线圈，使双金属片受热变形，如果油压甚低，传感器膜片2几乎没有变形，这时作用在触点上的压力甚小，电流通过不久，温度略有上升，双金属片4弯曲，使触点分开，电路被截断，过一段时间，触点又闭合，电流重新流通，但不久又分开，如此反复。因油压低，通过双金属片加热线圈的电流平均值较小，指针只略微向右移动，指向低压（接近零位）。

当油压高时，膜片向上拱曲，加于触点上的压力增大，使双金属片向上弯曲，平均电流随油压升高而增大，指针偏移大，指向高压。

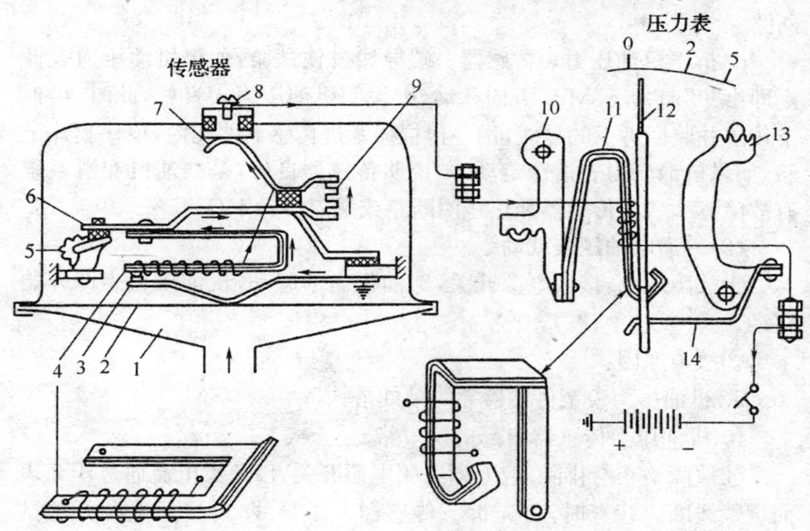

图 4-44　电热式机油压力表

1. 油腔　2. 膜片　3. 弹簧片　4、11. 双金属片　5. 调节齿轮　6. 悬臂铜片支点　7. 接触片　8. 接线柱　9. 电阻　10、13. 调节扇齿　12. 指针　14. 弹簧片

4-90　怎样排除机油压力表传感器的故障？

(1)油压表不动

①故障现象：柴油机运转，机油压力表指示“0”。

②故障原因：

a. 机油压力表电源线断路。

b. 机油压力表内加热线圈烧毁或断路。

c. 机油压力传感器加热线圈烧坏或触点接触不良。

d. 柴油机润滑系统有故障。

③故障诊断与排除：

a. 油压表电源接线柱一端搭铁试火，若无火，即表明电源线路断路。

b. 油压表引出接线柱一端搭铁试验，如表针移动正常，说明从表至传感器的一段导线断路；如表针不动，则为油压表内部加热线圈断路。

c. 拆下机油压力表传感器一端导线搭铁试验，如果机油压力表针立即由“0”向“0.5”MPa方向移动，则说明机油压力表良好，此时，再拆下传感并装回拆下的导线，用一根棍棒塞进传感器油孔内，顶住膜片试验，如果机油压力表指针走动，则说明传感器良好，是柴油机润滑系统有故障；反之，为传感器加热线圈断路或触点接触不良。

(2)一通电油压表就动

①故障现象：接通电源开关，柴油机尚未起动，机油压力表即开始移动。

②故障原因：

a. 机油压力表至传感器导线某处搭铁。

b. 机油压力传感器内部搭铁短路。

③故障检查与排除：应立即关闭电源开关，以免大电流通过压力表而烧毁线圈。检查时，可先拆下传感器一端导线，再接通电源开关试验，如表针不再移动，说明传感器内部短路；应更换传感器，如表针仍移动，则应检查压力表至传感器导线有无搭铁，并加以排除。

4-91 燃油表及传感器的构造与工作原理是怎样的？

燃油表用来指示燃油箱中储存燃油量的多少，由安装在燃油箱中的传感器及装在仪表板上的燃油表组成。

图4-45是电磁式燃油表的工作原理图，燃油表中有两个绕在铁心上的线圈，中间置有铁转子，转子上连有指针。传感器由电阻8、滑动接触片9、浮子11组成，浮子漂浮在油面上，随油面高低而改变位置。

当油箱无油时，浮子下降，电阻被短路，此时，右线圈也被短路，无电流通过，不显磁性；而左线圈在全部电压作用下，通过其中电流达最大值，产生磁场，吸力最强，吸引转子，使指针指在“0”刻度上。

随着油箱中油量增加，浮子上升，电阻部分接入，此时，左线圈由于串联了电阻，电流减小，磁场减弱；而右线圈中有电流通过，产生磁场，

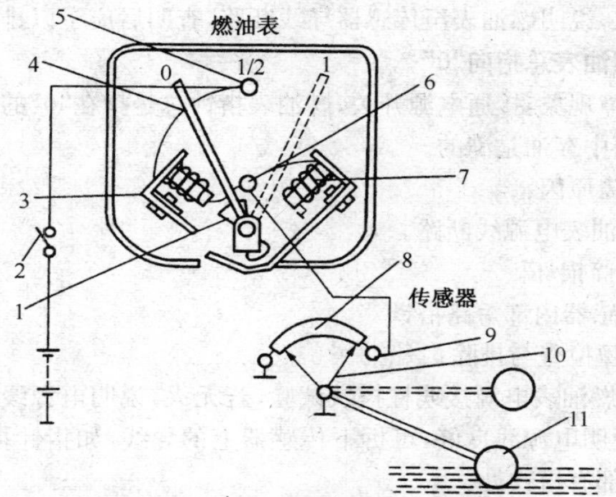

图 4-45　电磁式燃油表工作原理图

1. 转子　2. 点火开关　3. 左线圈　4. 指针　5、6、9. 接线柱　7. 右线圈　8. 可变电阻　10. 滑片　11. 浮子

转子处于两个磁场的共同作用下向右偏移，而右线圈中电流增大，磁场加强时，转子便带着指针更向右偏移，指针指示出油箱中油量。

当油箱中油满时，浮子带动滑片移动到电阻的最左端，电阻全部接入电路中，此时，左线圈电流更小，磁场更弱，而右线圈中电流增大，磁场加强时，转子使带着指针更向右移，停在油满位置。

4-92　怎样排除燃油表及传感器故障？

(1)燃油表只指向“1”

①故障现象：接通电源开关，不论油箱中存油多少，燃油表指针均指向“1”。

②故障原因：

a. 燃油表至传感器导线断路。

b. 传感器电阻线圈断路。

③故障检查与排除：

a. 接通电源开关，拆下与燃油表传感器接线柱相连的导线搭铁试验，如指针回到“0”位，说明传感器内部断路，应予以更换。

b. 如试验仍不回到“0”位，可使燃油表引出线接线柱搭铁试验，如回到“0”位，说明燃油表至传感器导线断路，查明后应予以排除。

(2)燃油表总指向“0”

①故障现象：接通电源开关，燃油表指针总是指在“0”的位置，但实际上，油箱中存油是满的。

②故障原因：

a. 燃油表电源线断路。

b. 浮筒损坏。

c. 传感器内部短路搭铁。

③故障检查与排除：

a. 用燃油表电源接线柱搭铁试验，若无火，说明电源线有断路；若有火花，说明电源线良好，可拆下传感器上的导线，如指针指向“1”，说明传感内部有搭铁处。

b. 若浮筒损坏，浮子不能随油面升高而浮起，燃油表总是指向“0”，应修复或更换。

4-93　里程表的构造和工作原理是怎样的？

车速里程表包括两个表，其一是用来累计运输车行驶里程的计数器，简称里程表；另一个是行驶速度指示器，简称车速表。

图4-46是机械传动磁铁式车速里程表，一般由变速器轴通过齿轮及挠性软轴驱动，车速表由永久磁铁（紧固在与挠性轴相连的传动轴上）、铁碗、罩壳和刻度盘等组成。

铁碗是环形的，它与永久磁铁及罩壳间有一定的间隙，并能与轴及指针一起转动。在不工作时，由于盘形弹簧（游丝）的作用，使铁碗的指针位于刻度的零点。

工作时，永久磁铁旋转，其磁力线在铁碗上引起涡流，也产生一个磁场，永久磁铁的磁场与铁碗的磁场互相作用而产生转矩，克服游丝的弹力，使铁碗朝永久磁铁转动的方向旋转，与游丝弹力相平衡。铁碗（带动指针）所转动的角度与主动轴转速成正比，车速愈高，永久磁铁旋转愈快，铁碗上的涡流也越大，铁碗带着指针旋转角度也越大，指针指示的转速愈高。

里程表由蜗轮蜗杆机构与计数器组成。车辆行驶时，挠性轴驱动里程表的小轴，经三对蜗轮蜗杆传到里程表第一计数器，在第一计数轮

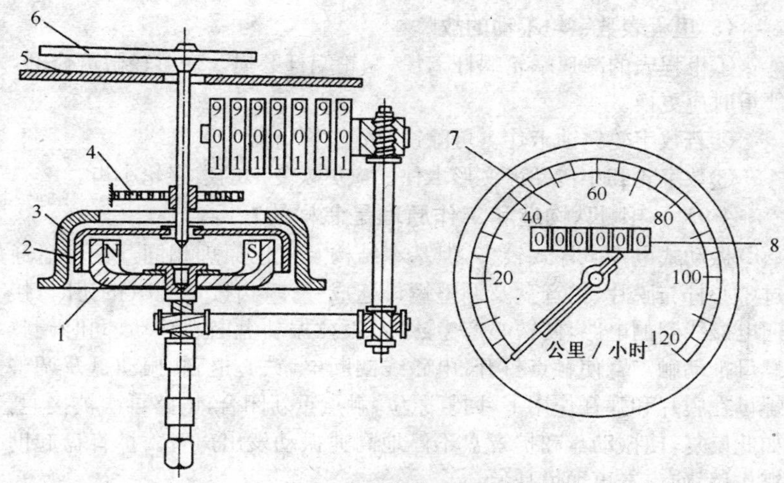

图 4-46　车速里程表

1. 永久磁铁　2. 铁碗　3. 罩壳　4. 盘形弹簧　5. 刻度盘　6. 指针　7. 里程表　8. 计数器

上的数字是十分之一公里，第一计数轮把传动逐一传到其余计数轮，以表示出车辆的行驶里程。挠性轴一般由变速器上的蜗轮驱动。

4-94　怎样排除里程表的故障？

(1)指针完全不动的故障

①变速器带动软轴的蜗轮蜗杆损坏，需拆开检查，必要时更换。

②软轴断裂，更换软轴。

③软轴两端的方头磨损变小或变圆。检查方头，若磨损严重，应重新压制。

(2)指针跳动，工作不稳的故障

①轴承孔扩大或轴尖磨损。轻微跳动，可用油石修磨轴尖，严重时更换。

②铁碗变形与磁铁摩擦。调整铁碗到正确位置，使指针不跳动。

③软轴放置不当。重新安放好位置。

④蜗轮蜗杆个别齿损坏。检查并酌情更换。

⑤永久磁铁吸上铁屑等杂物，摩擦铁碗。清理铁屑杂物。

(3)里程表数字轮不动的故障

①里程表的减速蜗轮蜗杆卡住,蜗轮蜗杆磨损。变形轻微可修磨,严重时应更换。

②若数字轮锈蚀卡住。可除锈、清洗并加油。

③数字轮和小传动齿变形卡住。应更换变形的数字轮小齿。

4-95 电喇叭构造和工作原理是怎样的?

振动式电喇叭样式较多,但基本结构及工作原理相同。振动盘通过中心杆与膜片、扩音盘及调整螺母连成一体,当按下喇叭按钮时,接通电磁线圈的电路,使铁心产生磁力,吸拉振动盘向右移动,同时调整螺母推动触点臂使触点打开,电磁线圈断电,铁心退磁,振动盘及调整螺母在膜片和弹簧作用下,回复原位,触点重新闭合,电路再次被接通。如此反复,使振动盘和扩音盘不停地高速振动发出声音。扩音盘起助振作用,使声音更加悦耳。

为了减少触点烧蚀,延长触点寿命,与触点并联有电容器。

4-96 怎样检修喇叭不响?

①故障现象:按下按钮喇叭不响。

②故障原因:

a. 喇叭电源线路断路。

b. 继电器触点烧蚀及气隙过大,弹簧过紧。

c. 喇叭按钮接触不良。

d. 喇叭磁力线圈断路、烧毁。

e. 喇叭衔铁气隙过大。

③故障检查与排除:

a. 利用试火法检查喇叭电源线路有无故障,如电源线路良好,再去诊断其他故障所在。

b. 按下喇叭按钮,如继电器未发出“咯哒”的响声,说明继电器触点未闭合,故障就在继电器。可拆下继电器盖,检查其磁力线圈是否烧毁,必要时应予更换。触点烧蚀可用砂条打磨,必要时可调整气隙和弹簧弹力。

c. 用电源短接法检查喇叭按钮。导线一端接电源,另一端直接与喇叭接线柱试火。如火花正常,喇叭也响,说明喇叭按钮接触不良;如喇叭不响，应拆开喇叭，查明其磁力线圈是否断路，触点是否闭合，喇叭衔铁气隙是否过大。如导线与喇叭接线柱试火，火花强烈而喇叭不响，说明喇叭内部有搭铁故障；如试火只有微弱火花，说明喇叭触点接触不良，查明原因，针对情况予以排除。

4-97　怎样排除喇叭声音不正常？

①故障现象：按下喇叭按钮时，喇叭声音低哑、发闷或声音刺耳。

②故障原因：

a. 蓄电池存电不足。

b. 继电器触点烧蚀、脏污而接触不良。

c. 喇叭触点烧蚀，接触不良，或电容器击穿。

d. 振动盘与铁心间隙调整不当，触点压力调整不当。

e. 振动膜片破裂，喇叭调整螺母松动。

f. 喇叭固定螺钉松动。

③故障检查与排除：

a. 首先根据灯光判定蓄电池存电是否不足，此外因喇叭固定螺钉松动，亦可能引起喇叭响声不正常，应予排除。

b. 用旋具搭接继电器、蓄电池和喇叭两接线柱试验，如正常，则应检查继电器触点是否良好，如已烧蚀，应用砂条修磨触点，使其接触良好，如响声仍不正常，则应拆下喇叭盖罩检查。

c. 拆下喇叭盖罩后，可检查触点是否烧烛、接触不良，电容器是否击穿；如修磨触点、更换击穿的电器后声音仍不正常，可先检查振动膜片是否破裂，喇叭调整螺母是否松动，再检查调整振动盘与铁心间隙和触点压力。

d. 触点接触压力的调整。接触压力大小直接影响喇叭音量，接触压力大，触点不易分开，闭合时间增长，磁化电路中的平均电流大，发出的声音就洪亮；反之，接触压力小，触点不易回位闭合，造成闭合时间缩短，平均电流减小，声音就会减弱。接触压力是否合适，应根据耗电量判断，不符合要求时，可通过拧动螺母加以调整。

e. 振动盘与铁心间隙的调整。该间隙对喇叭音质、音量都有影响，但主要影响的是音质。间隙不同，铁心吸动振动盘的难易程度就不同。触点开闭的时间比例便发生变化，平均电流也随之变化，从而影响音量。间隙过大，声音低哑；反之，声音发尖。此间隙一般为0.8～1.5mm。因此，当喇叭音质不正常时，应以调整振动盘和铁心间隙为主；耗电量和音量不正常时，应以调整触点接触压力为主，但两者又互相影响。因此，调整时，两项调整应反复进行，直到符合要求为止。

4-98　为什么喇叭触点烧坏？

①故障现象：喇叭触点经修磨使音响正常后，不久又烧蚀，致使喇叭音响不正常。

②故障原因：

a. 喇叭触点接触压力过大，平均电流过大。

b. 电容器损坏。

c. 发动机调节器调整不当，电压过高。

③故障检查与排除：

a. 喇叭触点经常烧坏时，应先检查电容器是否良好，不好时，应换用新品。

b. 用电流表检查工作电流，必要时进行调整。

c. 电压过高，重新调整调压器。

4-99　为什么喇叭连响？

①继电器触点粘结，使喇叭电路常通，而不受按钮控制。

②按钮设在转向盘中心的车，当按钮内搭铁接盘倾斜或与机壳间隙过小时，虽已断开按钮，但搭铁接盘仍与机壳相触，电路不能切断。

③车辆在停放中，由于外界振动等影响，有时会造成按钮内接盘倾斜，自动接通喇叭电路，使喇叭常鸣。

发生上述故障时，应立即转动按钮，拆下接盘或拆下线路总保险，将喇叭电路切断，以免造成蓄电池过度放电和喇叭线圈烧毁。

4-100　为什么喇叭声音低哑？

①蓄电池电量不足，但在发动机中速运转，发电机给蓄电池充电时，如果声音仍低哑，则故障在喇叭内部。

②喇叭触点已烧坏，应清洁触点并调整触点间隙。

③振动膜有裂缝，应更换振动膜或喇叭总成。

④喇叭各固定螺钉松动，应检查并拧紧。

4-101　刮水器的结构和工作原理是怎样的?

刮水器以真空式和电动式较为通用,图 4-47 为电动式刮水器传动机构图,其驱动部分为并激直流电动机,固装在底板上。杠杆机构由拉杆和摆杆组成,摆杆上连有刷架。电动机旋转运动,由轴端的蜗轮传给齿轮,使与偏于齿轮一侧的销钉相连的拉杆作往复运动,然后经拉杆使刷架摆动。该型刮水器有两种工作速度,在额定电压 12V 电压作用下,低速时刷子每分钟摆动 27 次,高速时每分钟 45 次,刮水器的开停及速度变换由一复合的开关控制。它具有两个开关,用一个转柄操纵。

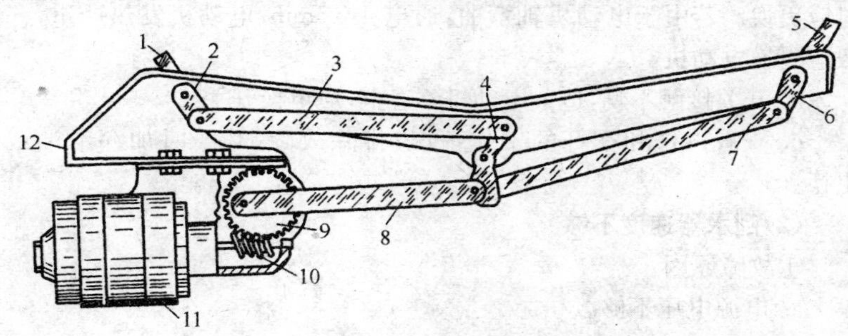

图 4-47　风窗电动式刮水器传动机构图

1、5. 刷架　2、4、6. 摆杆　3、7、8. 拉杆

9. 传动齿轮　10. 蜗轮　11. 电动机　12. 底板

当转柄在高速位置时,输入激磁绕组的电流经过附加电阻,其激磁电流值不大,电动机转速较高(3300r/min)。

当转柄在低速位置时,输入激磁绕组的电流不经过附加电阻,激磁电流较大,电动机转速较低(1800r/min)。

在停止位置时,电枢电流和激磁电流都经触点通过,因为在齿轮的轴上有凸块,凸块每转一周将触点打开一次,这样,当橡胶刷摆到驾驶员视野之外时,触点即被打开,电流不通,刮水器就停止工作。

4-102　怎样排除刮水器的故障?

(1)刮水器不工作

①故障原因:

a. 电动机方面。电动机转子断线,电线电刷磨损,电动机轴弯曲,电动机内部短路。

b. 电源电路。刮水器外电路短路，接线柱松或断路，接地不良。

c. 开关接触不良。

d. 拉杆式摆杆卡住，拉杆脱落，摆杆脱落或锈死。

②故障检查与排除：

a. 用万用表检查电源电路，发现短路或断路，应予以排除。导线松动，接地不良，应接牢。

b. 用万用表测量电动机转子是否断线，目测电刷磨损情况，必要时应更换。若由于电动机轴弯曲，通电4～5min，电动机发热严重，一般应更换电动机。

c. 开关接触不良，造成电动机不通电，应更换开关。

d. 查看拉杆和摆杆的工作情况，排除故障，必要时加润滑油或更换。

(2)刮水器速度不够

①故障原因：

a. 电源电压不够。

b. 开关接触不良。

c. 电动机转子局部短路，电刷磨损接触不良。

d. 拉杆或摆杆铰链点锈蚀。

e. 刮板粘在玻璃上。

②故障检查与排除：

a. 测量电压，检查电源电压是否正常。

b. 开关接触不良，应更换开关。

c. 用万用表测量转子是否局部短路，必要时更换电动机；目测电刷磨损情况，必要时更换电刷。

d. 拉杆或摆杆有响声或气味，则应加注润滑油或更换。

e. 擦净刮板或玻璃，或更换刮板。

(3)刮水器速度转摆不正常

①故障原因：

a. 电动机电刷烧损。

b. 开关接触不良，电动机自动停止，继电器触点污损或触点接触不良。

c. 电动机自动停止装置动作不灵，触点不能打开，刮水器不停止。

②故障检查与排除：

a. 电刷磨损，电动机转速与规定的高低速度比不同，应更换电刷。

b. 打开自动停止装置，检查触点，清理和修磨触点，必要时更换。

c. 拆开自动停止装置，检查其工作情况，矫正继电器弹簧片，使其能开闭自如。

4-103　怎样维护刮水器电路？

接通刮水器开关后，如果刮水器不工作，其主要原因如下：

①熔丝箱的 15A 熔丝熔断。

②刮水开关接触不良。检查刮水开关的方法是：断开连接刮水器电动机的连接插件，接通刮水开关，将万用表置于 50V 直流电压挡，万用表的黑表笔接铁，红表笔接刮水器开关插件的蓝线端。如果有 12V 电压，说明开关正常；无 12V 电压，说明开关不良或接至开关的导线断路。

③电动机电刷接触不良。

④电动机电枢线圈断路，或换向器开关的连接器断线。用万用表 R×1 挡测量电动机线圈两端的电阻值，如果电阻值很小（为 4～6Ω）说明电动机良好，如果所测的阻值很大，说明电动机电枢线圈或换向器等有故障。

4-104　洗净器由哪些部分组成的？怎样选用洗涤液？

洗净器即为农用运输车风窗玻璃的洗涤器。其主要功能是配合刮水器清除玻璃表面的尘土。主要组成部分有洗涤电动机、储液罐、软管和喷嘴。

储液罐的有效容积有 0.8L、1.0L、1.25L、1.5L、2.0L 和 2.5L 几种。

软管一般采用内径为 4mm 的聚氯乙烯软管。

喷嘴主要由壳体、球形心体等组成。球形心体可由大头针插入其小孔内调整喷出的水柱方向。

洗涤液一般为水或水中加入添加剂。常用洗涤液为 50％的甲醇（或异丙醇、乙二醇）水溶液。

4-105　使用洗净器时应注意什么?

①若喷水器连续喷水20s以上或喷不出水时,要关闭喷水电动机的电源。

②当玻璃被尘土或泥垢等物弄脏时,要先用洗净器喷液,再开动刮水器。当给刮水器通电让其作刮刷动作而刮片不运动时,要马上将开关旋回到关闭(OFF)位置,否则,会烧坏刮水器。

4-106　暖风装置由哪些部件组成?

暖风装置主要包括散热器、加热器进口软管、恒温器、吸气支管、暖风机和风扇开关等,如图4-48所示。

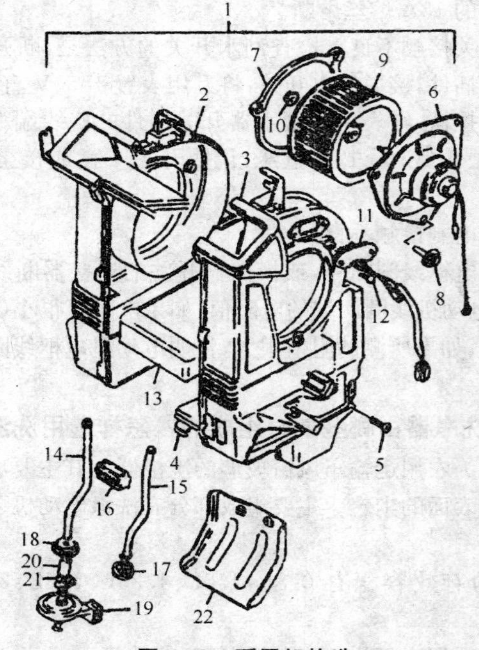

图4-48　暖风机构造

1. 暖风机总成　2. 暖风机左壳体　3. 暖风机右壳体　4. 壳体弹簧卡子　5. 螺钉　6. 电动机法兰盘　7. 橡胶垫　8. 螺钉　9. 风扇叶轮　10. 螺母　11. 调速电阻　12. 螺钉　13. 散热器总成　14、15. 水管　16. 水管支撑块　17. 出水管橡胶垫　18. 进水管橡胶垫圈　19. 进水阀　20. 水阀连接软管　21. 水阀卡箍　22. 防护板

4-107　暖风装置电路原理是怎样的？

暖风装置电路原理如图 4-49 所示。当点火开关接通，风扇开关拉到第一位置时，鼓风机电路因为串入一只电阻器，鼓风机以较慢的转速转动，送入驾驶室内的风量也较小。这时的电路是：

蓄电池正极—30A 主熔丝—点火开关—熔丝箱 15A 熔丝—风扇开关 1—风扇电阻—鼓风机—接铁，回到蓄电池负极构成回路。

当把风扇开关拉至第二位置时，鼓风机上加的电压为蓄电池电压或发电机的电压，电动机以较高的速度运转，送往控制室的风量也就达到最大，此时的电路是：

蓄电池正极—30A 主熔丝—点火开关—熔丝箱 15A 熔丝—风扇开关 2—鼓风机—接铁，回到蓄电池负极构成回路。

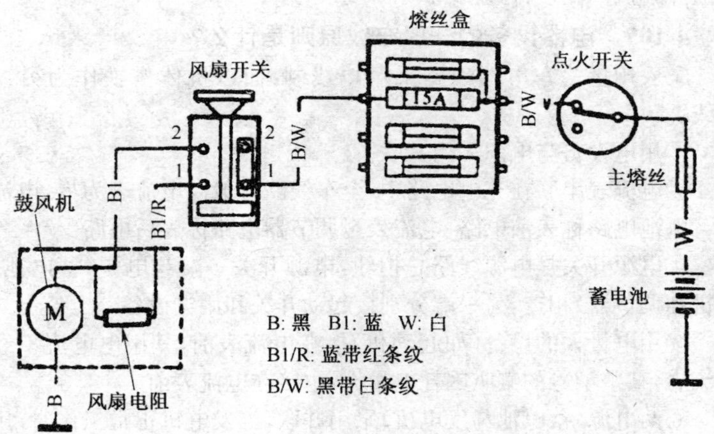

图 4-49　暖风装置电路图

4-108　怎样检修暖风装置？

(1)风扇电阻的检查　如果风扇开关拉至第一位置时鼓风机就不工作，首先应检查风扇电阻。风扇电阻安装在暖风装置的壳体内，风扇电阻的阻值为 4.3Ω。风扇电阻的故障主要有电阻烧损或破裂等。用万用表 R×1 挡的方法测量鼓风机连接插头两接线孔的电阻值，如果不是 4.3Ω，说明电阻或连接电路有故障。

(2)风扇开关的检查　用万用表电阻挡测量风扇开关工作状态是否正常，操作方法如下：

①当风扇开关拉至第一位置时，开关的第一对接触点应为通路状态，如果不通，说明开关内部接触不上，应进行修理或更换。

②当风扇开关拉至第二位置时，开关的第二对接触点应为通路状态，再测量第一对触点为断路状态。如所测的结果不是以上的情况，说明开关已损坏。

③当风扇开关推回至原来位置时，开关应全部处于断路状态。

(3)水阀门的检查　水阀门安装在加热器箱内，操纵开关位于控制板中间位置。当驾驶室需要加温或风挡玻璃需要除霜时，打开阀门。如果打开此阀门后，电动机运动正常，排风口无暖风送出，说明水阀门有故障，应拆开进行修理。

4-109　电器设备的一般布线原则是什么？

①农用运输车电器线路采用单线制，而以机体搭铁作为另一根导线。

②用电设备与电源采用并联。

③电流表串联在充电电路中，全车线路一般以电流表为界，电流表至蓄电池电路称表前电路，电流表至调节器电路称表后电路。

④电源开关是电源线路总枢纽，电源开关一端与电源（蓄电池、发电机和调节器）相连，另一端分别接起动开关和用电设备。

⑤用电量大的设备（如起动机）接在电流表前，其用电电流不经过电流表，某些型号的喇叭因耗电量大，也接在电流表前。

⑥两电源（蓄电池与发电机）采用并联，当发电机正常工作时，用电设备由发电机供电，并经电流表向蓄电池充电；在发电机电压不足或不工作时，用电设备由蓄电池供电。因电流表接在两电源之间，当充电时指针摆向“＋”，放电时指针摆向“－”。

⑦蓄电池和发电机搭铁极性必须一致，均为负极搭铁。

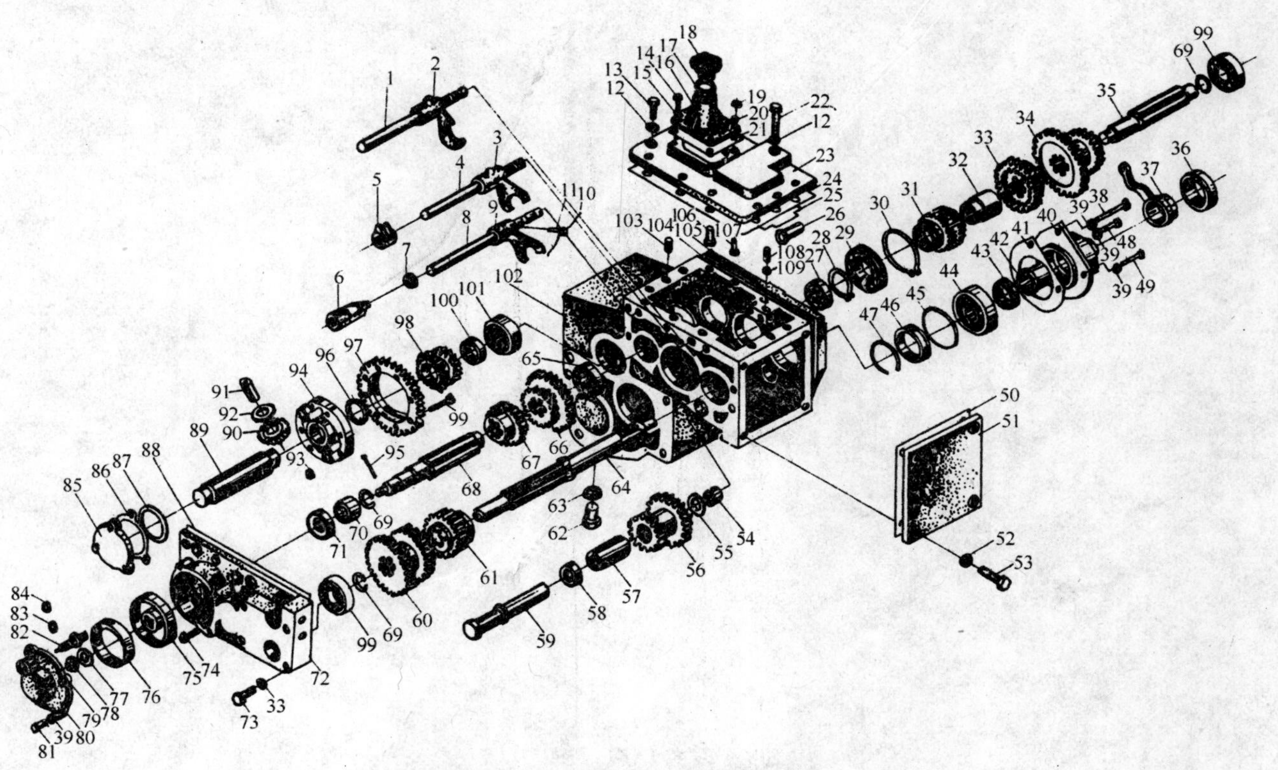

图 3-23 赣江 GJ1210 型车变速器

1. Ⅰ档、倒档拨叉轴 2. Ⅰ倒档拨叉 3. 快档拨叉 4. 快档拨叉轴 5. 快档拨叉轴接头 6. 副变速拨叉轴接头 7. O形密封圈 8. 副变速拨叉轴 9. 副变速拨叉 10. 铁丝 11. 止动螺栓 12. 垫圈 13. 螺栓 14. 螺栓 15. 垫圈 16. 加油管 17. 橡胶垫圈 18. 油塞 19. 螺母 20. 垫圈 21. 纸垫 22. 螺栓 23. 传动箱盖 24 纸垫 25. 挡油盖 26. 副变速拨叉轴套 27. 滚动轴承 28. 挡圈 29. 外圈有止动槽轴承 30. 挡圈 31. 三档齿轮 32. 粉末冶金套 33. Ⅱ、Ⅲ档换档齿轮 34. 主轴齿轮 35. 中间轴 36. 离合器分离轴承 37. 分离爪 38. 螺栓 39. 垫圈 40. 轴承座 41. 纸垫 42. 分离爪座 43. 油封 44. 滚动轴承 45. 橡胶垫 46. 定位套 47. 挡圈 48. 螺栓 49. 螺栓 50. 纸垫 51. 盖板 52. 垫圈 53. 螺栓 54. 倒档轴端套 55. 垫圈 56. 倒档齿轮 57. 轴套 58. 垫圈 59. 倒档轴 60. 中间齿轮 61. Ⅰ档、倒档换档齿轮 62. 螺栓 63. 垫圈 64. 离合器轴(输入轴) 65. 滚动轴承 66. 副变速齿轮 67. 主减速小齿轮 68. 变速器输出轴 69. 挡圈 70. 轴套 80. 制动器盖 81. 螺栓 82. 制动器轴 83. 挡圈 84. O形密封圈 85. 转向端盖 86. 纸垫 87. 调整垫片 88. 纸垫 89. 差速器轴 90. 行星齿轮 91. 行星轮齿轴 92. 行星齿轮止推垫片 93. 螺母 94. 差速器壳 95. 销 96. 止推垫片 97. 主减速大齿轮 98. 转向齿轮 99. 差速器螺栓 100. 定位轴套 101. 滚动轴承 102. 传动箱体 103. 销 104. 纸垫 105. 左侧盖板 106. 副变速拨叉轴定位套 107. 螺栓 108. 拨叉弹簧 109. 钢球